选煤实用技术丛书
中国煤炭加工利用协会组织编写

# 选煤厂技术管理

（第三版）

路迈西　编著

中国矿业大学出版社
·徐州·

**图书在版编目(CIP)数据**

选煤厂技术管理 / 路迈西编著. — 3版. — 徐州 ：中国矿业大学出版社，2025. 4. — ISBN 978-7-5646-6811-2

Ⅰ. TD94

中国国家版本馆 CIP 数据核字第 2025D0A563 号

**书　　名**　选煤厂技术管理
**编　　著**　路迈西
**责任编辑**　褚建萍
**出版发行**　中国矿业大学出版社有限责任公司
（江苏省徐州市解放南路　邮编 221008）
**营销热线**　(0516)83885370　83884103
**出版服务**　(0516)83995789　83884920
**网　　址**　http://www.cumtp.com　**E-mail**:cumtpvip@cumtp.com
**印　　刷**　江苏淮阴新华印务有限公司
**开　　本**　850 mm×1168 mm　1/32　**印张** 13.625　**字数** 367 千字
**版次印次**　2025 年 4 月第 3 版　2025 年 4 月第 1 次印刷
**定　　价**　32.00 元
（图书出现印装质量问题，本社负责调换）

# 《选煤实用技术》丛书编委会

# 丛书前言

能源是国民经济发展和人类赖以生存的物质基础。煤炭是我国的主要一次能源,其生产量和消费量一直占一次能源的70%左右。

我国煤炭资源丰富,品种齐全。到20世纪末,煤炭的探明储量有1万亿t,其中已利用储量中尚有可采储量800多亿t;我国的石油、天然气资源相对不足,其储量只可供开采几十年;水力资源虽然丰富,但集中在西南地区,而且开发利用需要的投资很大;核能、太阳能、风能、生物能的开发利用则刚刚起步。所以,未来几十年内,煤炭仍是我国最可靠的能源,煤炭的基础能源地位不会改变。

我国是煤炭的生产和消费大国,每年生产和消费煤炭都在十几亿吨以上。大量生产和消费煤炭,无论对区域环境,还是对全球气候都造成很大影响。为此,国家鼓励和提倡发展洁净煤技术。

选煤是洁净煤技术的基础,也是煤炭深加工(制水煤浆、焦化、气化、液化)和洁净、高效利用的前提。选煤可以除去原煤中的大部分矿物杂质,提高煤炭质量,并把它分成不同等级,为用户合理利用创造条件。国家鼓励发展煤炭分选加工,原煤入选量不断提高,从1949年的几十万吨发展到2003年的5亿多吨。

但是我国煤炭分选加工相对落后,原煤入选率尚不足30%,商品煤质量较差,因此煤炭利用率低,燃煤引起的污染严重。为了合理利用煤炭资源,提高利用效率,降低铁路运输量,减少燃煤对大气的污染,有必要大力发展煤炭分选加工。

近几年来，我国选煤工业迅猛发展，选煤厂数量增加，选煤技术进步速度加快，目前的选煤技术人员已满足不了发展的需要，为了培养大批选煤工程技术及管理人员，提高选煤技术人员的素质，由中国煤炭加工利用协会和中国矿业大学出版社共同组织国内一批有实践经验的专家、学者及高级工程技术人员，编写了这套《选煤实用技术》丛书。本丛书书名如下：

1.《跳汰选煤技术》

2.《重介质选煤技术》

3.《浮游选煤技术》

4.《选煤厂产品脱水》

5.《选煤厂煤泥水处理》

6.《选煤厂破碎与筛分》

7.《选煤厂机械设备安装使用与维护》

8.《选煤厂电气设备安装使用与维护》

9.《选煤厂管道、阀门与泵的安装使用与维护》

10.《选煤厂煤质分析与技术检查》

11.《选煤厂计算机应用》

12.《选煤厂技术管理》

本丛书主编吴式瑜，副主编叶大武、解京选、李文林。

本丛书实用性较强，可作为选煤厂技术、管理干部和专业技术工人的培训教材，也可作为大专院校选煤专业学生的学习参考书。

本丛书由多位作者编写，写作风格各有不同，且由于时间仓促、涉及内容广泛，错误和缺点在所难免，望读者批评指正。

2003.11

# 序

在当前全球能源格局深刻变革的大背景下，能源稳定供应与高效利用已成为支撑国家经济社会发展的核心要素。作为全球最大的能源生产与消费体，我国能源结构优化升级对实现“双碳”目标具有重要意义。

煤炭是我国的主体能源，是国家能源安全的压舱石和稳定器。当前，煤炭与新能源的协调发展是必然趋势，但我国富煤贫油少气的基本国情决定了煤炭在保障国家能源安全和支撑工业体系运行方面具有不可替代的战略价值，更是在极端封锁情况下保障我国能源应急底线需求的关键。

我国煤炭资源禀赋较差，低品质煤储量大。煤炭的清洁高效利用是保障煤炭安全供应和低碳转型的关键。选煤是煤炭清洁高效利用的源头技术和基础环节。经过分选的煤炭能够脱除其中的灰分、硫分等杂质，从而节约铁路运力、节能减排、减污降碳，并精准适配电力、冶金、化工、建材等行业的煤质需求，推动煤炭从传统燃料向清洁燃料、优质原料和高端材料的转变。

随着“双碳”目标深入推进，选煤厂技术管理已突破传统生产范畴，演变为融合工艺优化、智能控制、资源综合利用与环境保护的系统工程。科学的技术管理体系不仅能提升精煤产率与稳定性，更可通过精准分选降低矸石排放、减少无效运输，实现全产业链节能减排降碳。基于人工智能和垂直大模型，构建数据驱动的工艺调控机制、建立全生命周期质量管理标准、完善环境风险防控体系，已成为选煤企业突破发展瓶颈的必由之路。

路迈西教授所著《选煤厂技术管理》一书，构建了选煤厂技术管理的理论框架与实践路径。该书深入地阐述了选煤厂技术管理的各个方面，从选煤厂的基本概念、信息管理到生产系统的优化、质量管理，再到生产经营情况分析，涵盖了选煤厂技术管理的全流程。书中介绍了选煤厂的选煤技术和管理方法，并融入现代信息技术和自动化技术在选煤厂中的应用，反映了选煤行业的最新发展趋势。

该书立足行业前沿，将管理科学与工程技术、人工智能深度融合，为选煤厂实现安全、高效、清洁生产提供了兼具理论深度与实践价值的解决方案，对推动煤炭工业高质量发展具有重要指导意义。

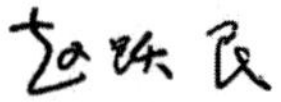

2025 年 4 月

# 第三版前言

在人工智能快速发展的时代，新技术、新理论、新方法不断涌现。对于选煤这个传统的工业生产企业，如何搭上人工智能时代发展的快车，实现产业的创新发展，是选煤工作者必须认真考虑的问题。

人工智能为行业科技创新提供了基础条件，但要真正实现本行业的人工智能应用，适应本行业特点的大数据采集、大数据加工、模型的确定、机器学习、机器推理、机器视觉、虚拟现实等，都离不开对选矿分选机理以及对选煤厂系统的分析和研究。只有精准把握选矿分选过程中各种物理、化学变化的内在规律，全面洞悉选煤厂系统从原料输入到产品输出的整个过程，才能研究出适合本行业的人工智能软硬件，让人工智能技术在本行业生根发芽，推动本行业向智能化、高效化迈进。

笔者自 1982 年开始学习计算机及相关学科，与团队成员长期致力于计算机在选煤领域的应用研究，包括选矿的数学模型和模拟、选煤过程的模拟和优化、计算机辅助设计、计算机信息管理系统以及浮选泡沫图像处理技术等。本书介绍了一些主要研究成果，包括可选性曲线和分配曲线的模型、选煤厂生产系统优化等，希望能在人工智能时代为选矿科技发展贡献一份绵薄之力。

本书第一版完成于 2004 年，距今已有 20 多年，部分数据已显陈旧。由于笔者水平所限，错误或不足之处在所难免，恳请读者批评指正。

路迈西

2025.4

# 第一版前言

我国是煤炭生产和消费大国。为了减少煤炭使用对环境的污染和提高煤炭利用率，发展煤炭分选加工已成为“洁净煤技术”的重要环节。我国选煤工业正处于发展时期，选煤厂的数目迅速增加，选煤工艺、技术水平和设备性能也在迅速提高。计算机、网络的普及和管理科学的发展也促进了选煤科技水平的提高。如何提高选煤厂的经营管理水平已成为选煤行业共同关心的问题。本书是在笔者1991年出版的《选煤厂经营管理》的基础上，结合近10年的研究成果，重点探讨了选煤厂的技术管理而编写的。

本书对选煤厂技术管理的理念、方法和手段进行了探讨。笔者力求将现代管理的理论知识、信息管理、运筹学、系统工程、模型和模拟、预测和优化等应用到选煤厂技术管理中。书中介绍了与技术管理有关的相关标准，并结合选煤厂的生产应用实例，力求深入浅出地介绍选煤厂技术管理的方法。书中大量内容是根据作者多年科研成果撰写的，其中详细介绍了“选煤工艺计算软件包”的主要原理和功能，许多实例也是使用“选煤工艺计算软件包”获得的。特别需要指出的是，书中介绍了我的研究生刘文礼等10余年的研究成果。

本书的编写得到了中国煤炭加工利用协会洗选加工部和全国煤炭标准化委员会的大力支持和帮助，在此谨致衷心的感谢。

由于笔者水平所限，书中错误之处在所难免，诚恳欢迎广大读者批评指正。

路迈西

2004.10

# 目　录

# 第一章 绪 论

## 第一节 管理科学的基本概念

自人类从事集体生产活动起就有了管理工作。但管理作为一门独立的科学还很年轻。科学、系统地研究和总结管理方面的理论和方法，是18世纪末第一次产业革命后才开始的。进入20世纪，企业管理中逐渐引进了应用数学的概念和方法，使企业管理有了科学的依据和手段；直到20世纪中叶，才形成管理科学，即管理学。

计算机技术的飞速发展促进了管理科学的迅速发展。计算机的使用领域已从单纯计算发展到数据处理、信息储存、检索、辅助设计、自动寻优及人工智能；由单台计算机发展到企业内部、企业之间、全国乃至全球的计算机网络。

由于计算机技术的发展以及运筹学、系统工程、优化方法、数学模型等新学科被引入现代管理，人们能够用科学的理论和方法，通过定量分析和定性分析，寻求在各种限制条件下利用人力、物力和财力的最优方案。今天，管理工作已不仅仅局限于管理生产过程，还涉及市场预测、产品预测、物流、运输、库存、投资、资源分配和决策等方面，在这些方面已形成系统的科学方法，并应用于全面的科学管理之中。

管理学中所讲的管理，是指人们为了达到某一共同目标而有意识、有组织、不断地进行协调的活动。管理的概念有三层意思：① 管理是一种有意识、有组织的群体活动，不是盲目无计划的、本能的活动。② 管理是一个动态地协调人与人之间活动和利益关系的过程，它贯穿于整个管理过程的始终。③ 管理是围绕某一共同目标进行的，目标是否正确直接关系到事业的成败或企业效益的高低。以上三层意思分别指出了管理的特征、本质及前提。

管理职能表现在以下几个方面：

1. 确定目标

确定目标的任务是了解情况和发现问题。管理者从收集到的系统运行数据中，根据预先规定的某些标准、历史资料、同行的生产情况、市场信息、管理者的经验及上级部门的要求，研究当前生产经营中存在的问题，确定企业的经营管理目标。

2. 制订计划

制订计划的任务是根据企业的既定目标、经营思想、经营方针、市场需求，以提高经济效益为中心，通过预测、优化、综合、平衡，确定主要技术经济指标，对企业长期、中期和短期的各种活动做出多种方案，在分析比较的基础上选定最佳方案，落实到各部门，保证计划的实现。

3. 组织

组织工作的主题是解决以人为主的各种因素的协调问题，保证计划的顺利执行。

4. 管理

管理的任务是在执行计划的过程中进行监督、调整及控制。计划下达后，通常不可能自然而然地顺利完成。由于内、外部环境不断变化或对某些因素考虑不周，致使完成计划有困难时，管理者要及时掌握这些信息，做出适当调整，或重新安排人力、物力，保证计划的完成。比如全面质量管理就是监督的一种方法和手段。

管理要有反馈，对好的做法要发扬、奖励，对坏的要制止、惩处。

图 1-1 是生产经营型企业的管理系统示意图。从图中可以看

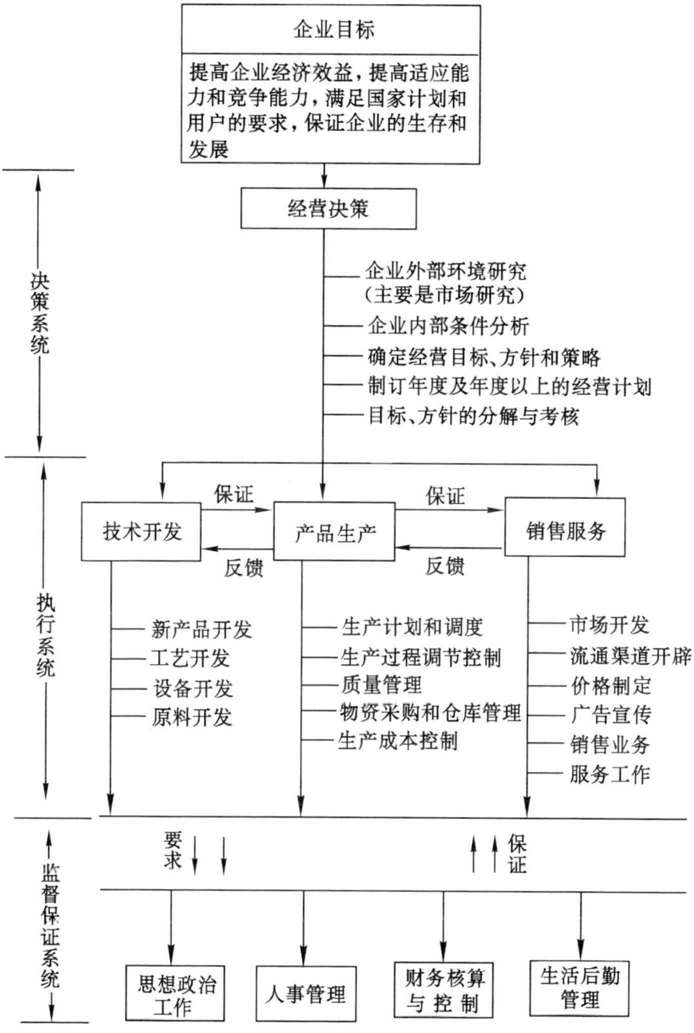


图 1-1 生产经营型企业的管理系统示意图

出，一个企业的管理系统由三部分组成，即决策系统、执行系统和监督保证系统，这三个系统是一个有机整体。决策系统根据企业的目标，经过对企业内外环境的研究制订计划，做出经营决策；执行系统根据决策进行技术开发、产品生产及销售服务等工作；政治思想工作、人事管理、财务核算与控制及生活后勤管理等则是监督保证系统的工作。各系统的信息互相联系，及时反馈。

## 第二节　选煤厂技术管理

企业管理的内容很多，按管理工作的性质，基本上可以把企业管理分为经营管理和生产管理两大部分。经营管理是对企业经营活动的管理，生产管理是对企业生产系统的管理。经营管理是生产管理的先导，生产管理是经营管理的基础。

生产管理的任务包括：① 按规定的产品品种、质量完成生产任务；② 按规定的计划成本完成生产任务；③ 按规定的交货期限完成生产任务。生产管理的总目标是提高企业的经济效益。

技术管理是生产管理中的重要组成部分，是从技术的角度进行生产管理的，目的是以最少的投入实现最大的产出。

选煤厂的任务是对煤矿开采的原煤进行加工，排除其中的杂质，分选出不同规格的煤炭产品。选煤厂的目标是提高能源利用率，减少环境污染，降低成本，提高效率，获得较高的利润。

选煤厂的特点表现在：

(1) 选煤厂的生产加工对象煤炭数量很大，如果产品不合格，不可能退回去重新加工。

(2) 选煤厂的生产工艺复杂，生产过程连续，各个作业不但紧密相连，而且互相制约，任何一个作业工作的好坏都会影响全厂生产，甚至导致全厂停工。

(3) 选煤厂的机械化、自动化程度较高，技术要求高。

(4) 选煤厂包括生产、技术检查、机修、电气、物资、财务、劳动工资等部门。部门内有组织管理的问题,部门间有互相区分和互相联系的问题,关系比较复杂。

选煤厂技术管理的内容包括选煤厂生产效果的评定和分析、选煤厂生产系统的优化、质量管理等内容。为了做好选煤厂技术管理,必须充分利用各种信息和先进的管理手段和工具。

## 第三节 研究选煤厂技术管理的基本方法

在研究选煤厂技术管理时,必须采用正确的方法。选煤厂是一个有机的整体,系统复杂,信息量大。要把选煤厂建设成一个现代化企业,在管理方法上必须运用系统论、信息论和控制论等观点。

### 一、系统论观点

众所周知,系统是由若干相互作用和相互依赖的组合部分综合而成的具有特定功能的有机体。实质上,企业就是把输入转换为输出的一种转换机构,这种转换功能,就是企业系统的目的。从这个概念出发,选煤厂就是一个系统,这个系统是由生产、销售、技术开发、财务、人事、供应等子系统构成的多元系统。每个子系统又可包括许多二级子系统,如生产子系统中有原煤准备、选煤、机修、电气、技术检查等二级子系统。二级子系统还可派生出三级子系统,依此类推。各个子系统都有其特定的目标和功能,它们既互相联系又互相制约,但是都不能离开企业这个整体,而且各个子系统都影响着企业整体目标的实现。例如,生产系统工作的好坏直接影响选煤厂产品的数量和质量指标;当销售系统工作没做好,产品销售不出去时,虽然生产系统是正常的,选煤厂也不得不停产。此外,每个企业系统都离不开环境,环境也会影响和制约企业系统目标的实现。例如,选煤厂的用户某炼钢厂因故停产,必将影响到选煤厂精煤产品的销售;而当原煤不足或浮选药剂供应不足时,选煤厂也不得不停工待料。因此,我们可以把企业加环境看成是一个大系统。

显然,在研究选煤厂管理时,要用系统论的观点把选煤厂看成一个整体,不但要注意企业内部各子系统之间的相互影响、相互制约、相互依赖和相互联系,还要注意环境对选煤厂的影响,这样才能避免片面性、主观性,防止短期行为及本位主义。把选煤厂的内部条件与外部环境结合起来,把局部利益与全局利益结合起来,把当前利益与长远利益结合起来,才能实现选煤厂的科学管理。

图 1-2 为企业系统示意图。图 1-3 是选煤厂系统示意图。

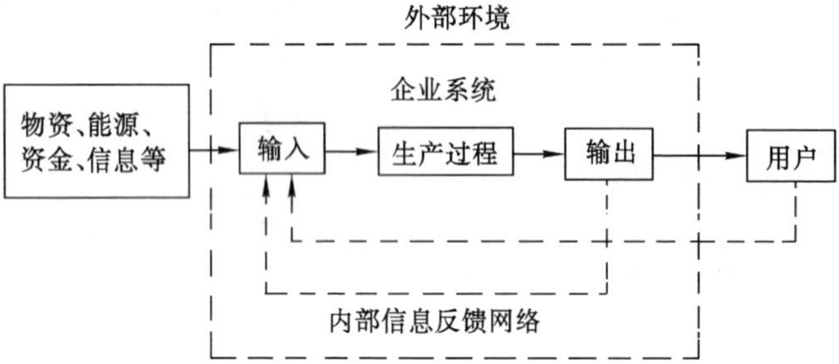


图 1-2　企业系统示意图

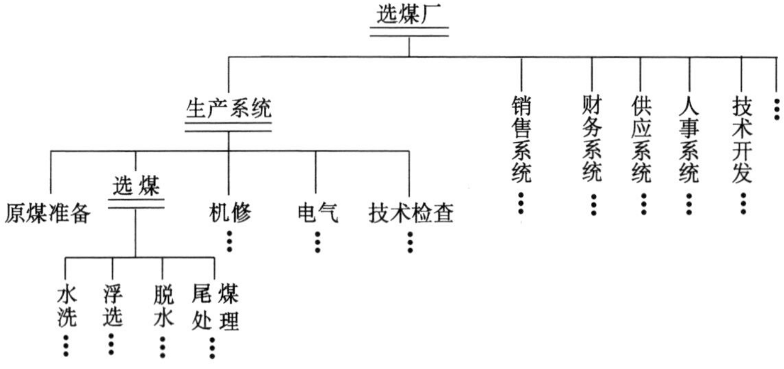


图 1-3　选煤厂系统示意图

## 二、信息论观点

选煤厂系统中所有子系统之间以及它们与外界环境之间的有机联系都是通过信息来实现的。信息可以反映客观事物的运动过程在时间和空间的分布状态和变化程度。在企业系统中，信息犹如人的“神经系统”，如果“神经系统”失常，就会导致整个系统混乱甚至瘫痪。例如，选煤厂的原煤性质变化后，操作要做相应的改变，如果原煤信息失真，就会使工人误操作，使精煤质量或产率降低。因此，信息既是企业进行生产经营决策、制订正确计划的依据，也是指挥生产、建立合理的生产秩序的手段，信息还是对生产过程进行有效控制的工具。这就是说，要实现选煤厂管理的科学化，必须保证信息的完整性、准确性、及时性和适用性，建立有效的信息管理系统。

## 三、控制论观点

控制论研究的是如何调节与控制复杂的系统，从而使系统按照预定的目标运行。控制过程一般可分为三个单元，即“控制单元”“执行单元”和“取样单元”，如图 1-4 所示。图中所示的控制过程是一个闭合回路，其中，“控制单元”接收内部及外部两方面的信息，进行加工处理后输出统一的信息指令，控制“执行单元”。“执行单元”必须严格按照“控制单元”发出的信息，履行自己的职责。“取样单元”必须真实地反映“执行单元”的实际执行结果，并反馈给“控制单元”。

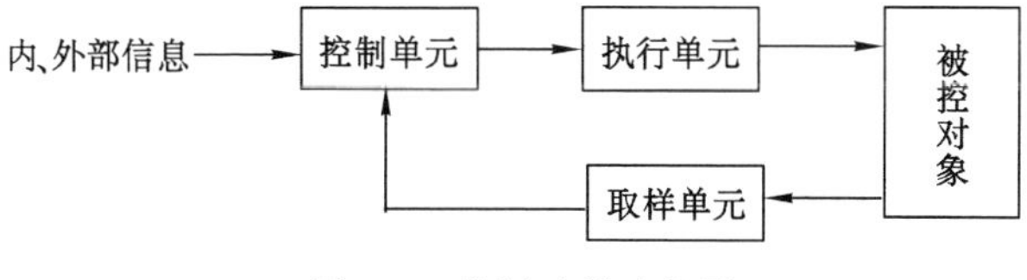


图 1-4　控制过程示意图

以上的控制过程，既可以是完全自动化的控制，也可以是人工控制。人工控制时,“控制单元”是指人根据经验及相应的计算,制定出控制策略。“取样单元”可以自动取样,也可以人工取样或经验观察。“执行单元”可以自动执行,也可以人工调节某些参数后执行。

常用的控制方法有以下几种:

1. 预先控制方法

这种方法主要针对资源的数量和质量的变化进行控制。在选煤厂就是对入选原煤的数量和质量进行控制。

2. 现场控制方法

这种方法主要对现场正在进行的实际操作进行监督和控制,使操作者能正确地完成所规定的任务。例如通过选煤产品质量管理图的变化控制选煤产品的质量。

3. 反馈控制方法

将被控对象输出的信息,也就是将执行的结果作为指导和控制未来的依据。例如对选煤厂前期的利润、成本进行分析,发现问题后,制定降低成本、增加利润的措施,并加以实施。

在企业管理实践中,应将这三种控制方法结合起来使用。图 1-5 为三种控制方法及其相互关系示意图。

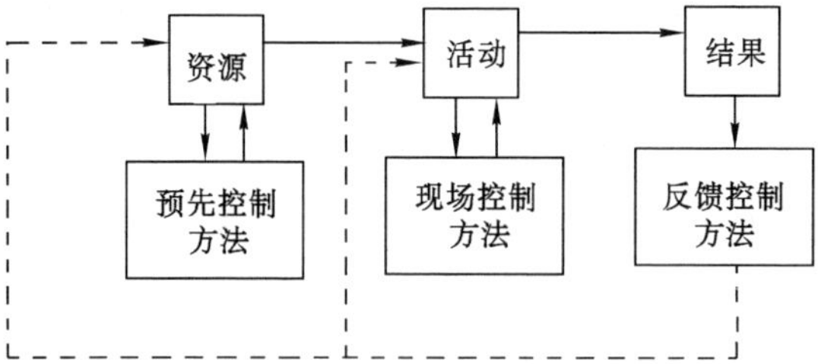


图 1-5　三种控制方法及其相互关系示意图

在上述的三个基本观点中,“系统”是事物客观存在的实体,

“信息”是事物实体的“神经”,“控制”是使事物按照预定目标运行的手段。

选煤厂技术管理是一门综合性很强的学科,它不但需要选煤专业知识,还需要数学、计算机、运筹学、统计学等方面的知识。本书力求将以上各学科知识与选煤知识相融合,通过实例进行论述和分析。

实践表明,软科学能转化为生产力。搞好企业管理,可以在现有流程、设备及人员的条件下,增加经济效益。因此,研究选煤厂技术管理,已成为选煤工作者共同关心的问题。

# 第二章 选煤厂信息管理

## 第一节 概 述

### 一、信息的含义

当今人类社会已从工业社会迈向信息社会。在企业中，不论是工人、班组长，还是各级管理人员，每时每刻都在和信息打交道。如果离开信息管理，生产就不能正常进行，企业就无法顺利发展，社会将停止前进。信息资源已成为人类社会发展的基础之一。

从广义的角度说，信息是客观事物的反映，它提供了与现实世界有关的消息和知识。从狭义的角度看，可以将信息定义为：信息是经过加工处理后，对客观事物产生影响的数据。

数据是未经加工的原始材料，它记录活动的事实。数据不仅是数值化了的数字，而且还包括图像、文字、声音等。数据是可以被鉴别的符号，其本身并没有意义，只有经过解释，变成信息，才有意义。信息是被转化了的数据，它能更直接、更明确地反映现实。同一信息可以采用不同的数据形式表示，如煤炭的灰分可用具体的数值表示，也可用其质量等级来表示。同一数据对不同的人、不同的环境，可能导出不同的信息。信息和数据是密不可分的，在实际使用中常常混淆，一定要注意加以区分。

### 二、信息的分类

按照不同的划分标准，信息可以分成以下几类：

1. 原始信息和综合信息

原始信息是从信息源直接收集的，如测灰仪在线测得的精煤灰分数据是原始信息；而将原始信息经过综合加工产生出来的新的数据（如平均班灰、灰分波动的均方差）则是综合信息。例如，根据平均班灰和灰分波动的均方差，可以评定一个班的灰分是否达到要求，灰分的波动如何。因此，综合信息对管理决策更有价值。

2. 自然信息和社会信息

自然信息是由自然界产生的信息，如矿区煤炭含硫量随开采深度增加的信息是煤层本身赋存规律决定的；而社会信息是与人类社会有关的信息，如市场经济信息、科技信息、国家政策变化信息等。选煤厂在进行技术管理时，要充分考虑自然信息和社会信息，如国家政策要限制高硫煤生产，而矿区煤炭硫分有增加的趋势，这时就要研究相应的对策。

3. 内部信息和外部信息

内部信息和外部信息有相对性。如果指选煤厂为内部，则选煤厂的生产、销售、人事、财务等信息都是内部信息；但是如果指选煤厂财务科为内部，则其他部门的信息就是外部信息。有的信息只能在内部使用，对外保密；有的信息只能由有一定权限的人查阅或修改，如厂长和总经济师有权查阅选煤厂的财务信息，而一般的班组长则无权查阅。选煤厂的外部信息不但包括国内信息，也包括国外的有关信息；不但包括本行业的信息，也包括其他行业的信息。

**三、信息的特性**

从信息管理系统的角度看，信息的特性主要表现为以下几点：

1. 共享性

这是信息区别于物质的一个重要特性。如选煤厂生产报表可以同时由厂领导、生产技术部门、生产车间共同使用。

2. 可加工性

这是指可以对信息进行加工处理，把信息从一种形式变换为另一种形式，并保持一定的信息量。如选煤厂可以把一个月甚至一年的生产经营情况加工成月报、年报。

3. 时效性

这是指从信息源获得的信息经过加工、传递直到利用的时间间隔及效率，时间间隔越短，使用程度越高，时效性越强。

4. 可存储性

这表示信息在存储时其内容不会失真，要求存储空间小，存储安全，容易在不同形式和内容之间转换和链接，易于快速检索等。

5. 可传输性

这是指信息可以通过各种手段传输。

除了以上特性外，信息还有以下特性：信息是有价值的；信息是动态的；信息处理时要鉴别其真伪；对不同的管理层次，需要不同的信息；等等。

**四、选煤厂的信息系统**

在选煤厂的整个生产经营过程中，始终存在着两种“流”：一种是“物质流”，另一种是“信息流”。

物质流也称为物料流，是指原煤进入选煤厂后，使用能源、水、药剂、介质等原料，按照设计的工艺流程，经过一系列的机械加工处理后，变成合格的产品。伴随着物质流，在生产经营过程中产生了大量的数据、资料，如原煤和各产品的数量、质量指标，能源、水、药剂、介质的消耗量，设备的开停时间及事故率，工人的出勤情况，铁路车皮调度及产品销售情况，它们经过加工形成报表及图形等，这就是选煤厂的信息流。很显然，任何一个企业，只要有物质流，就必然有信息流。根据信息流所提供的信息，能对企业的生产经营活动进行有效的管理和控制，从而提高物质流的效益。

图 2-1 为某选煤厂分选系统的物质流示意图。图 2-2 为产品数量和质量变化的信息流示意图。图 2-3 为水量（水分）变化的信息流示意图。图 2-1 显示，原煤经过跳汰、筛分脱水、浮选、浓缩、压滤后分离成矸石、中煤、总精煤和尾煤，其间使用了水、浮选剂、絮凝剂、压缩空气等。图 2-2 则表明在整个分选过程中，100 t 灰

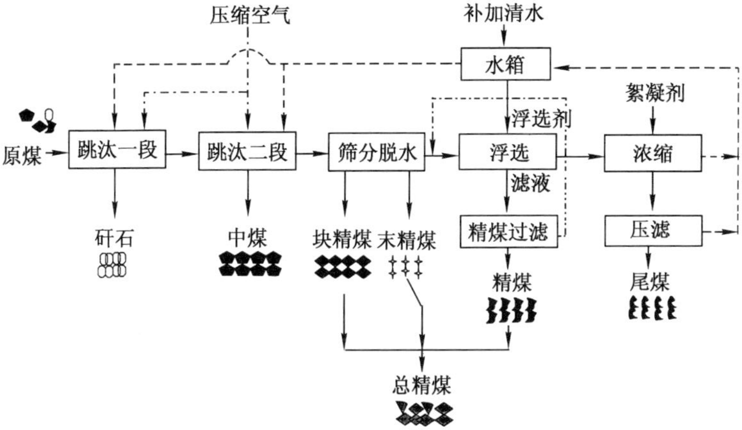


图 2-1　某选煤厂分选系统的物质流

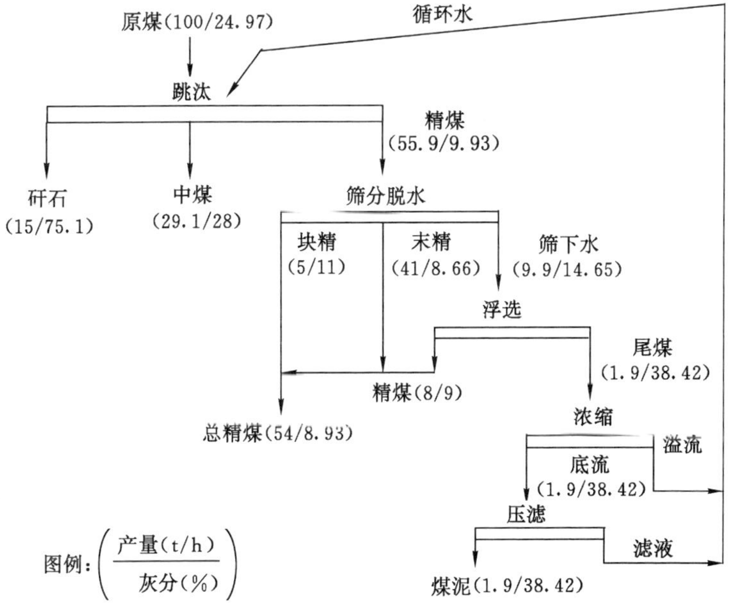


图 2-2　产品数量和质量变化的信息流

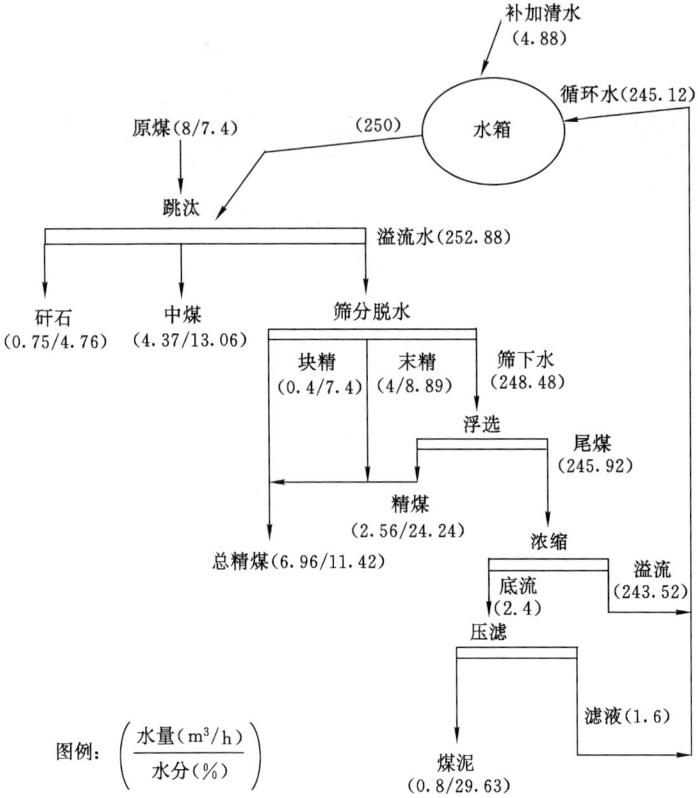


图 2-3　水量(水分)变化的信息流

分为 24.97%的原煤分选出灰分为 8.93%的精煤 54 t、灰分为 28%的中煤 29.1 t、灰分为 38.42%的煤泥 1.9 t 及灰分为 75.1%的矸石 15 t。图 2-3 则表明在分选中使用了 250 $m^3$ 的水，其中循环水用量为 245.12 $m^3$，补加清水量为 4.88 $m^3$。图 2-3 还详细标明了各个产品的水分和水量，如总精煤水分为 11.42%，其中块精煤水分7.4%，末精煤水分8.89%，浮选精煤水分 24.24%。

图 2-2 和图 2-3 的信息流也可以用表格或图形表示。例如，表 2-1 为某选煤厂产品数量和质量表；图 2-4 为某选煤厂精煤水量组成，表示精煤中块精煤水量只占总精煤水量的 6%，浮选精煤水量占总精煤水量的 33%，末精煤水量占总精煤水量的 61%，降低末精煤的水分对降低总精煤的水分起关键作用。

**表 2-1　某选煤厂产品数量和质量表**

| 产品名称 | | 产率/% | 灰分/% | 水分/% |
|---|---|---|---|---|
| 精煤 | 块精煤 | 5.0 | 11.00 | 7.40 |
| | 末精煤 | 41.0 | 8.66 | 8.89 |
| | 浮选精煤 | 8.0 | 9.00 | 24.24 |
| | 总精煤 | 54.0 | 8.93 | 11.42 |
| 中煤 | | 29.1 | 28.00 | 13.06 |
| 矸石 | | 15.0 | 75.10 | 4.76 |
| 煤泥 | | 1.9 | 38.42 | 29.63 |
| 合计 | | 100.0 | 24.97 | 11.24 |

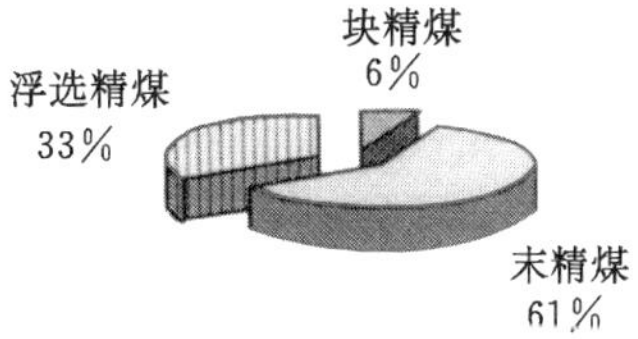


图 2-4　某选煤厂精煤水量组成

选煤厂有各种信息和信息流，如生产系统信息流、财务系统信息流、人员系统信息流、销售系统信息流等。这些众多的信息流常常是互相联系、互相作用、互相渗透和互相制约的，其中某一分系统信息的输出可能是另一分系统信息的输入，各条分支构成了信息流的网络，这就是选煤厂的“信息系统”。

过去，我们主要靠人工收集、处理大量的信息，信息收集速度慢，内容不全面，处理困难。随着信息科学、网络技术和计算机技术的发展，人们收集、存储、加工和传送信息的能力大幅度提高，大大缩小了时间和空间的界限。人们可以全面掌握和高速处理大量的信息，能在较短的时间内对一些复杂的或综合性的大系统做出准确的判断和有效的决策。

选煤厂技术管理对信息系统的要求是：

1. 及时性

信息的及时性也称新颖度，它有两层含义：一是信息的传递处理速度要快；二是对那些不能追忆的信息要及时记录，以免遗漏。如果表征生产过程状况的信息不能及时地反映到各级管理部门，就无法对生产过程进行有效的控制，甚至会贻误时机，使生产过程失去控制。

2. 准确性

信息的准确性是指信息要准确地反映客观实际，同时必须保持同一信息在不同管理文件中的同一性。有了准确、可靠的信息，企业才能据此做出正确的判断和决策；信息不准确不但不能指导企业的生产经营活动，反而会引起生产经营活动的混乱，造成经济损失。

3. 适应性

现代化的工业企业中存在着大量的内容和精确度不同的信息，信息系统要针对不同部门的需要提供适应性强、主次分明的不同信息，以免浪费时间、耽误工作。

4. 经济性

信息的取得要耗费资金，因此，企业的信息获取量不是越多越好，而是要有一个适当的范围。在考虑收集哪些信息时，一是根据管理上的需要，二是选取该信息所产生的价值与获取该信息所消耗的费用之差达到最大时的信息量。

## 第二节　选煤厂的信息组成

选煤厂的信息大致可以分为以下几类。

### 一、生产技术信息

1. 原煤信息

原煤信息包括原煤的数量、含矸率、灰分、水分、硫分及可选性的变化等。前几项信息可以从提供原煤的矿井中获得，也可以由选煤厂自行检测；可选性的变化通常由选煤厂通过浮沉试验了解。这些信息以日报、月报、年报及月综合等形式出现。当矿井所报的原煤数量和质量信息与选煤厂的测定结果有出入时，选煤厂要提出异议，要求仲裁；否则，选煤厂会因原煤亏吨或煤质变差而降低分选效率，造成经济损失。

原煤信息还包括提供原煤矿井的资源赋存情况、所采煤层煤质变化规律、采煤计划、中长期煤质变化趋势等。

2. 产品信息

产品信息是指销售产品的数量、灰分、水分、硫分、发热量等指标信息。选煤厂除了要将这些信息及时发送给用户作为结算依据外，还要以产品等级、批合格率、批稳定率等指标形式逐日、逐月、逐年统计，作为评定选煤厂生产情况的重要指标。

3. 分选效率信息

选煤厂的经济效益在很大程度上取决于分选效率的高低，选煤厂要使用胶带秤、测灰仪、测水仪等实时监测原料及产品的数质量，及时对生产过程进行调节，严格控制产品灰分波动，以达到较高的分选效率。在不具备自动检测仪表的情况下，要用快浮、快灰等方法定时对分选设备进行采样、分析。

4. 月技术经济指标综合信息

这类信息包括选煤厂一个月的原煤及产品的数量和质量平衡表、原煤及产品的筛分浮沉试验结果、小筛分及小浮沉试验结果、全月的主要技术经济指标以及成本分析等。

5. 单机及全厂技术检查信息

为了了解某一台设备在某一工序的工作状况或全厂的生产状况，选煤厂要对单机或全厂生产情况进行不定期的检查，如对跳汰机、重介质分选机或旋流器、浮选机以及煤泥水系统进行检查等。这类检查能得到比较全面的资料，有利于分析设备或系统的工作性能，找出改进措施；也可据此进行生产过程优化及建立生产过程数学模型。虽然这类检查要耗费大量的人力和物力，但却是非常有必要的。

6. 国内外新技术、新工艺、新设备相关信息

及时了解国内外的新技术、新工艺、新设备的相关信息，不断改造落后的工艺设备，才能使企业在激烈的市场竞争中立于不败之地。这些信息可以通过参加学术会议、到其他选煤厂参观、阅读相关文献、邀请专家做报告、网上搜索查询、参观展览等途径获得。

## 二、销售与市场信息

除了了解本企业产品的销售情况外，还要广泛了解市场对各类煤炭产品的数量、质量的要求，需求变化趋势，价格变化趋势；各类原材料的供应情况及价格变化趋势；不同用户的信用情况、还款情况；等等。

## 三、经济信息

经济信息包括成本，加工费，销售额；流动资金周转率，固定资产及流动资产总额；资金利税率，人均利税率，全厂利税完成情况；生产工人效率，全员效率；原煤及产品价格，各种原材料价格变化；与同类企业各项技术经济指标对比的情况；等等。

## 四、人员信息

人员信息包括管理人员、技术人员以及工人的年龄、性别、文

化水平、技术熟练程度、工作态度、出勤率、培训情况等。总之，要了解各类人员的素质及工作组织情况。

**五、管理信息**

管理信息包括设备完好率，各种备件消耗周期和存储数量，重大机电设备事故；质量管理的各种统计资料；人员变化，事故及伤亡情况；煤泥出厂率，排放水量；等等。

以上各类信息可以来自厂内、厂外、国内、国外。选煤厂的各级管理人员要经常进行内、外部信息的对比，为科学决策提供更多、更可靠的依据。

## 第三节　选煤厂的信息管理

过去，选煤厂的信息主要通过报表记录存储以及人工传送、查询，信息获得滞后，信息大量流失，错误率高，利用率低。当前，计算机技术、网络技术、通信技术及信息技术的发展为选煤厂信息管理现代化提供了坚实的技术平台，“选煤工艺计算软件包”和“选煤优化软件包”的开发成功，为选煤厂管理水平的提高提供了有力的工具。下面主要介绍使用计算机进行选煤厂的信息管理。

**一、生产技术信息的获取**

选煤厂生产技术信息可以从以下几方面获取：

1. 在线检测仪器

通过测灰仪、测水仪、胶带秤、悬浮液密度测定仪、磁性物含量测定仪、压力表、流量计、轨道衡等检测仪表可以实时获取各种生产技术信息。

2. 技术检查

日常技术检查，如快灰、快浮，月综合试验，单机检查资料，系统检查资料，原料煤矿井煤质检查资料。技术检查之后，所有数据要输入数据库。

3. 台账记录

用计算机自动记录台账，如开停车时间、停车原因、设备运行情况和维修情况，并输入数据库。缺少计算机时，采用人工记录台账。

4. 通过 Internet 搜索查询资料

Internet 是一个以 TCP/IP 通信协议联络世界各地计算机网络的数据通信网，是一个集全球各领域、各机构的各种信息资源为一体供用户共享的信息资源网，使用万维信息服务系统可以与世界各地的政府机构、高校、图书馆和信息供应商链接，在网上快捷查询有关资料。

除了以上方法外，还可以利用问卷调查、访问交谈、参观展览、参加会议等方式获取所需信息。

## 二、通用的信息处理软件

国内外软件公司已经提供了大量的通用软件，可以用来进行各种信息的处理。例如，Microsoft Office，Origin，MATLAB，SPSS，SAS 等，其主要功能如表 2-2 所示。只要真正掌握其中一两种软件，就可以比较自如地进行通用的信息处理。图 2-5 是利用 Excel 绘制的不同区域垃圾组分平均值综合图；图 2-6 是利用 Origin 绘制的某选煤厂不同时期 5 种原煤可选性与精煤灰分关系图。

**表 2-2 常用的信息处理软件**

| 软件名称 | | 功能 |
|---|---|---|
| Microsoft Office | Word | 打字、画简单流程图和框图 |
| | Excel | 表格处理、简单的数学计算、排序、检索、画统计图 |
| | Access | 数据库 |
| MATLAB | | 各种数学计算、人工神经网络 |
| Origin | | 表格处理、数学运算、排序、插值、拟合回归分析、画统计图、画趋势图、画函数图 |
| SPSS，SAS | | 现代统计学软件 |

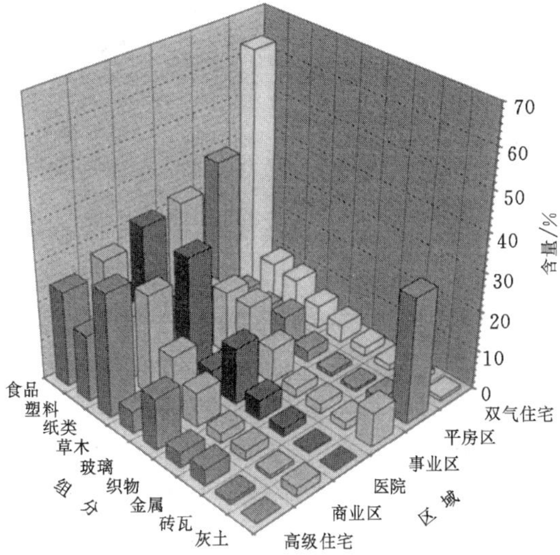


图 2-5　不同区域垃圾组分平均值综合图

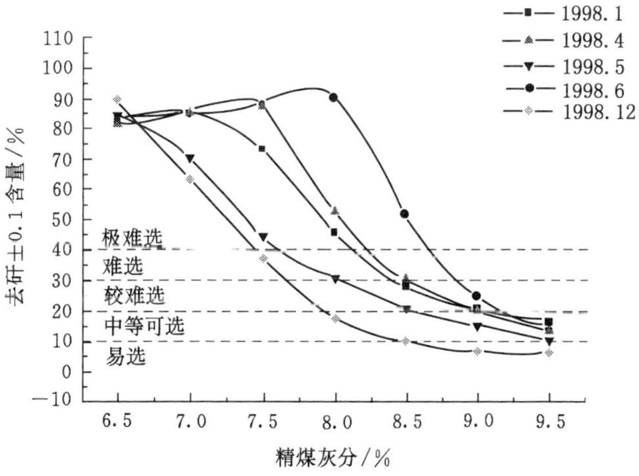


图 2-6　5 种原煤可选性与精煤灰分关系图

## 三、专用的选煤厂生产技术管理软件

由路迈西及其团队研发的“选煤工艺计算软件包”经历了几十年的使用，版本从DOS升级到Windows，功能几乎包括了选煤厂技术管理的全部内容。该软件包功能齐全、易于使用，在我国得到了广泛应用。

随着计算机软硬件技术和网络技术的发展，“选煤工艺计算软件包”的模式已经不能适应用户的需要，2011年在“选煤工艺计算软件包”的基础上研发了“选煤优化软件包”。该软件包包含和扩展了“选煤工艺计算软件包”的所有功能，而在软件的结构上完全颠覆了“选煤工艺计算软件包”的模式，取消了数据在文件中的传输，完成了网络、数据库、数学模型相结合，从煤炭配煤、分选效果评定、重选效果预测到工艺流程预测优化的集成。用户通过浏览器运行，运算结果直接进入数据库，通过Excel导入导出数据。

1. “选煤优化软件包”的主要功能

“选煤优化软件包”的主要功能如图2-7所示，主要功能有：

(1) 数据管理与维护

实现系统运行需要的所有原始数据输入、初步计算、存储、输出。这些数据按照一定格式存储到数据库，可以方便地在系统中检索、查询、排序、调用。主要数据包括：

① 原煤筛分浮沉试验资料：筛分浮沉资料综合，原煤可选性表计算。

② 重选分选效果原始资料：格氏法计算产率，分配率计算。

③ 分选设备的主要信息：可能偏差，不完善度。

④ 选煤产品价格：输入不同产品的价格表。

⑤ 选煤流程管理：输入、查询、删除选煤流程。

(2) 原煤质量预测与优化

原煤质量是选煤效果评价、预测、优化的基础。原煤质量预测

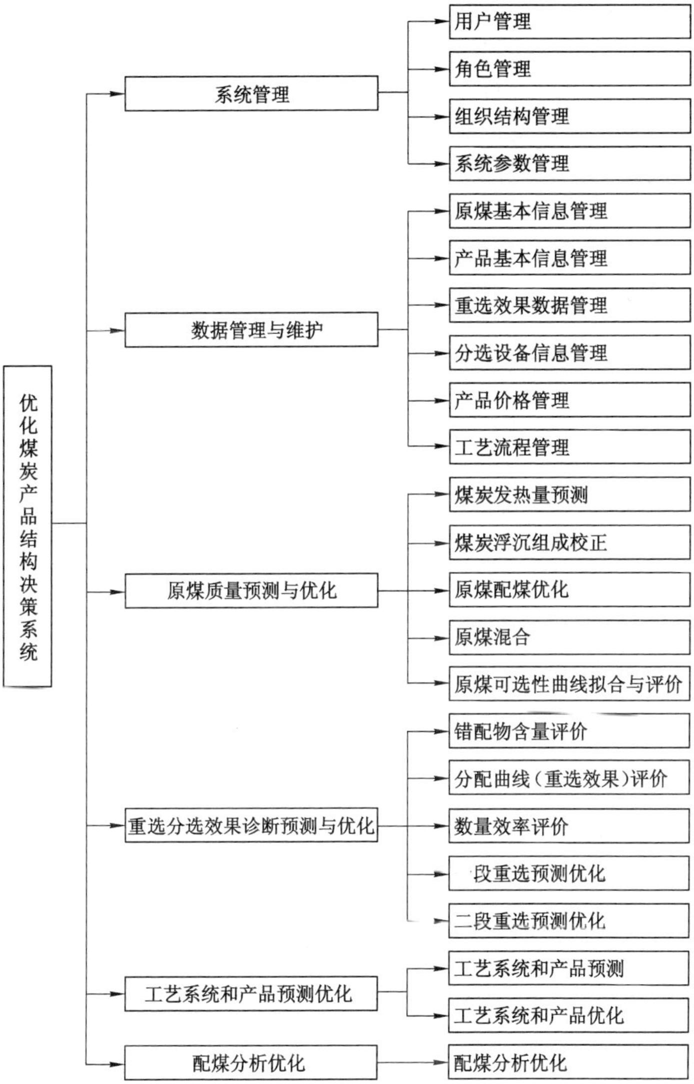


图 2-7　“选煤优化软件包”功能结构图

和优化系统包括：

① 原煤筛分浮沉表综合、原煤可选性曲线拟合、原煤理论指标查询及可选性评价：这一部分是选煤最常用的功能，原煤筛分浮沉试验数据直接从 Excel 表导入，自动生成原煤全粒级浮沉组成、可选性表、筛分表。利用数学模型模拟可选性曲线，根据模型绘制可选性曲线，自动查询不同分选密度的精煤理论产率、灰分和±0.1 含量，以图形和表格的形式显示。图 2-8 为拟合的可选性曲线。

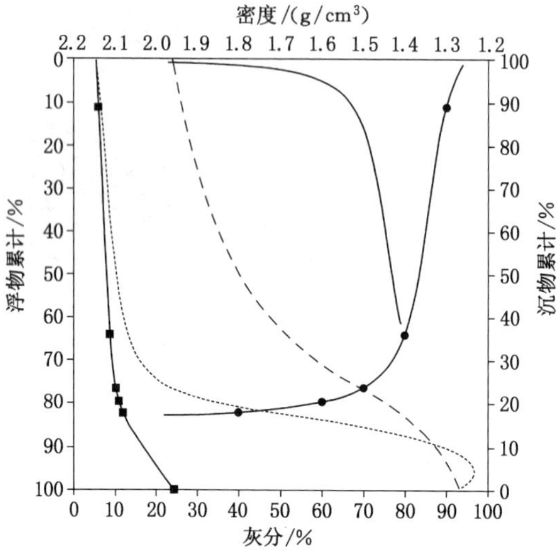


图 2-8 软件拟合的可选性曲线

② 煤炭发热量预测：动力煤是按照发热量计价的，而选煤厂实时得到的质量指标是灰分、水分。此时可以根据煤炭的灰分、水分等指标和发热量的相关关系建立发热量预测模型，实时获得发热量数据。

③ 煤炭浮沉组成校正：对于同一矿区的煤炭，浮沉组成各密

度级之间的关系是相对稳定的，但由于开采过程中混入的夹矸和顶底板数量不同，原煤的灰分差别较大。进行预测时，往往缺少当前原煤浮沉试验资料，但可以利用原煤灰分以及历史原煤浮沉试验资料，通过煤质浮沉组成校正功能获得比较接近实际的原煤浮沉试验资料。

④ 原煤配煤优化：当有多种质量和价格不同的原煤混合入选时，需要决定混合入选的比例，可以使用该功能按照混合煤产品质量约束求得价格最低的配煤方案，计算混合煤的浮沉组成。

⑤ 原煤混合：不同原煤浮沉组成混合，自然级和破碎级综合。

(3) 重选分选效果评价

重选分选效果评价包括：

① 分配曲线评价：二产品、三产品产率计算，分配率计算，用数学模型模拟分配曲线，分配曲线绘制，自动查询分选密度和可能偏差(不完善度)。一般情况下，重介的可能偏差必须低于 0.05，跳汰的不完善度在 0.18 左右，TBS(TSS)和螺旋分选机可能偏差为 0.1～0.12。将本厂设备的可能偏差(不完善度)和国内外水平对比，可以评价本厂重选的分选水平。图 2-9 为计算机显示的分配曲线拟合结果，上表显示了一段、二段分配曲线的数学模型、拟合次数、拟合误差、模型的参数值及分配曲线的特征参数包括分选密度、可能偏差和不完善度。下图则是所拟合的两条分配曲线，图中的圆点为已知点，曲线为软件拟合的分配曲线，左边为二段，右边为一段。

② 错配物含量评价：自动查询重选产品的错配物含量。错配物含量特别是矸中带煤是评价重选效果的重要指标。重介选煤方法矸石带煤的标准是小于 5%，跳汰是 8%。

③ 数量效率评价：根据理论产率和实际产率计算数量效率。数量效率和原煤可选性有关，对于本厂可选性变化不大时，可以用数量效率评价不同时期的分选效果。

| 一段曲线 | | | | | |
|---|---|---|---|---|---|
| 分配曲线 | | | | | |
| 模型 | 反正切模型 | 拟合次数 | 31 | 拟合误差 | 0.4670 |
| 参数 | k=7.37710 | c=1.90276 | t1=-1.34946 | t2=2.19845 | |
| 分选密度 | 1.964 | 可能偏差 | 0.289 | 不完善度 | 0.3001 |
| 二段曲线 | | | | | |
| 分配曲线 | | | | | |
| 模型 | 复合正态积分模型 | 拟合次数 | 31 | 拟合误差 | 0.4988 |
| 参数 | k=63.63381 | pxl=1.46416 | c=-3.32806 | a=0.82230 | b=-0.05649 |
| 分选密度 | 1.446 | 可能偏差 | 0.090 | 不完善度 | 0.2019 |

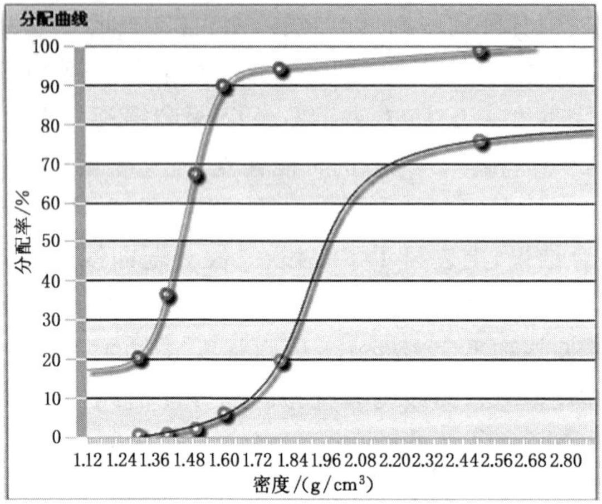


图 2-9　分配曲线拟合结果

（4）重选分选效果预测优化

一段、二段重选预测是对指定的原煤和分配曲线资料，预测指定分选密度时的分选效果，即预测以上条件下所有产物的数质量指标。一段重选优化是对指定的原煤和分配曲线资料，利用优化方法预测达到指定精煤灰分的分选密度。二段重选优化是指对指定的原煤和分配曲线资料，固定高密度分选密度，利用优化方法预测达到指定精煤灰分的分选密度。图 2-10 为二段重选效果预测(优化)界面。

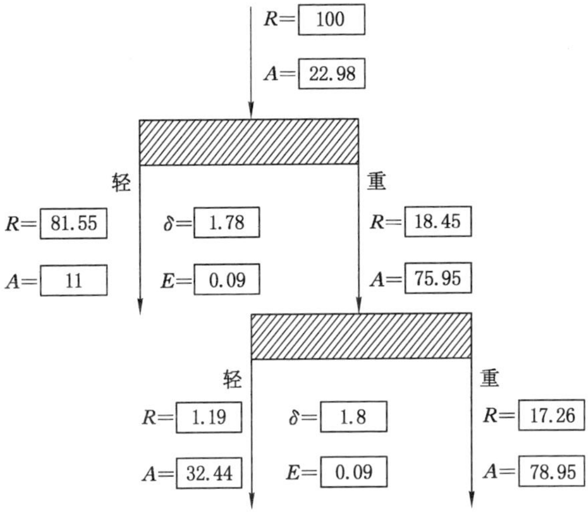


图 2-10　二段重选效果预测(优化)界面

(5) 工艺系统和产品预测优化

将几种煤炭配煤后，对由跳汰、重介、螺旋分选、TBS(TSS)、浮选、筛分、分流等作业组成的各种选煤流程进行预测或优化，在指定了筛分效率、可能偏差、不完善度及分选密度、浮选精煤产率及灰分、分流比例后，预测各个作业产品及最终产品的数质量指标、产品的销售额及利税。

优化过程根据市场需要，确定达到产品质量要求时，经济效益最高的分选制度就是最佳的重选分选密度配合方案。

选煤流程预测优化需要从数据库中选择原煤浮沉资料、产品价格表、产品发热量模型和预测的工艺流程，同时需要输入原煤价格、配煤比例、生产成本等资料。优化时需要输入产品灰分约束。为了提高系统运行效率，系统集成了原煤资料混合、校正、分选、发热量预测、优化等过程，达到方便快速指导生产的目的。图 2-11 为选煤流程优化界面。预测优化结果直接在流程图上显示，并可在线修改分选参数，实时显示预测结果。图 2-12 为流程预测优化的截图，显示了原料、产品的数质量、价格、浮沉组成和吨煤经济效益。

(6) 配煤分析优化

销售过程中，当需要将价格不同、质量不同的煤炭混合，达到某一质量如灰分、硫分的产品时，往往有多种配煤方案，虽然这些方案都能满足产品质量要求，但是成本会有差别。配煤优化的目的就是利用优化方法，求出达到产品质量要求时成本最低的方案。系统根据煤炭水分、灰分、挥发分、硫分、发热量具有线性可加性的特点，利用线性规划进行优化。

2. “选煤优化软件包”的特点

(1) 智能化。例如：几种煤炭混合时，如果几种煤炭的粒度不同，不需要人工干预，系统自动调节成相同粒度后混合；工艺流程预测优化模块，从原煤混合到各种流程分选一气呵成。

(2) 科技含量高。例如：原煤和分配曲线使用数学模型模拟，采用了非线性拟合方法确定模型参数；流程预测优化采用了先进的遗传算法与传统搜索方法相结合的混合算法；采用节点和网络流代表不同的工艺流程；使用线性规划实现配煤优化；采用回归分析方法进行发热量预测。

(3) 使用快捷方便。例如：原始资料直接导入；运行结果包括图形直接导出；原始数据和部分运行结果进入数据库，随时调用。

(4) 采用 B/S(Browser/Server)即浏览器/服务器结构。服务器中存储了所有的系统软件、应用软件和数据库，用户计算机不需

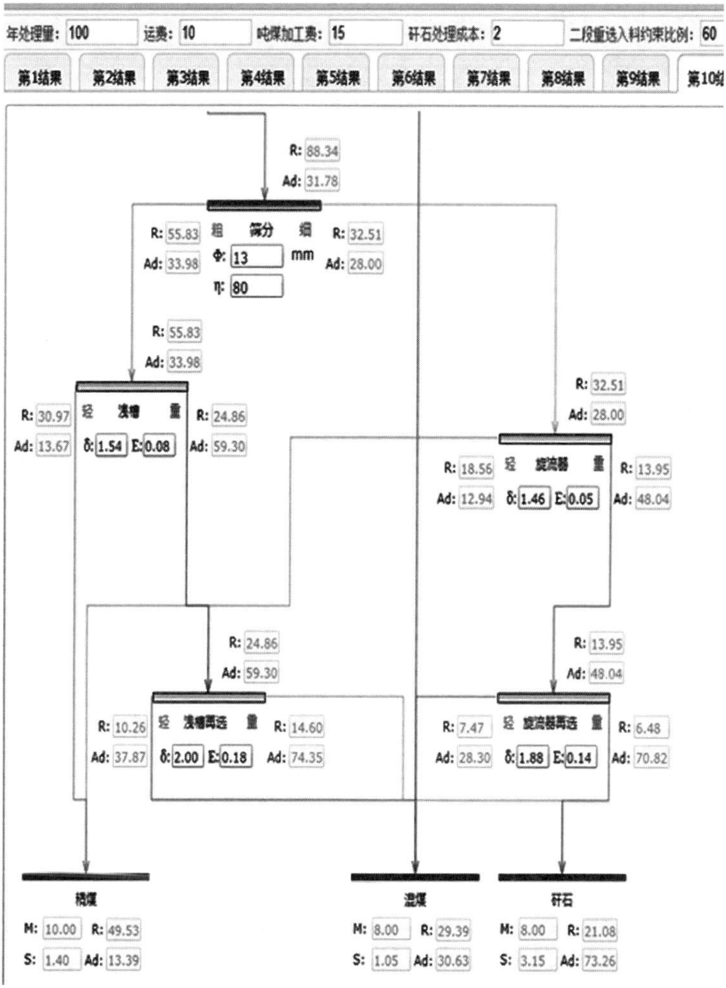


图 2-11　选煤流程优化界面

| | | | | |
|---|---|---|---|---|
| 西沙河9号煤1 | 65 | 27.71 | 2.09 | 200 |
| 全海洋测试 | 35 | 34.43 | 1.35 | 250 |
| 合计 | 100.00 | 30.06 | 1.83 | 217.50 |

**产品数质量表**

| 产品名称 | 产率% | 灰分% | 水分% | 硫分% | 发热量 | 年产量 |
|---|---|---|---|---|---|---|
| 精煤 | 49.53 | 13.39 | 10.00 | 1.40 | 5897.69 | 49.53 |
| 混煤 | 29.39 | 30.63 | 8.00 | 1.05 | 4621.38 | 29.39 |
| 矸石 | 21.08 | 73.26 | 8.00 | 3.15 | 1175.48 | 21.08 |

**>0.5mm产品浮沉组成表**

| 密度 | 原煤 | | | | 精煤 | | | | 混煤 | | | | 矸石 | | | |
|---|---|---|---|---|---|---|---|---|---|---|---|---|---|---|---|---|
| | 占本级 | 产率 | 灰分 | 硫分 | 占本级 | 产率 | 灰分 | 硫分 | 占本级 | 产率 | 灰分 | 硫分 | 占本级 | 产率 | 灰分 | 硫分 |
| -1.3 | 7.22 | 6.38 | 7.21 | 1.59 | 12.70 | 6.29 | 7.21 | 1.59 | 0.51 | 0.09 | 7.14 | 1.59 | 0.00 | 0.00 | 6.84 | 1.59 |
| 1.3-1.4 | 35.26 | 31.15 | 11.49 | 1.40 | 59.01 | 29.23 | 11.42 | 1.40 | 10.72 | 1.90 | 12.60 | 1.40 | 0.07 | 0.01 | 12.94 | 1.40 |
| 1.4-1.5 | 17.44 | 15.41 | 17.99 | 1.27 | 21.99 | 10.89 | 17.70 | 1.27 | 24.93 | 4.42 | 18.70 | 1.27 | 0.45 | 0.09 | 19.32 | 1.27 |
| 1.5-1.6 | 8.34 | 7.37 | 28.04 | 1.36 | 5.31 | 2.63 | 27.42 | 1.36 | 25.33 | 4.49 | 28.34 | 1.36 | 1.15 | 0.24 | 29.23 | 1.36 |
| 1.6-1.7 | 3.92 | 3.46 | 40.34 | 1.57 | 0.88 | 0.44 | 38.75 | 1.57 | 15.21 | 2.70 | 40.46 | 1.57 | 1.57 | 0.33 | 41.38 | 1.57 |
| 1.7-1.8 | 1.83 | 1.62 | 48.89 | 2.33 | 0.10 | 0.05 | 46.05 | 2.33 | 7.04 | 1.25 | 48.74 | 2.33 | 1.52 | 0.32 | 49.89 | 2.33 |
| 1.8-1.9 | 0.85 | 0.75 | 52.15 | 3.22 | 0.01 | 0.00 | 49.16 | 3.22 | 2.80 | 0.50 | 51.73 | 3.22 | 1.20 | 0.25 | 53.00 | 3.22 |
| 1.9-2 | 0.40 | 0.35 | 54.53 | 3.22 | 0.00 | 0.00 | 53.04 | 3.22 | 1.00 | 0.18 | 53.95 | 3.22 | 0.82 | 0.17 | 55.13 | 3.22 |
| +2 | 24.74 | 21.86 | 75.15 | 3.22 | 0.00 | 0.00 | 72.56 | 3.22 | 12.46 | 2.21 | 72.47 | 3.22 | 93.22 | 19.65 | 75.45 | 3.22 |
| 合计 | 100.0 | 88.34 | 31.78 | 1.88 | 100.0 | 49.53 | 13.39 | 1.40 | 100.0 | 17.73 | 33.84 | 1.75 | 100.0 | 21.08 | 73.26 | 3.15 |

**吨原煤经济效益表**

| 产品 | 产率（%） | 单价（元/吨） | 销售额（元） |
|---|---|---|---|
| 精煤 | 49.53 | 863.80 | 427.87 |
| 混煤 | 29.39 | 575.10 | 169.02 |
| 矸石 | 21.08 | 0.00 | 0.00 |
| 原煤成本 | | | 217.50 |
| 加工费 | | | 15.00 |
| 运费 | | | 10.00 |
| 矸石处理成本 | | | 0.42 |
| 利税 | | | 353.97 |

图2-12　对应图2-11流程的原料、产品和经济效益信息截图

要安装软件。用户直接在 IE 浏览器使用服务器中的软件。多用户可以在 Internet 或企业内部网使用，共享数据库；单用户可以在 Internet 或在单台电脑运行。

总之，“选煤优化软件包”是企业正确决策的有力工具。图 2-13 为利用软件包预测的跳汰主选和跳汰排矸，跳汰精煤重介流程总精煤灰分和总精煤产率关系图。结果很明显，跳汰主选无法分选灰分低于 8%的精煤。在相同的灰分下，跳汰一段排矸，跳汰精煤重介流程的产率显著增加。

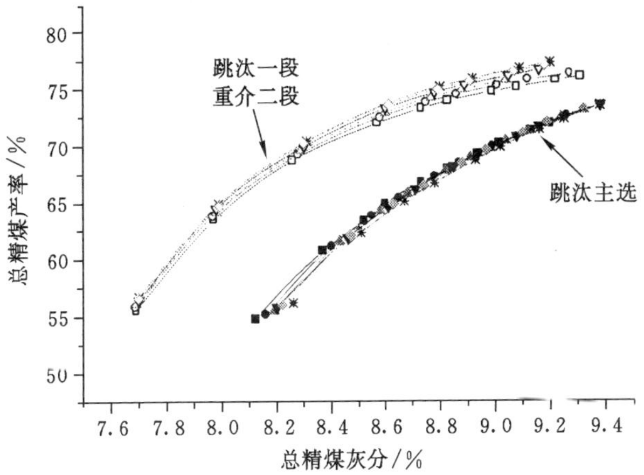


图 2-13　两种选煤方法分选效果对比

# 第四节　管理信息系统

管理信息系统综合运用计算机技术及网络技术，融合现代管理和决策方法，辅助管理人员进行数据管理和管理决策。

在企业中应用管理信息系统的三个要素是：人、计算机和数据。人是指企业的管理人员、技术人员等，他们在系统中起主导作用;网络和计算机技术是管理信息系统得以实施的主要技术,软件是管理信息系统开发的重点;企业的管理数据是管理信息系统正常运行的基础。这三个方面也是企业管理现代化的标志。

管理信息系统的发展与网络、计算机技术和管理科学的发展紧密相关。现在的计算机运行速度快、存储量大,能准确进行算术运算和逻辑运算,具备数据处理、存储等多种功能,将计算机应用于管理,能把生产与流通中的巨大数据流收集、组织和控制起来,经过处理转化为各个部门不可缺少的信息,使企业能在市场竞争中占得先机。利用计算机参与企业管理,并针对企业的情况开发相应的计算机管理信息系统,是企业管理现代化的必由之路。

管理信息系统的硬件包括计算机及网络系统的硬件。图 2-14 为某管理信息系统硬件组成示意图,其中包括数据库服务器、Web 服务器、代理服务器、客户机、交换机、网络传输介质、网卡等。

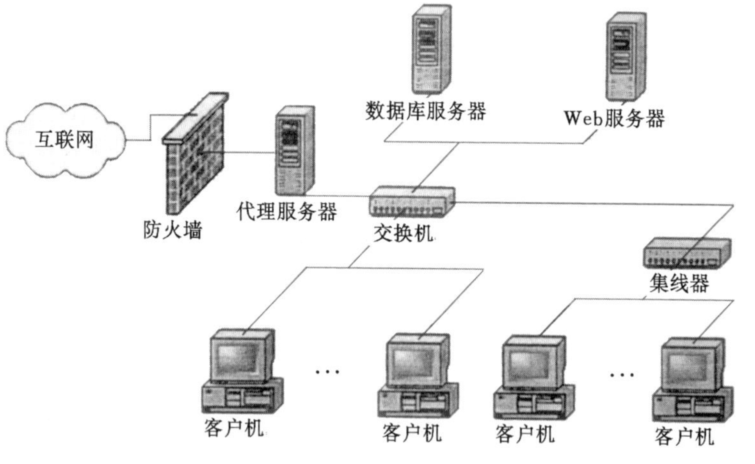


图 2-14　管理信息系统硬件组成

管理信息系统的软件包括两部分：一部分是系统软件，如采用的操作系统、数据库管理系统、各种服务器软件及应用开发工具等；另一部分是应用软件。管理信息系统应用软件的结构一般使用分层的树状结构，如图 2-15 所示。

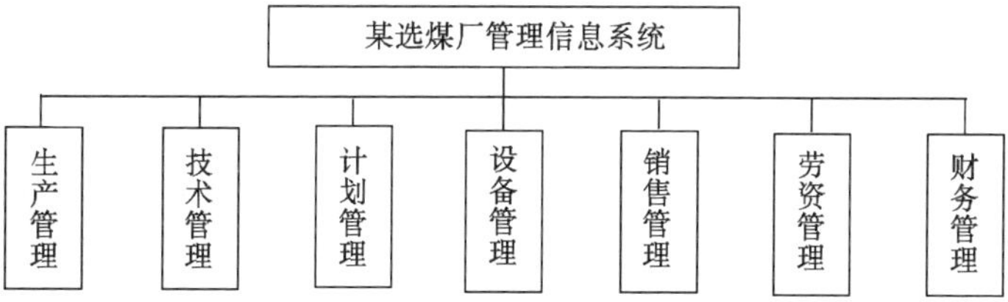


图 2-15　某选煤厂管理信息系统应用软件的结构

随着计算机硬件和软件的飞速发展，管理信息系统也在不断地发展，信息管理模式正由面向技术的信息管理模式——电子数据处理系统（EDPS）、管理信息系统（MIS）、决策支持系统（DSS）和办公自动化系统（OAS）向面向竞争的信息管理模式——战略信息系统（SIS）转换。不同管理信息系统的特点见表 2-3。

**表 2-3　不同管理信息系统的特点**

| 名　　称 | 时间 | 功　　能 | 缺　　点 |
|---|---|---|---|
| 电子数据处理系统（EDPS） | 20 世纪 50～60 年代 | 计算机数据统计、更新、查询、分析的状态报告系统 | 只能完成单纯的数据处理工作，缺乏分析预测功能 |
| 管理信息系统（MIS） | 20 世纪 60 年代中期 | 利用计算机软、硬件，手工作业，分析、计划、控制和决策模型及数据库技术的人-机系统 | 管理决策功能薄弱，只有内部信息而没有外部信息，只有业务信息而没有办公信息 |
| 决策支持系统（DSS） | 20 世纪 70 年代初期 | 在 MIS 基础上，引入外部信息，强调人机交互和用户友好，支持决策者进行管理决策 | 通过技术手段和模型化方法提高决策的效率，但难以处理社会信息环境下的战略决策问题 |

表 2-3(续)

| 名　称 | 时间 | 功　能 | 缺　点 |
|---|---|---|---|
| 办公自动化系统(OAS) | 20 世纪 70 年代末期 | 利用计算机、局域网等先进的办公设备与办公人员构成的信息处理系统 | 较少涉及各种科学管理方法和管理模型 |
| 战略信息系统(SIS) | 20 世纪 80 年代 | 对组织内外信息资源进行战略应用的系统,面向高层管理和竞争战略决策需要,目标是通过改变组织的业务结构和经营特性来提高竞争能力,形成的经营管理模式有企业资源计划系统(ERP)、计算机管理信息系统(CMIS) | |

计算机管理信息系统(CIMS)是利用现代信息技术和管理理论对企业活动全过程中各功能子系统的完美集成。它以产品为主线,使产品的管理决策过程、设计开发过程、加工制造过程、质量控制过程等企业活动全过程通过计算机网络合理地联结为一个整体,保证企业内部信息的一致性、共享性、及时性和可靠性,实现企业生产、管理、决策的智能化。

尽管管理信息系统已经发展到战略信息系统阶段,但对于具体的企业来说,其发展水平是参差不齐的,多数企业配备了计算机,建立了网络,但是缺少切合实际的管理信息系统。可见,管理信息系统的建立和发展是与企业整体管理水平的提高密切相关的。

当前管理信息系统有以下特点:

1. Internet 和 Intranet 相结合的内外部信息网络

Internet 是全球最大的计算机互联信息网络,是用通信线路如电话线、宽带网联系起来的并共同遵守 TCP/IP 协议的各种局域网和广域网所构成的超级信息网络。通过 Internet,每个用户都可以利用基于超文本的多媒体信息,可以通过Internet发送、接收电子邮件，利用关键字在网上查询、采集各种信息。

Intranet 则是利用 Internet 的技术和设施建立起来的为企业提供信息服务的计算机网络。它使用标准的 Internet 协议，如 TCP/IP、超文本传输协议 HTTP，由 www 服务器、电子邮件、数据库系统等形成企业日常办公和业务流程的主要信息管理结构，并通过防火墙连接入 Internet。

在 Intranet 中，企业可以进行内部信息交换，通过与 Internet 连接，又可以和外部信息相联通。企业可以通过自己的网页发布信息，也可以在网上查阅、传递、交换信息。对于不希望公共用户使用的信息，可以通过防火墙控制。

Internet 和 Intranet 相结合的内、外部信息网络解决了过去局域网信息的远程采集管理和跨平台信息交换等问题。

2. 浏览器/服务器计算模式

20 世纪 80 年代，推出了分布式客户机/服务器(C/S)计算模式，并得到广泛应用。在 C/S 模式中，每一个客户机都必须安装并正确配置相应的数据库客户端驱动程序和应用程序，系统的维护困难。

在 C/S 基础上发展起来的浏览器/服务器(B/S)计算模式，客户端只需要安装浏览器(如微软的 IE)，应用程序被相对集中地存放在 Web 服务器中，可以方便地将任何一台计算机通过网络连接入企业的计算机系统。企业的供货商和客户的计算机能方便地在限定功能范围内查询企业相关信息，可以更加充分地利用网络的各种资源，同时大大减少了维护工作量。

3. 电子商务逐渐和信息管理系统相结合

由于网络提供了信息交换平台，可以方便地在网上发布产品信息，通过网络订购货物，从而使电子商务得到了发展。虽然对于煤炭等大宗货物的交易还涉及运输、付款等问题，还不能完全实现网上交易，但有些煤矿已开发了网上发布产品和网上订货辅以人工销售的产品销售系统。

管理信息系统的设计原则包括：面向用户原则、灵活性原则、逻辑设计与物理设计分开原则、结构化原则和系统化原则。

1. 面向用户原则

管理信息系统的设计是为具体的用户服务的，要以解决用户提出的问题，为用户提供准确、及时、有效的服务为原则。这是系统设计的首要原则。

2. 灵活性原则

管理信息系统的灵活性表现在系统有很强的容错、纠错能力，能方便地进行系统的维护、修改和扩充，以便在条件变化后仍能提供详尽的信息，并能满足用户提出的新的需求。

3. 逻辑设计与物理设计分开原则

逻辑设计是依照系统的逻辑功能来构思系统功能的逻辑实现方法，是解决做什么的问题。物理设计是解决如何去做的问题。逻辑设计一定要与物理设计相分离，才能从系统功能的要求出发，拓宽设计思路，实现系统功能设计的优化。在完成系统逻辑设计的基础上，再考虑功能的具体实现方法，即计算机怎么配置、用什么技术和怎样去实现系统的功能。如果物理设计代替了逻辑设计，系统往往不能真正满足用户的需要。

4. 结构化原则

目前较为流行的管理信息系统开发方法是结构化生命周期开发方法。结构化原则就是分层、分块地进行系统的研制。其基本思想是：用系统的思想和系统工程的方法，按用户至上的原则，把管理信息系统的生命周期分为计划、开发、运行三个时期，每个时期又分为若干阶段，各阶段的工作按顺序开展，并采用结构化、模块化方法自上而下对生命周期进行分析设计。

5. 系统化原则

对系统的研制首先要从系统的全局出发，全局的结构确定之后，再进入下一级子系统。

开发的“开滦选煤煤质数据网”和“兴隆庄煤矿管理信息系统”是根据开滦(集团)有限责任公司和兴隆庄煤矿管理的需要，利用Internet/Intranet、采用浏览器/服务器计算模式开发的管理信息系统。其中的“兴隆庄煤矿网上订货子系统”具有电子商务功能。网页的组织结构如图 2-16 所示。

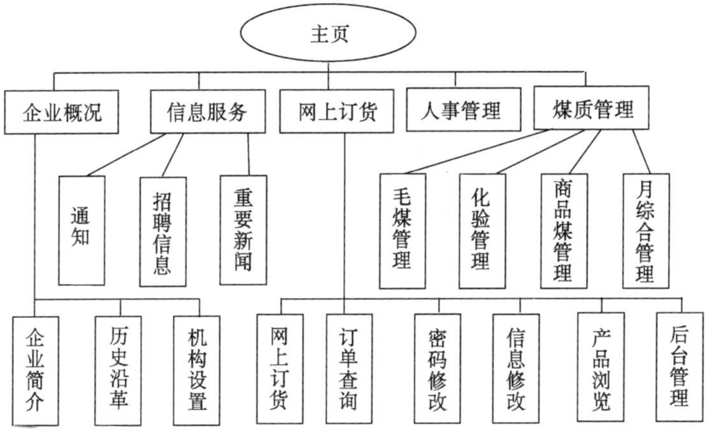


图 2-16　网页的组织结构图

这两个系统的软件配置：网络操作系统平台是 Windows 2000 Server、Internet/Intranet，Web 服务器平台为 Internet Information Server(IIS)，数据库管理系统为 MS SQL Server。

由于系统采取 Web 形式，所以必须在 Web 服务器上建立一个网站，网站的页面选用 HTML 超文本标记语言和 DHTML 动态超文本标记语言。

Web 服务器应用程序采用 Active Server Page (ASP)和Borland Delphi 的 Active Form。Windows 2000 Server、IIS 和 MS SQL Server 多层次的安全系统保证数据系统不受破坏和非法访问。

图 2-17 为煤质系统化验数据查询界面。图 2-18 为主要技术经济指标输入界面。图 2-19 为网上订货系统的前台流程。图 2-20 为网上订货系统的后台流程,系统管理员通过密码检查登录后,可以进入后台管理,包括客户管理、产品管理、系统管理员管理和订单管理四个系统。

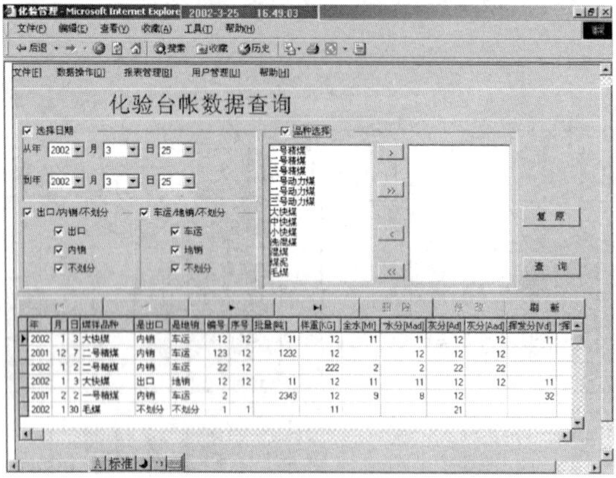


图 2-17　煤质系统化验数据查询界面

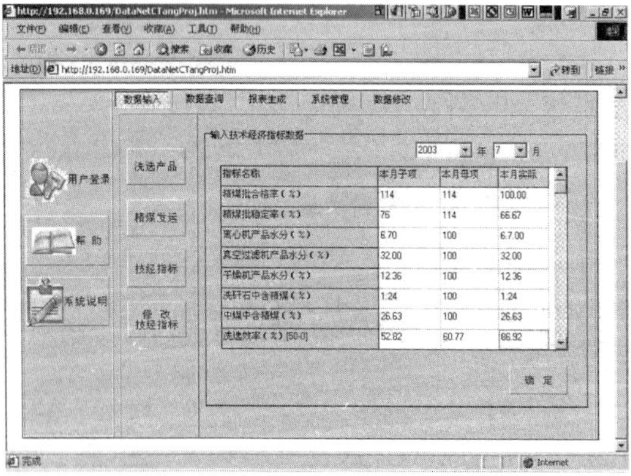


图 2-18　主要技术经济指标输入界面

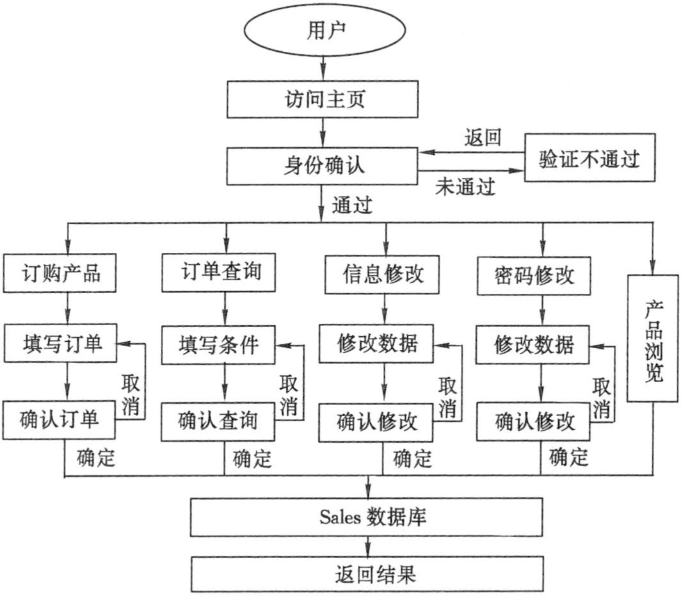


图 2-19　网上订货系统的前台流程

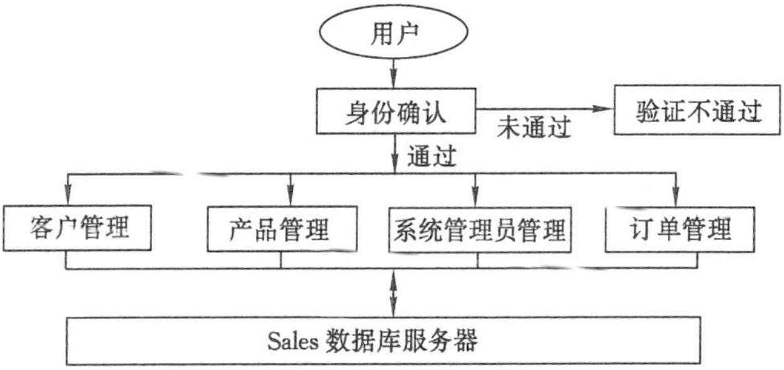


图 2-20　网上订货系统的后台流程

图 2-21～图 2-23 为网上订货子系统运行情况，客户信息修改、产品浏览、订单填写界面，均属于与用户交互的前台系统。

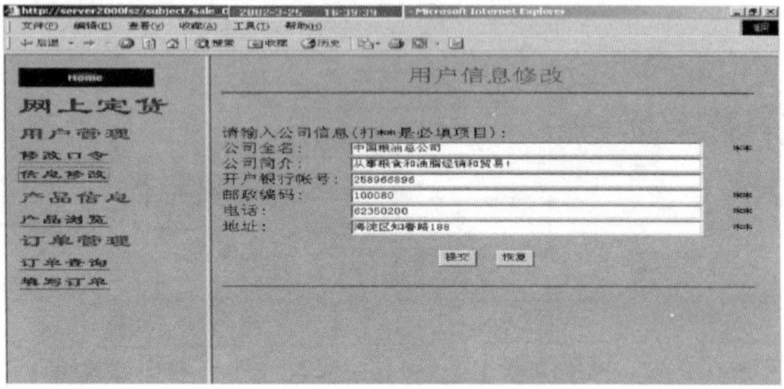


图 2-21　客户信息修改界面

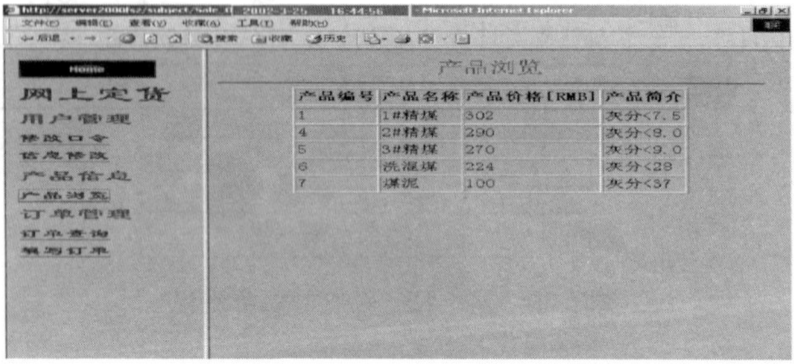


图 2-22　产品浏览界面

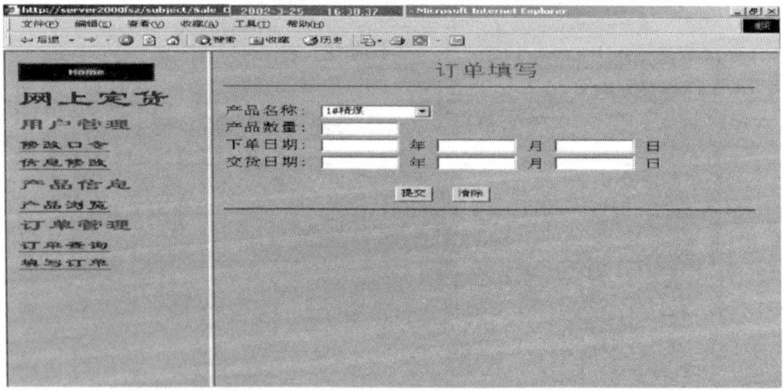


图 2-23　订单填写界面

图 2-24～图 2-26 为选矿设备管理信息系统的总体结构及运行界面，系统的数据库包括 8 类 118 个系列的选矿设备信息，系统的功能包括信息的浏览、查询、添加与删除。

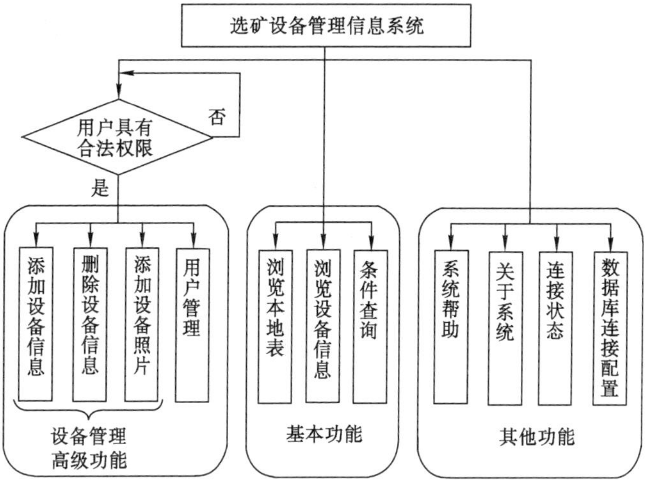


图 2-24　选矿设备管理信息系统的总体结构图

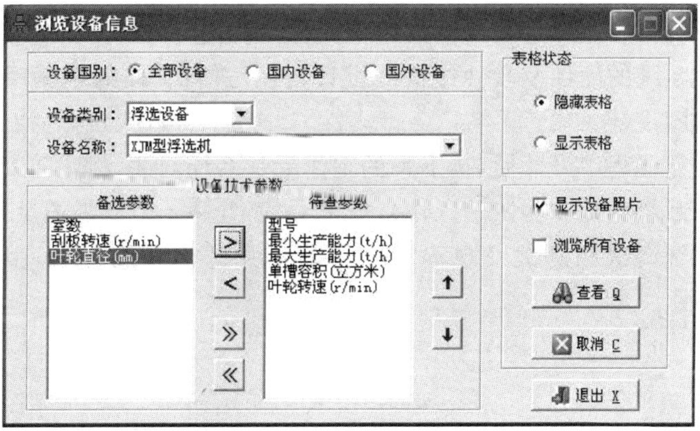


图 2-25　浏览设备信息界面

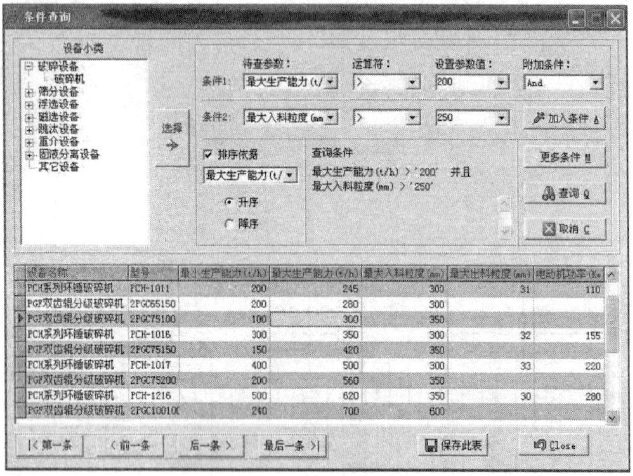


图 2-26　条件查询界面

由于软件的功能越来越强，程序设计更为快捷方便，编程速度大大加快，开发成本更为低廉。开发一个好的管理信息系统的关键是系统的规划、分析和设计。要通过认真的调查研究，对企业的组织机构和业务过程进行描述，对数据流程进行分析，在此基础上进行系统的硬件及软件结构的设计，然后进行具体的数据库设计和程序设计。

完成程序设计后，接下来的工作就是系统调试、测试和人员培训。系统调试和测试的工作量非常大，而且是一个反复的过程，通过系统调试和测试发现程序中的问题并进行修改，使程序更加完善。

# 第三章 选煤厂生产效果的分析

## 第一节 概 述

对选煤厂各个环节和系统的生产效果进行评定和分析是选煤厂技术管理的主要任务。只有经常对生产效果进行分析，才能及时发现问题，找到问题的内部和外部原因，提出改进的方案，为领导正确决策提供依据，使企业在激烈的竞争中立于不败之地。

评定和分析的基础资料是选煤厂日常生产检查资料，像各种产品的快灰、快浮；悬浮液的密度、磁性物含量；日常检查的灰分、硫分、水分、浓度、发热量；各种产品的产量(率)；单机检查、系统检查、月综合分析资料；等等。在以上资料中，大部分是选煤厂日常生产中常规检查或在线检测仪器测得的。大多数选煤厂每月还进行月综合分析资料试验。有的资料是应评定和分析需要而专门进行的检查。

另一部分重要的基础资料是实验室试验资料。如对浮选入料进行的不同药剂、不同操作条件的小浮选资料，包括：分级浮选试验，分步释放浮选试验，不同絮凝剂及添加工艺的煤泥水沉降试验，不同煤泥脱水设备及工艺的脱水试验，原煤和产品中不同粒度、不同密度煤的总硫及形态硫分布试验，重力方法或浮选方法脱硫试验等。

由于生产条件的限制，日常生产检查资料主要代表了现有生产系统和工艺参数下的生产状况。而对于实验室试验资料，一方面可以代表实验室进行相同流程或工艺参数试验的分选效果，由于试验条件容易控制，往往可以得到更好的效果，可以认为是工业生产条件下经过努力可以达到的目标；另一方面，更多的试验是对不同生产系统、不同工艺参数的试验，其结果可以为技术改造提供依据，是选煤厂技术创新所必需的。

选煤厂获取资料后，应该对资料的可靠性进行检查，去除可疑数据，并进行必要的数据处理，在此基础上进行评定和分析。

选煤厂生产效果的评定和分析没有一个固定的模式，分析的结果一方面依赖于信息量及信息的可靠性，另一方面还依赖于分析者的水平和经验。

分析生产效果的依据之一是国家及行业的相关标准。选煤标准制定时，广泛收集了国内外相关标准和资料，经过专家论证，结合我国国情确定了比较客观的评定方法。表 3-1 列出了常用选煤标准。与选煤行业相关的还有煤炭分析试验标准，见表 3-2，选煤机械标准，见表 3-3。

**表 3-1　常用选煤标准**

| 序号 | 标准代号 | 标准名称 |
|---|---|---|
| 1 | GB/T 477—2008 | 煤炭筛分试验方法 |
| 2 | GB/T 478—2008 | 煤炭浮沉试验方法 |
| 3 | GB/T 4757—2013 | 煤粉(泥)实验室单元浮选试验方法 |
| 4 | GB/T 7186—2023 | 选煤术语 |
| 5 | GB/T 15715—2014 | 煤用重选设备工艺性能评定方法 |
| 6 | GB/T 15716—2005 | 煤用筛分设备工艺性能评定方法 |
| 7 | GB/T 16417—2011 | 煤炭可选性评定方法 |
| 8 | GB/T 16660—2008 | 选煤厂用图形符号 |
| 9 | GB/T 18702—2002 | 煤炭安息角测定方法 |
| 10 | GB/T 18711—2002 | 选煤用磁铁矿粉试验方法 |
| 11 | GB/T 18712—2002 | 选煤用絮凝剂性能试验方法 |
| 12 | GB/T 19094—2003 | 选煤厂流程图原则和规定 |

**表 3-1(续)**

| 序号 | 标准代号 | 标准名称 |
|---|---|---|
| 13 | GB/T 19833—2005 | 选煤厂煤伴生矿物泥化程度测定 |
| 14 | GB/T 30046.1—2013 | 煤粉(泥)浮选试验 第1部分:试验过程 |
| 15 | GB/T 30046.2—2013 | 煤粉(泥)浮选试验 第2部分:顺序评价试验方法 |
| 16 | GB/T 30046.3—2013 | 煤粉(泥)浮选试验 第3部分:释放评价试验方法 |
| 17 | GB/T 30047—2013 | 煤粉(泥)可浮性评定方法 |
| 18 | GB/T 30048—2013 | 煤泥压滤性试验方法 |
| 19 | GB/T 30049—2013 | 煤芯煤样可选性试验方法 |
| 20 | GB/T 33688—2017 | 选煤磁选设备工艺效果评定方法 |
| 21 | GB/T 33689—2017 | 选煤试验方法一般规定 |
| 22 | GB/T 34164—2017 | 选煤厂浮选工艺效果评定方法 |
| 23 | MT/T 109—1996 | 煤和矸石泥化试验方法 |
| 24 | MT/T 144—1997 | 选煤实验室分步释放浮选试验方法 |
| 25 | MT/T 145—1997 | 评定煤用重选设备工艺性能的计算机算法 |
| 26 | MT 180—88 | 选煤厂浮选工艺效果评定方法 |
| 27 | MT/T 2—2005 | 选煤厂破碎设备工艺效果评定方法 |
| 28 | MT 259—1991 | 煤炭可浮性评定方法 |
| 29 | MT 260—1991 | 选煤厂煤泥过滤性测定方法 |
| 30 | MT 261—1991 | 选煤厂真空过滤机用助滤剂使用性能测定方法 |
| 31 | MT 320—1993 | 煤芯煤样可选性试验方法 |
| 32 | MT/T 623—1996 | 煤炭脱硫工艺效果评定方法 |
| 33 | MT/T 738—1997 | 选煤厂水力分级设备工艺效果评定方法 |
| 34 | MT/T 766—1998 | 评定煤用筛分设备工艺性能的计算机算法 |
| 35 | MT/T 808—1999 | 选煤厂技术检查 |
| 36 | MT/T 809—1999 | 选煤试验方法一般规定 |
| 37 | MT/T 810—1999 | 选煤厂洗水闭路循环 |
| 38 | MT/T 811—1999 | 煤用重选设备分选下限评定方法(Ⅰ) |
| 39 | MT/T 816—2011 | 选煤磁选设备工艺效果评定方法 |
| 40 | MT/T 851—2011 | 选煤厂浓缩设备工艺效果评定方法 |
| 41 | MT/T 995—2006 | 选煤厂脱水设备工艺效果评定方法 |

表 3-2 煤炭分析试验标准

| 序号 | 标准代号 | 标准名称 |
|---|---|---|
| 1 | GB/T 211—2017 | 煤中全水分的测定方法 |
| 2 | GB/T 212—2008 | 煤的工业分析方法 |
| 3 | GB/T 213—2008 | 煤的发热量测定方法 |
| 4 | GB/T 214—2007 | 煤中全硫的测定方法 |
| 5 | GB/T 215—2003 | 煤中各种形态硫的测定方法 |
| 6 | GB/T 216—2003 | 煤中磷的测定方法 |
| 7 | GB/T 217—2008 | 煤的真相对密度测定方法 |
| 8 | GB/T 218—2016 | 煤中碳酸盐二氧化碳含量的测定方法 |
| 9 | GB/T 219—2008 | 煤灰熔融性的测定方法 |
| 10 | GB/T 220—2018 | 煤对二氧化碳化学反应性的测定方法 |
| 11 | GB/T 474—2008 | 煤样的制备方法 |
| 12 | GB/T 475—2008 | 商品煤样人工采取方法 |
| 13 | GB/T 476—2008 | 煤中碳和氢的测定方法 |
| 14 | GB/T 479—2016 | 烟煤胶质层指数测定方法 |
| 15 | GB/T 480—2010 | 煤的铝甑低温干馏试验方法 |
| 16 | GB/T 482—2008 | 煤层煤样采取方法 |
| 17 | GB/T 483—2007 | 煤炭分析试验方法一般规定 |
| 18 | GB/T 1341—2007 | 煤的格金低温干馏试验方法 |
| 19 | GB/T 1572—2018 | 煤的结渣性测定方法 |
| 20 | GB/T 1573—2018 | 煤的热稳定性测定方法 |
| 21 | GB/T 1574—2007 | 煤灰成分分析方法 |
| 22 | GB/T 1575—2018 | 褐煤的苯萃取物产率测定方法 |
| 23 | GB/T 2565—2014 | 煤的可磨性指数测定方法 哈德格罗夫法 |
| 24 | GB/T 2566—2010 | 低煤阶煤的透光率测定方法 |
| 25 | GB/T 3058—2019 | 煤中砷的测定方法 |

表 3-2(续)

| 序号 | 标准代号 | 标　准　名　称 |
| --- | --- | --- |
| 26 | GB/T 3558—2014 | 煤中氯的测定方法 |
| 27 | GB/T 4632—2008 | 煤的最高内在水分测定方法 |
| 28 | GB/T 4633—2014 | 煤中氟的测定方法 |
| 29 | GB/T 5447—2014 | 烟煤黏结指数测定方法 |
| 30 | GB/T 5448—2014 | 烟煤坩埚膨胀序数的测定 电加热法 |
| 31 | GB/T 5449—2015 | 烟煤罗加指数测定方法 |
| 32 | GB/T 5450—2014 | 烟煤奥阿膨胀计试验 |
| 33 | GB/T 6949—2010 | 煤的视相对密度测定方法 |
| 34 | GB/T 7560—2001 | 煤中矿物质的测定方法 |
| 35 | GB/T 8207—2007 | 煤中锗的测定方法 |
| 36 | GB/T 8208—2007 | 煤中镓的测定方法 |
| 37 | GB/T 11957—2001 | 煤中腐植酸产率测定方法 |
| 38 | GB/T 14181—2010 | 测定烟煤粘结指数专用无烟煤技术条件 |
| 39 | GB/T 15458—2006 | 煤的磨损指数测定方法 |
| 40 | GB/T 15459—2006 | 煤的落下强度测定方法 |
| 41 | GB/T 16658—2007 | 煤中铬、镉、铅的测定方法 |
| 42 | GB/T 16659—2024 | 煤中汞的测定方法 |
| 43 | MT/T 1—2007 | 商品煤含矸率和限下率的测定方法 |
| 44 | MT/T 1034—2006 | 生产煤样采取方法 |
| 45 | MT/T 384—2007 | 煤中铀的测定方法 |
| 46 | MT/T 619—2007 | 煤炭实验室评定导则 |
| 47 | MT/T 620—2008 | 煤炭分析用马弗炉控温仪技术条件 |
| 48 | MT/T 739—2011 | 煤炭堆密度小容器的测定方法 |
| 49 | MT/T 740—2011 | 煤炭堆密度大容器的测定方法 |

表 3-3　选煤机械标准

| 序号 | 标准代号 | 标　准　名　称 |
|---|---|---|
| 1 | MT/T 154.7—1997 | 煤用分选设备型号编制方法 |
| 2 | MT/T 266—1992 | 块偏心直线振动筛 基本参数系列 |
| 3 | MT/T 267—1992 | 块偏心圆振动筛 基本参数系列 |
| 4 | MT/T 268—1992 | 煤用两产品圆锥形重介质旋流器 |
| 5 | MT/T 269—1992 | 液压驱动式动筛跳汰机 |
| 6 | MT/T 527—1995 | 机械振动给料机 |
| 7 | MT/T 649—2011 | 煤用喷射式浮选机 |
| 8 | MT/T 650—1997 | 煤用斜叶轮浮选机技术条件 |
| 9 | MT/T 651—1997 | 煤用跳汰机清水性能试验方法和判定规则 |
| 10 | MT/T 652—1997 | 煤用浮选机清水性能试验方法和判定规则 |
| 11 | MT/T 657—1997 | TLL 型立式刮刀卸料离心机 |
| 12 | MT/T 659—1997 | GXS 细粒分级筛 |
| 13 | MT/T 660—1997 | 煤用振动筛规格尺寸系列 |
| 14 | MT/T 768—1998 | 煤用双层伞形叶轮浮选机 |
| 15 | MT/T 876—2000 | 煤用无压给料三产品重介质旋流器 |
| 16 | MT/T 877—2000 | DZS 型电磁振动高频筛 |

分析生产效果的依据之二是国内外同行的水平。没有比较就没有鉴别，分析时除了与本厂历史指标相比较，厂内各车间班组相比较外，还要与国内外先进水平相比较，要及时掌握国内同行特别是国外同行的信息。当今社会是信息社会，除了可以通过参观访问了解国内外情况外，还可以通过参加国内、国际学术会议，阅读国内外相关行业的科技论文，参加国内外有关的展览，利用网络查询相关的资料来掌握国内外信息。

调查研究是做好选煤厂生产效果评定和分析的最基本要求。一个好的分析报告往往需要通过调查、分析、再调查、再分析的循环反复才能完成。

分析人员本身必须掌握本行业的理论知识，有丰富的实践经验，并掌握正确的分析方法，会使用现代化的分析手段。分析过程要尊重事实，实事求是。

## 第二节　重选分选效果的评定和预测

重力选煤的分选机理主要是按照煤和脉石的密度差别进行分选的。世界各国70%以上的原煤都是用重选法处理的，因此，对重选分选效果的评定是非常重要的。

### 一、基本理论和方法

因为重选主要按照物料的密度差别进行分选，所以，可选性曲线和分配曲线是评定、预测、优化重选效果最基本的曲线。

（一）可选性曲线

1. 概述

灰分表示煤炭中不可燃矿物的残留质量，灰分含量是煤炭质量的平均度量，是表示煤炭质量的宏观指标。灰分越高，煤炭质量越差。

原煤是数量很大的散状物料，是由质量不同的物料组成的混合物，其中包括灰分很低、密度很低的精煤（如灰分2%左右，密度小于1.3 g/cm$^3$的精煤）和灰分很高、密度很高的矸石（如灰分大于75%、密度大于2.4 g/cm$^3$的矸石以及密度大于4 g/cm$^3$的黄铁矿等）。原煤的密度组成表示了原煤中不同质量物料的成分，可以用可选性曲线来描述。煤炭的可选性是从微观的角度来表征煤炭质量的。

由于成煤物质、成煤条件的不同，不同母体的煤炭，即使有相近的原煤灰分，其浮沉组成可能完全不同。例如表3-4中，两个选煤厂原煤的总灰分都在30.5%左右，但甲选煤厂只有2.05%的密度小于1.3 g/cm$^3$的精煤，而乙选煤厂有25.53%密度小于

1.3 $g/cm^3$ 的精煤。甲厂有 13.14%1.5～1.8 $g/cm^3$ 的中煤，而乙厂只有不到 8%的中煤。因此，单用原煤的总灰不能客观地表征煤炭的性质。

**表 3-4　两种原煤的浮沉组成**

| 原煤密度级 /($g/cm^3$) | 甲选煤厂 | | 乙选煤厂 | |
|---|---|---|---|---|
| | 占本级/% | 灰分/% | 占本级/% | 灰分/% |
| -1.3 | 2.05 | 2.55 | 25.53 | 4.25 |
| 1.3～1.4 | 43.19 | 6.89 | 31.25 | 9.99 |
| 1.4～1.5 | 15.76 | 16.66 | 8.36 | 20.48 |
| 1.5～1.6 | 6.84 | 26.11 | 3.26 | 30.23 |
| 1.6～1.8 | 6.30 | 37.85 | 4.46 | 42.26 |
| +1.8 | 25.86 | 80.30 | 27.14 | 80.00 |
| 合　计 | 100.00 | 30.59 | 100.00 | 30.50 |

浮沉试验的密度级别只能是 6～8 个，单从浮沉试验表不能求得特定密度下物料的数量和质量情况，而且不能直观地表征煤炭的可选性，需要用可选性曲线。

煤炭的可选性曲线有两种：亨利曲线和迈耶尔曲线。亨利曲线包括 5 条，如图 3-1 所示，有浮物累计曲线、沉物累计曲线、密度曲线、基元灰分曲线和 $\delta\pm0.1$ 含量曲线。迈耶尔曲线只有一条，但要同亨利曲线的密度曲线一起才能代表原煤的可选性。虽然迈耶尔曲线绘制简单，但查阅数据复杂，而且不直观。亨利曲线的绘制虽然复杂，但使用方便直观，尤其是现在有技术成熟的软件，几分钟便可绘制完成。因此，我国选煤界仍然普遍使用亨利曲线。为此，下面只讨论亨利曲线。

2. 可选性曲线的计算机模拟

由于原煤浮沉试验点有限，因此需要根据试验点绘制光滑的曲线，再在曲线上查阅所需数据。手工绘制不但费时费力，而且精

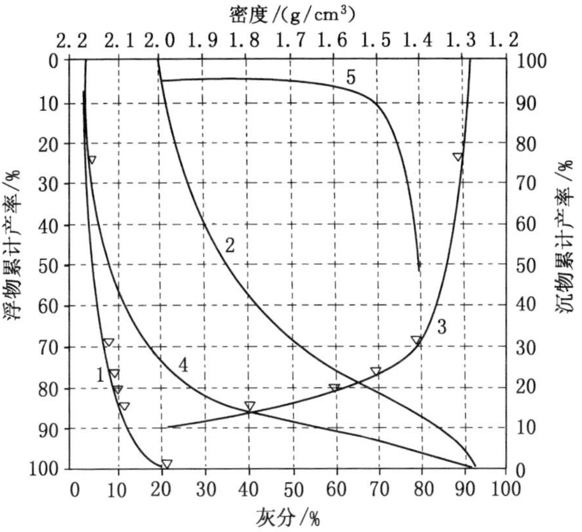


1—浮物累计曲线；2—沉物累计曲线；3—密度曲线；
4—基元灰分曲线；5—δ±0.1 含量曲线。

图 3-1　某选煤厂 50～0.5 mm 原煤可选性曲线

度低，查阅困难，需要用计算机代替手工绘制。

(1) 浮物累计曲线和密度曲线的数学模型

图 3-2 为几种不同原煤的可选性曲线。由图可知，对于浮物累计曲线 1，纵坐标为浮物累计产率，从下到上由 100%变为 0；横坐标为浮物累计灰分，从左到右由 0 变为 100%。这条曲线表明，随着密度的增加，密度与原煤中小于该密度的浮物累计产率和灰分的关系。在原煤可选性变化时，浮物累计曲线的形态各异，但也有其共性，即它们都是单调下降的曲线，产率由 0 到 100%，灰分由小到大。浮物累计曲线一般呈凹形，有时也有拐点，上部一般比较直，即产率和灰分基本呈线性关系；随后，各点灰分增加的速度逐渐大于产率的变化而使曲线呈凹形；由于浮沉试验的最高密度

一般只到 2.0 g/cm³，曲线下部的试验点很少，所以最后一段曲线往往按趋势画成凹形，但有时接近下端时变成凸形。

图 3-2 中曲线 3 为密度曲线，表示密度与浮物累计产率的关系。该曲线也是单调上升曲线，但两端往往趋于直线。

根据亨利曲线的形状，可采用以下三种数学模型模拟可选性曲线：

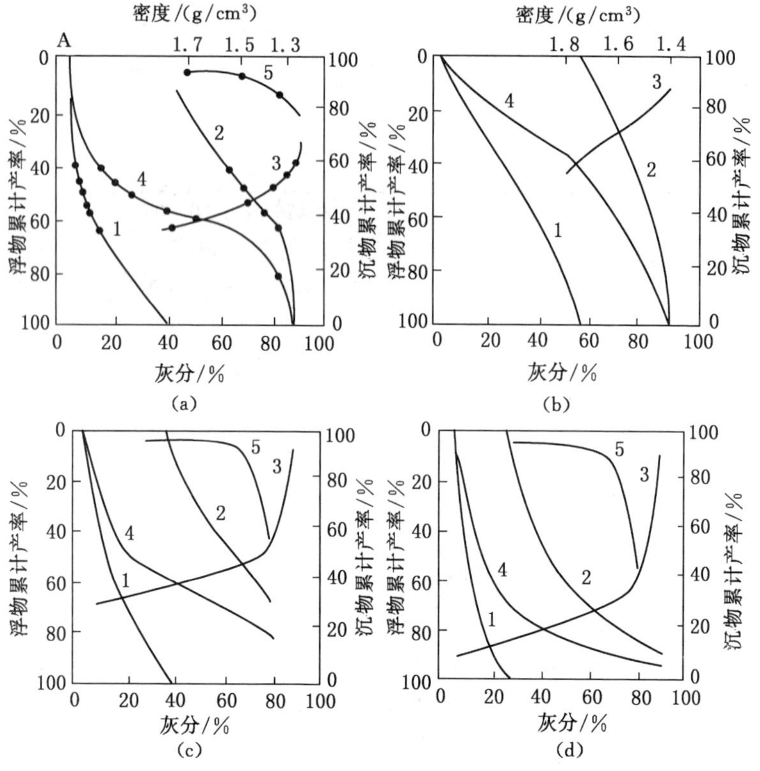


1—浮物累计曲线；2—沉物累计曲线；3—密度曲线；

4—基元灰分曲线；5—$\delta \pm 0.1$ 含量曲线。

图 3-2　亨利曲线

① 反正切模型

$$y = 100\{t_2 - \arctan[k(x - c)]\}/(t_2 - t_1) \tag{3-1}$$

② 双曲正切模型

$$y = 100\{a + c \cdot \mathrm{th}[k(x - x_0)]\} \tag{3-2}$$

式中，$\mathrm{th}(U)=(e^U-e^{-U})/(e^U+e^{-U})$，$U=k(x-x_0)$。

③ 复合双曲正切模型

$$y = 100\{a + bx + c \cdot \mathrm{th}[k(x - x_0)]\} \tag{3-3}$$

式中，$x$ 为浮物累计灰分或密度，$y$ 为浮物累计产率，其他均为模型的参数。参数由实际原煤的可选性资料确定。因此，对于一组确定了的原煤可选性曲线，其模型的参数也就确定了。模型的参数可用非线性拟合的方法求得，需要预测分选效果时，只要把密度曲线及浮物累计曲线的模型名称及参数输入即可。

表 3-5 是某选煤厂 50～0.5 mm 原煤可选性计算表。表 3-6 为对表 3-5 密度曲线和浮物累计曲线的拟合结果，包括所用模型和拟合误差。

**表 3-5 某选煤厂 50～0.5 mm 原煤可选性计算表**

| 密度级/(g/cm³) | 浮沉级 | | 浮煤累计 | | 沉煤累计 | |
|---|---|---|---|---|---|---|
| | 产率/% | 灰分/% | 产率/% | 灰分/% | 产率/% | 灰分/% |
| (1) | (2) | (3) | (4) | (5) | (6) | (7) |
| −1.3 | 23.35 | 3.99 | 23.35 | 3.99 | 100.00 | 20.29 |
| 1.3～1.4 | 46.00 | 8.45 | 69.35 | 6.95 | 76.65 | 25.25 |
| 1.4～1.5 | 7.57 | 17.10 | 76.92 | 7.95 | 30.65 | 50.48 |
| 1.5～1.6 | 4.18 | 25.76 | 81.10 | 8.86 | 23.08 | 61.41 |
| 1.6～1.8 | 4.33 | 38.42 | 85.43 | 10.36 | 18.90 | 69.29 |
| +1.8 | 14.57 | 78.47 | 100.00 | 20.29 | 14.57 | 78.47 |
| 合计 | 100.00 | 20.29 | | | | |

**表 3-6 原煤可选性曲线拟合结果**

| 密度曲线 | | | 浮物累计曲线 | | |
|---|---|---|---|---|---|
| 模型名称:复合双曲正切模型<br>$y=100\{a+bx+c\cdot \mathrm{th}[k(x-x_0)]\}$ | | | 模型名称:反正切模型<br>$y=100\{t_2-\arctan[k(x-c)]\}/(t_2-t_1)$ | | |
| 拟合误差:0.3449% | | | 拟合误差:0.4295% | | |
| 已知密度 /(g/cm³) | 已知产率 /% | 拟合产率 /% | 已知灰分 /% | 已知产率 /% | 拟合产率 /% |
| (1) | (2) | (3) | (4) | (5) | (6) |
| 1.30 | 23.35 | 23.57 | 3.99 | 23.35 | 23.34 |
| 1.40 | 69.35 | 69.28 | 6.95 | 69.35 | 69.76 |
| 1.50 | 76.92 | 77.40 | 7.95 | 76.92 | 76.31 |
| 1.60 | 81.10 | 80.56 | 8.86 | 81.10 | 80.75 |
| 1.80 | 85.43 | 85.58 | 10.36 | 85.43 | 86.09 |
| | | | 20.29 | 100.00 | 99.89 |

图 3-1 中的浮物累计曲线是利用反正切模型绘制的,密度曲线是利用复合双曲正切模型绘制的,其他曲线是根据浮物累计曲线和密度曲线计算并绘制的。

(2) 非线性拟合方法

非线性拟合的目的是求出模型的参数。可选性曲线是千变万化的,对同一种数学模型,曲线的差别体现在参数的差别上,拟合的过程就是调整参数大小,使其最优地接近观测值。寻找最优参数的方法是迭代法。因为这些数学模型都是非线性的,寻优过程很复杂,无法用手工实现,必须用计算机进行拟合,图 3-3 为程序“拟合”的框图。

拟合时,程序首先自动设定一组参数初值,计算拟合误差。当拟合误差大于要求时,用阻尼最小二乘法及 0.618 法等优化方法寻找参数变化的最优方向,改变参数值,重新计算拟合误差,循环

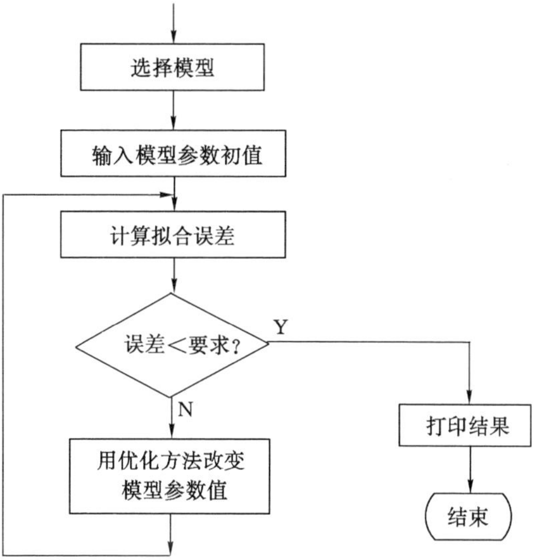


图 3-3 程序“拟合”框图

反复,直到拟合误差小于规定值时,完成迭代过程。如果迭代始终不收敛,当迭代次数超过规定值时,自动退出迭代。

评定拟合效果的标准是拟合误差。拟合误差 $E$ 的定义如下:

$$E=\sqrt{\frac{\sum_{i=1}^{n}[y_i-f(x_i)]^2}{n}} \tag{3-4}$$

式中 $n$——测量点的个数;

$x_i$——密度或浮物累计灰分;

$y_i$——与 $x_i$ 对应的试验所得的浮物累计产率;

$f(x_i)$——由拟合曲线 $f(x)$ 计算出的对应于 $x_i$ 的浮物累计产率。

拟合误差越小越好,MT/T 145—1997《评定煤用重选设备工艺性能的计算机算法》要求小于5%，本程序要求小于2%。

表3-7为我国17个选煤厂原煤可选性曲线的拟合结果。由表可知，用以上模型模拟可选性曲线的平均拟合误差小于0.3%，最大拟合误差为0.68%，大大低于行业标准要求，说明“选煤优化软件包”中选用的模型、拟合参数初值的确定、非线性优化方法都是合理的，拟合结果是很理想的。

**表3-7　我国17个选煤厂原煤可选性曲线的拟合结果**

| 厂名 | 密度曲线 | | 浮物累计曲线 | |
|---|---|---|---|---|
| | 模型 | 拟合误差/% | 模型 | 拟合误差/% |
| 介休 | 复合双曲正切 | 0.07 | 复合双曲正切 | 0.05 |
| 吕家坨 | 复合双曲正切 | 0.68 | 复合双曲正切 | 0.30 |
| 夏桥 | 复合双曲正切 | 0.11 | 复合双曲正切 | 0.08 |
| 火铺 | 复合双曲正切 | 0.32 | 复合双曲正切 | 0.68 |
| 台吉 | 复合双曲正切 | 0.11 | 复合双曲正切 | 0.09 |
| 唐山 | 复合双曲正切 | 0.46 | 复合双曲正切 | 0.11 |
| 彩屯 | 反正切 | 0.22 | 复合双曲正切 | 0.51 |
| 八一 | 复合双曲正切 | 0.46 | 复合双曲正切 | 0.20 |
| 湾沟1 | 复合双曲正切 | 0.20 | 复合双曲正切 | 0.03 |
| 湾沟2 | 复合双曲正切 | 0.17 | 复合双曲正切 | 0.10 |
| 巴关河 | 复合双曲正切 | 0.29 | 复合双曲正切 | 0.03 |
| 荣昌 | 复合双曲正切 | 0.34 | 复合双曲正切 | 0.44 |
| 淮北 | 反正切 | 0.05 | 复合双曲正切 | 0.24 |
| 邢台 | 复合双曲正切 | 0.54 | 反正切 | 0.58 |
| 夹河 | 反正切 | 0.39 | 复合双曲正切 | 0.03 |
| 湾沟3 | 复合双曲正切 | 0.16 | 复合双曲正切 | 0.17 |
| 湾沟4 | 复合双曲正切 | 0.04 | 复合双曲正切 | 0.06 |
| 平均 | | 0.27 | | 0.22 |

非线性拟合过程是对多峰、多谷或多维的超曲面系统的优化过程，在拟合过程中可能出现四种情况，如图 3-4 所示。情况(a)经过迭代快速收敛，拟合成功，是我们所希望的；而情况(b)振荡、(c)发散、(d)拟合误差大均是不成功的。拟合是否成功与以下因素有关：模型的形状是否与拟合对象吻合、初值的选取是否接近最优点、优化方法是否正确等。

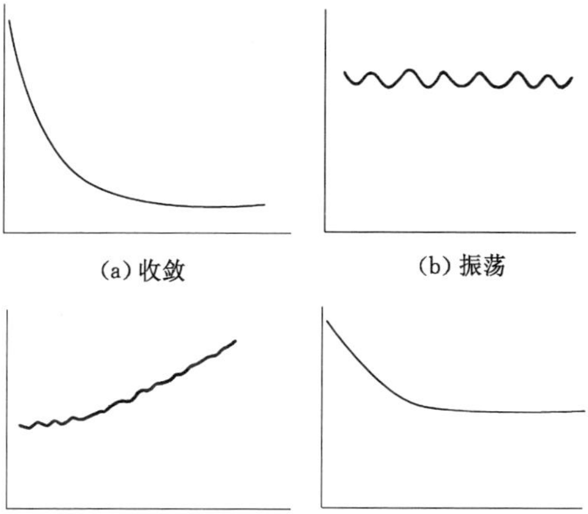

(a) 收敛　(b) 振荡　(c) 发散　(d) 拟合误差大

图 3-4　拟合可能出现的几种情况

较好的优化方法有带阻尼的最小二乘法、模型搜索法等。通常用多个模型对同一份资料进行非线性拟合，选取误差最小、形状较好的模型作为最终选取的模型。

图 3-5 为计算机拟合原煤可选性曲线的界面。

3. 可选性曲线中各种理论指标的查阅方法

可选性曲线是用密度液将不同密度的煤炭充分分离后获得的，是分离最完善的结果，因而是理论指标。实际分选过程不可避免地产生物料的错配，即分离不可能完善。

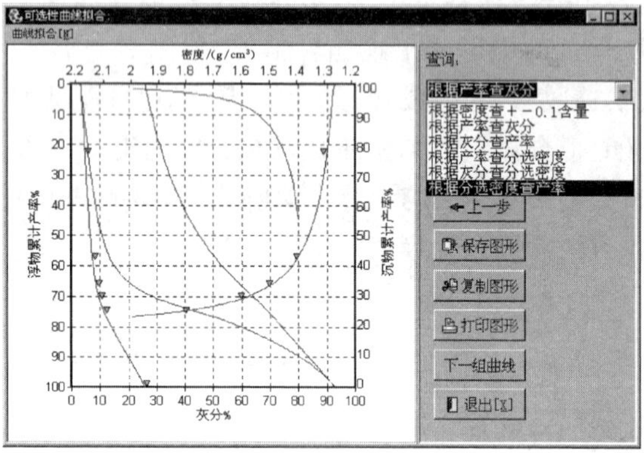


图 3-5 计算机拟合原煤可选性曲线界面

可选性的各种理论指标包括理论产率、理论分选密度、$\delta\pm0.1$含量、边界灰分、理论灰分等，都可以在“选煤优化软件包”中快速获得。在没有计算机时，也可以从图上查阅，但由于图的分辨率低，加上人工画线的误差，其精度比较差。下面介绍几种常用的理论指标的查阅方法。

(1) 理论产率

如图 3-6 所示，在下横坐标轴上找到要求的精煤的灰分点 $a$，从 $a$ 点画垂线与浮物累计曲线相交，交点为 $b$，从 $b$ 点画横坐标的平行线与左纵坐标轴相交于 $c$ 点，$c$ 点的坐标值即为精煤的理论产率。

(2) 理论分选密度

如图 3-6 所示，从 $b$ 点画横坐标的平行线与密度曲线相交于 $d$ 点，从 $d$ 点画纵坐标的平行线与上横坐标轴相交于 $e$ 点，$e$ 点的坐标值即为理论分选密度。

(3) $\delta\pm0.1$ 含量

如图 3-6 所示，从 $d$ 点画纵坐标的平行线与 $\delta\pm0.1$ 含量曲线的

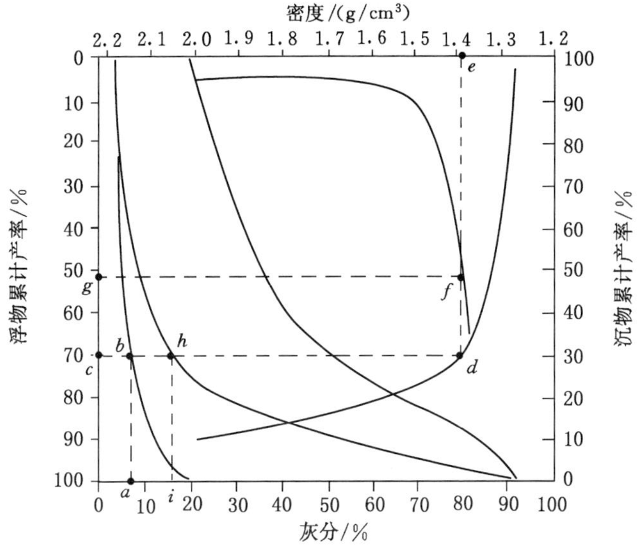


图 3-6 理论指标查阅方法示意图

交点为 $f$,从 $f$ 点向左画横坐标的平行线,与左纵坐标轴的交点为 $g$,$g$ 点的坐标值即为 $\delta\pm0.1$ 含量的原始值,再按照 GB/T 16417—2011《煤炭可选性评定方法》规定计算去矸 $\delta\pm0.1$ 含量。

(4) 边界灰分

如图 3-6 所示,从 $b$ 点画横坐标的平行线与基元灰分曲线相交于 $h$ 点,由 $h$ 点向下画横坐标的垂线与横坐标轴相交于 $i$ 点,$i$ 点的坐标就是边界灰分,即按理论灰分 $a$ 或理论产率 $c$ 或理论分选密度 $e$ 分选时,原煤按边界灰分 $i$ 分离,灰分小于 $i$ 的进入轻产物,灰分大于 $i$ 的进入重产物。

要注意亨利曲线的坐标体系,左边的纵坐标从上到下由 0 变为 100%,右边的纵坐标相反,从下向上由 0 变为 100%;下横坐标灰分从左到右由 0 增加到 100%,而上横坐标密度是从右到左逐渐增加。

4. 可选性曲线的用途

(1) 评定煤炭的可选性

1981 年我国制定了 MT 56—1981《中国煤炭可选性测定标准》,经实施修订后,1996 年升级为国家标准 GB/T 16417—1996《煤炭可选性评定方法》,2011 年再次修订。规定煤炭的可选性用 $\delta\pm0.1$含量(%)评定,如表 3-8 所示。

**表 3-8 煤炭可选性评定方法**

| $\delta\pm0.1$ 含量/% | ≤10.0 | 10.1~20.0 | 20.1~30.0 | 30.1~40.0 | >40.0 |
|---|---|---|---|---|---|
| 可选性等级 | 易选 | 中等可选 | 较难选 | 难选 | 极难选 |

该方法用于大于 0.5 mm 的煤炭,$\delta\pm0.1$ 含量按理论分选密度计算,理论分选密度按指定的精煤灰分确定。

$\delta\pm0.1$ 含量是指原煤理论分选密度加减 0.1 g/cm$^3$ 的密度级含量,但理论分选密度小于 1.7 g/cm$^3$ 时要扣除+2.0 g/cm$^3$ 含量为 100%计算的 $\delta\pm0.1$ 含量,当理论分选密度大于或等于 1.7 g/cm$^3$ 时要扣除−1.50 g/cm$^3$含量为 100%计算的 $\delta\pm0.1$ 含量。

在评定煤炭可选性时要注意以下问题:

① 对同一种原煤,煤炭的可选性是变化的。一般情况下,随分选密度升高,$\delta\pm0.1$ 含量减少,可选性变易。如表 3-5 和图 3-1 所示的原煤,按照精煤灰分由 6.5%增加到 9.5%,分选密度由 1.378 g/cm$^3$增加到 1.694 g/cm$^3$,理论产率由 66.02%增加到 83.26%,去矸 $\delta\pm0.1$ 含量由 89.54%降低到 5.91%,可选性由极难选变为易选,见表 3-9。

过去往往把某种煤的可选性看成是一成不变的,并且按照常规的精煤灰分确定可选性,据此确定选煤方法。当产品质量要求提高时,原有的选煤方法就不能适应市场变化的要求了。因此,在设计选煤流程时,绝不能把某选煤厂煤炭的可选性看成是固定不变的，可选性是随产品质量的变化而变化的，选用的选煤流程要有灵活性，要适应煤炭可选性的变化。

**表 3-9　50～0.5 mm 原煤的理论分选指标**

| 精煤灰分/% | 分选密度/($g/cm^3$) | 理论产率/% | 去矸 δ±0.1 含量/% | 可选性 |
| --- | --- | --- | --- | --- |
| 6.5 | 1.378 | 66.02 | 89.54 | 极难选 |
| 7.0 | 1.403 | 70.16 | 63.00 | 极难选 |
| 7.5 | 1.43 | 73.64 | 37.14 | 难选 |
| 8.0 | 1.501 | 77.43 | 13.06 | 中等 |
| 8.5 | 1.535 | 79.12 | 9.74 | 易选 |
| 9.0 | 1.624 | 81.32 | 6.37 | 易选 |
| 9.5 | 1.694 | 83.26 | 5.91 | 易选 |

② 对同一种原煤，相同分选密度下不同粒度级煤炭的可选性是不同的，在分析选煤厂生产情况或进行选煤流程设计时要充分考虑这一点。表 3-10 为某矿原煤分粒级的浮沉组成，表 3-11 为该矿原煤分粒级的可选性。图 3-7 为不同粒级的分选密度和 δ±0.1 含量的关系。可以明显地看出，随着粒度减小，各粒级灰分从 25.39%下降到 17.76%，其主要原因是随着粒度的减小，含矸量逐渐降低。除 25～13 mm 粒级外，基本规律是得到相同灰分时，随着粒度减小，理论分选密度增加，δ±0.1 含量降低，可选性变得容易。6～0.5 mm 的 δ±0.1 含量显著降低，精煤灰分为 7.5% 时，δ±0.1 含量仅为 16.86%，理论分选密度接近 1.5 $g/cm^3$，而 50～25 mm 的理论分选密度小于 1.4 $g/cm^3$，为极难选煤。

(2) 查阅理论指标，评定数量效率

前面已经介绍了理论指标的查阅方法，把理论指标作为效率 100%时的指标和实际指标对比，可以评定设备、车间或全厂的分选效率。计算方法如下：

**表 3-10　某矿原煤分粒级的浮沉组成对比**

| 密度级/(g/cm³) | 50～25 mm | | 25～13 mm | | 13～6 mm | | 6～0.5 mm | | 50～0.5 mm | |
|---|---|---|---|---|---|---|---|---|---|---|
| | 产率/% | 灰分/% | 产率/% | 灰分/% | 产率/% | 灰分/% | 产率/% | 灰分/% | 产率/% | 灰分/% |
| −1.3 | 15.83 | 5.66 | 16.35 | 5.02 | 20.76 | 4.22 | 30.21 | 3.38 | 23.35 | 3.99 |
| 1.3～1.4 | 54.67 | 8.60 | 50.61 | 8.87 | 47.22 | 8.15 | 40.50 | 8.30 | 45.99 | 8.45 |
| 1.4～1.5 | 2.34 | 18.56 | 7.84 | 17.61 | 8.42 | 16.71 | 8.76 | 16.92 | 7.56 | 17.10 |
| 1.5～1.6 | 3.43 | 26.40 | 4.58 | 26.77 | 4.44 | 25.46 | 4.12 | 25.20 | 4.18 | 25.76 |
| 1.6～1.8 | 3.52 | 40.54 | 4.64 | 37.13 | 4.53 | 39.10 | 4.38 | 38.20 | 4.33 | 38.42 |
| +1.8 | 20.21 | 84.28 | 15.98 | 77.99 | 14.63 | 77.09 | 12.03 | 76.32 | 14.59 | 78.47 |
| 合计 | 100 | 25.39 | 100 | 22.12 | 100 | 20.30 | 100 | 17.76 | 100 | 20.29 |

**表 3-11　某矿原煤分粒级的可选性**

| 精煤灰分/% | 50～25 mm | | | 25～13 mm | | | 13～6 mm | | | 6～0.5 mm | | |
|---|---|---|---|---|---|---|---|---|---|---|---|---|
| | 分选密度/(g/cm³) | δ±0.1/%① | 可选性 | 分选密度/(g/cm³) | δ±0.1/%① | 可选性 | 分选密度/(g/cm³) | δ±0.1/%① | 可选性 | 分选密度/(g/cm³) | δ±0.1/%① | 可选性 |
| 6.5 | 1.324 | 89.25 | 极难选 | 1.342 | 85.00 | 极难选 | 1.377 | 88.92 | 极难选 | 1.420 | 40.03 | 极难选 |
| 7.0 | 1.340 | 90.85 | 极难选 | 1.360 | 87.12 | 极难选 | 1.405 | 65.93 | 极难选 | 1.454 | 26.27 | 较难选 |
| 7.5 | 1.372 | 92.58 | 极难选 | 1.381 | 88.86 | 极难选 | 1.431 | 38.03 | 难选 | 1.494 | 16.86 | 中等 |
| 8.0 | 1.416 | 38.46 | 难选 | 1.405 | 70.68 | 极难选 | 1.472 | 22.09 | 较难选 | 1.544 | 10.91 | 中等 |
| 8.5 | 1.462 | 16.12 | 中等 | 1.434 | 39.27 | 难选 | 1.512 | 14.58 | 中等 | 1.606 | 6.78 | 易选 |
| 9.0 | 1.548 | 5.49 | 易选 | 1.470 | 22.28 | 较难选 | 1.576 | 8.37 | 易选 | 1.687 | 4.41 | 易选 |
| 9.5 | 1.643 | 2.83 | 易选 | 1.515 | 14.55 | 中等 | 1.644 | 5.79 | 易选 | 1.795 | 2.88 | 易选 |

注：①去矸±0.1 含量。

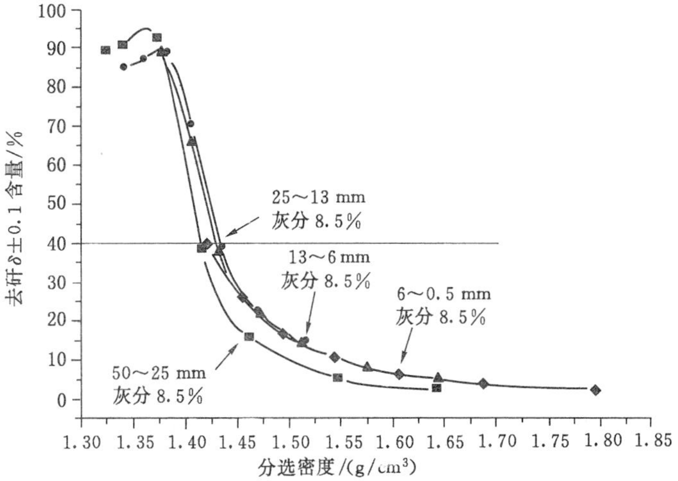


图 3-7　不同粒级的分选密度和 δ±0.1 含量的关系

$$数量效率 = \frac{实际精煤产率}{理论精煤产率} \times 100\% \qquad (3\text{-}5)$$

实际精煤产率可以从实际计量中获得，也可以用计算方法获得。理论精煤产率为与实际精煤灰分相同时的理论产率，从可选性曲线上获得。

数量效率越高，分选效果越好。该法计算简单，但有较大的局限性，不能客观地评定重选设备或全厂分选效果。

(3) 作为预测重选分选效果的基础资料

原煤可选性曲线全面描述了原煤中不同密度物料在原煤中的分布规律，可以据此分析原煤分离的可能结果，包括各种产品的数量和质量指标。在下面的章节中要介绍。

5. 可选性曲线的预测

实现生产过程的自动控制是提高选煤厂分选效率、提高劳动生产率的重要手段。实现重选过程的预测是实现选煤厂自动化的关键一环，但是要进行重选过程的预测，必须了解可选性。可选性曲线要靠浮沉试验获得，工作量大、周期长，不可能实现在线检测，因而原煤可选性的预测已成为控制重选过程的“瓶颈”。当前在线测灰仪已得到应用，工作较可靠，准确度也较高，若能求出灰分与浮沉组成的关系，根据灰分预测原煤的可选性，便可使重选过程的在线控制成为可能。

既然灰分和浮沉组成是从不同的角度表征煤炭性质的指标，它们必然存在一定的联系。原煤中的矸石（>1.8 g/cm³ 密度级）主要来源于开采中混入的顶、底板及夹矸，这部分含量随开采条件的不同而变化较大，可能引起原煤灰分较大的波动。但对<1.8 g/cm³ 密度级物料的相对组成而言，对于同一母体的煤炭应有相似的变化规律。经过研究发现，对相同矿区、同一煤种的原煤，浮物累计产率与原煤灰分、基元灰分和密度之间均有良好的相关关系，可以根据历史资料预测原煤可选性。

（1）浮物累计产率与原煤灰分有较强的相关关系

研究结果显示，除－1.3 g/cm³ 密度级外，原煤灰分和原煤中其他密度级浮物累计产率的相关关系较强，如图 3-8、图 3-9 和表 3-12所示。

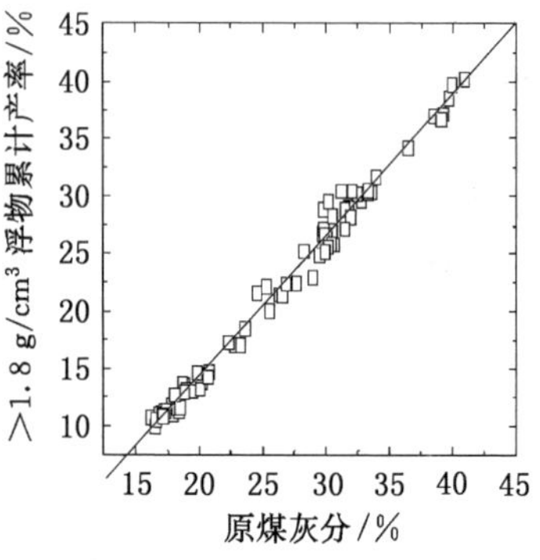


图 3-8　原煤灰分和原煤中>1.8 g/cm³ 浮物含量的关系

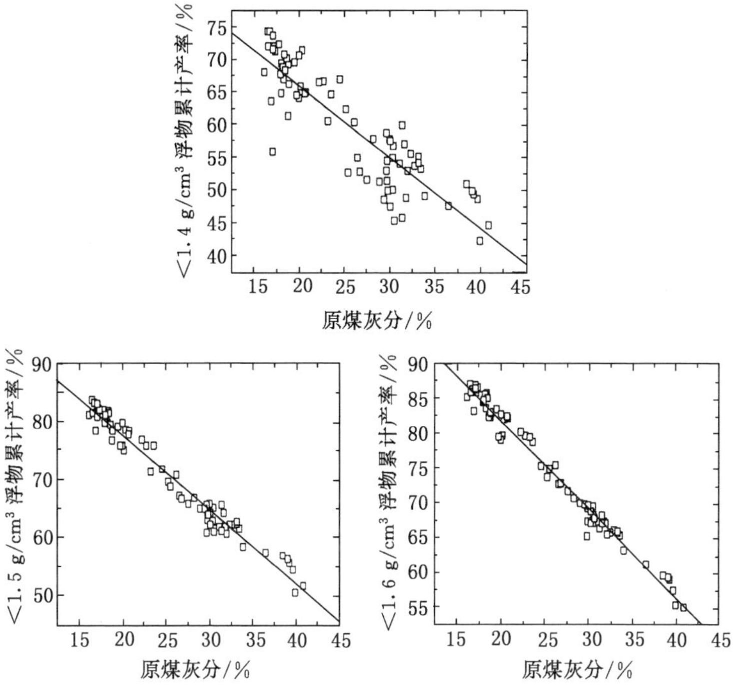


图 3-9　原煤灰分和原煤中<1.4 g/cm$^3$、<1.5 g/cm$^3$和<1.6 g/cm$^3$ 含量的关系

**表 3-12　六个选煤厂原煤灰分和各密度级浮物累计产率相关分析结果**

| 密度级/(g/cm$^3$) | 试验点个数 | 相关分析结果 | | |
|---|---|---|---|---|
| | | $A_i$ | $B_i$ | 相关系数 |
| −1.3 | 75 | 3.515 79 | 0.012 22 | 0.110 72 |
| 1.3～1.4 | 75 | 83.658 36 | −1.086 37 | −0.883 85 |
| 1.4～1.5 | 75 | 102.943 5 | −1.269 65 | −0.982 54 |
| 1.5～1.6 | 75 | 107.254 22 | −1.270 56 | −0.991 05 |
| 1.6～1.8 | 75 | −10.161 79 | 1.226 3 | 0.994 28 |
| +1.8 | 75 | 11.440 42 | 0.217 67 | 0.690 28 |

原煤灰分和浮物累计产率的相关关系可以表示为：

$$R_i = a_i + b_i \cdot A \tag{3-6}$$

式中 $R_i$——$i$ 密度级浮物累计产率；

$A$——原煤的灰分；

$a_i, b_i$——模型的参数；

$i$——密度级，如 1.4 g/cm³、1.5 g/cm³、1.6 g/cm³、1.8 g/cm³。

（2）基元灰分与密度的二次多项式有较强的相关关系

密度和基元灰分是同一煤炭质量的两个不同的指标，基元灰分表示密度间隔很小的一部分煤炭的灰分。煤炭的密度越大，基元灰分越高，二者有较强的相关关系，可以表示为：

$$\lambda = a_0 + a_1 g + a_2 g^2 \tag{3-7}$$

式中 $\lambda$——基元灰分；

$g$——密度；

$a_0$、$a_1$、$a_2$——参数。

表 3-13 为六个选煤厂"基元灰分-密度"曲线的回归分析结果。图 3-10 为三个选煤厂密度和基元灰分的关系曲线。

**表 3-13 "基元灰分-密度"曲线的回归分析结果**

| 厂名 | $a_0$ | $a_1$ | $a_2$ | 相关系数 | 均方差 |
|---|---|---|---|---|---|
| 龙凤 | −289.371 43 | 332.594 64 | −81.053 571 | 0.999 12 | 0.835 23 |
| 大屯 | −152.333 14 | 141.066 43 | −15.964 286 | 0.997 17 | 1.667 86 |
| 邢台 | −218.761 43 | 241.121 43 | −53.357 143 | 0.998 11 | 1.132 34 |
| 淮北 | −226.287 71 | 241.841 79 | −50.410 714 | 0.999 79 | 0.424 3 |
| 东庞 | −59.715 143 | 17.217 143 | 24.714 286 | 0.994 11 | 2.471 41 |
| 兴隆庄 | −224.677 14 | 241.516 07 | −50.553 571 | 0.995 21 | 2.018 73 |

（3）预测步骤

① 输入 8 组以上原煤浮沉试验资料。

② 按式(3-6)求出该原煤的灰分与−1.4 g/cm³、−1.5 g/cm³、−1.6 g/cm³、−1.8 g/cm³密度级浮物累计产率的回归系数 $a_i, b_i$。

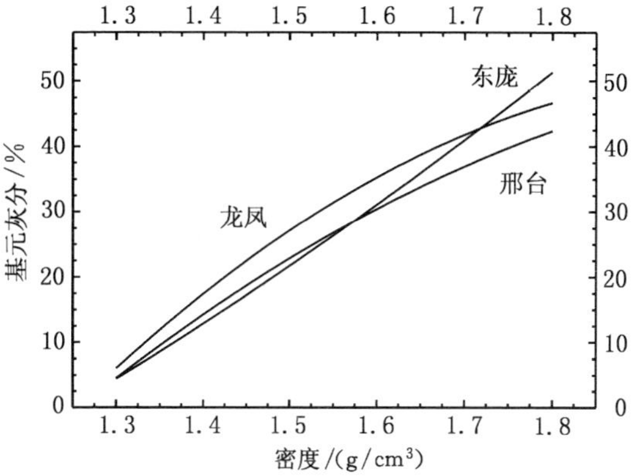


图 3-10　密度和基元灰分的关系

③ 按式(3-7)求出基元灰分与密度关系式的参数 $a_0$、$a_1$、$a_2$。

④ 进行预测，预测步骤为：

a. 代入原煤灰分，利用式(3-6)求出 $-1.4\ g/cm^3$、$-1.5\ g/cm^3$、$-1.6\ g/cm^3$、$-1.8\ g/cm^3$ 密度级浮物累计产率及 $-1.4\ g/cm^3$、$1.4\sim1.5\ g/cm^3$、$1.5\sim1.6\ g/cm^3$……各密度级产率。

b. 根据式(3-7)，利用积分法求出各密度级平均灰分。

c. 对原煤可选性曲线进行预测。

(4) 预测方法的可靠性验证

为了验证以上方法的精确度，对龙凤、大屯、兴隆庄、东庞和淮北选煤厂各进行四次预测，即根据四份月综合原煤灰分，利用模型预测其浮沉组成，再将预测结果和月综合实际浮沉组成对照，对每次预测结果计算实际和预测产率、预测灰分的均方差，共计预测20组，结果如图 3-11 和图 3-12 所示。对浮物累计产率预测的均方差是 0.46%，对各密度级浮物累计灰分预测的均方差平均值为 0.73%，预测结果是令人满意的。表 3-14 为邢台选煤厂和兴隆庄选煤厂实测结果和预测结果的对比资料。

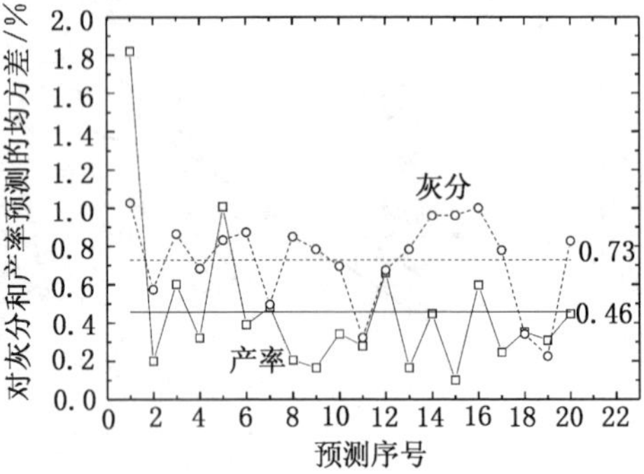


图 3-11　5 个厂 20 份资料预测误差分析

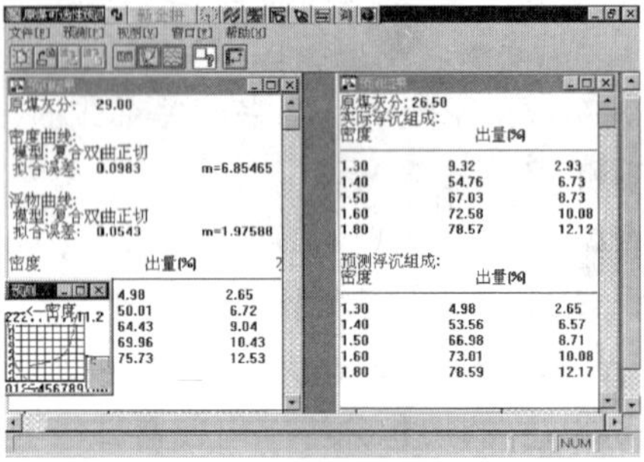


(a) 实际与预测浮沉组成对比

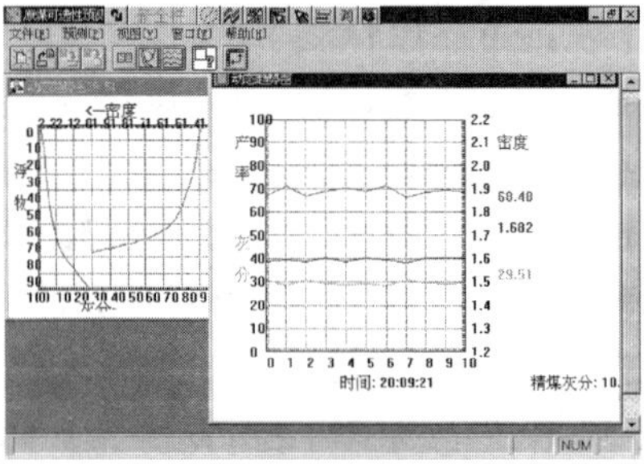


(b) 可选性的动态预测

图 3-12　原煤可选性预测的计算机运行界面

**表 3-14　预测与实测结果对比**

| 厂名 | 密度级/(g/cm³) | 实测结果 | | 预测结果 | |
|---|---|---|---|---|---|
| | | 产率/% | 灰分/% | 产率/% | 灰分/% |
| 邢台选煤厂 | −1.4 | 57.76 | 6.57 | 57.88 | 6.13 |
| | 1.4～1.5 | 9.12 | 15.77 | 8.99 | 15.54 |
| | 1.5～1.6 | 3.76 | 23.56 | 3.40 | 23.13 |
| | 1.6～1.8 | 3.10 | 35.10 | 3.07 | 34.91 |
| | +1.8 | 26.26 | 80.08 | 26.66 | 80.33 |
| | 合计 | 100.00 | 28.22 | 100.00 | 28.22 |
| 兴隆庄选煤厂 | −1.4 | 70.65 | 6.41 | 70.81 | 6.69 |
| | 1.4～1.5 | 11.07 | 16.78 | 11.26 | 16.69 |
| | 1.5～1.6 | 3.94 | 25.79 | 3.58 | 25.36 |
| | 1.6～1.8 | 2.98 | 39.39 | 3.23 | 38.92 |
| | +1.8 | 11.36 | 86.25 | 11.12 | 86.32 |
| | 合计 | 100.00 | 18.38 | 100.00 | 18.38 |

可以从以下几方面分析产生误差的原因：

① 煤质发生了变化，所用预测基础资料需要更新；

② 取样试验分析中不可避免的误差；

③ 预测模型的误差。

如果误差太大，要分析具体原因，对症解决。

### （二）分配曲线

#### 1. 概述

分配率的定义为原煤中某一密度级物料为100%时，进入重产物或轻产物的百分比。如图3-13和表3-15所示，跳汰第一段1.3～1.4 g/cm³ 密度级物料进入重产物的分配率为0.24%，跳汰第二段1.3～1.4 g/cm³ 密度级物料进入重产物的分配率为17.13%。显而易见，1.3～1.4 g/cm³ 密度级物料进入轻产物的分配率分别为 99.76%(一段)和 82.87%(二段)。

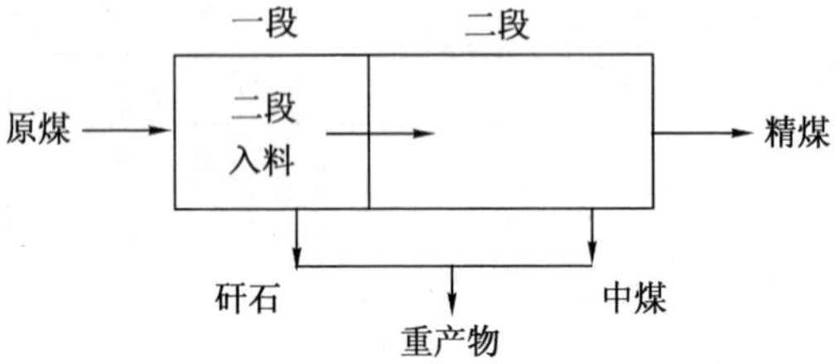


图 3-13　跳汰机分配率计算示意图

分配率的定义可用公式表示为：

$$\text{重产物中分配率}(\%) = \frac{\text{重产物中本密度级占全样产率}}{\text{计算原煤中本密度级产率}} \times 100\% \tag{3-8}$$

$$\text{轻产物中分配率}(\%) = 100\% - \text{重产物中分配率} \tag{3-9}$$

式(3-8)中分母采用计算原煤的原因在于采制样与计算之间存在误差，计算原煤某密度级产率不等于实际原煤相同密度级产率，只有采用计算原煤才能保证在轻、重产物中分配率之和为 100%。因为分配率都是指原煤中某一密度级物料分离成两个产品时的概率，对于像跳汰机这样的三产品设备，必须将其看成串联的两段重选作业，第一段的轻产物是第二段的入料，见图 3-13。表 3-15 中，计算原煤二段就是由第(6)列和第(4)列相加而得。综合分配率[第(13)列]的含义是将两段跳汰看成一段重选作业，将中煤和矸石之和看成重产物，将精煤看成轻产物求得的分配率，如图 3-13 所示。因此，1.3～1.4 $g/cm^3$ 密度级的综合分配率是按(7.88+0.11)/46.14×100%求得的。

综上所述，计算分配率时，并没有考虑各个密度级在原煤中的含量，而是认为每一密度级在原煤中都是 100%，只是计算了各个密度级进入重产物(或轻产物)的概率。

**表 3-15　某选煤厂跳汰机单机检查结果**

| 密度级/(g/cm³) | 原煤 | 精煤 | | 中煤 | | 矸石 | | 计算原煤 | | 重产物中分配率 | | | 偏差 |
|---|---|---|---|---|---|---|---|---|---|---|---|---|---|
| | 占本级/% | 占本级/% | 占全样/% | 占本级/% | 占全样/% | 占本级/% | 占全样/% | 一段/% | 二段/% | 一段/% | 二段/% | 综合/% | /% |
| (1) | (2) | (3) | (4) | (5) | (6) | (7) | (8) | (9) | (10) | (11) | (12) | (13) | (14) |
| −1.3 | 9.13 | 19.42 | 11.15 | 3.72 | 0.92 | 0.26 | 0.05 | 12.11 | 12.07 | 0.38 | 7.63 | 7.98 | 2.98 |
| 1.3～1.4 | 48.09 | 66.45 | 38.15 | 31.88 | 7.88 | 0.62 | 0.11 | 46.14 | 46.03 | 0.24 | 17.13 | 17.32 | −1.95 |
| 1.4～1.5 | 10.76 | 10.20 | 5.85 | 20.90 | 5.17 | 0.50 | 0.09 | 11.11 | 11.02 | 0.80 | 46.89 | 47.32 | 0.35 |
| 1.5～1.6 | 3.19 | 2.48 | 1.42 | 10.77 | 2.66 | 2.93 | 0.52 | 4.61 | 4.08 | 11.36 | 65.16 | 69.11 | 1.42 |
| 1.6～1.8 | 5.95 | 0.94 | 0.54 | 11.21 | 2.77 | 3.03 | 0.54 | 3.85 | 3.31 | 14.04 | 83.71 | 86.00 | −2.10 |
| +1.8 | 22.88 | 0.51 | 0.30 | 21.52 | 5.32 | 92.66 | 16.55 | 22.18 | 5.62 | 74.65 | 94.69 | 98.65 | −0.70 |
| 合计 | 100.00 | 100.00 | 57.41 | 100.00 | 24.72 | 100.00 | 17.86 | 100.00 | 82.13 | | | | |

分配曲线是通过各个密度级的分配率绘制的一条光滑的曲线。图 3-14 是根据表 3-15 的重产物中一、二段分配率绘制的。

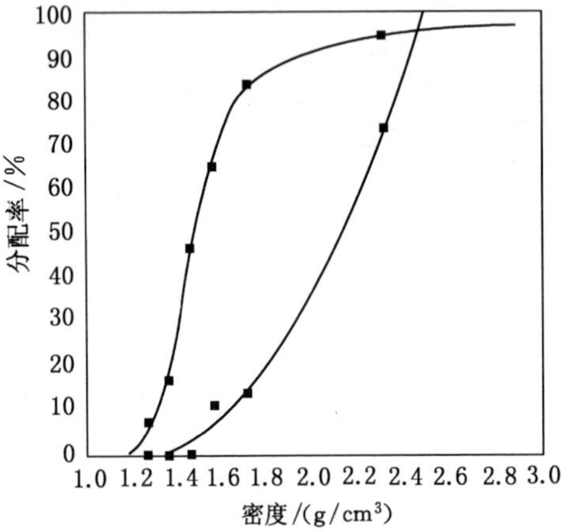


图 3-14　跳汰机一、二段分配曲线

由图可知，随着密度的增加，重产物中的分配率增加，这是符合规律的。理想的分配曲线应该是一条折线，即密度小于分选密度的物料全部进入轻产物，而密度大于分选密度的物料全部进入重产物，但是实际的分选不可避免地存在误差，有一部分轻物料误入重产物，有一部分重物料又混杂到轻产物中，才使分配曲线形成S形。显而易见，曲线越缓，错配物越多，分选效果越差。

1937 年，Tromp 提出分配曲线的概念，用曲线表达了不同密度物料在分选产物中的分配情况。后来欧洲人把分配曲线绘制在算术正态概率纸上或对数正态概率纸上，发现分配曲线接近于一条直线，于是 1938 年 Terra 提出用正态分布的特性参数——概率误差作为度量分选误差的指标——“可能偏差”。1950 年，法国 Cerchar 研究机构提出用“不完善度”作为度量跳汰或重介分选的误差，并得到广泛应用。按照 GB/T 15715—2014《煤用重选设备工艺性能评定方法》，定义如下：

$$E = \frac{1}{2}(\delta_{75} - \delta_{25}) \tag{3-10}$$

$$I = \frac{E}{\delta_{50} - 1} \tag{3-11}$$

式中　$E$——可能偏差，g/cm³；

$I$——不完善度；

$\delta_{75}$，$\delta_{25}$——重产品分配曲线上对应于分配率为 75％和 25％的密度，g/cm³；

$\delta_{50}$——重产品分配曲线上对应于分配率为 50％的密度，即分配密度，g/cm³。

可能偏差一般用于重介质分选，不完善度仅用于水介质分选。

与正态累计分布曲线相对比，可能偏差 $E$ 恰好对应于正态分布的概率误差，分选密度对应于正态分布的均值，不完善度 $I$ 则是正态分布 $\lg(D-1) \sim N(\mu, \sigma^2)$ 的概率误差。

可能偏差或不完善度可以代表分配曲线的斜率，能形象地表明分选效率的高低。但是它们只考虑了分配率从 75％到 25％之间的偏差，而没有顾及分配曲线两端的形状。实际上，分配曲线两端形状差异较大，图 3-15 为几组实际的分配曲线，其中有的分配曲线两端离坐标轴距离较远。因此，有人提出用误差面积的大小来评定分选效果。图 3-16 表明，理想的分配曲线是一折线，实际的分配曲线与它发生偏移，两者之间所包围的面积称为误差面积。1945 年，Driessen 提出了计算误差面积的标准，即 2％的分配率坐标为 1 个单位，0.1 的密度坐标为 1 个单位，对实际分配曲线与理想分配曲线所包围的面积用积分方法求得。误差面积越小，分选效果越好。虽然误差面积比可能偏差 $E$ 或不完善度 $I$ 更客观，但也有缺点：一是计算面积困难，尤其是用手工绘制的图基本无法计

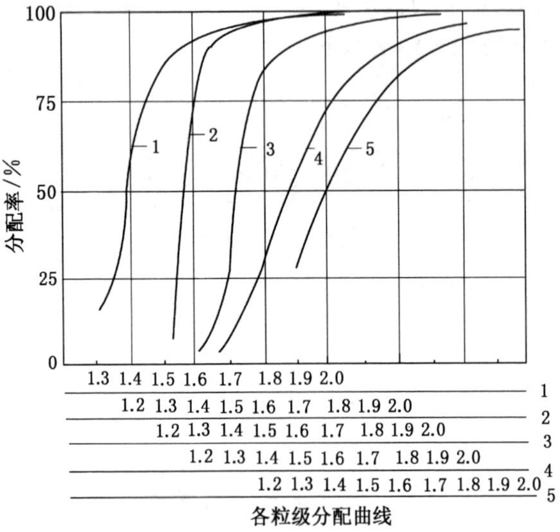


图 3-15　几组实际的分配曲线

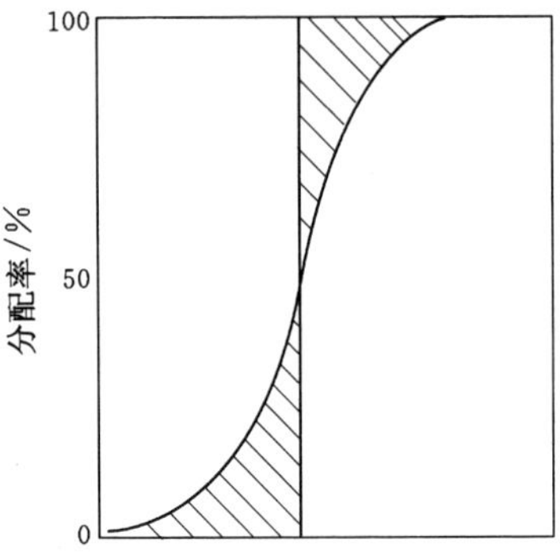


图 3-16　误差面积示意图

算面积。二是有些分配曲线两端不与坐标轴相交，又不知道最高、最低密度的大小，这都给计算带来困难。在有了数学模型后，可用计算机软件求解误差面积，但至今还未被多数人采用。

事实上，分配曲线是由若干分配率数据点相连而成的曲线，它同统计学的样品、样本之类的概念并无内在联系。把分配曲线同正态分布曲线联系在一起，只是考虑了两者的“形似”，并不意味着分配曲线符合正态分布。

分选密度 $\delta_{50}$ 的物理意义非常明确，表示此密度的物料进入轻、重产物的概率都是 50%，是切割点或分离点。

$E$ 表示了分配曲线的坡度，$E$ 越大，则分配曲线坡度越大，也说明各密度物料的错配比例越大，分选效果越差。将 $\delta_{75}-\delta_{25}$ 的一半定义为 $E$，是考虑到分配曲线在分选密度两侧并不对称。

2. 二产品或三产品分选作业产品产率的计算

正确地计算产率是计算分配率的前提。如果实际计量结果是准确的，可以用计量结果；如果不能计量，则不得不以计算法求产率，但计算结果可能会有一定的误差。

(1) 二产品作业产品产率的计算

二产品作业(图 3-17)是指一个设备出两种产品。如重介质分选机和浮选机的精煤和中煤产品，浓缩机的溢流和底流。计算二产品作业产品的产率有多种方法，分别介绍如下。

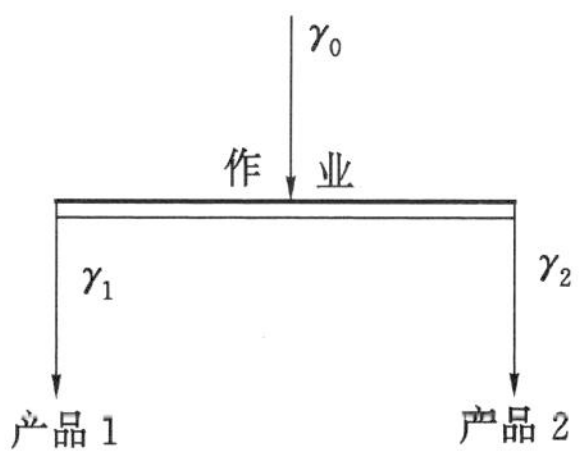


图 3-17　二产品作业

① 灰分量平衡法

对精选作业，可用灰分量平衡法计算产率。

根据数量和质量平衡原则，分选机入料的产率应等于产品产率之和。设入料产率为 100%，则有：

$$\gamma_j + \gamma_w = 100 \tag{3-12}$$

同理，产品灰分量之和应等于入料灰分量，即：

$$\gamma_j A_j + \gamma_w A_w = 100 A_y \tag{3-13}$$

式中　$A_y$、$A_j$、$A_w$——原煤、精煤、尾煤的灰分，%；

$\gamma_j$、$\gamma_w$——精煤、尾煤的产率，%。

解联立方程：

$$\begin{cases} \gamma_j A_j + \gamma_w A_w = 100 A_y \\ \gamma_j + \gamma_w = 100 \end{cases}$$

得：

$$\gamma_j = \frac{A_w - A_y}{A_w - A_j} \times 100 \tag{3-14}$$

$$\gamma_w = 100 - \gamma_j \quad (\%) \tag{3-15}$$

例如，浮选机入料灰分为 29.90%，精煤灰分为 9.27%，尾煤灰分为 57.40%，则精煤产率为：

$$\gamma_j = \frac{57.40 - 29.90}{57.40 - 9.27} \times 100 = 57.14(\%)$$

尾煤产率为：

$$\gamma_w = 100 - 57.14 = 42.86(\%)$$

② 最小二乘法——格氏法

按 GB/T 15715—2014 规定，对重选产品用最小二乘法(格氏法)计算产率。

格氏法是由荷兰学者克·格鲁姆布雷希特提出的。该法计算的原始资料是原煤及所有产品的浮沉组成。

当没有误差存在以及原煤在分选过程中不产生破碎时，产品中某一密度级物料的质量之和(又称计算原煤)应该等于原煤中同一密度级物料的质量。但是，由于存在不可避免的误差，计算原煤某一密度级物料的含量并不等于原煤中同一密度级物料的含量。假设用各密度级物料的含量差值 Δ 的平方和来表示其差值的大小，根据数理统计方法，如果 Δ 的平方和最小，则产品产率是最合理的。格氏利用概率论中最小二乘法的理论导出了一套计算方法。

设原煤、精煤及中煤中某密度级的含量分别为 $Y_i$、$J_i$、$Z_i$（表 3-16），又设原煤产率为 100（%），精煤及中煤产率分别为 $\gamma_j$、$\gamma_z$，则某密度级在计算原煤与原煤中含量的差值 $\Delta_i$ 为：

$$\Delta_i = \frac{\gamma_j}{100}J_i + \frac{\gamma_z}{100}Z_i - Y_i \tag{3-16}$$

将式(3-15)代入式(3-16)得：

$$\Delta_i = \frac{\gamma_j}{100}(J_i - Z_i) - (Y_i - Z_i)$$

则：

$$\Delta_i^2 = \left(\frac{\gamma_j}{100}\right)^2 (J_i - Z_i)^2 - 2 \times \frac{\gamma_j}{100}(J_i - Z_i)(Y_i - Z_i) + (Y_i - Z_i)^2$$

各密度级均方差之和为：

$$\sum_{i=1}^{n}\Delta_i^2 = \left(\frac{\gamma_j}{100}\right)^2 \sum_{i=1}^{n}(J_i - Z_i)^2 - 2 \times \frac{\gamma_j}{100} \times \sum_{i=1}^{n}(J_i - Z_i)(Y_i - Z_i) + \sum_{i=1}^{n}(Y_i - Z_i)^2$$

$\sum_{i=1}^{n}\Delta_i^2$ 最小的条件为其一阶导数等于 0：

$$\frac{d\left(\sum_{i=1}^{n}\Delta_i^2\right)}{d\left(\frac{\gamma_j}{100}\right)} = 2 \times \frac{\gamma_j}{100}\sum_{i=1}^{n}(J_i - Z_i)^2 - 2\sum_{i=1}^{n}(J_i - Z_i)(Y_i - Z_i) = 0$$

因为 $\sum_{i=1}^{n}(J_i - Z_i)^2$ 永远大于 0，所以

表 3-16　最小二乘法计算二产品产率表

| 密度级 /(g/cm³) (1) | 原煤 $Y$ (2) | 精煤 $J$ (3) | 中煤 $Z$ (4) | $J-Z$ (5)=(3)-(4) | $(J-Z)^2$ (6)=$(5)^2$ | $Y-Z$ (7)=(2)-(4) | $(J-Z)(Y-Z)$ (8)=(5)×(7) | $(Y-Z)^2$ (9)=$(7)^2$ | $\frac{\gamma_j}{100}J$ (10) | $\frac{\gamma_z}{100}Z$ (11) | 计算原煤 (12)=(10)+(11) | $\Delta$ (13)=(2)-(12) | $\Delta^2$ (14)=$(13)^2$ |
|---|---|---|---|---|---|---|---|---|---|---|---|---|---|
| -1.3 | $Y_1$ | $J_1$ | $Z_1$ | | | | | | | | | | |
| 1.3～1.4 | $Y_2$ | $J_2$ | $Z_2$ | | | | | | | | | | |
| 1.4～1.5 | $Y_3$ | $J_3$ | $Z_3$ | | | | | | | | | | |
| 1.5～1.6 | $Y_4$ | $J_4$ | $Z_4$ | | | | | | | | | | |
| 1.6～1.8 | $Y_5$ | $J_5$ | $Z_5$ | | | | | | | | | | |
| +1.8 | $Y_6$ | $J_6$ | $Z_6$ | | | | | | | | | | |
| 合计 | 100 | 100 | 100 | | | | | | | | | | |

$$\gamma_{\mathrm{j}}=\frac{\sum_{i=1}^{n}(J_i-Z_i)(Y_i-Z_i)}{\sum_{i=1}^{n}(J_i-Z_i)^2}\times 100\quad(\%)\tag{3-17}$$

$$\gamma_{\mathrm{z}}=100-\gamma_{\mathrm{j}}\quad(\%)\tag{3-18}$$

上述计算可按表 3-16 进行，也可用计算机完成。计算完后，用下式计算均方差：

$$\sigma=\sqrt{\frac{\sum_{i=1}^{n}\Delta_i^2}{n-m+1}}\tag{3-19}$$

式中　$\sigma$——均方差，取到小数点后两位；

$\Delta_i$——计算原煤与入选原煤间某密度级的含量差值；

$n$——计算时采用的密度级个数；

$m$——分选产品数。

按 GB/T 15715—2014 规定，可允许的均方差为：跳汰和重介主选，$\sigma$ 值一般取 1.4；再选的 $\sigma$ 值可适当加严（减小）；大块排矸或泥化解离比较严重的入料，$\sigma$ 值可适当放宽到 1.6。在某些情况下，$\sigma$ 的临界值可由交收双方在技术文件中约定。

当均方差超过规定时，应检查采样、缩分、筛分、浮沉等试验的准确性（尤其是浮沉试验），并进行修正。当相邻两密度级的 $\Delta$ 值大于 2 且符号相反时，允许合并级别，重新计算产率和均方差，以符合均方差的规定，但合并后密度级总数 $n\geqslant 6$。

用格氏法计算产率比单独用某一密度级计算产率的精确度高，但仍存在一些问题。例如，由于浮沉试验的误差比较大，计算结果的误差必定也大。格氏法更无法考虑分选过程中破碎和泥化的影响，而实际上这种现象是普遍存在的。此外，这种方法计算的假设是认为只有偶然误差存在，各密度级误差的影响是相同的，也就是说权数是一样的，而实际上不一定是这样。

对于二产品的产率计算，一般情况下，灰分的采样、制样、化验和分析的误差较小，因此用灰分量平衡法计算的产率比格氏法准确。

③ 其他计算方法

除了按灰分量平衡法及格氏法计算二产品作业产品产率外，也可以用其他质量指标，如水量平衡和某一粒度级数量平衡等方法求取。在选取计算方法时，要采用入料和产品变化比较显著的指标，否则采制样的误差会使计算结果产生较大的偏差。

例如：某浓缩机入料、溢流及底流的灰分分别为26.12%、29.11%及21.31%。用灰分量平衡法求得的溢流产率为：

$$\gamma_{溢} = \frac{A_{底} - A_{入}}{A_{底} - A_{溢}} \times 100 = \frac{21.31 - 26.12}{21.31 - 29.11} \times 100$$
$$\approx 61.67(\%)$$

若由于采制样的误差，溢流灰分降为28.11%，则：

$$\gamma_{溢} = \frac{21.31 - 26.12}{21.31 - 28.11} \times 100 \approx 70.74(\%)$$

可见，溢流灰分相差1%，产率相差约9%，误差很大。

反之，若前例中浮选机精煤灰分也减小1%，为8.27%，则精煤产率为：

$$\gamma_{j} = \frac{57.40 - 29.90}{57.40 - 8.27} \times 100 \approx 55.97(\%)$$

精煤灰分相差1%，产率相差约1%，误差较小。

因此，在决定用什么指标计算产率时，要注意以下问题：

a. 采用的计算指标是入料和产品变化较大的指标；

b. 采用的计算指标要比较准确可靠；

c. 注意在作业前后物料性质是否发生变化，对计算结果有什么影响。

(2) 三产品作业产品产率的计算

在选煤厂，最常见的是出三种产品的跳汰作业和三产品重介质旋流器。因为很难采集一段到二段的入料试样，通常只能采到入料和三种产品的试样，如果用灰分量平衡法来计算，只能列出两个方程，无法求出三个未知数。

如果无法计量，就不得不用密度组成作为计算依据。利用密度组成计算产率的方法很多，有污染指标法、格氏法、回归方程法、塞夏法等。按 GB/T 15715—2014 规定，三产品作业用格氏法计算产率。考虑到污染指标法比格氏法简便，有其通用性，因而将这两种方法介绍如下。

① 污染指标法

按照数量和质量平衡原则，原煤中某一密度级的量应等于各产品同一密度级的量之和，得到以下联立方程：

$$\begin{cases}\gamma_j J_1 + \gamma_z Z_1 + \gamma_w W_1 = 100Y_1 & (3\text{-}20)\\ \gamma_j J_2 + \gamma_z Z_2 + \gamma_w W_2 = 100Y_2 & (3\text{-}21)\\ \gamma_j + \gamma_z + \gamma_w = 100 & (3\text{-}22)\end{cases}$$

式中，$\gamma_j$、$\gamma_z$、$\gamma_w$ 分别代表精煤、中煤、矸石中＞0.5 mm 物料的产率。其他符号见表 3-17。

**表 3-17　某跳汰机原煤和产品＞0.5 mm 物料的污染指标**

| 密度级 /(g/cm³) | 原煤(Y) /% | 精煤(J) /% | 中煤(Z) /% | 矸石(W) /% |
|---|---|---|---|---|
| －1.5 | 61.94($Y_1$) | 96.59($J_1$) | 59.37($Z_1$) | 0.90($W_1$) |
| 1.5～1.8 | 12.15($Y_2$) | 3.08($J_2$) | 22.24($Z_2$) | 9.14($W_2$) |
| ＋1.8 | 25.91($Y_3$) | 0.33($J_3$) | 18.39($Z_3$) | 89.96($W_3$) |
| 合　计 | 100.00 | 100.00 | 100.00 | 100.00 |

解联立方程组得：

$$\gamma_j = \frac{(Y_1 - W_1)(Z_2 - W_2) - (Y_2 - W_2)(Z_1 - W_1)}{(J_1 - W_1)(Z_2 - W_2) - (J_2 - W_2)(Z_1 - W_1)} \times 100\ (\%) \qquad (3\text{-}23)$$

$$\gamma_z = \frac{(J_1 - W_1)(Y_2 - W_2) - (J_2 - W_2)(Y_1 - W_1)}{(J_1 - W_1)(Z_2 - W_2) - (J_2 - W_2)(Z_1 - W_1)} \times 100\ (\%) \quad (3\text{-}24)$$

$$\gamma_w = 100 - \gamma_j - \gamma_z \quad (\%) \quad (3\text{-}25)$$

将表 3-17 中的数据分别代入上面三个公式中，可求出该跳汰机三种产品的产率为：

$$\gamma_j = \frac{(61.94-0.90)(22.24-9.14)-(12.15-9.14)(59.37-0.90)}{(96.59-0.90)(22.24-9.14)-(3.08-9.14)(59.37-0.90)} \times 100$$

$$\approx 38.79(\%)$$

$$\gamma_z = \frac{(96.59-0.90)(12.15-9.14)-(3.08-9.14)(61.94-0.90)}{(96.59-0.90)(22.24-9.14)-(3.08-9.14)(59.37-0.90)} \times 100$$

$$\approx 40.92(\%)$$

$$\gamma_w = 100-38.79-40.92=20.29(\%)$$

从理论上讲，分选前后任意一个密度级都存在着上述平衡关系，因而用任一密度级计算产率都应该是准确的。实际上，采制样是有误差的。在分选过程中原煤要产生破碎和泥化现象，而且不同的原煤在不同的生产流程中破碎和泥化情况不一样，但计算公式并没有考虑到这一点。因此，要尽量选取误差较小的、分选前后变化不大的密度级作为计算依据。计算出的产率要与生产实际对照。一般情况下，$-1.5\ g/cm^3$ 或 $+1.8\ g/cm^3$ 密度级在分选前后变化较小。

② 格氏法

用格氏法计算分选设备三产品产率的原理与二产品格氏法相同。

设 $J_i$、$Z_i$、$W_i$、$Y_i$ 分别为某密度级在精煤、中煤、尾煤和原煤中的含量（占本级产品的百分数）。

$\gamma_j$、$\gamma_z$、$\gamma_w$ 分别为精煤、中煤、尾煤的产率（占原煤的百分数）。

某密度级计算原煤和实际原煤的差值 $\Delta_i$ 为：

$$\Delta_i = \left(J_i \frac{\gamma_j}{100} + Z_i \frac{\gamma_z}{100} + W_i \frac{\gamma_w}{100}\right) - Y_i \qquad (3\text{-}26)$$

如以 $100\% - \frac{\gamma_j}{100} - \frac{\gamma_z}{100}$代替$\frac{\gamma_w}{100}$,则得:

$$\Delta_i = (J_i - W_i)\frac{\gamma_j}{100} + (Z_i - W_i)\frac{\gamma_z}{100} - (Y_i - W_i)$$

平方得:

$$\Delta_i^2 = (J_i - W_i)^2\left(\frac{\gamma_j}{100}\right)^2 + (Z_i - W_i)^2\left(\frac{\gamma_z}{100}\right)^2 + (Y_i - W_i)^2 + 2(J_i - W_i)(Z_i - W_i)\frac{\gamma_j}{100}\cdot\frac{\gamma_z}{100} - 2(J_i - W_i)(Y_i - W_i) \times \frac{\gamma_j}{100} - 2(Z_i - W_i)(Y_i - W_i)\frac{\gamma_z}{100}$$

对全部密度级来说有:

$$\sum_{i=1}^{n}\Delta_i^2 = \left(\frac{\gamma_j}{100}\right)^2\sum_{i=1}^{n}(J_i - W_i)^2 + \left(\frac{\gamma_z}{100}\right)^2\sum_{i=1}^{n}(Z_i - W_i)^2 + \sum_{i=1}^{n}(Y_i - W_i)^2 + 2\times\frac{\gamma_j}{100}\cdot\frac{\gamma_z}{100}\sum_{i=1}^{n}[(J_i - W_i)(Z_i - W_i)] - 2\times\frac{\gamma_j}{100}\sum_{i=1}^{n}[(J_i - W_i)(Y_i - W_i)] - 2\times\frac{\gamma_z}{100}\sum_{i=1}^{n}[(Z_i - W_i)\times(Y_i - W_i)]$$

为求得$\sum_{i=1}^{n}\Delta_i^2$的最小值,将上式分别对$\frac{\gamma_j}{100}$和$\frac{\gamma_z}{100}$求偏微分,并令其等于0,得:

$$\begin{cases}\dfrac{\partial \sum\limits_{i=1}^{n}\Delta_i^2}{\partial \dfrac{\gamma_j}{100}} = 2\dfrac{\gamma_j}{100}\sum\limits_{i=1}^{n}(J_i - W_i)^2 + 2\dfrac{\gamma_z}{100}\sum\limits_{i=1}^{n}[(J_i - W_i)(Z_i - W_i)] - 2\sum\limits_{i=1}^{n}[(J_i - W_i)(Y_i - W_i)] = 0 \\ \dfrac{\partial \sum\limits_{i=1}^{n}\Delta_i^2}{\partial \dfrac{\gamma_z}{100}} = 2\dfrac{\gamma_z}{100}\sum\limits_{i=1}^{n}(Z_i - W_i)^2 + 2\dfrac{\gamma_j}{100}\sum\limits_{i=1}^{n}[(J_i - W_i)(Z_i - W_i)] - 2\sum\limits_{i=1}^{n}[(Z_i - W_i)(Y_i - W_i)] = 0\end{cases}$$

解此联立方程：

$$\gamma_j = \frac{\sum\limits_{i=1}^{n}(Z_i - W_i)^2\sum\limits_{i=1}^{n}[(J_i - W_i)(Y_i - W_i)] - \sum\limits_{i=1}^{n}[(J_i - W_i)(Z_i - W_i)]\sum\limits_{i=1}^{n}[(Z_i - W_i)(Y_i - W_i)]}{\sum\limits_{i=1}^{n}(J_i - W_i)^2\sum\limits_{i=1}^{n}(Z_i - W_i)^2 - \left\{\sum\limits_{i=1}^{n}[(J_1 - W_i)(Z_i - W_i)]\right\}^2} \times 100 \quad (\%) \tag{3-27}$$

$$\gamma_z = \frac{\sum\limits_{i=1}^{n}(J_i - W_i)^2\sum\limits_{i=1}^{n}[(Z_i - W_i)(Y_i - W_i)] - \sum\limits_{i=1}^{n}[(J_i - W_i)(Y_i - W_i)]\sum\limits_{i=1}^{n}[(J_i - W_i)(Z_i - W_i)]}{\sum\limits_{i=1}^{n}(J_i - W_i)^2\sum\limits_{i=1}^{n}(Z_i - W_i)^2 - \left\{\sum\limits_{i=1}^{n}[(J_i - W_i)(Z_i - W_i)]\right\}^2} \times 100 \quad (\%) \tag{3-28}$$

$$\gamma_w = 100 - \gamma_j - \gamma_z \quad (\%) \tag{3-29}$$

为方便起见，可用表格形式计算产率(表 3-18)。显而易见，用计算机计算更加快捷准确。

计算出三产品的产率后，按式(3-19)计算均方差。若均方差超过规定，应检查并除去有明显误差的密度级再计算。若误差始终超过规定，该资料应作废。

表 3-18 求出的精煤、中煤、矸石产率分别为68.66%、25.24%和 6.10%。均方差为 1.73，超过规定值 1.4。检查第(18)列发现，$-1.3\ g/cm^3$ 和 $1.3\sim1.4\ g/cm^3$ 密度级的误差分别为2.78和$-1.92$，误差大，绝对值比较接近，符号相反。分析原因，有可能是 $1.3\sim1.4\ g/cm^3$ 密度级破碎解离出一部分 $-1.3\ g/cm^3$ 密度级而造成的，也可能是浮沉试验时，$1.3\ g/cm^3$ 密度液不够准确。为此，将 $-1.3\ g/cm^3$ 及 $1.3\sim1.4\ g/cm^3$ 密度级合并后再计算(表 3-19)，得到三产品的产率分别为 67.70%、25.96%和6.34%，均方差为 0.58，符合要求。但密度级别个数小于 6，不符合要求。

在选煤厂实际采样中，由于煤炭性质的不均匀，很难达到密度级大于 6、误差小于 1.4%的标准。如果用来分析评定选煤厂自身分选效果，可以适当放宽标准。

前已述及，格氏法没有考虑煤炭在分选过程中的破碎和泥化现象而产生的系统误差。如果原煤易于破碎和泥化，采用此法计算的结果不够准确。

3. 各密度级平均密度与端部平均密度的确定

(1) 各密度级平均密度的确定

用手工绘制分配曲线时，各密度级的平均密度一般用算术平均值代表。如密度级 $1.3\sim1.4\ g/cm^3$ 的平均密度为 $1.35\ g/cm^3$。

用计算机绘制分配曲线时，按 MT/T 145—1997 规定，根据质量守恒原理，原煤或产品浮沉组成中第二个密度级至倒数第二个密度级的平均密度按下式确定：

**表 3-18　格氏法计**

| 密度级 /(g/cm³) (1) | 原煤 Y /% (2) | 精煤 J /% (3) | 中煤 Z /% (4) | 矸石 W /% (5) | Y−W /% (6)=(2)−(5) | J−W /% (7)=(3)−(5) | Z−W /% (8)=(4)−(5) | (J−W)² /% (9)=(7)² | (J−W)·(Z−W) /% (10)=(7)×(8) |
|---|---|---|---|---|---|---|---|---|---|
| −1.3 | 15.35 | 25.90 | 1.76 | 0.19 | 15.23 | 25.71 | 1.57 | 661.0 | 40.3 |
| 1.3～1.4 | 35.56 | 45.21 | 10.23 | 0.28 | 35.28 | 44.93 | 9.95 | 2 018.7 | 447.0 |
| 1.4～1.5 | 20.31 | 22.00 | 17.53 | 0.86 | 19.45 | 21.14 | 16.67 | 446.9 | 352.4 |
| 1.5～1.6 | 7.90 | 4.64 | 17.88 | 2.60 | 5.30 | 2.04 | 15.28 | 4.2 | 31.2 |
| 1.6～1.8 | 8.64 | 1.88 | 26.94 | 14.31 | −5.67 | −12.43 | 12.63 | 154.5 | −157.0 |
| +1.8 | 12.14 | 0.37 | 25.66 | 81.76 | −69.62 | −81.39 | −56.10 | 6 624.3 | 4 566.0 |
| 总　计 | 100 | 100 | 100 | 100 | 0 | 0 | 0 | 9 909.6 | 5 280.0 |

**表 3-19　格氏法计**

| 密度级 /(g/cm³) (1) | 原煤 Y /% (2) | 精煤 J /% (3) | 中煤 Z /% (4) | 矸石 W /% (5) | Y−W /% (6)=(2)−(5) | J−W /% (7)=(3)−(5) | Z−W /% (8)=(4)−(5) | (J−W)² /% (9)=(7)² | (J−W)·(Z−W) /% (10)=(7)×(8) |
|---|---|---|---|---|---|---|---|---|---|
| −1.3 | | | | | | | | | |
| 1.3～1.4 | 51.01 | 71.11 | 11.99 | 0.47 | 50.54 | 70.64 | 11.53 | 4 990.0 | 813.8 |
| 1.4～1.5 | 20.31 | 22.00 | 17.53 | 0.86 | 19.45 | 21.14 | 16.67 | 446.9 | 352.4 |
| 1.5～1.6 | 7.90 | 4.64 | 17.88 | 2.60 | 5.30 | 2.04 | 15.28 | 4.2 | 31.2 |
| 1.6～1.8 | 8.64 | 1.88 | 26.94 | 14.31 | 5.67 | −12.43 | 12.63 | 154.5 | −157.0 |
| +1.8 | 12.14 | 0.37 | 25.66 | 81.76 | 69.60 | −81.39 | −56.10 | 6 624.3 | 4 566.0 |
| 总　计 | 100 | 100 | 100 | 100 | 69.62 | 0 | 0 | 12 219.9 | 5 606.4 |

## 算选煤产品产率表

| $(J-W)\cdot(Y-W)$ /% (11)=(7)×(6) | $(Z-W)^2$ /% (12)=$(8)^2$ | $(Z-W)\cdot(Y-W)$ /% (13)=(8)×(6) | $\frac{\gamma_j}{100\%}J$ /% (14) | $\frac{\gamma_z}{100}Z$ /% (15) | $\frac{\gamma_w}{100}W$ /% (16) | 计算原煤 $\overline{Y}$/% (17)=(14)+(15)+(16) | 偏　差 $\Delta=\overline{Y}-Y$ (17−2) (18)=(17)−(2) | $\Delta^2$ (19)=$(18)^2$ |
|---|---|---|---|---|---|---|---|---|
| 392.3 | 2.5 | 23.96 | 17.78 | 0.44 | 0.01 | 18.23 | 2.78 | 7.388 4 |
| 1 585.1 | 99.0 | 351.0 | 31.04 | 2.58 | 0.02 | 33.64 | −1.92 | 3.686 4 |
| 411.2 | 277.9 | 324.2 | 15.11 | 4.43 | 0.05 | 19.59 | −0.72 | 0.518 4 |
| 10.8 | 233.5 | 81.0 | 3.19 | 4.51 | 0.16 | 7.86 | −0.04 | 0.001 6 |
| 70.5 | 159.5 | −71.6 | 1.29 | 6.80 | 0.87 | 8.96 | 0.32 | 0.102 4 |
| 5 666.4 | 3 147.2 | 3 905.7 | 0.25 | 6.48 | 0.99 | 11.72 | −0.42 | 0.1764 |
| 8 136.3 | 3 919.6 | 4 614.7 | 68.66 | 25.24 | 6.10 | 100 | 0 | 11.873 6 |

## 算选煤产品产率表

| $(J-W)\cdot(Y-W)$ /% (11)=(7)×(6) | $(Z-W)^2$ /% (12)=$(8)^2$ | $(Z-W)\cdot(Y-W)$ /% (13)=(8)×(6) | $\frac{\gamma_j}{100\%}J$ /% (14) | $\frac{\gamma_z}{100}Z$ /% (15) | $\frac{\gamma_w}{100}W$ /% (16) | 计算原煤 $\overline{Y}$/% (17)=(14)+(15)+(16) | 偏　差 $\Delta=\overline{Y}-Y$ (17−2) (18)=(17)−(2) | $\Delta^2$ (19)=$(18)^2$ |
|---|---|---|---|---|---|---|---|---|
| 3 570.1 | 132.7 | 582.2 | 48.14 | 3.11 | 0.03 | 51.28 | 0.27 | 0.072 4 |
| 411.2 | 277.9 | 324.2 | 14.90 | 4.55 | 0.05 | 19.50 | −0.81 | 0.656 1 |
| 10.8 | 233.5 | 81.0 | 3.14 | 4.64 | 0.17 | 7.95 | 0.05 | 0.002 5 |
| 70.5 | 159.5 | −71.6 | 1.27 | 7.00 | 0.90 | 9.17 | 0.53 | 0.280 9 |
| 5 666.4 | 3 147.2 | 3 905.7 | 0.25 | 6.66 | 5.19 | 12.10 | 0.04 | 0.001 6 |
| 9 729.0 | 3 950.8 | 4 821.5 | 67.70 | 25.96 | 6.34 | 100 | 0 | 1.013 5 |

$$\bar{\rho}_i = \frac{\gamma_{y_i} - \gamma_{y_{i-1}}}{\int_{\gamma_{y_{i-1}}}^{\gamma_{y_i}} \frac{1}{\rho} \mathrm{d}\gamma_y} \tag{3-30}$$

式中 $\bar{\rho}_i$——第 $i$ 个密度级的平均密度，$g/cm^3$；

$\gamma_{y_i}$——第 $i$ 个密度级的浮物累计产率，%；

$\gamma_{y_{i-1}}$——第 $i-1$ 个密度级的浮物累计产率，%；

$\frac{1}{\rho}$——密度的倒数，可视为浮物累计产率 $\gamma_y$ 的函数，即 $\frac{1}{\rho} = f(\gamma_y)$，用拉格朗日一元三点插值公式分段确定。

该公式的推导过程如下：

图 3-18 是密度倒数与浮物累计产率的关系图。若第 $j$ 个密度级的密度范围是 $\rho_{j-1}-\rho_j$（这里的 $\rho_{j-1}$ 和 $\rho_j$ 都是浮沉试验中所用的密度），则该密度级的产率应是 $\gamma_{y_j} - \gamma_{y_{j-1}}$。若煤样的总质量为 $G$，则该密度级的质量为 $G(\gamma_{y_j} - \gamma_{y_{j-1}})$。对于微元产率增量 $\mathrm{d}y$，其对应的体积为 $\frac{1}{\rho}G\mathrm{d}y$。因此，第 $j$ 个密度级的体积可写成：

$$\int_{\gamma_{y_{j-1}}}^{\gamma_{y_j}} \frac{1}{\rho} G \mathrm{d}y \tag{3-31}$$

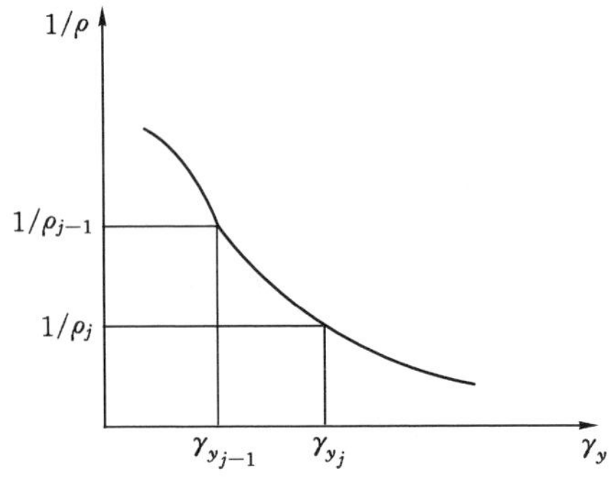


图 3-18　密度倒数与浮物累计产率的关系

根据定义，该密度级的平均密度如式(3-30)所示。

表3-20列出了七个选煤厂按式(3-30)计算的各密度级的平均密度。对大多数资料来说，算术平均密度与按式(3-30)计算的平均密度很接近。

**表3-20　根据MT/T 145—1997计算的平均密度与算术平均密度对比表**

| 密度级/(g/cm³) | 按MT/T 145—1997计算的平均密度/(g/cm³) | | | | | | | | 算术平均密度/(g/cm³) | 密度差值/(g/cm³) |
|---|---|---|---|---|---|---|---|---|---|---|
| | 唐山 | 湾沟1 | 湾沟2 | 湾沟3 | 巴关河 | 韩桥 | 荣昌 | 平均值 | | |
| 1.3～1.4 | 1.33 | 1.33 | 1.34 | 1.33 | 1.33 | 1.33 | 1.34 | 1.33 | 1.35 | −0.02 |
| 1.4～1.5 | 1.45 | 1.44 | 1.45 | 1.44 | 1.45 | 1.44 | 1.44 | 1.44 | 1.45 | −0.01 |
| 1.5～1.6 | 1.54 | 1.55 | 1.55 | 1.55 | 1.54 | 1.55 | 1.55 | 1.55 | 1.55 | 0 |
| 1.6～1.8 | 1.69 | 1.69 | 1.69 | 1.69 | 1.69 | 1.70 | 1.69 | 1.69 | 1.70 | −0.01 |

(2) 端部平均密度的确定

分配曲线两端(−1.3 g/cm³、+1.8 g/cm³或+2.0 g/cm³)的平均密度的确定对分配曲线的形状有一定的影响。当分选密度较高时，高密度端的平均密度的选取对分配曲线形状的影响尤为显著。过去按经验确定分配曲线两端的平均密度，对高密度端的平均密度常常定为2.0 g/cm³或1.9 g/cm³，明显偏低。因为+1.8 g/cm³或+2.0 g/cm³密度级的物料中含有大量矸石，矸石的密度通常在2.6 g/cm³左右，再加上黄铁矿密度在4.0 g/cm³以上，所以高密度端的平均密度以2.2～2.4 g/cm³为宜。

按MT/T 145—1997规定，第一个密度级的平均密度和最后一个密度级的平均密度一般按GB/T 6949—2010《煤的视相对密度测定方法》确定；在不具备试验值的情况下，上述两个密度值可根据计算原煤的可选性数据，按中间诸密度级的平均密度对灰分的线性回归方程外推获得。当第一个密度级的平均密度的外推值高于浮沉试验的第一个密度时，其平均密度按下述原则取值：

$$当\ \rho_1 \geqslant 1.3\ 时，取\ \bar{\rho}_1 = \rho_1 - 0.02 \tag{3-32}$$

$$当\ \rho_1 < 1.3\ 时，取\ \bar{\rho}_1 = \rho_1 - 0.01 \tag{3-33}$$

式中，$\rho_1$ 为浮沉试验的第一个密度级；$\bar{\rho}_1$ 为第一个密度级的平均密度。

该方法计算麻烦，结果也不一定准确，很难执行。为了研究高密度端物料平均密度的规律，笔者收集了 62 个选煤厂的高密度煤样，分别测定其灰分及密度，发现高密度端物料的灰分与密度之间基本符合线性关系，相关系数为 0.922。经回归分析，求出灰分 $A$ 与密度 $D$ 的数学模型为：

$$D = 2.5A + 0.356 \tag{3-34}$$

图 3-19 为高密度端平均密度与灰分的相关图。当选煤厂缺少高密度端密度的试验资料时，可以用式(3-34)求得。如灰分为 70%时，密度为 2.11 g/cm$^3$；灰分为 80%时，密度为 2.36 g/cm$^3$；灰分为 75%时，密度为 2.23 g/cm$^3$。用此公式计算平均密度快速而准确。

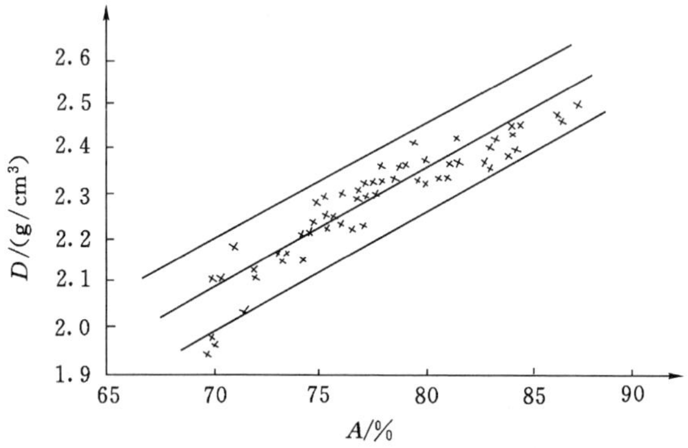


图 3-19　高密度端平均密度与灰分的相关图

4. 分配曲线的计算机模拟

20 世纪 70 年代以来，随着计算机的普及和选矿数学模型研究的深入，人们开始采用计算机模拟分配曲线，并运用计算机进行重选效果的评定、预测及优化。A. D. 沃尔特斯于 1976 年提出用插值法在计算机上模拟分配曲线，并建议用直线代表分配率从75%～25%中间一段，用一维三次赫米特插值法模拟分配曲线的两端；T. C. 伊拉兹马斯于 1976 年提出利用反正切模型，用相关分析方法确定分选密度从 1.36～1.68 g/cm$^3$ 之间重选设备分配曲线模型的参数；1978 年，B. C. 哥特菲利德提出用韦伯方程拟合分配曲线，建议用模型搜索法计算模型的参数，并编制了一套程序来预测重选设备的分选效果；1982 年，T. P. 梅洛伊提出用一数学模型代表重介质选煤的分配曲线，并建议用图解法求曲线的斜率。1983 年，笔者研究了用 6 种不同的数学模型拟合分配曲线，解决了分配曲线按不同方式平移的方法，编制了相应的非线性拟合程序及预测重选效果的计算机程序。1986 年，原煤炭工业部部颁标准 MT 145—86《评定选煤厂重选设备工艺效果的计算机算法》中规定对分配曲线可用不同的数学模型进行拟合。

根据对分配曲线形态的分析可知，分配曲线由三部分组成：密度小于某一密度的物料和密度大于某一密度的物料在重产物中的分配率分别为 0 和 100%，中部是一条 S 形曲线，曲线单调上升，只有一个拐点，曲线的两端与坐标轴相交。在重产物中的分配曲线可以表示为：

$$y = 0 \qquad x \leqslant \delta_1 \tag{3-35}$$

$$y = f(x) \qquad \delta_1 < x < \delta_2 \tag{3-36}$$

$$y = 100 \qquad x \geqslant \delta_2 \tag{3-37}$$

式中　$x$——密度；

$y$——分配率；

$\delta_1, \delta_2$——极限密度。

拟合分配曲线的主要工作是求出函数 $f(x)$，两个极限密度 $\delta_1$ 和 $\delta_2$ 要通过函数 $f(x)$求得。分配曲线的特征参数如分选密度、可能偏差、不完善度、误差面积等主要由 $f(x)$决定。

(1) 用插值法模拟分配曲线

插值法比较简单,易于实现。但插值法模拟的分配曲线不够光滑,图 3-20～图 3-22 分别是用样条插值法、抛物线插值法和拉格朗日插值法模拟的分配曲线。

插值法有以下缺点:

① 观测点是经过采样、制样、化验、分析等过程得到的,不可避免地存在着试验误差。由于插值法要求曲线通过试验点,必定保留了试验误差,曲线一般都不光滑。

② 插值法能处理的观测点个数与参数个数相同,所以,对观测点个数多于参数值的数据只能进行分段插值。虽然有的插值法考虑了两段曲线间一阶及两阶导数的连续性,但曲线仍不够光滑。

③ 插值过程中,试验误差或计算过程的舍入等可能被扩散和

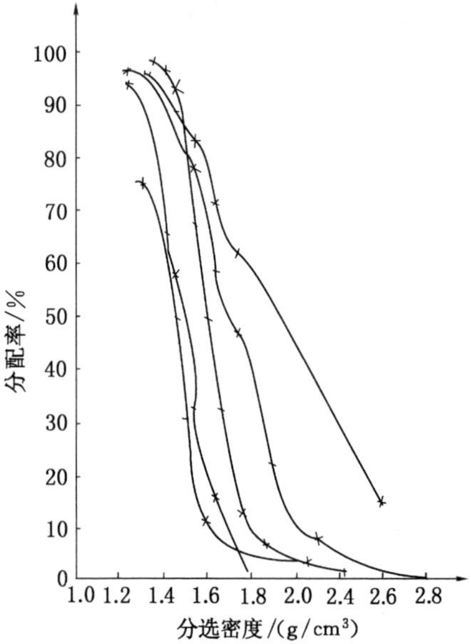


图 3-20　样条插值法模拟的 5 条分配曲线

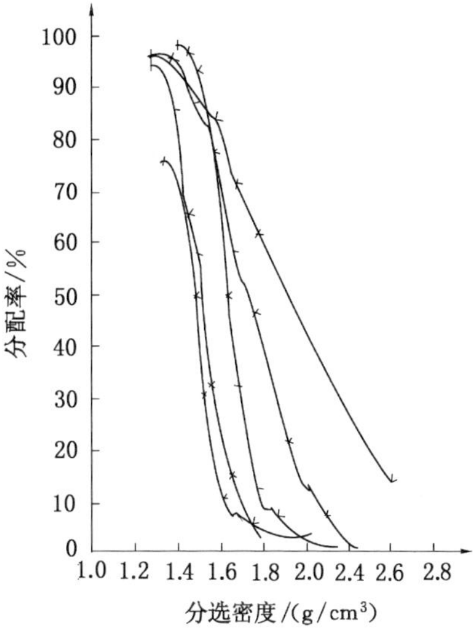


图 3-21　抛物线插值法模拟的 5 条分配曲线

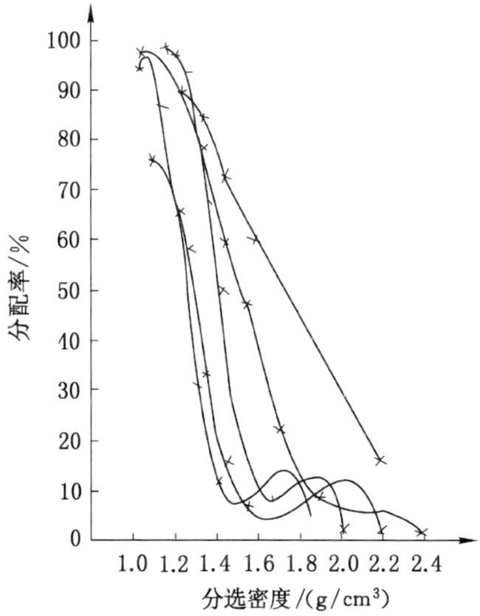


图 3-22　拉格朗日插值法模拟的 5 条分配曲线

放大。插值的最终误差在基本区间内即内插时作波动状，在基本区间外按距离的 $n$ 次幂放大。所以，当 $n$ 趋大时，插值过程对样本点的数据误差非常敏感，换言之，高次插值具有数据不稳定性。

根据以上分析，用插值法模拟分配曲线不可取。

(2) 用不同的数学模型拟合分配曲线

前面已介绍过，拟合法是利用数学模型模拟分配曲线，曲线不一定通过试验点，但要求均方差最小。这种方法与手工绘制的曲线很相似，绘出的曲线很光滑。

对实际分配曲线的观察发现，由于所用的选煤方法、设备性能、操作水平、原煤性质及分选密度等方面的差异，实际分配曲线的形状经常有变化。所以，只用一个模型代表变化的分配曲线是有困难的，用一组不同的模型代表不同的分配曲线才是合理的。

拟合分配曲线的模型较多。除式(3-1)、式(3-2)、式(3-3)的反正切、双曲正切和复合双曲正切模型外，还可取指数、正态积分、复合正态积分和韦伯模型等。

指数模型：

$$y = b_0 + b_1 \exp[-(b_2/x)^{b_3}] \tag{3-38}$$

正态积分模型：

$$y = 100\left\{a + c\int_{1.2}^{x} \exp[-k(x - x_0)^2]\mathrm{d}x\right\} \tag{3-39}$$

复合正态积分模型：

$$y = 100\left\{a - b(x - 1.2) + c\int_{1.2}^{x} \exp[-k(x - x_0)^2]\mathrm{d}x\right\} \tag{3-40}$$

韦伯模型：

$$y = 100\{y_0 + a \cdot \exp[-(x - x_0)^b/c]\} \tag{3-41}$$

以上模型中，$x$ 代表密度，$y$ 代表密度为 $x$ 的物料的分配率，其他为模型的参数。

分配曲线的拟合过程与原煤可选性曲线相同。图 3-23 为利用 6 种模型绘制的分配曲线。

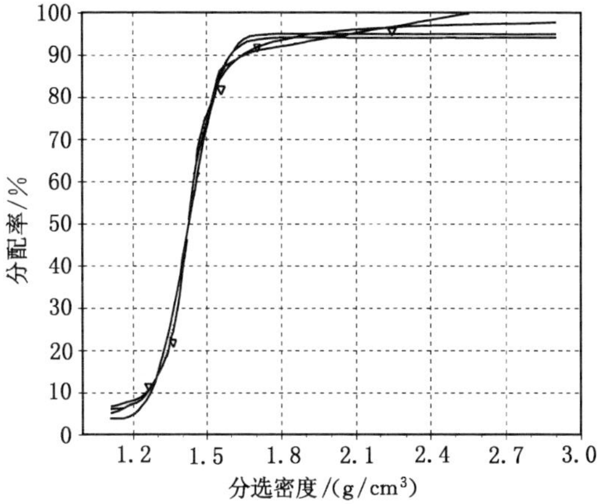


图 3-23 利用 6 种模型绘制的分配曲线

表 3-21 为我国一些选煤厂分配曲线的拟合结果。选取模型的原则是拟合误差小,形状正确。可以用不同的模型拟合,最后选取一个最优的模型。

**表 3-21 选煤厂实际分配曲线的拟合结果**

| 序号 | 厂名 | 模型 | 拟合误差 | 资料来源 |
|---|---|---|---|---|
| 1 | 马头 | 复合双曲正切 | 0.84 | 88 号选煤机二段(1984.10) |
| 2 | 邢台 | 复合双曲正切 | 1.50 | 14 $m^2$ 筛下空气室跳汰机试验(邢台 1976) |
| 3 | 株洲 | 反正切 | 0.538 | |
| 4 | 北大岭重介 | 双曲正切 | 0.75 | |
| 5 | 范各庄巴达克一段 | 反正切 | 1.06 | |

表 3-21(续)

| 序号 | 厂　名 | 模　型 | 拟合误差 | 资料来源 |
|---|---|---|---|---|
| 6 | 范各庄巴达克二段 | 反正切 | 1.60 | |
| 7 | 唐山矿 | 反正切 | 0.91 | |
| 8 | 巴关河 | 反正切 | 0.57 | |
| 9 | 湾沟+0.5 | 反正切 | 1.17 | LTW-M2.6 跳汰试验报告 |
| 10 | 湾沟+6 | 反正切 | 0.38 | LTW-M2.6 跳汰试验报告 |
| 11 | 湾沟 6-3 | 反正切 | 0.40 | LTW-M2.6 跳汰试验报告 |
| 12 | 湾沟 3-1 | 反正切 | 1.50 | LTW-M2.6 跳汰试验报告 |
| 13 | 湾沟 1-0.5 | 反正切 | 1.24 | LTW-M2.6 跳汰试验报告 |
| 14 | 马家沟 | 复合双曲正切 | 0.10 | 600 旋流器鉴定 |
| 平均 | | | 0.90 | |

选煤厂实际分配曲线的拟合结果表明，反正切模型及复合双曲正切模型用得最多，它们的平均拟合误差为 0.90%。

用数学模型模拟分配曲线为重选效果的评定和预测带来了很大的益处。模拟的分配曲线随意性减小，预测分选效果时，很容易通过计算机按可能偏差 $E$ 值或不完善度 $I$ 值不变平移分配曲线。不管是现有的生产厂或设计新厂，均可用实际的分配曲线预测和优化分选效果。

5. 分配曲线的平移方式

对现有的生产厂预测其重选分选效果时，最好按该厂的单机检查资料绘制分配曲线。但所遇到的问题是当分选密度改变时，如何平移分配曲线？按原煤炭工业部部颁标准，当分选密度改变时，对重介质选煤方法，按 $E$ 值不变平移分配曲线；对以水为介质的选煤设备，按 $I$ 值不变平移分配曲线。在平移后的分配曲线上查到需要的分配率。

当 $E$ 值不变时，分配曲线的斜率不变，只要移动密度坐标便可得到新的分配曲线，如图 3-24 所示。

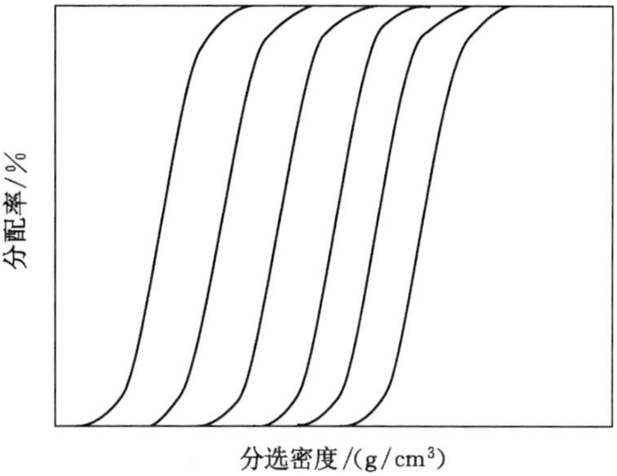


图 3-24　平移分配曲线($E$ 值不变)

当 $I$ 值不变时,由于 $I=E/(\delta_{50}-1)$,那么,当 $\delta_{50}$ 增加时,$E$ 值必定相应增加,分配曲线越来越缓,如图 3-25 所示。

西方国家在预测重力分选效果时,采用 $E/\delta_{50}$ 不变平移分配曲线。此法随分选密度提高,$E$ 值也相应增加。三种平移方法的

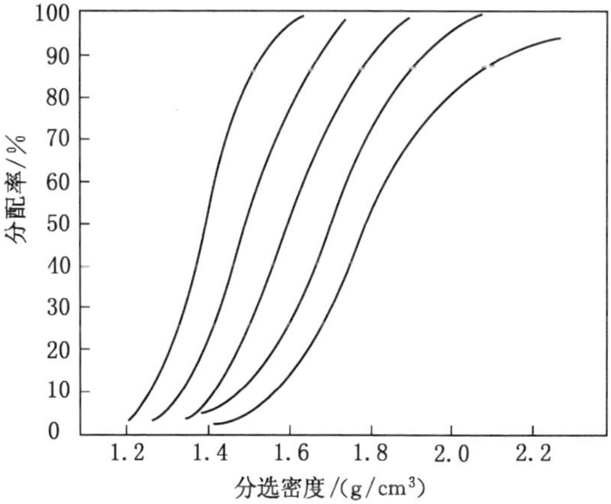


图 3-25　平移分配曲线($I$ 值不变)

可能偏差变化程度见表 3-22 和图 3-26。由图 3-26 可知，按 $I$ 值不变平移分配曲线时，$E$ 值随分选密度变化的幅度最大；$E/\delta_{50}$ 不变时，随 $\delta_{50}$ 值增加，$E$ 值也增加，但变化的幅度比 $I$ 值不变要小。

**表 3-22　三种平移方法的 $E$ 值随分选密度变化趋势**

| 分选密度/(g/cm³) | 1.4 | 1.5 | 1.6 | 1.7 | 1.8 | 备注 |
|---|---|---|---|---|---|---|
| $E$ 值不变/(g/cm³) | 0.1 | 0.1 | 0.1 | 0.1 | 0.1 | |
| $I$ 值不变时，$E$ 值变化趋势/(g/cm³) | 0.07 | 0.09 | 0.108 | 0.126 | 0.144 | $I$=0.18 |
| $E/\delta_{50}$ 不变时，$E$ 值变化趋势/(g/cm³) | 0.093 | 0.1 | 0.107 | 0.113 | 0.12 | $E/\delta_{50}$=0.066 66 |

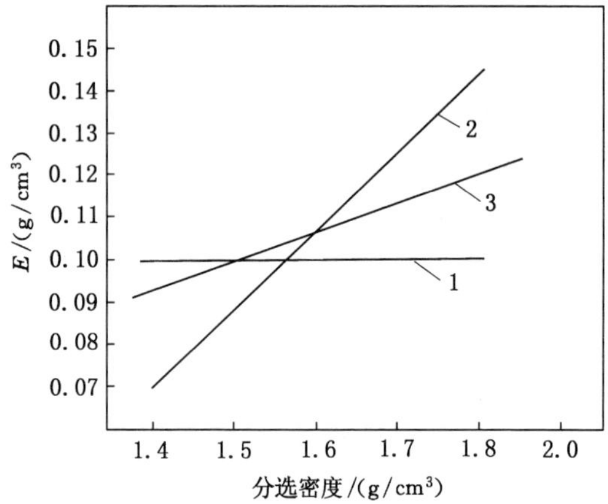


1—$E$ 不变；2—$I$ 不变；3—$E/\delta_{50}$ 不变。

图 3-26　三种平移方法 $E$ 值的变化

用计算机预测时，可通过密度坐标变换实现对分配曲线的平移。

值得注意的是，分选密度变化后，按上述三种方法平移分配曲线也是有误差的。例如在实际生产中，重介分选密度改变后，可能偏差会有一定程度的变化。但由于对此研究不够，还没有更好的平移方案。分配曲线平移的距离越大，误差越大，因此，要尽量利用分选密度相近的分配曲线作为预测用模型。例如对一段和二段分选效果进行预测时，要分别采用一段和二段的分配曲线资料作为预测模型。

6. 分配曲线直线化

由于在算术正态概率纸上或对数正态概率纸上绘制的分配曲线接近于一条直线，20 世纪五六十年代，一度有人将分配曲线画成直线。图 3-27 为分配曲线直线化的实例。

如果以正态累计分布曲线作为分配曲线的数学模型，就相当于把密度看成随机变量，该变量的分布是以 $\mu$ 为均值、以 $\sigma$ 为方差的正态分布，即 $D\text{-}N(\mu,\sigma^2)$。正态分布 $\xi\text{-}N(\mu,\sigma^2)$ 的特性参数概率误差的定义是：

$$\gamma = \frac{1}{2}(\xi_{75} - \xi_{25}) \tag{3-42}$$

式中，$\xi_{75}$、$\xi_{25}$ 为累计概率分别为 75％和 25％时所对应的随机变量 $\xi$ 的值。同时

$$\mu = \xi_{50} \tag{3-43}$$

式中，$\xi_{50}$ 为累计概率为 50％所对应的随机变量 $\xi$ 的值。可能偏差 $E$ 恰好对应于正态分布的概率误差，分选密度对应于正态分布的均值。

不完善度 $I$ 是分配曲线数学模型 $\lg(\delta_{50}-1)\text{-}N(\mu,\sigma^2)$ 的概率误差，当分布中心 $\mu$ 变化时，曲线平行移动而概率误差不变。因此，20 世纪 70 年代在我国出现了分配曲线直线化的方法，并且把 $\lg(\delta_{50}-1)$ 作为跳汰分配曲线的横坐标，以利于分配曲线平移。

分配曲线直线化弊病较大，主要问题是：在对数正态概率坐标下，实际分配率并不在一条直线上，如图 3-27 所示。由于实际点

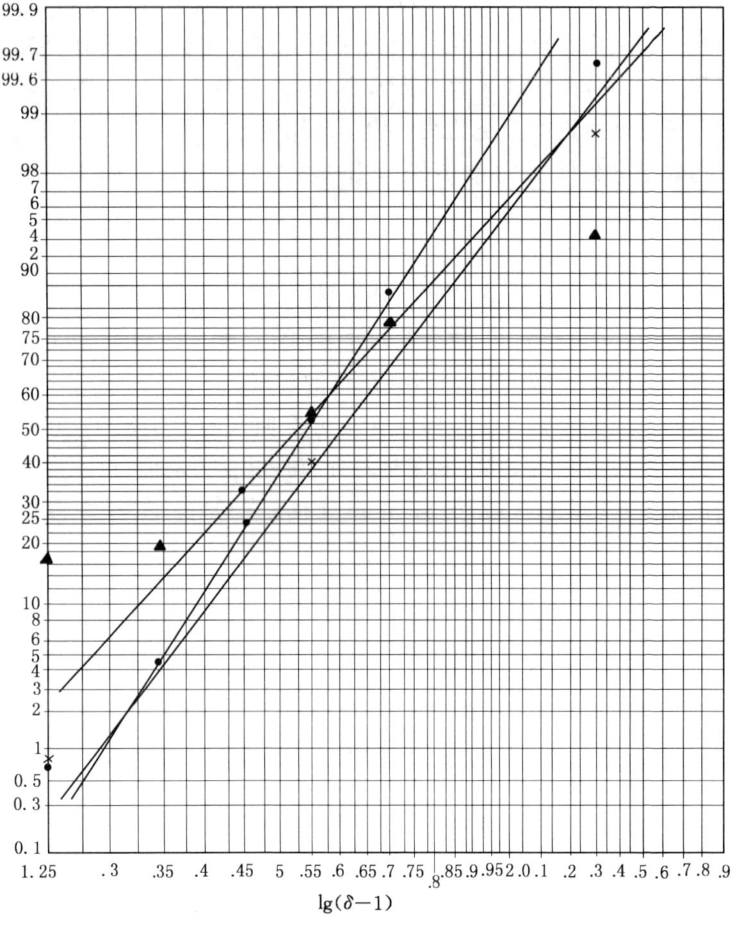


图 3-27 分配曲线直线化实例

与直线有较大偏移，特别是直线两端偏移更大，直线化的分配曲线随意性很大，不同的人可以画出不同的分配曲线，这就失去了分配曲线的意义，现在已经没有人使用这种方法了。

7. 近似公式法(或称分配指标表)

设计选煤厂预测重选设备的分选效果时,常缺少分配曲线资料;对现有选煤厂预测重选的分选效果时,又遇到实际分配曲线平移的困难。此时可采用正态累计分布曲线作为分配曲线的数学模型(近似公式法)。只要给定 $E$ 值或 $I$ 值以及分选密度,便可从变换了的正态累计分布曲线上求出各密度级的分配率。虽然该法有一定误差,但由于使用方便,一直沿用到现在。

正态累计分布曲线可以表示为:

$$Y = f(x) = \frac{1}{\sigma\sqrt{2\pi}}\mathrm{e}^{-\frac{(x-\mu)^2}{2\sigma^2}} \tag{3-44}$$

式中　$Y$——概率密度;

$\mu$——分布中心,随机变量 $x$ 的平均值;

$\sigma$——均方差;

e——自然对数的底。

令

$$t = \frac{x-\mu}{\sigma} \tag{3-45}$$

则　$\mathrm{d}x = \sigma \mathrm{d}t$

将 $t$ 代入式(3-44),并对其积分得:

$$F(t) = \frac{1}{\sqrt{2\pi}}\int_{-\infty}^{t}\mathrm{e}^{-\frac{t^2}{2}}\mathrm{d}t \tag{3-46}$$

式(3-46)为标准正态积分曲线,其中 $t$ 可取 $-\infty$ 到 $+\infty$ 之间的任意实数。图形见图 3-28。

实际上,正态分布积分曲线与分配曲线有以下差别:

(1) 正态分布积分曲线的形状是对称的,中心在 $t=0$ 处。而分配曲线是不对称的,尤其是跳汰机等以水为介质的分选设备的分配曲线,不对称于拐点,通常密度大的一端较为平缓。

(2) 分配曲线的拐点不在 $t=0$ 处,在分选密度 $\delta_{50}$ 处。

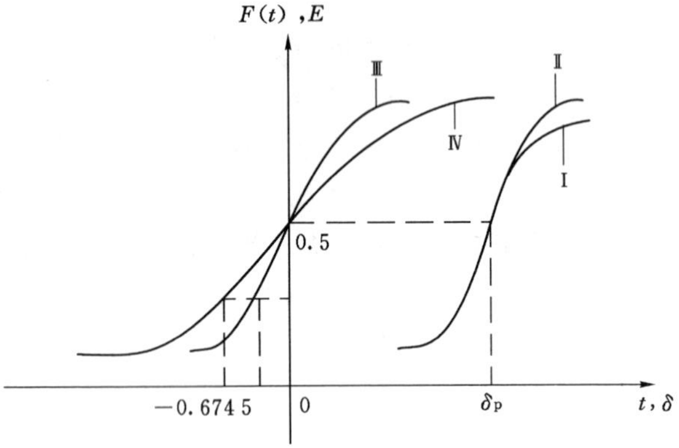


Ⅰ—跳汰选的分配曲线；Ⅱ—重介选的分配曲线；
Ⅲ—移轴后的分配曲线；Ⅳ—正态分布积分曲线。
图 3-28　正态分布积分曲线和分配曲线

(3) 正态分布积分曲线的形状比分配曲线平缓。

为了缩小两者的差距，用正态分布积分曲线代替分配曲线时，需按以下步骤变换：

(1) 改变横坐标的比例，使分配曲线对称于拐点。对重介选的分配曲线，该问题不显著，横坐标可以不变。对跳汰选的分配曲线，将横坐标 $\delta$ 改为 $\lg(\delta-1)$。由图 3-27 可知，对 $\lg(\delta-1)$ 坐标，密度越大，间距越小，使密度大的一端变得较陡，从而使曲线对称于拐点。

(2) 通过移轴转换使分配曲线的拐点平行地移到 $Y$ 轴上，移轴后的坐标为：

$$t=[\lg(\delta-1)-\lg(\delta_{50}-1)]/\sigma$$

这样，就可以使分配曲线与正态分布积分曲线的对称点均在 $t=0$ 处。

(3) 扩大横坐标刻度的间距，使分配曲线平缓。

经上述转换后，分配曲线与正态分布积分曲线基本接近重合，这样就可以利用正态分布积分曲线的数据作为计算选煤产品分配率的基础。

采用 $\lg(\delta-1)$ 横坐标后，其可能偏差为：

$$E' = \frac{1}{2}\lg[(\delta_{75}-1)/(\delta_{25}-1)]$$

因 $E\approx\delta_{75}-\delta_{50}$，故

$$\delta_{75}-1\approx\delta_{50}-1+E$$

因 $E\approx\delta_{50}-\delta_{25}$，故

$$\delta_{25}-1\approx\delta_{50}-1-E$$

将其代入上式得：

$$E'\approx\frac{1}{2}\lg\frac{\delta_{50}-1+E}{\delta_{50}-1-E}\approx\frac{1}{2}\lg\frac{1+\dfrac{E}{\delta_{50}-1}}{1-\dfrac{E}{\delta_{50}-1}}\approx\frac{1}{2}\lg\frac{1+I}{1-I}$$

又因为

$$t=(x-\mu)/\sigma=[\lg(\delta-1)-\lg(\delta_{50}-1)]/\sigma=\frac{1}{\sigma}\lg\frac{\delta-1}{\delta_{50}-1}$$

同时

$$\sigma=E'/0.674\ 5 \qquad \lg\frac{1+I}{1-I}\approx 0.868\ 6I$$

所以

$$t=\frac{0.674\ 5}{E'}\lg\frac{\delta-1}{\delta_{50}-1}\approx\frac{0.674\ 5}{\dfrac{1}{2}\lg\dfrac{1+I}{1-I}}\lg\frac{\delta-1}{\delta_{50}-1}=\frac{1.553}{I}\lg\frac{\delta-1}{\delta_{50}-1} \tag{3-47}$$

因此，对跳汰等以水为介质的分选，$t$ 值可用式(3-47)计算。

对重介分选，横坐标仍用正常密度的刻度，即 $E'=E$，则 $t$ 值按下式计算：

$$t=\frac{x-\mu}{\sigma}=\frac{\delta-\delta_{50}}{\sigma}=\frac{0.6745}{E}(\delta-\delta_{50}) \tag{3-48}$$

综上所述，只要确定不完善度 $I$ 值（对跳汰）、$E$ 值（对重介）及它们的分选密度 $\delta_{50}$，便可求出不同密度 $\delta$ 时的 $t$ 值。查 $t$-$F(t)$ 表（数学手册），便可求出某一密度级物料在产物中的分配率。

当用计算机预测时，可以用近似的计算方法计算正态分布积分函数值。

设 $x^2=t^2/2$，则

$$x=t/\sqrt{2} \tag{3-49}$$

$$\mathrm{d}t=\sqrt{2}\,\mathrm{d}x$$

将 $\mathrm{e}^{-x^2}$ 代替式(3-46)中的 $\mathrm{e}^{-\frac{t^2}{2}}$，可得：

$$F(t)=\frac{1}{\sqrt{2\pi}}\int_{-\infty}^{x}\mathrm{e}^{-x^2}\cdot\sqrt{2}\,\mathrm{d}x=\frac{1}{\sqrt{\pi}}\int_{-\infty}^{x}\mathrm{e}^{-x^2}\,\mathrm{d}x$$

$$=\frac{1}{\sqrt{\pi}}\int_{-\infty}^{0}\mathrm{e}^{-x^2}\,\mathrm{d}x+\frac{1}{\sqrt{\pi}}\int_{0}^{x}\mathrm{e}^{-x^2}\,\mathrm{d}x$$

因为正态分布积分函数从 $-\infty$ 到 0 的概率为 0.5，同时 $\mathrm{e}^{-x^2}$ 的泰勒级数为：

$$\mathrm{e}^{-x^2}=1-x^2+\frac{x^4}{2!}-\frac{x^6}{3!}+\frac{x^8}{4!}-\frac{x^{10}}{5!}+\frac{x^{12}}{6!}-\frac{x^{14}}{7!}\cdots$$

这个级数是收敛的，所以：

$$F(t)=0.5+\frac{1}{\sqrt{\pi}}\int_{0}^{x}\left(1-x^2+\frac{x^4}{2!}-\frac{x^6}{3!}+\frac{x^8}{4!}-\frac{x^{10}}{5!}+\frac{x^{12}}{6!}-\frac{x^{14}}{7!}\cdots\right)\mathrm{d}x$$

$$=0.5+0.5641895\left(x-\frac{x^3}{3}+\frac{x^5}{10}-\frac{x^7}{42}+\frac{x^9}{216}-\frac{x^{11}}{1302}+\frac{x^{13}}{9360}-\frac{x^{15}}{75600}\cdots\right) \tag{3-50}$$

当 $t$ 确定后，由式(3-49)求出 $x$，再由式(3-50)求出分配率。

由于按公式计算很麻烦，可以根据不同的不完善度和可能偏差，对不同的分选密度编制分配指标表（见附录二），为近似公式法预测重选效果提供了方便。

实际分配曲线并不符合正态分布，它的两端在概率坐标中往往偏离直线较远（图 3-27），所以用它预测的分选效果与实际有一定差距。

8. 通用分配曲线

(1) 问题的提出

由于近似公式法的预测误差大，当缺少实际分配曲线时，需要一条准确、使用方便的分配曲线模型，通用分配曲线正是在这种情况下提出的。

分配曲线的形状主要受分选设备性能的影响，与原煤可选性关系不大。同一类型的设备，不同分选密度的分配曲线是离散的，但经过平移，将分选密度变成同一相对分选密度后，便可归一到一条分配曲线上，用数学模型模拟归一化的试验点，得到的曲线称为通用分配曲线。通用分配曲线代表了某一类设备的平均分选精度。

通用分配曲线的概念是由美国匹兹堡大学 B. S. Gottfried 教授于 1978 年首先提出来的。他将分配曲线的密度坐标 $\delta$ 转换为相对密度 $\delta/\delta_{50}$，使不同分选密度的分配曲线平移到同一相对分选密度“1”下，用韦伯模型对分配曲线进行拟合，获得了通用分配曲线。使用时，再将相对密度还原成实际密度，求得不同密度的分配率。Gottfried 的通用分配曲线在美国、加拿大、印度、澳大利亚等国得到了广泛应用。但是，他的研究在以下几方面存在缺陷：

① 不管是跳汰或是重介分选，均按 $\delta/\delta_p$ 转换，这种方法的实质就是分配曲线均按 $E/\delta_p$ 不变平移，这种平移方法并不完全正确。

② 采用韦伯模型模拟分配曲线的误差一般较大。

(2) 我国跳汰通用分配曲线模型

我国跳汰机可分为两大类:筛侧空气室式跳汰机和筛下空气室式跳汰机。这两类跳汰机的结构不同,分选效率可能不同,应将它们分别处理。跳汰机两段的分选密度差异较大,因此需研究筛侧、筛下跳汰机的一段、二段4条通用分配曲线模型。

笔者收集了我国有代表性的61份资料作为基础资料,其中筛侧跳汰机34份,筛下跳汰机27份,分别研究了4条通用分配曲线模型。

由于几十份不同分选密度的分配曲线是离散的,需要按照一定的原则平移,将分选密度变成同一相对分选密度后,便可归一到一条分配曲线上。不同的平移方法误差较大,图3-29所示为$E$、$E/(\delta_{50}-1)$、$E/\delta_{50}$不变的三种平移方法在不同分选密度时的$E$值变化。由图3-29可知,$E/(\delta_{50}-1)$值不变且分选密度从1.4 g/cm$^3$增加到1.8 g/cm$^3$时,$E$值从0.07 g/cm$^3$增加到0.14 g/cm$^3$。相同原煤三种平移方式预测结果相差较多(表3-23)。国外按照$\delta/\delta_p$转换,相当于分配曲线按照$E/\delta_{50}$不变平移。但是,国际标准和国家标

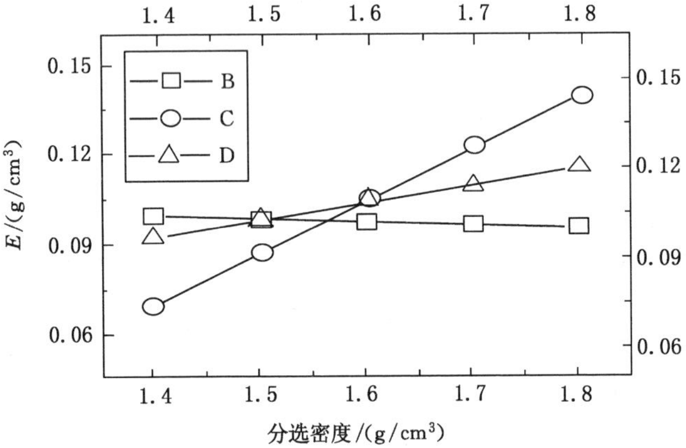


B—$E$为常数;C—$E/(\delta_{50}-1)$为常数;D—$E/\delta_{50}$为常数。

图3-29 三种平移方法$E$随分选密度的变化

**表 3-23　相同原煤三种平移方法预测的分选结果**

| 分选密度/$(g/cm^3)$ | $E$不变 | | $I$不变 | | $E/\delta_{50}$不变 | |
|---|---|---|---|---|---|---|
| | 产率/% | 灰分/% | 产率/% | 灰分/% | 产率/% | 灰分/% |
| 1.35 | 35.90 | 9.62 | 35.78 | 8.88 | 35.90 | 9.40 |
| 1.40 | 45.30 | 9.79 | 46.20 | 9.38 | 45.70 | 9.67 |
| 1.60 | 69.43 | 11.39 | 66.13 | 11.31 | 68.58 | 11.37 |
| 1.70 | 74.48 | 12.21 | 70.18 | 12.00 | 73.58 | 12.12 |

准都规定跳汰按照$E/(\delta_{50}-1)$值不变平移，为此，研究了按照$E$、$E/\delta_{50}$、$E/(\delta_{50}-0.8)$、$E/(\delta_{50}-1.0)$、$E/(\delta_{50}-1.2)$共5种方法归一化分配曲线的试验点。其中筛侧跳汰机有200个点，筛下跳汰机约有160个点。分别用5个模型对每一种方法归一化后的试验点进行非线性拟合，选出拟合误差最小的模型，再对不同的平移方法加以比较。拟合误差最小者应该是最合理的归一化方法，筛下和筛侧跳汰机一、二段共4条曲线的拟合误差变化如图3-30、图3-31所示。研究结果显示，按$E/(\delta_{50}-1.0)$不变平移曲线的拟合误差最小，证明了跳汰按照$E/(\delta_{50}-1)$值不变平移的标准是正确的。

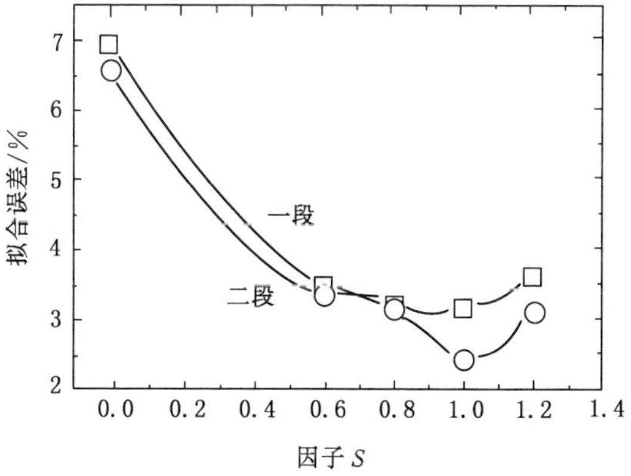


图3-30　不同归一化方式的拟合误差(筛下跳汰机)
〔因子$S$表示$E/(\delta_{50}-S)$〕

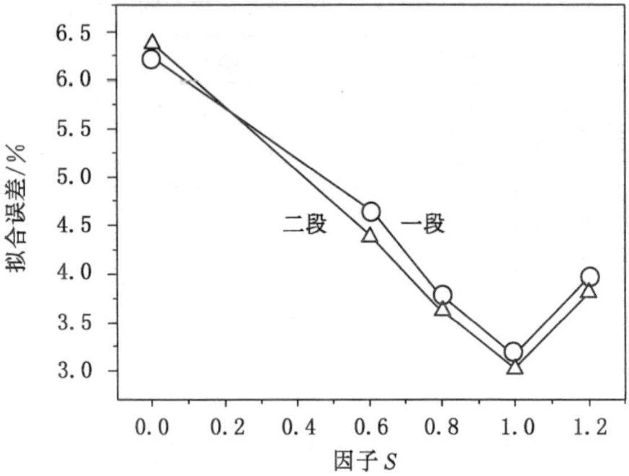


图 3-31　不同归一化方式的拟合误差(筛侧跳汰机)

图 3-32 为筛侧跳汰机第二段通用分配曲线模型,图中共有 224 个点来自 34 组资料,这些点按照 $\delta/(\delta_{50}-1.0)$ 不变归一化,曲

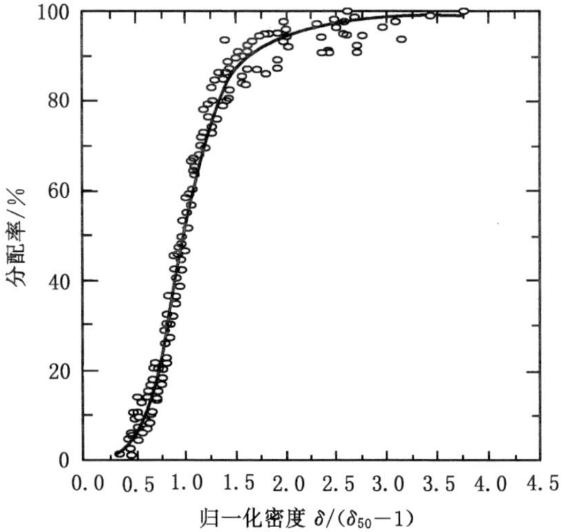


图 3-32　筛侧跳汰机第二段通用分配曲线模型

线为反正切模型，拟合误差为 3.1%。

表 3-24 为筛下和筛侧跳汰机通用分配曲线的模型，拟合误差在 3%左右。由表可知，我国筛下与筛侧跳汰机第一段的不完善度接近 0.3，第二段的不完善度显著降低，在 0.2 左右。这说明第一段跳汰机的分选效果普遍较差，原因可能是第一段比较短，第二段的最终精煤质量比较重要，跳汰机司机对第一段的关注程度不如第二段高。但是，该结论和设计规范是不一致的，设计规范（表 3-25）规定，跳汰机第一段的不完善度低于第二段，设计院进行设计时也是这么执行的。

**表 3-24 跳汰机通用分配曲线模型**

| 机型 | 段别 | 模型名称 | 拟合误差/% | 不完善度 |
|---|---|---|---|---|
| 筛侧跳汰机 | 一段 | 反正切模型 | 3.168 | 0.295 |
| | 二段 | 反正切模型 | 3.047 | 0.215 |
| 筛下跳汰机 | 一段 | 反正切模型 | 2.444 | 0.296 |
| | 二段 | 反正切模型 | 3.141 | 0.190 |

**表 3-25 选煤厂设计规范规定跳汰机的不完善度**

| 分选煤粒度 | 作业名称 | | 不完善度 |
|---|---|---|---|
| 不分级煤 | 主选 | 矸石段 | 0.16～0.18 |
| | | 中煤段 | 0.18～0.20 |
| | 再选 | | 0.20～0.23 |
| 块煤 | 主选 | 矸石段 | 0.14～0.16 |
| | | 中煤段 | 0.16～0.18 |
| | 再选 | | 0.18～0.22 |
| 末煤 | 主选 | 矸石段 | 0.18～0.20 |
| | | 中煤段 | 0.20～0.22 |
| | 再选 | | 0.22～0.25 |

对比筛下与筛侧跳汰机第二段的 $I$ 值，筛下跳汰机的 $I$ 值低于筛侧（表 3-24），说明筛下跳汰机的分选性能优于筛侧跳汰机。

（3）通用分配曲线可靠性分析

利用通用分配曲线对19个选煤厂的筛侧跳汰机及20个选煤厂的筛下跳汰机分选效果进行预测（表3-26、表3-27），预测结果表明，当精煤灰分相同时，近似公式法计算的产率明显高于实际，通用分配曲线比较切合实际。

**表3-26 相同精煤灰分时通用分配曲线与近似公式法预测结果对比（筛侧跳汰机）**

| 厂名 | 实际指标 | | 实际不完善度 | | 近似公式法预测 | | 通用分配曲线预测 | |
|---|---|---|---|---|---|---|---|---|
| | 灰分/% | 产率/% | 一段 | 二段 | 产率/% | 产率差/% | 产率/% | 产率差/% |
| 大屯 | 7.60 | 54.74 | 0.28 | 0.20 | 58.23 | 3.49 | 54.24 | −0.5 |
| 袁庄 | 12.32 | 55.00 | 0.23 | 0.22 | 57.52 | 2.52 | 55.40 | 0.4 |
| 谢一 | 10.91 | 67.43 | 0.27 | 0.21 | 69.53 | 2.1 | 67.88 | 0.45 |
| 林西 | 20.77 | 54.35 | 0.24 | 0.19 | 56.64 | 2.29 | 52.44 | −1.91 |
| 株洲 | 10.66 | 75.08 | 0.29 | 0.20 | 71.92 | −3.16 | 72.55 | −2.53 |
| 赵各庄 | 11.29 | 49.53 | 0.29 | 0.21 | 51.82 | 2.29 | 48.82 | −0.71 |
| 马头 | 10.25 | 47.65 | 0.23 | 0.30 | 52.28 | 4.63 | 50.15 | 2.5 |
| 荣昌 | 8.98 | 52.26 | 0.25 | 0.20 | 49.75 | −2.51 | 52.98 | 0.72 |
| 建新 | 11.32 | 62.45 | 0.30 | 0.21 | 66.10 | 3.65 | 62.49 | 0.04 |
| 汪家寨 | 13.04 | 45.62 | 0.25 | 0.20 | 50.63 | 5.01 | 45.16 | −0.46 |
| 双鸭山 | 9.11 | 57.97 | 0.27 | 0.21 | 62.79 | 4.82 | 56.32 | −1.65 |
| 张庄 | 8.16 | 54.31 | 0.24 | 0.21 | 51.25 | −3.06 | 54.72 | 0.41 |
| 滴道 | 14.00 | 24.96 | 0.26 | 0.24 | 30.01 | 5.05 | 26.30 | 1.34 |
| 八一 | 8.89 | 75.39 | 0.22 | 0.20 | 71.18 | −4.21 | 74.42 | −0.97 |
| 张大庄 | 12.09 | 54.72 | 0.24 | 0.19 | 49.64 | −5.08 | 52.14 | −2.58 |
| 介休 | 10.26 | 73.88 | 0.24 | 0.21 | 76.52 | 2.64 | 74.20 | 0.32 |
| 淮北 | 11.59 | 46.72 | 0.24 | 0.22 | 50.83 | 4.11 | 47.84 | 1.12 |
| 台吉 | 9.52 | 22.69 | 0.25 | 0.24 | 25.38 | 2.69 | 24.87 | 2.18 |
| 高坑 | 6.88 | 26.31 | 0.29 | 0.23 | 30.33 | 4.02 | 28.67 | 2.36 |
| 算术平均值 | | | | | | 1.65 | | 0.03 |
| 均方差 | | | | | | 3.69 | | 1.49 |

**表 3-27　相同精煤灰分时通用分配曲线与近似公式法预测结果对比（筛下跳汰机）**

| 厂名 | 实际指标 | | 实际不完善度 | | 近似公式法预测 | | 通用分配曲线预测 | |
|---|---|---|---|---|---|---|---|---|
| | 灰分/% | 产率/% | 一段 | 二段 | 产率/% | 产率差/% | 产率/% | 产率差/% |
| 邢台 | 10.57 | 67.71 | 0.25 | 0.21 | 72.69 | 4.98 | 65.97 | −1.74 |
| 东城 | 9.34 | 62.79 | 0.22 | 0.20 | 67.35 | 4.56 | 63.62 | 0.83 |
| 张庄 | 8.52 | 65.30 | 0.24 | 0.21 | 70.20 | 4.9 | 67.52 | 2.22 |
| 兴安台 | 10.57 | 51.40 | 0.28 | 0.22 | 57.60 | 6.2 | 55.11 | 3.71 |
| 唐山矿 | 12.86 | 49.42 | 0.27 | 0.21 | 54.24 | 4.82 | 50.83 | 1.41 |
| 邢台 | 7.84 | 74.62 | 0.24 | 0.18 | 68.16 | −6.46 | 72.40 | −2.22 |
| 邢台 | 8.26 | 50.82 | 0.22 | 0.20 | 56.89 | 6.07 | 50.40 | −0.42 |
| 龙凤 | 6.22 | 55.56 | 0.30 | 0.18 | 52.73 | −2.83 | 53.92 | −1.64 |
| 三宝 | 9.71 | 19.68 | 0.31 | 0.19 | 17.90 | −1.78 | 19.15 | −0.53 |
| 赵各庄 | 7.56 | 62.28 | 0.21 | 0.19 | 67.74 | 5.46 | 63.56 | 1.28 |
| 唐山矿 | 9.73 | 58.52 | 0.23 | 0.20 | 55.97 | −2.55 | 27.55 | −0.97 |
| 赵各庄 | 6.86 | 89.16 | 0.20 | 0.19 | 91.94 | 2.78 | 88.91 | −0.25 |
| 邢台 | 7.70 | 68.11 | 0.22 | 0.20 | 71.32 | 3.21 | 69.15 | 1.04 |
| 良庄 | 11.16 | 65.97 | 0.29 | 0.19 | 70.10 | 4.13 | 67.41 | 1.44 |
| 东城 | 8.00 | 56.61 | 0.20 | 0.19 | 53.17 | −3.44 | 55.85 | −0.76 |
| 张庄 | 11.05 | 30.51 | 0.24 | 0.22 | 35.13 | 4.62 | 31.69 | 1.18 |
| 夹河 | 4.07 | 45.94 | 0.21 | 0.19 | 50.24 | 4.3 | 46.15 | 0.21 |
| 朱仙庄 | 9.62 | 68.08 | 0.24 | 0.22 | 74.23 | 6.15 | 71.27 | 3.19 |
| 峰二 | 9.39 | 49.18 | 0.24 | 0.18 | 44.39 | −4.79 | 47.51 | −1.67 |
| 庞庄 | 7.76 | 62.26 | 0.21 | 0.19 | 65.46 | 3.2 | 61.61 | −0.65 |
| 算术平均值 | | | | | | 2.18 | | 0.28 |
| 均方差 | | | | | | 4.56 | | 1.64 |

通用分配曲线代表了我国的平均操作水平，预测精度高，当缺

少实际分配曲线资料时，可以作为跳汰分配曲线的模型。

（三）重选分选效果的评定

GB/T 15715—2014 规定评定重选设备工艺性能的三项指标是：① 以分配曲线为基础的可能偏差或不完善度；② 以入选原煤可选性曲线为基础的数量效率；③ 以产品的错配物曲线为基础的错配物总量。

1. 可能偏差或不完善度

通常用可能偏差 $E$ 值评定重介质分选设备的工作效果；用不完善度 $I$ 值评定以水为介质的重选设备如跳汰机、摇床等的分选效果。国外也有人将 $E/\delta_{50}$ 作为重介分选的不完善度来评定重介设备的分选效果。

$E$ 值和 $I$ 值均与原煤的密度组成无关，但与原煤的粒度组成有关，同时受设备性能、操作水平的影响。当操作水平基本稳定时，$E$ 值和 $I$ 值则表示设备的分选性能。对重介分选方法，$E$ 值一般在 0.02～0.06 g/cm$^3$ 之间波动；对跳汰分选方法，$I$ 值一般在 0.12～0.3 之间波动。数值越低，分选效果越好。

分选密度 $\delta_{50}$ 仅仅反映了分选时的分割点，而不是评定分选效果的指标。例如改变了悬浮液的密度也就是改变了分选密度。分选密度的改变，意味着精煤灰分的改变，对 $E$ 值或 $I$ 值影响不大。

可能偏差或不完善度是比较客观的评价指标，它们与原煤的浮沉组成即可选性的关系不大，而主要取决于设备性能、操作水平和入料粒度组成。一般规律是粒度越小，可能偏差或不完善度越大，分选效果越差。

202 份重介质旋流器分选全粒级物料的统计分析结果说明（表 3-28），平均可能偏差值为 0.055 g/cm$^3$。对大于 0.5 mm 粒级物料，国外重介质分选设备的可能偏差一般小于 0.04 g/cm$^3$，国内重介质旋流器的可能偏差在 0.06 g/cm$^3$ 左右。

表 3-28 重介质旋流器分选效果

| 资料份数 | 粒度/mm | 可能偏差 $E/(g/cm^3)$ | | | | | | | |
|---|---|---|---|---|---|---|---|---|---|
| | | 平均值 | 中值 | 95% | 90% | 85% | 80% | 最大值 | 最小值 |
| 202 | 全级 | 0.055 | 0.043 | ≤0.14 | ≤0.105 | ≤0.091 | ≤0.082 | 0.21 | 0.000 6 |
| 86 | <0.5 | 0.07 | 0.06 | ≤0.16 | ≤0.13 | ≤0.11 | ≤0.095 | 0.211 | 0.013 |

从各种论文中收集了国内外跳汰机的分选效果资料 201 组，其中，小于 0.5 mm 粒度的资料 21 组，大于 0.5 mm 粒度的资料 180 组。如果按照进口跳汰机和国内一般跳汰机分类，则求得的平均不完善度如表 3-29、表 3-30 所示。跳汰机的平均不完善度是 0.163，其中，国内跳汰机分选大于 0.5 mm 粒度的平均不完善度是 0.18，Batac、永田、复振等进口跳汰机分选大于 0.5 mm 粒度的平均不完善度是0.14；小于 0.5 mm 国内外不同类型跳汰机的平均不完善度是 0.198。根据表 3-29、表 3-30、表 3-31 提供的不完善度资料，可认为：跳汰机的不完善度小于 0.16 时，分选效果是好的；不完善度大于 0.21 时，分选效果是不能令人满意的。

表 3-29 不同类型跳汰机大于 0.5 mm 平均不完善度

| 跳汰机类型 | 资料份数 | 平均不完善度 |
|---|---|---|
| Batac、永田、复振等进口跳汰机 | 93 | 0.14 |
| 国内一般跳汰机 | 87 | 0.18 |

表 3-30 跳汰机分选效果

| 资料份数 | 粒度/mm | 不完善度 $I$ | | | | | | |
|---|---|---|---|---|---|---|---|---|
| | | 平均值 | 95% | 90% | 85% | 80% | 最大值 | 最小值 |
| 201 | 全级 | 0.163 | ≤0.29 | ≤0.245 | ≤0.23 | ≤0.21 | 0.48 | 0.029 |
| 21 | <0.5 | 0.198 | ≤0.281 | ≤0.258 | ≤0.25 | ≤0.232 | 0.306 | 0.12 |

表 3-31　以水为介质的重选设备分选小于 0.5 mm 粒度的效果

| 设备 | 资料份数 | 不完善度 $I$ | | | | | | |
|---|---|---|---|---|---|---|---|---|
| | | 平均值 | 中值 | 95% | 90% | 80% | 最大值 | 最小值 |
| 跳汰机 | 21 | 0.198 | 0.209 | ≤0.281 | ≤0.258 | ≤0.232 | 0.306 | 0.12 |
| 摇　床 | 9 | 0.256 | 0.23 | | ≤0.35 | ≤0.27 | 0.37 | 0.16 |
| 水介分选旋流器 | 4 | 0.269 | 0.26 | | | ≤0.28 | 0.396 | 0.16 |
| 螺　旋分选机 | 8 | 0.32 | 0.311 | | ≤0.478 | ≤0.345 | 0.509 | 0.178 |

根据表 3-31 以水为介质的重选设备对小于 0.5 mm 粒度的分选效果资料，不同设备分选－0.5 mm 物料的效果按以下顺序逐渐变差：跳汰机→摇床→水介分选旋流器→螺旋分选机。四类设备的不完善度平均值均小于等于 0.32。90%跳汰机分选的不完善度小于或等于 0.258，说明不完善度与设备性能的关系是密切的。

重选设备是利用煤和脉石密度差别进行分选的设备。在分选机中，物料受到多种力的作用，包括重力、浮力、阻力等。重力与密度直接有关，但阻力与介质的黏度、松散度和物料的粒度、形状都有密切的关系。重选过程很复杂，至今对其机理的研究仍然很不充分。不规则形状颗粒的沉降末速可以表示为：

$$v_0 = \sqrt{[4d(\delta - \rho)g]/3\Psi\rho} \tag{3-51}$$

式中　$d$——颗粒的直径；

$\delta,\rho$——颗粒和介质的密度；

$g$——重力加速度；

$\Psi$——阻力系数，与粒度的关系很密切，随着粒度减小，阻力系数以 $n$ 次方的速度增加。

由式(3-51)可知，随着粒度减小，沉降末速以 $n$ 次方的速度降低。在煤和脉石密度差别相同的情况下，粒度越小，阻力越大，分层速度越慢，分离精度越差。

国内外主要设备的分选效果与粒度的关系如图 3-33、图 3-34 所示。图 3-33 为重介质旋流器分选时可能偏差随粒度的变化关系。图 3-34 为跳汰机分选时不完善度随粒度的变化关系。图中结果与理论分析相一致，重介和跳汰的分选效果都随着粒度的减小而变差，分选效果在粗粒级范围内变化很缓慢，对细粒级尤其是小于 0.5 mm 的粒级，随着粒度的减小，分选效果显著恶化。

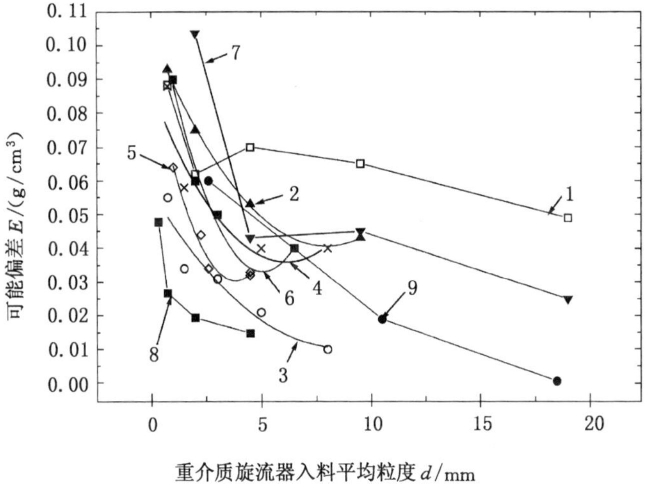


1—俄罗斯新型三产品旋流器；2—中国 500 型旋流器；
3—中国 DWP 型旋流器(粗粒主选)；4—中国 DWP 型旋流器(再洗)；
5—南非 DWP 型旋流器；6—DSM 型旋流器；7—英国 300 型圆筒重介质旋流器；
8—美国 500 型重介质旋流器；9—南非 Norwalt 型旋流器。

图 3-33　国内外重介质旋流器入料粒度与分选效果($E$)的关系

2. 误差面积

当今计算机及应用软件已经普及，误差面积的计算已经不再

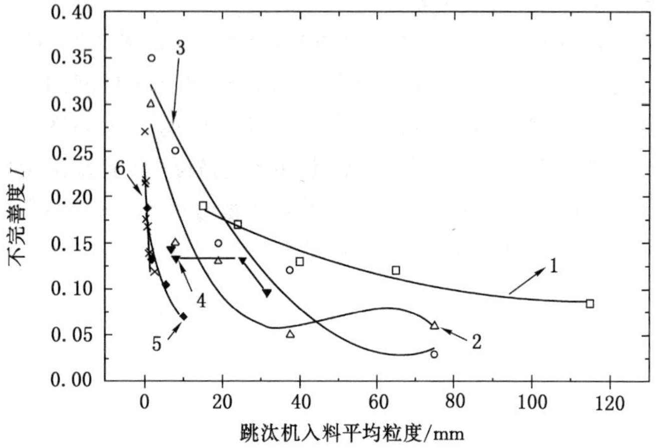


1—德国 Tazub；2—日本永田 NU 型(低密度段)；
3—日本永田 NU 型(高密度段)；4—中国 LTG15 跳汰机；
5—德国 36 末煤跳汰机；6—复振跳汰机。

图 3-34 国内外跳汰机入料粒度与分选效果($I$)的关系

是困难的事情。误差面积可以更客观地反映分配曲线两端的形状，应该作为 $E$ 和 $I$ 的一个补充评价指标。

3. 数量效率

数量效率的计算方法见式(3-5)。数量效率不但与设备性能、操作水平有关，还与原煤的可选性有密切的关系。当设备相同、操作水平相同、原煤的粒度组成相同时，不同可选性煤的数量效率有显著的差异。例如，表 3-32、图 3-35 显示同一原煤在分选密度不同时，可选性由极难选变为易选，精煤理论产率由 45.96％增加到 71.76％，在相同的 $I$ 值(0.20)下分选时，数量效率由 72.87％增加到 95.54％。因此，对不同可选性的原煤，数量效率没有可比性，不利于正确评定选煤分选效果。

**表 3-32　不同可选性原煤的分选效果**

| 分选密度/(g/cm³) | 不完善度 | 精　　煤 | | 去矸 δ±0.1含量/% | 理论产率/% | 数量效率/% |
|---|---|---|---|---|---|---|
| | | 产率/% | 灰分/% | | | |
| 1.40 | 0.20 | 45.96 | 9.10 | 56.66 | 63.07 | 72.87 |
| 1.45 | 0.20 | 54.50 | 9.76 | 33.00 | 66.65 | 81.77 |
| 1.50 | 0.20 | 60.91 | 10.35 | 18.26 | 69.55 | 87.57 |
| 1.55 | 0.20 | 65.61 | 10.91 | 11.30 | 71.77 | 91.42 |
| 1.60 | 0.20 | 69.10 | 11.46 | 7.33 | 73.59 | 93.90 |
| 1.65 | 0.20 | 71.76 | 12.01 | 5.10 | 75.11 | 95.54 |

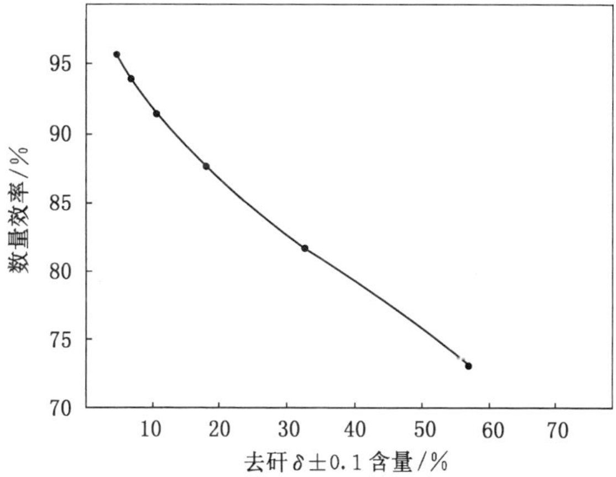


图 3-35　原煤可选性与数量效率的关系

在评定选煤厂的分选效率时，应该用可能偏差、不完善度作为评定指标。因为大多数选煤厂的工艺流程不很复杂，利用月综合资料计算分配率、绘制分配曲线并不困难。

4. 错配物总量

某些国家使用错配物总量评定分选效果，国际标准化组织发布的 ISO 923:2000《选煤设备 性能评价》中规定正配物总量为评定重选效果的主要指标之一。我国使用较少，但国家标准也将错配物总量列为可选用的指标之一，以便与国际标准接轨。

表 3-33 为入选原煤和产品的密度组成。表 3-34、表 3-35 分别为第一段、第二段的错配量计算结果。对第一段，矸石中的浮物累计量[第(8)列]为损失物量，由第(6)、(8)列数据绘制的曲线为损失曲线。精煤和中煤中的沉物累计量[第(7)列]为污染物量，由第(6)、(7)列数据绘制的曲线为污染曲线。损失物量和污染物量的总和[第(9)列]为错配量，由第(6)列及第(9)列数据绘制的曲线即为错配物总量曲线(图 3-36、图 3-37)。损失曲线与污染曲线交点处的密度为等误密度。由分配曲线求得的分配率为 50%时的密度称为分选密度，分选密度与等误密度通常相接近，但不相等。例如图 3-36 中，第一段的分选密度为 1.847 g/cm³，等误密度为 1.94 g/cm³。

**表 3-33 入选原煤和产品的密度分析**

粒度:50～0.5 mm

| 密度级/(g/cm³) | 入料 | | 精煤 | | 中煤 | | 矸石 | |
|---|---|---|---|---|---|---|---|---|
| | 产率/% | 灰分/% | 产率/% | 灰分/% | 产率/% | 灰分/% | 产率/% | 灰分/% |
| (1) | (2) | (3) | (4) | (5) | (6) | (7) | (8) | (9) |
| -1.25 | 0.38 | 4.79 | 0.35 | 3.72 | 0.00 | — | 0.00 | — |
| 1.25～1.40 | 57.68 | 8.37 | 95.82 | 7.10 | 41.98 | 9.53 | 0.12 | 8.83 |
| 1.40～1.45 | 5.54 | 15.61 | 2.60 | 15.52 | 17.69 | 16.97 | 0.02 | 14.87 |
| 1.45～1.50 | 2.88 | 20.66 | 1.01 | 20.01 | 11.84 | 21.56 | 0.21 | 19.99 |
| 1.50～1.60 | 2.03 | 27.38 | 0.21 | 24.95 | 13.48 | 28.81 | 0.27 | 30.55 |
| 1.60～1.80 | 2.67 | 40.80 | 0.01 | 34.90 | 9.17 | 39.12 | 0.81 | 39.47 |
| 1.80～2.00 | 0.85 | 55.14 | 0.00 | — | 1.54 | 53.35 | 1.98 | 53.66 |
| +2.00 | 27.97 | 89.57 | 0.00 | — | 4.30 | 81.18 | 96.59 | 88.12 |
| 合计 | 100.00 | 33.47 | 100.00 | 7.48 | 100.00 | 21.34 | 100.00 | 86.64 |

**表 3-34　第一段错配量计算结果**

| 密度级/(g/cm³) | 占入料/% | | | | 密度/(g/cm³) | 错配量/% | | |
|---|---|---|---|---|---|---|---|---|
| | 精煤 | 中煤 | 矸石(重产品) | 轻产品 | | 轻产品中的沉物 | 重产品中的浮物 | 合计 |
| (1) | (2) | (3) | (4) | (5)=(2)+(3) | (6) | (7)=∑(5)↑ | (8)=∑(4)↓ | (9)=(7)+(8) |
| | | | | | $\delta_{min}$ | 71.67 | 0.00 | 71.67 |
| −1.25 | 0.18 | 0.00 | 0.00 | 0.18 | 1.25 | 71.49 | 0.00 | 71.49 |
| 1.25～1.40 | 50.27 | 8.06 | 0.03 | 58.33 | 1.40 | 13.16 | 0.03 | 13.19 |
| 1.40～1.45 | 1.36 | 3.40 | 0.01 | 4.76 | 1.45 | 8.40 | 0.04 | 8.44 |
| 1.45～1.50 | 0.53 | 2.27 | 0.06 | 2.80 | 1.50 | 5.60 | 0.10 | 5.70 |
| 1.50～1.60 | 0.11 | 2.59 | 0.08 | 2.70 | 1.60 | 2.90 | 0.18 | 3.08 |
| 1.60～1.80 | 0.01 | 1.76 | 0.23 | 1.77 | 1.80 | 1.13 | 0.41 | 1.54 |
| 1.80～2.00 | 0.00 | 0.30 | 0.56 | 0.30 | 2.00 | 0.83 | 0.97 | 1.80 |
| +2.00 | 0.00 | 0.83 | 27.36 | 0.83 | $\delta_{max}$ | 0.00 | 28.33 | 28.33 |
| 合　计 | 52.46 | 19.21 | 28.33 | 71.67 | | | | |

**表 3-35　第二段错配量计算结果**

| 密度级/(g/cm³) | 占入料/% | | 占本段入料/% | | 密度/(g/cm³) | 错配量/% | | |
|---|---|---|---|---|---|---|---|---|
| | 精煤 | 中煤 | 轻产品 | 重产品 | | 轻产品中的沉物 | 重产品中的浮物 | 合计 |
| (1) | (2) | (3) | (4) | (5) | (6) | (7)=∑(4)↑ | (8)=∑(5)↓ | (9)=(7)+(8) |
| | | | | | $\delta_{min}$ | 73.19 | 0.00 | 73.19 |
| −1.25 | 0.18 | 0.00 | 0.25 | 0.00 | 1.25 | 72.94 | 0.00 | 72.94 |
| 1.25～1.40 | 50.27 | 8.06 | 70.14 | 11.25 | 1.40 | 2.80 | 11.25 | 14.05 |
| 1.40～1.45 | 1.36 | 3.40 | 1.90 | 4.74 | 1.45 | 0.90 | 15.99 | 16.89 |
| 1.45～1.50 | 0.53 | 2.28 | 0.74 | 3.17 | 1.50 | 0.16 | 19.16 | 19.32 |
| 1.50～1.60 | 0.11 | 2.59 | 0.15 | 3.61 | 1.60 | 0.01 | 22.77 | 22.78 |
| 1.60～1.80 | 0.01 | 1.76 | 0.01 | 2.46 | 1.80 | 0.00 | 25.23 | 25.23 |
| 1.80～2.00 | 0.00 | 0.30 | 0.00 | 0.42 | 2.00 | 0.00 | 25.65 | 25.65 |
| +2.00 | 0.00 | 0.83 | 0.00 | 1.16 | $\delta_{max}$ | 0.00 | 26.81 | 26.81 |
| 合　计 | 52.46 | 19.21 | 73.19 | 26.81 | | | | |

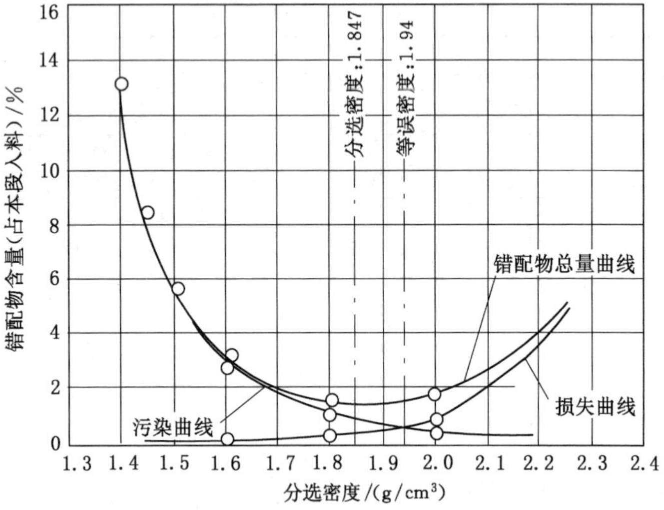


图 3-36　第一段的错配物曲线

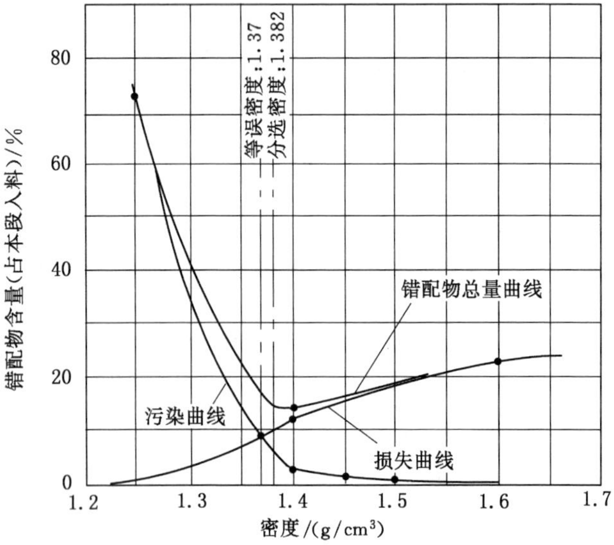


图 3-37　第二段的错配物曲线

计算第二段错配量时，将第二段视为一个单独的分选过程，把第一段的轻产物看成是第二段的入料，要将其浮沉结果换算成占本段入料的百分数，计算方法与第一段错配量的计算方法相同。

绘制错配物曲线时要注意以下几点：

(1) 在多段分选时，错配物曲线应分段绘制；

(2) 每段的错配量按占本段计算入料的百分数计算；

(3) 错配物曲线包括损失曲线、污染曲线及由这两条曲线叠加而成的错配物总量曲线。损失曲线为重产品各密度级占计算入料的浮物累计产率曲线，污染曲线为轻产品各密度级占计算入料的沉物累计产率曲线。损失曲线和污染曲线的横坐标是密度，纵坐标为重产品(或轻产品)中对应于该密度占计算入料的浮物(或沉物)的累计产率；

(4) 损失曲线和污染曲线的交点对应于等误密度，错配物总量曲线的最低点对应于分选密度。

错配物总量是从产品的角度来评价分选效果的，其概念与分配率不同。分配率是把每个密度级物料看成 100%，它的大小与原煤中该密度级的含量关系不大；而错配物总量与原煤的密度组成密切相关。因此，错配物总量与数量效率相似，并不是一种客观的评定分选效果的方法。

5. 污染指标

在选煤厂日常生产中，常用污染指标评定分选设备的工作效果，以指导司机操作。表 3-36 为某厂跳汰机分选污染指标的实例。污染指标是将产品按两个密度分成三个密度级，算出各密度级占本级的百分比。当原煤的可选性、分选密度不变时，各产品的污染指标变化不会太大。污染指标可通过快速浮沉试验获得，计算很简单，不需要了解产品的产率，也不需要画图。因此，绝大多数选煤厂在日常生产中，仍然采用污染指标指导司机操作。

表 3-36　某厂跳汰机分选的污染指标

| 密度级/($g/cm^3$) | 原煤/% | 精煤/% | 中煤/% | 矸石/% |
|---|---|---|---|---|
| −1.5 | 61.94 | 96.59 | 59.37 | 0.90 |
| 1.5～1.8 | 12.15 | 3.08 | 22.24 | 9.14 |
| +1.8 | 25.91 | 0.33 | 18.39 | 89.96 |
| 合　计 | 100.00 | 100.00 | 100.00 | 100.00 |

综上所述，最简单的评定重选效果的指标是数量效率，最客观的评定方法是可能偏差或不完善度。数量效率受原煤可选性和理论产率的影响很大，评定不够客观，只适用于厂内原煤可选性相同时不同班组的对比，不适用于不同工厂之间分选效果的比较。利用分配曲线特征参数 $E$、$I$ 评定分选效果比较客观。我国重介分选可能偏差的平均水平在 0.04～0.06 $g/cm^3$，跳汰分选的不完善度在 0.16～0.21。

$E$ 和 $I$ 的大小除了与设备性能、操作水平有关外，还和粒度有关，随着粒度减小，分选效果变差。

（四）重选分选下限的评定

按照 GB/T 7186—2023《选煤术语》，对分选下限的定义为："选煤机械有效分选作用所能达到的最小粒度。"根据此定义，分选下限是评定选煤机械性能的指标，而不是选煤机械对某一特定入料的分选效果。因此，分选下限的评定方法必须基本上不受原煤浮沉组成变化的影响，只代表某一设备的性能。

过去国内采用的重选分选下限的评定方法有以下三种：

（1）按分粒级分配曲线评定。

（2）按精煤小筛分结果判断：灰分低于或等于要求精煤灰分的最小粒度作为分选下限。

（3）按精煤小筛分结果从粗粒到细粒计算筛上物累计灰分，按达到要求精煤灰分的最小粒度作为分选下限。

国内采用的评定方法中，有两种都是按精煤小筛分结果评定分选下限。小筛分的优点是试验工作量小，但是，其结果是原煤性质、设备性能、操作水平、分选密度和产品质量要求的综合结果。也就是说，小筛分的结果受原煤性质的影响很大，以下举例说明。

表 3-37、表 3-38 为两种煤泥的浮沉组成。甲厂灰分很低，可选性好，总灰只有 17.61％，$-1.5\ g/cm^3$ 的产率为 74.48％，灰分只有8.74％。乙厂煤泥灰分高达 44.67％，$-1.5\ g/cm^3$ 的产率只有 35.92％，灰分已高达 12.12％。

**表 3-37　甲厂煤泥小浮沉结果**

| 密度级 | 浮沉级 | | 浮煤累计 | | 沉煤累计 | |
|---|---|---|---|---|---|---|
| /(g/cm³) | 产率/％ | 灰分/％ | 产率/％ | 灰分/％ | 产率/％ | 灰分/％ |
| －1.3 | 2.93 | 3.53 | 2.93 | 3.53 | 100.00 | 17.61 |
| 1.3～1.4 | 46.03 | 6.52 | 48.96 | 6.34 | 97.07 | 18.03 |
| 1.4～1.5 | 25.52 | 13.35 | 74.48 | 8.74 | 51.04 | 28.42 |
| 1.5～1.6 | 8.79 | 22.82 | 83.27 | 10.23 | 25.52 | 43.48 |
| 1.6～1.7 | 3.35 | 32.43 | 86.62 | 11.09 | 16.73 | 54.34 |
| 1.7～1.8 | 2.50 | 39.32 | 89.12 | 11.88 | 13.38 | 59.83 |
| 1.8～2.0 | 2.51 | 53.46 | 91.63 | 13.02 | 10.88 | 64.54 |
| ＋2.0 | 8.37 | 67.86 | 100.00 | 17.61 | 8.37 | 67.86 |
| 合　计 | 100.00 | 17.61 | | | | |

**表 3-38　乙厂煤泥小浮沉结果**

| 密度级 | 浮沉级 | | 浮煤累计 | | 沉煤累计 | |
|---|---|---|---|---|---|---|
| /(g/cm³) | 产率/％ | 灰分/％ | 产率/％ | 灰分/％ | 产率/％ | 灰分/％ |
| －1.3 | 9.82 | 5.80 | 9.82 | 5.80 | 100.00 | 44.67 |
| 1.3～1.4 | 14.94 | 11.62 | 24.76 | 9.31 | 90.18 | 48.91 |
| 1.4～1.5 | 11.16 | 18.35 | 35.92 | 12.12 | 75.24 | 56.31 |
| 1.5～1.6 | 8.13 | 27.35 | 44.05 | 14.93 | 64.08 | 62.92 |
| 1.6～1.8 | 9.99 | 39.04 | 54.04 | 19.39 | 55.95 | 68.09 |
| ＋1.8 | 45.97 | 74.40 | 100.00 | 44.67 | 45.97 | 74.40 |
| 合　计 | 100.00 | 44.67 | | | | |

表3-39为用近似公式法对两个厂煤泥分选结果的预测结果。尽管甲厂分选的不完善度比乙厂高得多，但甲厂的分选结果却比乙厂好很多。当甲厂的不完善度为0.3时，精煤的灰分仅为10.51%，产率已达到65.48%。而乙厂的不完善度很低，只有0.15，精煤的灰分已高达12.96%，产率只有34.31%。从设备性能来讲，乙厂明显优于甲厂，而从精煤的灰分和产率来看，甲厂明显优于乙厂。由此可知，单从精煤灰分得出的结论有时并不正确，原煤可选性对精煤灰分的影响比设备性能显著得多。

**表3-39　甲厂、乙厂重选分选效果对比**

| 甲厂 | | | | 乙厂 | | | |
|---|---|---|---|---|---|---|---|
| 分选密度 /(g/cm³) | 精灰 /% | 产率 /% | $I$ | 分选密度 /(g/cm³) | 精灰 /% | 产率 /% | $I$ |
| 1.61 | 10.59 | 74.74 | 0.24 | 1.49 | 12.96 | 34.31 | 0.15 |
| 1.58 | 10.46 | 70.74 | 0.26 | 1.45 | 12.46 | 30.17 | 0.18 |
| 1.55 | 10.36 | 66.46 | 0.28 | 1.46 | 13.08 | 31.06 | 0.20 |
| 1.52 | 10.51 | 65.48 | 0.30 | 1.43 | 12.78 | 27.94 | 0.22 |

按精煤小筛分结果从粗粒到细粒计算筛上物累计灰分，按达到要求精煤灰分的最小粒度评定分选下限的弊端更大，除了上面阐述的原因外，累计灰分代表的是设备对各个粒级分选性能的平均结果，同一设备对粗粒的分选结果明显优于细粒，平均结果必定随粒度组成变化而改变，当−0.5 mm粒级煤泥中粗粒含量多时，累计到同一粒度的灰分含量就可能低，不能客观地描述设备的性能。

根据以上分析，小筛分灰分或累计灰分受原煤性质的影响非常显著，不能客观地描述设备的分选性能。MT/T 811—1999《煤用重选设备分选下限评定方法(Ⅰ)》评定重选设备分选下限的指标为:对以重介或重液为介质的分选机,小于 0.5 mm 某一粒度级的可能偏差小于或等于 0.10;对以水为介质的分选机,小于 0.5 mm 某一粒度级的不完善度小于或等于 0.25 时,按最小粒度级的粒度下限作为该设备的分选下限。当 0.5～0.25 mm 粒度级可能偏差或不完善度大于规定指标时,则视为分选下限大于或等于 0.5 mm。一般计算 0.5～0.25 mm、0.25～0.125 mm、0.125～0.075 mm 和0.075～0.045 mm 粒级的指标。对于多段分选作业,可将每段视为一个单独的分选过程,各段有自己的计算入料,分段绘制分配曲线。分选下限以低分选密度段为准。

尽管这种方法比单纯用精煤小筛分的试验工作量大,但是采用该方法的代表性较好,用离心机进行小浮沉试验并不十分困难。

当选煤厂原煤变化较小,用于本厂内部不同班组对比时,可以采用小筛分方法。

(五) 粒度和形状对重选分选效果的影响

由不规则形状颗粒的沉降末速公式(3-51)可知,沉降末速与颗粒粒度、形状系数密切相关,随着粒度减小,阻力系数以 $n$ 次方的速度增加,扁平状物料在运动中受到的阻力增加,粒度和形状不可避免地对重选分选效果产生影响。

下面主要讨论粒度对重选分选效果的影响。粒度的影响主要表现在两方面:一是随粒度减小,分选效果变差;二是随粒度变化,分选密度变化。这两个因素对总分选效果产生综合影响。

1. 随粒度减小,分选效果变差

相同密度的物料随粒度减小,单位质量的比表面积增加,介质的阻力增加,而且,粒度减小后,沉降速度降低,分离速度变慢,这些因素都使得细粒度的分选效果变坏,只是设备不同,分选效果变化的幅度不同。如图 3-33、图 3-34 所示,不同设备分选效果与粒度的关系总的趋势是一致的,但不同设备分选效果变化幅度是不同的。图 3-33 中俄罗斯新型三产品旋流器总的 $E$ 值较大，但各粒级变化幅度不大；南非 Norwalt 旋流器各粒级的 $E$ 值都较低，特别是粗粒级的 $E$ 值非常低，而不同粒级的 $E$ 值变化幅度大。图 3-34 中德国 Tazub 跳汰机各粒级的 $I$ 值变化幅度小，日本永田 NU 型（高密度段）$I$ 值变化幅度大，细粒度的 $I$ 值已上升到 0.25 以上。

2. 分选密度随粒度变化而变化

一般设备都会出现分选密度随粒度减小而增加的趋势。如某厂 SKT 跳汰机一、二段分配曲线如图 3-38、图 3-39 所示，分配曲线的特征参数列于表 3-40。随着粒度的减小，不完善度增加，尤以 6～0.5 mm 粒级的分选效果明显变差。与此同时，随着粒度的减小，分选密度增加，尤其一段分选密度增加的幅度大（图 3-40、图 3-41）。表 3-41 为原煤 50～0.5 mm 的粒度组成，表 3-42 为原煤和产品不同粒级的 $-1.4\ g/cm^3$ 密度级含量。

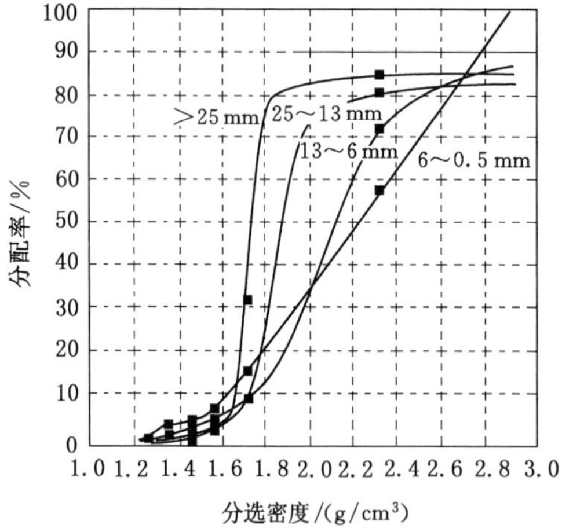


图 3-38　分粒级一段分配曲线

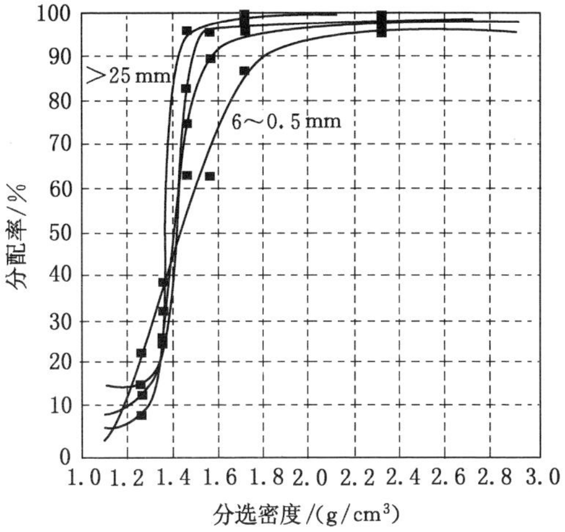


图 3-39　分粒级二段分配曲线

**表 3-40　分配曲线特征参数**

| 粒度级/mm | | 50～25 | 25～13 | 13～6 | 6～0.5 | 50～0.5 |
|---|---|---|---|---|---|---|
| 一段 | 分选密度/(g/cm³) | 1.717 | 1.848 | 2.089 | 2.174 | 1.875 |
| | 可能偏差/(g/cm³) | 0.04 | 0.108 | 0.217 | 0.356 | 0.41 |
| | 不完善度 | 0.056 | 0.127 | 0.199 | 0.303 | 0.47 |
| | 误差面积 | 94 | 116 | 138.8 | 175.1 | 154 |
| 二段 | 分选密度/(g/cm³) | 1.356 | 1.395 | 1.404 | 1.422 | 1.385 |
| | 可能偏差/(g/cm³) | 0.019 | 0.045 | 0.051 | 0.163 | 0.06 |
| | 不完善度 | 0.05 | 0.115 | 0.126 | 0.385 | 0.16 |
| | 误差面积 | 31.5 | 56.7 | 62.5 | 109.3 | 88 |

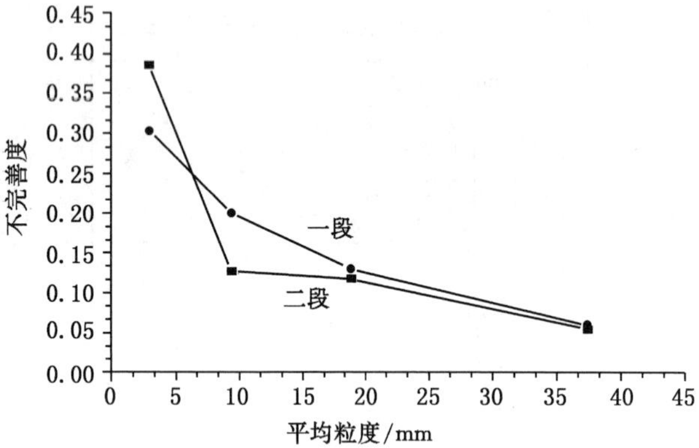


图 3-40 跳汰机一、二段不完善度和平均粒度的关系

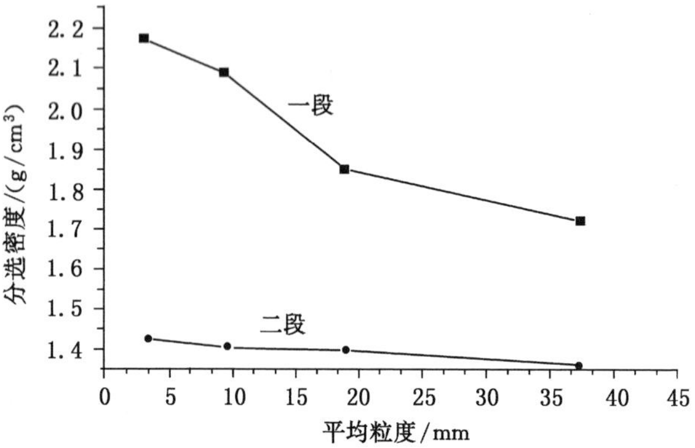


图 3-41 跳汰机一、二段分选密度和平均粒度的关系

**表 3-41 原煤 50～0.5 mm 的粒度组成**

| 粒度级/mm | 产率/% | 灰分/% |
|---|---|---|
| 50～25 | 22.24 | 34.59 |
| 25～13 | 20.53 | 33.81 |
| 13～6 | 14.15 | 33.38 |
| 6～0.5 | 43.06 | 29.11 |
| 合 计 | 100.00 | 31.90 |

**表 3-42　原煤和产品不同粒级的 $-1.4\ g/cm^3$ 密度级含量**

（占本产品%）

| 粒度级/mm | 50～25 | 25～13 | 13～6 | 6～0.5 |
|---|---|---|---|---|
| 原煤 | 50.56 | 50.13 | 52.67 | 55.37 |
| 矸石 | 3.02 | 1.89 | 2.98 | 8.37 |
| 中煤 | 62.29 | 35.53 | 29.39 | 38.89 |
| 精煤 | 99.42 | 95.37 | 92.77 | 87.00 |

由表 3-40、图 3-38 和图 3-39 可知，一段、二段 6～0.5 mm 粒级的分选效果较差，不完善度在 0.3 以上，造成 $-1.4\ g/cm^3$ 密度级在该粒级的矸石、中煤中损失，而其他粒级的不完善度都很低（表 3-40）。

从表 3-42 原煤和产品不同粒级的 $-1.4\ g/cm^3$ 密度级含量来看，原煤中不同粒级 $-1.4\ g/cm^3$ 密度级含量比较均衡，在 50%～55%之间，并随着粒度减小而略有增加。50～25 mm 粒级 $-1.4\ g/cm^3$ 密度级在矸石中的损失为 3.02%，在中煤中的损失达到62.29%，显著高于相邻细粒级，主要是由于 50～25 mm 粒级的分选密度很低，一段和二段的分选密度仅为 $1.717\ g/cm^3$ 和 $1.356\ g/cm^3$。

由于第一段分选密度由 $2.174\ g/cm^3$ 变为 $1.717\ g/cm^3$，分选密度的差距达到 $0.457\ g/cm^3$，加上原煤中 6～0.5 mm 含量占原煤＞0.5 mm 物料的 43%，不完善度高达 0.303，致使 50～0.5 mm 的不完善度达到 0.47。第二段分选密度的差距较小，为 $0.066\ g/cm^3$，50～0.5 mm 不完善度比加权平均值 0.22 还要低。由此可知，如果能够缩小分选密度差距，可以改善重选的分选效果。

（六）重选分选效果的预测

1. 重选分选效果预测的原则

利用分配曲线和原煤密度组成关系不大这一特点，当原煤密度组成和要求精煤灰分改变时，可以平移分配曲线，求得各密度级的分配率，再利用原煤可选性曲线及各密度级的分配率预测轻、重产物的产率和灰分。表3-43为重选效果预测的实例。

**表3-43 利用原煤可选性资料及分配率预测重选分选效果**

| 密度级/(g/cm³) | 原煤 | | 分配率 | 精煤 | | 中煤 | |
|---|---|---|---|---|---|---|---|
| | 产率/% | 灰分/% | % | 产率/% | 灰分/% | 产率/% | 灰分/% |
| (1) | (2) | (3) | (4) | (5)=(2)×(4) | (6)=(3) | (7)=(2)-(5) | (8)=(3) |
| -1.30 | 12.9 | 5.1 | 99.6 | 12.8 | 5.1 | 0.1 | 5.1 |
| 1.30～1.35 | 10.0 | 7.1 | 99.5 | 9.9 | 7.1 | 0.1 | 7.1 |
| 1.35～1.40 | 17.6 | 8.6 | 99.0 | 17.4 | 8.6 | 0.2 | 8.6 |
| 1.40～1.45 | 18.5 | 11.6 | 98.5 | 18.2 | 11.6 | 0.3 | 11.6 |
| 1.45～1.50 | 13.9 | 15.5 | 88.7 | 12.3 | 15.5 | 1.6 | 15.5 |
| 1.50～1.55 | 9.7 | 20.1 | 54.0 | 5.2 | 20.1 | 4.5 | 20.1 |
| 1.55～1.60 | 5.4 | 25.3 | 15.6 | 0.8 | 25.3 | 4.6 | 25.3 |
| 1.60～1.65 | 3.2 | 30.1 | 6.3 | 0.2 | 30.1 | 3.0 | 30.1 |
| 1.60～1.70 | 1.9 | 33.8 | 3.0 | 0.1 | 33.8 | 1.8 | 33.8 |
| +1.70 | 6.9 | 48.5 | 0.0 | 0.0 | 48.5 | 6.9 | 48.5 |
| 合　计 | 100.0 | 15.45 | | 76.9 | 10.68 | 23.1 | 31.30 |

表3-43中的第(1)、(2)、(3)、(4)列数据已知，第(4)列是原煤中各密度级在精煤中的分配率，第(5)列是原煤中各密度级在精煤中的产率，它是第(2)列和第(4)列相乘而得。第(7)列是原煤中各密度级在中煤中的产率，它由原煤中各密度级的产率减去精煤中相应密度级的产率求得。将各密度级的产率相加后得到精煤产率为76.9%，中煤产率为23.1%。设产品中各密度级的灰分与原煤中相应密度级的灰分相等，加权平均后求得精煤的灰分为10.68%，中煤的灰分为31.30%。

在预测重选分选效果时，要注意以下问题：

(1) 一次只能预测两种产品的分选效果。对多产品,要分解成多个二产品作业的串联流程。如图 3-42(a)所示,把三产品的跳汰作业分解成两段跳汰机串联,第二段的入料为第一段的轻产物;如图 3-42(b)所示,把四产品的跳汰作业分解成三段跳汰机串联,前一段的轻产物为后一段的入料。

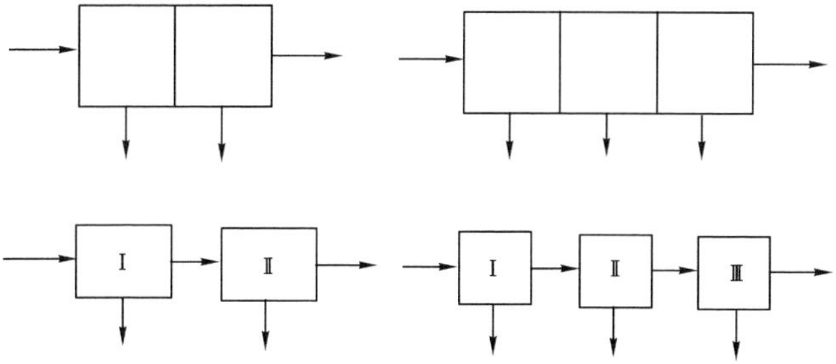


(a) 三产品跳汰作业　　(b) 四产品跳汰作业

图 3-42　三产品及四产品跳汰作业的分解

当不需要详细了解三产品跳汰作业的重产物质量时,为了简化计算,可以把三产品作业看成二产品作业,此时,必须有综合段的分配曲线资料,即把一、二段的重产物看成一种产品,精煤看成另一种产品,如图 3-43 所示。

(2) 假定每一密度间隔的物料有相同的性质,换言之,精煤或尾煤中的灰分、硫分、平均密度不变。

(3) 假定每一密度间隔物料的平均分配率不变。在表 3-43 中,1.45～1.50 g/cm³ 密度间隔的物料在精煤中的平均分配率为 88.7%。

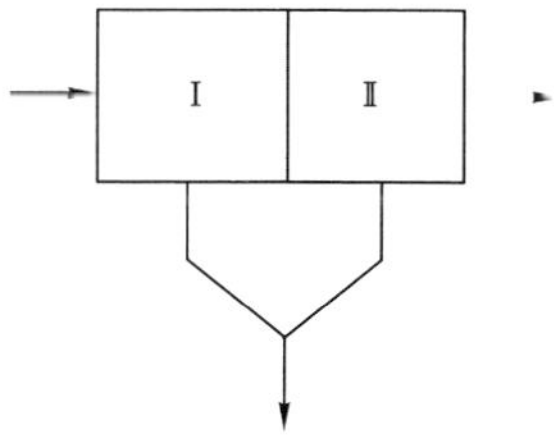


图 3-43　二产品跳汰作业

严格地讲,以上假设是不正确

的。因为同一密度间隔，如 1.3～1.4 g/cm$^3$ 的物料仍然是不同密度物料的混合物，其中有些物料接近 1.3 g/cm$^3$，有些物料接近 1.4 g/cm$^3$，具有不同的灰分及分配率，该密度级的灰分及分配率只是它们的平均值。实际生产中，精煤中某一密度级的灰分低于原煤和矸石中相同密度级的灰分。表 3-44 的数据取自一选煤厂月综合资料，充分说明了这个规律。因此，当密度间隔较宽时，预测结果有一定误差。

**表 3-44　某选煤厂月综合资料**

| 密度级/(g/cm$^3$) | 原煤 | | 精煤 | | 中煤 | |
|---|---|---|---|---|---|---|
| | 产率/% | 灰分/% | 产率/% | 灰分/% | 产率/% | 灰分/% |
| −1.3 | 33.93 | 5.69 | 65.14 | 5.32 | 27.24 | 5.22 |
| 1.3～1.4 | 23.75 | 10.35 | 23.19 | 10.06 | 26.25 | 11.27 |
| 1.4～1.5 | 6.55 | 17.98 | 8.76 | 17.76 | 12.79 | 19.25 |
| 1.5～1.6 | 4.21 | 26.15 | 1.59 | 24.77 | 8.70 | 28.98 |
| 1.6～1.8 | 3.29 | 36.36 | 0.41 | 33.65 | 6.75 | 37.52 |
| +1.8 | 28.27 | 80.17 | 0.71 | 59.08 | 18.27 | 69.16 |
| 合　计 | 100.00 | 30.57 | 99.80 | 8.32 | 100.00 | 24.53 |

2. 分配曲线与重选分选效果预测的关系

当原煤确定后，分选效果的好坏是由分配率确定的。这里有两个含义：一是当分选密度确定后，可能偏差或不完善度增大，精煤产率降低，灰分升高；二是当可能偏差或不完善度不变，分选密度增大时，精煤的产率和灰分均升高。原煤可选性计算表如表 3-45 所示。表 3-46 和图 3-44 是根据表3-45中的原煤，按分选密度为 1.5 g/cm$^3$ 时不同 $I$ 值下的预测结果。表 3-47 和图 3-45 也是根据上述原煤，按 $I$ 值为 0.18 时不同分选密度的预测结果。得到两种不同结果的原因是可以理解的。当分选密度不变，$I$ 值增加时，混杂及污染量增加了，此时由于高灰分物料污染精煤及低灰分物料损失，精煤灰分升高，产率降低；当 $I$ 值不变时，混杂及污染的概率不变，随分选密度的升高，进入精煤的高密度物料增加，此时既提高了精煤产率，也增加了精煤灰分。因此，预测重选效果的最关键问题是如何确定各密度级的分配率。

**表 3-45　原煤可选性计算表**

| 密度级/(g/cm³) | 占本级 | | 浮物累计 | | 沉物累计 | |
|---|---|---|---|---|---|---|
| | 产率/% | 灰分/% | 产率/% | 灰分/% | 产率/% | 灰分/% |
| <1.30 | 2.72 | 2.450 | 2.72 | 2.450 | 100.00 | 23.118 |
| 1.30～1.40 | 54.80 | 7.890 | 57.52 | 7.633 | 97.28 | 23.695 |
| 1.40～1.45 | 11.03 | 14.030 | 68.55 | 8.662 | 42.48 | 44.085 |
| 1.45～1.50 | 5.71 | 18.910 | 74.26 | 9.450 | 31.45 | 54.626 |
| 1.50～1.60 | 4.76 | 25.760 | 79.02 | 10.433 | 25.74 | 62.549 |
| 1.60～1.80 | 3.70 | 38.100 | 82.72 | 11.670 | 20.98 | 70.895 |
| 1.80～2.00 | 2.29 | 54.400 | 85.01 | 12.821 | 17.28 | 77.917 |
| >2.00 | 14.99 | 81.510 | 100.00 | 23.118 | 14.99 | 81.510 |
| 合　计 | 100.00 | 23.118 | | | | |

**表 3-46　分选密度为 1.5 g/cm³ 时不同 *I* 值的预测结果**

| 不完善度 *I* | 精　煤 | | 理论产率 $\gamma$/% | 数量效率 $\eta$/% | 中　煤 | |
|---|---|---|---|---|---|---|
| | $\gamma_j$/% | $A_j$/% | | | $\gamma_z$/% | $A_z$/% |
| 0.15 | 68.35 | 9.54 | 74.78 | 91.40 | 31.65 | 52.45 |
| 0.18 | 66.18 | 9.64 | 75.37 | 87.80 | 33.82 | 49.49 |
| 0.20 | 64.76 | 9.74 | 75.89 | 85.34 | 35.24 | 47.71 |
| 0.22 | 63.46 | 9.84 | 76.42 | 83.04 | 36.54 | 46.18 |
| 0.24 | 62.22 | 9.97 | 77.01 | 80.79 | 37.78 | 44.78 |
| 0.26 | 61.15 | 10.12 | 77.72 | 78.68 | 38.85 | 43.58 |
| 0.28 | 60.13 | 10.29 | 78.44 | 76.66 | 39.87 | 42.46 |
| 0.30 | 59.29 | 10.49 | 79.21 | 74.85 | 40.71 | 41.51 |

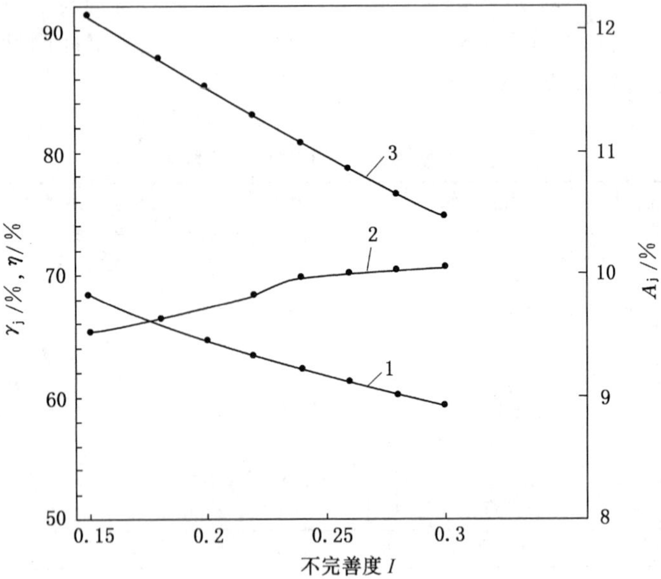


1—精煤产率；2—精煤灰分；3—数量效率。

图 3-44　分选密度不变时不同 $I$ 值的预测结果

**表 3-47　不完善度为 0.18 时不同分选密度的预测结果**

| 分选密度 | 精煤 | | 理论产率 | 数量效率 | 中煤 | |
|---|---|---|---|---|---|---|
| /(g/cm³) | $\gamma_j$/% | $A_j$/% | $\gamma$/% | $\eta$/% | $\gamma_z$/% | $A_z$/% |
| 1.40 | 47.64 | 8.63 | 68.23 | 69.82 | 52.36 | 36.30 |
| 1.45 | 58.37 | 9.15 | 72.37 | 80.65 | 41.63 | 42.69 |
| 1.50 | 66.18 | 9.64 | 75.37 | 87.80 | 33.82 | 49.49 |
| 1.55 | 71.62 | 10.10 | 77.63 | 92.26 | 28.38 | 55.97 |
| 1.60 | 75.34 | 10.51 | 79.28 | 95.04 | 24.66 | 61.65 |
| 1.65 | 77.93 | 10.90 | 80.59 | 96.70 | 22.07 | 66.27 |
| 1.70 | 79.81 | 11.28 | 81.69 | 97.69 | 20.19 | 69.91 |
| 1.75 | 81.20 | 11.66 | 82.66 | 98.23 | 18.80 | 72.62 |
| 1.80 | 82.35 | 12.06 | 83.57 | 98.54 | 17.65 | 74.71 |

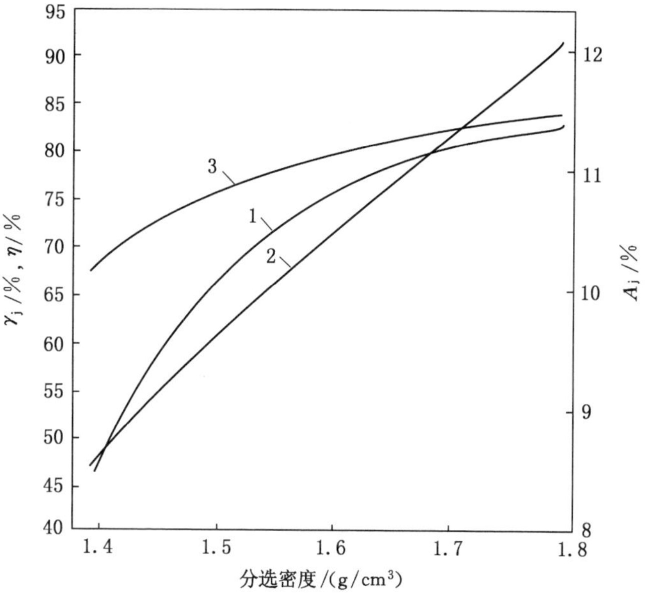


1—精煤产率；2—精煤灰分；3—数量效率。

图 3-45　*I* 值不变时不同分选密度的预测结果

在重选分选效果预测中，可以用三种方法代表分配曲线：近似公式法、实际分配曲线和通用分配曲线。前面已提到，用近似公式法预测的误差较大。表 3-48 是利用实际分配曲线和近似公式法对我国 6 个选煤厂重选分选效果的预测结果，近似公式法的预测误差比实际分配曲线大得多，预测结果明显偏好。因此预测时，采用本厂的实际分配曲线才能减小预测误差，真正起到对生产的指导作用。当缺少实际分配曲线时，对于跳汰分选可以采用通用分配曲线。

3. 用计算机预测重选分选效果的必要性

用计算机预测重选分选效果有以下优点：

(1) 可以用数学模型代表原煤可选性曲线和分配曲线，从而使密度级细化成为可能，可以提高预测精度。

**表 3-48　实际分配曲线和近似公式法预测结果的对比**

| 厂名 | 实际结果 | | 实际分配曲线预测结果 | | 近似公式法预测结果 | |
|---|---|---|---|---|---|---|
| | 产率/% | 灰分/% | 产率/% | 灰分/% | 产率/% | 灰分/% |
| 马头 | 62.25 | 11.18 | 61.03 | 10.48 | 66.04 | 10.84 |
| 株洲 | 74.96 | 10.66 | 74.71 | 10.64 | 74.34 | 10.15 |
| 龙凤 | 55.16 | 6.23 | 55.77 | 6.27 | 57.34 | 6.39 |
| 荣昌 | 52.24 | 8.99 | 52.24 | 9.66 | 51.63 | 7.76 |
| 滴道 | 24.94 | 14.00 | 25.72 | 14.32 | 26.75 | 14.52 |
| 汪家寨 | 45.16 | 13.04 | 45.31 | 13.60 | 49.48 | 12.93 |
| 误差平方和 | | | 2.55 | 1.36 | 41.81 | 2.20 |
| 产率、灰分总均方差 | | | 0.59 | | 2 | |

（2）可以方便地实现按 $I$ 值或 $E$ 值不变的平移，平移后可以精确查询各细化密度级的分配率。

（3）可以将预测的密度点细分，提高了精确性。

（4）计算速度很快，减少了烦琐的人工劳动。

用计算机程序预测精煤实际产率和灰分的公式如下：

$$y_{\mathrm{j}} = \sum_{i=1}^{n}[f(x_i)D(x_i)] \tag{3-52}$$

$$A_{\mathrm{j}} = \sum_{i=1}^{n}[f(x_i)D(x_i)A(x_i)]/\sum_{i=1}^{n}[f(x_i)D(x_i)] \tag{3-53}$$

式中　$y_{\mathrm{j}}$——精煤产率，%；

$A_{\mathrm{j}}$——精煤灰分，%；

$n$——细化后密度级个数；

$x_i$——密度，$g/cm^3$；

$f(x_i)$——密度与产率的函数关系式；

$A(x_i)$——密度与灰分的函数关系式；

$D(x_i)$——密度与分配率的函数关系式。

下面介绍“选煤优化软件包”的运行情况。

正如前面介绍的，“选煤优化软件包”采用 3 种模型模拟原煤可选性曲线，6 种模型模拟分配曲线，将密度细化到 0.01 g/cm$^3$，预测点达到 180 个，可以按 $I$ 值不变或 $E$ 值不变平移分配曲线。为了方便用户使用，程序也提供了用“近似公式法”预测的可选项。

图 3-46 为“选煤优化软件包”一段重选预测优化输入界面，其中包括选择浮沉资料、选择发热量模型，输入分选密度 1.6，输入重介质旋流器的可能偏差 0.10，输入原煤浮沉资料和产品的水分。

| 密度(kg/m^3) | 产率(%) | 灰分(%) | 硫分(%) | 浮物累计 | | |
|---|---|---|---|---|---|---|
| | | | | 产率(%) | 灰分(%) | 硫分(%) |
| -1.3 | 7.61 | 8.94 | 1.82 | 7.61 | 8.94 | 1.82 |
| 1.3-1.4 | 36.42 | 12.81 | 1.60 | 44.03 | 12.14 | 1.64 |
| 1.4-1.5 | 21.23 | 18.22 | 1.29 | 65.26 | 14.12 | 1.52 |
| 1.5-1.6 | 8.47 | 29.71 | 1.29 | 73.73 | 15.91 | 1.50 |
| 1.6-1.7 | 5.45 | 40.89 | 1.38 | 79.18 | 17.63 | 1.49 |
| 1.7-1.8 | 1.25 | 47.24 | 1.50 | 80.43 | 18.09 | 1.49 |
| 1.8-1.9 | 2.70 | 50.36 | 1.23 | 83.13 | 19.14 | 1.48 |
| +1.9 | 16.87 | 73.80 | 5.33 | 100.00 | 28.36 | 2.13 |
| 合计 | 100.00 | 28.36 | 2.13 | | | |

图 3-46　“选煤优化软件包”一段重选预测优化输入界面

点击计算后可得到一段重选的预测结果，如图 3-47 至图 3-51 所示。图 3-47 显示了原煤可选性曲线模型和拟合误差；图 3-48 为一段重选预测结果数质量流程图；图 3-49 为原煤和产品的浮沉组成，图 3-50 为产品的产率、灰分、硫分、水分和发热量表；图 3-51 为矸中带煤表。

密度曲线拟合结果

| 浮物累计曲线 | | | | |
|---|---|---|---|---|
| 复合双曲正切模型 | 拟合次数 = 31 | | 拟合误差 :0.3023 | |
| m=3.69190 | pxl=1.15937 | a=0.84923 | b=-0.32087 | c=-0.18660 |

累计曲线拟合结果

| 密度曲线 | | | | |
|---|---|---|---|---|
| 复合双曲正切模型 | 拟合次数 = 31 | | 拟合误差 :0.4066 | |
| m=5.97253 | pxl=1.29984 | a=1.15610 | b=-0.64846 | c=-0.17812 |

图 3-47　原煤可选性曲线模型和拟合误差

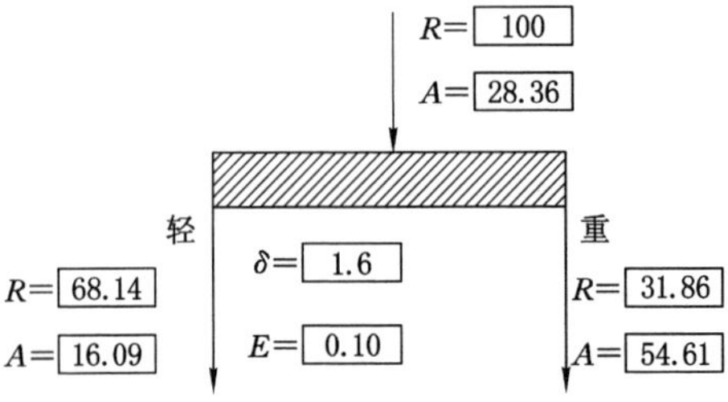


图 3-48　一段重选预测结果数质量流程图

产品浮沉组成

| 密度级 | 原煤 | | | 轻产物 | | | 重产物 | | |
|---|---|---|---|---|---|---|---|---|---|
| | 产率% | 灰分% | 硫分% | 产率% | 灰分% | 硫分% | 产率% | 灰分% | 硫分% |
| -1.3 | 7.61 | 8.94 | 1.82 | 10.96 | 8.94 | 1.82 | 0.44 | 8.99 | 1.82 |
| 1.3-1.4 | 36.46 | 12.80 | 1.60 | 50.99 | 12.77 | 1.60 | 5.39 | 13.37 | 1.60 |
| 1.4-1.5 | 21.01 | 18.35 | 1.29 | 26.20 | 18.24 | 1.29 | 9.91 | 18.98 | 1.29 |
| 1.5-1.6 | 9.16 | 28.29 | 1.29 | 8.70 | 27.90 | 1.29 | 10.14 | 29.01 | 1.29 |
| 1.6-1.7 | 4.20 | 41.70 | 1.38 | 2.37 | 41.06 | 1.38 | 8.12 | 42.09 | 1.38 |
| 1.7-1.8 | 2.53 | 51.78 | 1.50 | 0.61 | 51.16 | 1.50 | 6.64 | 51.90 | 1.50 |
| 1.8-1.9 | 2.01 | 57.85 | 1.23 | 0.15 | 57.36 | 1.23 | 6.00 | 57.88 | 1.23 |
| 1.9-2.0 | 1.85 | 62.28 | 5.33 | 0.03 | 61.85 | 5.33 | 5.75 | 62.28 | 5.33 |
| 2.0+ | 15.17 | 73.74 | 5.33 | 0.00 | 70.74 | 5.33 | 47.61 | 70.74 | 5.33 |
| 合计 | 100.00 | 28.36 | 2.13 | 100.00 | 16.09 | 1.51 | 100.00 | 54.61 | 3.48 |

图 3-49　原煤和产品的浮沉组成

产品数质量

| 产物 | 产率% | 灰分% | 硫分% | 水分% | 发热量 |
|---|---|---|---|---|---|
| 原煤 | 100.00 | 28.36 | 2.13 | 5.00 | 4979.91 |
| 精煤 | 68.14 | 16.09 | 1.51 | 10.00 | 5679.94 |
| 中煤 | 31.86 | 54.61 | 3.48 | 8.00 | 2683.29 |

图 3-50　产品的产率、灰分、硫分、水分和发热量表

矸中带煤

| 密度 | 产率% | 密度 | 产率% | 密度 | 产率% |
|---|---|---|---|---|---|
| 1.70 | 10.83 | 1.75 | 11.93 | 1.80 | 12.95 |
| 1.85 | 13.92 | 1.90 | 14.86 | 2.00 | 16.69 |

图 3-51　矸中带煤表

4. 预测重选分选效果时应注意的问题

为了使预测的重选分选效果符合实际，应注意以下问题：

(1) 分选密度的限制

有些原煤质量不好，为了选出灰分很低的精煤，于是就把分选密度降到很低。比如对跳汰机把分选密度降到 1.3 $g/cm^3$，即使计算结果证明分选密度为 1.3 $g/cm^3$ 时可以得到低灰精煤，但是，在实际中也不可能达到。再如第一段分选密度一般为 2.0 $g/cm^3$ 左右，不可能高到 2.3 $g/cm^3$、2.4 $g/cm^3$，如果分选密度这么高，预测结果也是不正确的。

(2) 分配曲线平移的距离

前面已讲到，当分选密度改变时，分配曲线可以按 $E$ 值或 $I$ 值不变平移。但是，实际上这种平移是有误差的。因此，要尽量减小分配曲线的平移距离。对于高、低分选密度的分选作业，要分别选用第一段分配曲线或第二段分配曲线进行平移。

(3) 分析预测结果的可靠性

预测结果与实际是有一定误差的，预测后要分析一下预测结果，看其逻辑上是否合理，与实际的差距大不大。如果差距大，不合逻辑，则要找明原因，修正预测结果。

(七) 煤炭中硫分可脱除性预测

1. 煤炭中硫的赋存状态

煤中硫主要包括黄铁矿硫、有机硫和硫酸盐硫三种。硫酸盐硫很少，如我国高硫煤层煤样中的平均硫分为 2.76%，其中黄铁矿硫 1.61%，有机硫 1.04%，硫酸盐硫只占 0.11%。煤中有机硫以硫羟基、各种硫化基、噻吩基等形式存在于煤的大分子中，不可能用物理分选方法分离。

煤中的黄铁矿以不同粒度和形态与煤或脉石共生，有些呈团块状、结核状，有些呈薄片或细粒、微粒状态嵌布在煤中。按粒度可以分为以下几类：

(1) 团块状的黄铁矿,矿化程度高,易于与脉石或煤分离;

(2) 结核状粗粒嵌布在煤中,大于 100 μm;

(3) 细粒嵌布在煤中,10～100 μm;

(4) 微粒嵌布在煤中,小于 10 μm,以浸润状态与有机质结合,很难用物理方法解离和分离。

选煤主要利用煤炭与脉石的物理性质、物理化学性质的差异进行分离,对黄铁矿的分离也不例外。黄铁矿的密度在 5 $g/cm^3$ 左右,而煤的密度在 1.25～1.8 $g/cm^3$,脉石的密度在 2.5 $g/cm^3$ 左右。对解离后的黄铁矿,可以用重选有效地分离,因此最重要的是搞清楚煤炭中硫的赋存状态。因为煤炭是大宗、散状、粒度和质量不均匀的物料,对煤炭中硫的分布规律,可以通过筛分浮沉试验,对各组分形态硫进行分析。

(1) 筛分试验

表 3-49 是某矿原煤筛分试验结果。图 3-52 是该矿原煤平均粒度和灰分、形态硫的关系。由这些图表可以看出,不同粒级的总硫含量两头高、中间低,特别是 50～25 mm 粒级总硫含量4.07%;−0.5 mm 煤泥总硫含量也很高,为3.35%;6～0.5 mm 粒级总硫含量比较低。黄铁矿硫符合相同的规律。而有机硫含量反之,两头低、中间高,13～0.5 mm 粒级有机硫含量比较高,均大1%,但于

**表 3-49　某矿原煤筛分试验结果**

| 粒度级/mm | 产率/% | $A_d$/% | $S_{t,d}$/% | $S_{p,d}$/% | $S_{o,d}$/% |
|---|---|---|---|---|---|
| 50～25 | 20.20 | 32.78 | 4.07 | 3.11 | 0.97 |
| 25～13 | 20.05 | 32.03 | 3.73 | 2.77 | 0.94 |
| 13～6 | 16.63 | 30.40 | 3.30 | 2.26 | 1.02 |
| 6～3 | 12.29 | 26.86 | 3.02 | 1.82 | 1.18 |
| 3～0.5 | 18.04 | 25.27 | 2.98 | 1.89 | 1.08 |
| 0.5～0 | 12.79 | 35.38 | 3.35 | 2.7 | 0.58 |
| 合　计 | 100.00 | 30.66 | 3.40 | 2.40 | 0.97 |

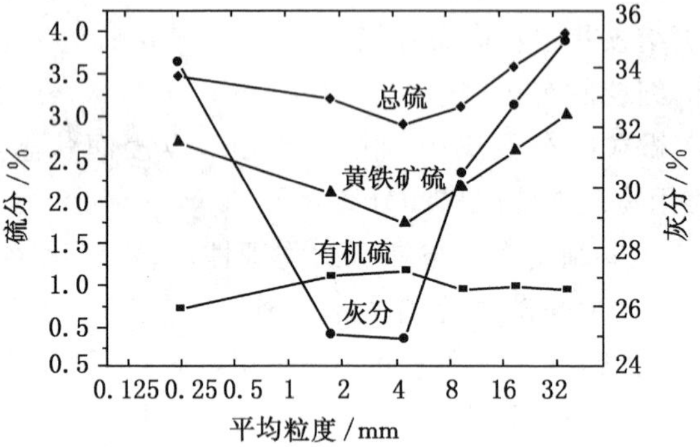


图 3-52 某矿原煤平均粒度和灰分、形态硫的关系

不同粒度有机硫含量的差距不像无机硫那样显著。从总的情况来看，总硫为 3.4%，是高硫煤，其中黄铁矿硫约占 70%，有机硫约占 30%。由于难以用物理方法脱除有机硫，13～0.5 mm 粒级的脱硫难度比较大。

(2) 浮沉试验

对浮沉试验各密度级进行形态硫分析，可以知道不同种类的硫在不同密度级物料中的分布规律。如图 3-53 所示，总硫和黄铁矿硫含量随密度增加而直线增加，有机硫含量随密度增加呈降低趋势，说明用重选方法分选后，低密度产品中有机硫含量有增高的趋势。低密度物料中存在的黄铁矿硫，肯定是与煤共生的或是在煤中细粒嵌布的，要通过进一步试验确定解离和分离的可能性。

(3) 筛分浮沉试验

对原煤筛分浮沉试验中，各密度级、粒度级物料的形态硫进行分析，可以更详细地了解不同种类的硫在不同粒度、不同密度原煤中的分布规律，并可以预测重力分选脱硫的效果。

对产品特别是精煤进行筛分浮沉试验并进行形态硫分析，可以判断精煤产品中的黄铁矿硫是否可分离。如果精煤中的硫分存

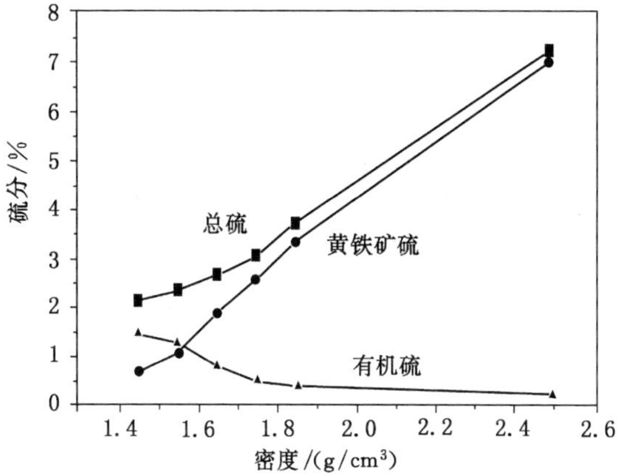


图 3-53　总硫、黄铁矿硫和有机硫与密度的关系

在于大于 1.8 g/cm³ 密度级中，说明这一部分硫是错配物，经过努力可以分离；如果一部分黄铁矿硫是在低密度级物料中，则需要进一步研究脱除的可能性。

因为硫的绝对含量比较低，为了便于观察，可以把原煤中的总硫、黄铁矿硫或有机硫分别看成 100%，计算其在各密度、粒度原煤中的百分比，并绘制成三维图，如图 3-54 至图 3-56 所示。

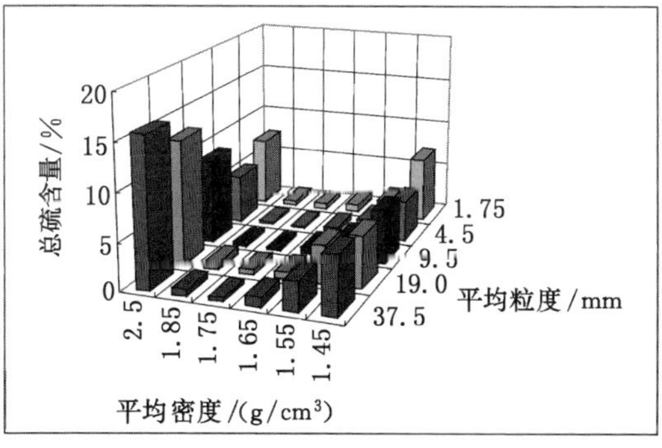


图 3-54　某矿原煤密度、粒度和总硫含量的关系

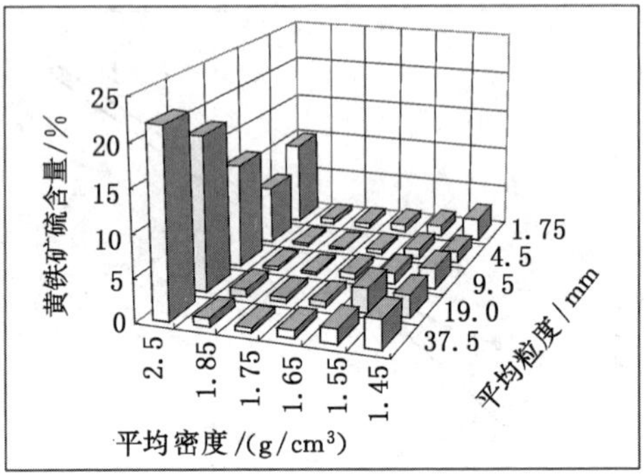


图 3-55　某矿原煤密度、粒度和黄铁矿硫含量的关系

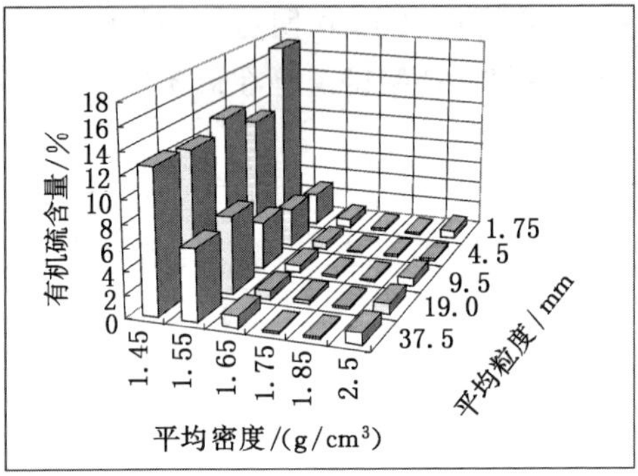


图 3-56　某矿原煤密度、粒度和有机硫含量的关系

从图 3-54 可以明显地看出，大于 2.0 g/cm³ 密度级物料中总硫含量最高，其中粒度越大总硫含量越高；小于 1.5 g/cm³ 的低密度级物料中总硫含量又有升高。同时，平均粒度 1.75 mm 即 3～0.5 mm 粒级物料的总硫有升高趋势。

从图 3-55 可以看出，黄铁矿硫主要集中在大于 2.0 g/cm$^3$ 密度级的物料中。50～25 mm 粒级中大于 2.0 g/cm$^3$ 密度级物料中的黄铁矿硫含量占总量的 20%以上，这部分黄铁矿硫是解离的，很容易用重选方法分离。3～0.5 mm 细粒级中，大于 2.0 g/cm$^3$ 密度级物料中的黄铁矿硫含量也比较高，接近总量的 14%。但对 3～0.5 mm 细粒级物料，跳汰的分选效率不高，宜用高效率方法如末煤重介质旋流器分选，否则，即使这部分黄铁矿解离了，也可能仍然混杂到精煤中。在低密度级物料中有一部分黄铁矿是与煤共生或以细粒、微粒嵌布在煤炭中的，用常规的重选方法不能脱除，必须进一步研究其嵌布特性和解离规律，并探讨其可脱除性。

从图 3-56 可知，有机硫主要集中在小于 1.6 g/cm$^3$ 密度级物料中，特别是各个粒级小于 1.5 g/cm$^3$ 密度级物料中的有机硫含量占到有机硫总量的 10%以上，3～0.5 mm 粒级小于 1.5 g/cm$^3$ 密度级物料中的有机硫含量占有机硫总量的 16%以上。由此得到的启示是：精煤中的有机硫含量必定高于原煤，而且这部分有机硫是无法用物理方法脱除的。

(4) 显微分析

利用电子显微镜可以观察精煤中未解离的黄铁矿的形态，判断其解离及分选的可能性。放大倍数一般要 200 倍左右，可以分析粒度小于 0.5 mm 特别是 100 μm 以下煤中黄铁矿的分布规律，还可以分析黄铁矿与煤共生、充填与浸染的比例和粒度，判断是否可以用破碎方法解离。对于粒度大于 200 网目的共生、充填的黄铁矿，如果通过破碎可以分离，还有可能用物理方法脱除，但最终要通过技术经济比较确定。表 3-50 为我国某些高硫煤中黄铁矿的嵌布规律。由表可知，煤与黄铁矿共生的比例比较小，而浸染和充填的比例比较高，看来破碎解离的难度是比较大的。

2. 破碎和分选脱硫试验

对一批物料进行破碎和分选试验，可以得到代表性比较好，对

**表 3-50 我国某些高硫煤中黄铁矿的嵌布规律**

单位:%

| 采样地 | 原煤组成分析 | | | | | | 黄铁矿嵌布 | | | |
|---|---|---|---|---|---|---|---|---|---|---|
| | $A_d$ | $S_{t,d}$ | $S_{p,d}$ | 有机质 | 矿物质 | 黄铁矿 | 单体 | 浸染 | 充填 | 共生 |
| 中梁山南井 | 19.81 | 4.43 | 3.57 | 95.10 | 2.80 | 2.10 | 0.90 | 0.20 | 0.80 | 0.20 |
| 松藻打通 | 37.41 | 9.51 | 8.39 | 86.64 | 7.00 | 6.36 | 2.78 | 2.49 | 0.79 | 0.30 |
| 绿山洞 | 25.10 | 3.92 | 2.51 | 95.50 | 2.70 | 1.80 | 1.30 | 0.10 | 0 | 0.40 |
| 绿山洞 | 23.69 | 3.66 | 2.38 | 90.42 | 7.71 | 1.87 | 1.03 | 0.65 | 0.19 | 0 |
| 六枝 | 19.65 | 6.01 | 4.46 | 95.40 | 0.60 | 4.00 | 2.90 | 0.60 | 0.30 | 0.50 |
| 地宗 | 30.66 | 5.68 | 4.22 | 92.30 | 4.30 | 3.40 | 1.70 | 1.00 | 0.70 | 0 |
| 四角田 | 52.90 | 9.38 | 7.76 | 61.56 | 32.77 | 5.67 | 2.49 | 2.98 | 0.20 | 0 |
| 凉水井 | 37.34 | 7.60 | 6.32 | 85.27 | 9.05 | 4.68 | 2.49 | 1.29 | 0.70 | 0.20 |
| 天府刘家沟 | 23.31 | 2.91 | 1.83 | 97.60 | 0.80 | 1.60 | 0.50 | 0.50 | 0.60 | 0 |
| 石嘴山二矿 | 14.00 | 4.54 | 2.26 | 96.60 | 1.50 | 1.90 | 0.90 | 0.40 | 0.10 | 0.50 |
| 兖州北宿 | 13.54 | 3.90 | 1.95 | 96.21 | 1.69 | 2.10 | 1.80 | 0.30 | 0 | 0 |

工业应用有指导意义的资料。

由于大部分黄铁矿是与煤共生的，煤炭破碎后有利于黄铁矿分离，提高脱硫效率。表 3-51 为煤炭破碎到不同粒度后，进行浮沉试验，在精煤灰分相同时，精煤的理论产率和硫分的变化情况。

**表 3-51　煤炭破碎到不同粒度后精煤硫分变化**

| 破碎粒度/mm | 精煤产率/% | 精煤全硫含量/% |
|---|---|---|
| 3～0 | 17.5 | 1.7 |
| 1～0 | 30 | 1.2 |
| 0.5～0 | 50.5 | 0.8 |

由表 3-51 可知，同样的原煤，破碎的粒度越小，精煤的理论产率越高，全硫含量越低，说明粒度越小，硫分和灰分的解离越充分。

表 3-52 为中煤破碎后，用摇床分选的脱硫率，由表可知，随破碎粒度减小，脱硫率增加。因而，破碎并解离连生体可以提高脱硫效率。

**表 3-52　中煤破碎后脱硫率**

| 破碎粒度/mm | 13～0 | 6～0 | 3～0 |
|---|---|---|---|
| 脱硫率/% | 44.07 | 63.37 | 79.40 |

3. 脱硫效果的评价

(1) 从总体脱硫效果的角度进行评价

按照 MT/T 623—1996《煤炭脱硫工艺效果评定方法》，采用脱硫完善度 $\eta_{ws}$ 作为煤炭脱硫工艺效果评定指标，用脱硫率 $\eta_{ds}$ 作为辅助指标，对脱硫效果进行评定：

$$\eta_{ws}=\frac{\gamma_j(S_{d\cdot y}-S_{d\cdot j})}{S_{d\cdot y}(100-A_{d\cdot y}-S_{d\cdot j})}\times 100\% \tag{3-54}$$

式中　$\eta_{ws}$——脱硫完善度，%；

$\gamma_j$——精煤产率，%；

$S_{d\cdot y}$——原料煤干基硫分，%；

$S_{d\cdot j}$——精煤干基硫分，%；

$A_{d\cdot y}$——原料煤干基灰分，%。

$$\eta_{ds} = \frac{100S_{d\cdot y} - \gamma_j S_{d\cdot j}}{100S_{d\cdot y}} \times 100\% \tag{3-55}$$

式中　$\eta_{ds}$——脱硫率，%。

（2）从微观角度进行评价

从微观角度可以对黄铁矿硫、有机硫和总硫的脱除效果进行评价。通过对原煤和产品筛分浮沉试验结果的分析，评定进入精煤中硫的形态、粒度、密度。如果发现高密度的错配物中硫分高，且粒度在有效分选范围内，则可认为有进一步脱硫的潜力。

**二、重介分选系统分析**

重介分选系统分选效率高，分选下限低，对原煤可选性适应性强，易于自动控制，已得到广泛应用。特别是大直径三产品重介质旋流器成功投入工业应用后，可以用单密度同时分选宽级别物料，大大简化了选煤流程，受到了选煤厂的欢迎。

对重介分选系统的分析可以从以下几方面进行。

1. 原煤和产品筛分浮沉试验

原煤和产品筛分浮沉试验可以分析原煤各粒级的可选性、可能偏差、分选密度的变化规律，并和国内外先进水平对比。要注意将指标与先进水平对比，注意分析不同粒级物料的可能偏差与分选密度的变化。

2. 悬浮液性质分析

（1）悬浮液密度的波动情况

重介分选是利用重悬浮液作为介质分选的，分选密度与悬浮液密度直接相关，悬浮液密度波动意味着分选密度的波动，可引起临近分选密度级物料忽而进入轻产物、忽而进入重产物，必定使分选效果变坏。重介分选时有必要使用密度自动控制系统。

（2）悬浮液的黏度和稳定性

悬浮液的黏度和稳定性是互相相关的两个指标，黏度大的稳定性一般高。为了提高分选效果，希望重介悬浮液的黏度低，但稳定性好。二者似乎有矛盾，需要有一个恰当的配合。

悬浮液的黏度可以通过毛细管黏度计测定，但选煤厂一般不具备。选煤厂一般通过测定悬浮液中磁性物含量来间接确定悬浮液的黏度。非磁性物主要是煤泥，非磁性物含量过高时会造成悬浮液容积浓度过大，影响细粒级物料的分选，降低处理量。

悬浮液的稳定性可以通过沉降试验确定，还可以通过测量重介质旋流器底流产品悬浮液密度来判断。如果底流悬浮液密度很高，则说明加重剂在旋流器中出现了过度浓缩的情况，悬浮液的稳定性不好，影响分选效果。

悬浮液的黏度和稳定性一方面受非磁性物含量的影响，另一方面主要受磁铁矿和煤泥的粒度组成的影响。悬浮液中的粗粒煤泥含量不宜过高。

（3）悬浮液入料压力和流量的稳定性

悬浮液入料压力和流量的波动会引起分选密度的波动，并影响分选效果。

3．介质回收系统和介质损失

介质回收系统的任务是及时回收产品中带走的磁铁矿，排除合格介质中多余的煤泥。介质回收系统工作的好坏直接和介质损失相关。介质回收系统中关键的部位是脱介筛和磁选机。

为了了解介质回收系统的工作情况，可进行重介分选系统介质流程测定，采样点和计量点如图 3-57 所示。表 3-53 为介质流程采样计划。

为了了解合格悬浮液的性质及对分选效果的影响，要测定悬浮液循环量、磁性物含量、黏度和稳定性。用小筛分检测粒度分布,分析它们对分选的影响。

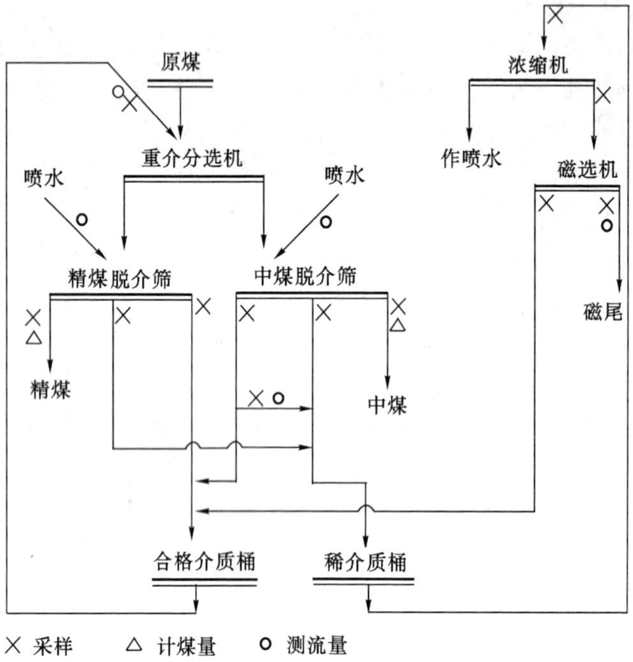


图 3-57　介质回收系统采样流程

**表 3-53　重介分选系统介质流程采样计划**

| 名　称 | 采样 | 计量 | 分析项目 | 用　　途 |
| --- | --- | --- | --- | --- |
| 精　煤 | 采煤样 | 计煤量 | −0.5 mm 含量及磁性物含量 | 计算精煤带走的磁铁矿量 |
| 中　煤 | 采煤样 | 计煤量 | −0.5 mm 含量及磁性物含量 | 计算中煤带走的磁铁矿量 |
| 磁选机尾矿 | 采水样 | 计流量 | 浓度及磁性物含量 | 计算磁尾带走的磁铁矿量 |

表 3-53(续)

| 名 称 | 采样 | 计量 | 分析项目 | 用 途 |
|---|---|---|---|---|
| 合格悬浮液 | 采水样 | 计流量 | 浓度、密度、磁性物、小筛分、黏度及稳定性 | 计算悬浮液循环量,分析悬浮液性质对分选效果的影响 |
| 精煤合格悬浮液 | 采水样 | | 浓度及磁性物含量 | 分析精煤合格悬浮液量大小及对磁铁矿损失的影响 |
| 中煤合格悬浮液 | 采水样 | | 浓度及磁性物含量 | 分析中煤合格悬浮液量大小及对磁铁矿损失的影响 |
| 精煤稀悬浮液 | 采水样 | | 浓度及磁性物含量 | 分析稀悬浮液中磁性物含量大小及对磁铁矿损失的影响 |
| 中煤稀悬浮液 | 采水样 | | 浓度及磁性物含量 | |
| 总稀悬浮液(浓缩机入料) | 采水样 | | 浓度及磁性物含量 | 分析浓缩机工作效果 |
| 磁选机入料(浓缩机底流) | 采水样 | | 浓度及磁性物含量 | 分析浓缩机及磁选机工作效果 |
| 磁选机精矿 | 采水样 | | 浓度、磁性物含量及密度 | 分析磁选机工作效果 |
| 分流量 | 采水样 | 计流量 | 浓度及磁性物含量 | 了解分流量大小及对介质损失的影响 |

对稀悬浮液系统,要测定磁选机、浓缩机的工作情况,计算磁选机的精矿回收率,寻求降低磁铁矿损失的途径。必要时,还要测定喷水量,中煤、精煤脱介筛下合格悬浮液及稀悬浮液的流量,总稀悬浮液的流量,供分析问题及设计流程时参考。

介质损失分为技术损失和实际消耗两种。技术损失是指产品和磁选机尾矿中损失的磁铁矿;实际消耗除了包括技术损失外,还有运输、储存、瞬时流失等。在管理完善的选煤厂,介质的实际消耗应该小于 1 kg/(t 重介原煤),有的甚至只有几百克。介质损失大时,不但增加了成本,而且由于频繁加新介质,造成系统的密度不稳定,影响分选效果。

产品带走的介质可按下式计算：

$$M_{\mathrm{p}} = (1000 \times Q_{\mathrm{p}} \times m_{\mathrm{p}})/Q_{\mathrm{r}} \tag{3-56}$$

式中　$M_{\mathrm{p}}$——某产品带走的介质，kg/t(重介原煤)；

$Q_{\mathrm{p}}$——某产品产量，t/h；

$m_{\mathrm{p}}$——某产品磁性物含量，%；

$Q_{\mathrm{r}}$——入重介原煤质量，t/h。

测定产品的磁性物含量时，需将产品破碎到 0.5 mm 以下，通过缩分取有代表性煤样用磁选管进行测定。

磁选机尾矿带走的介质可按下式计算：

$$M_{\mathrm{w}} = (W_{\mathrm{w}} \times S_{\mathrm{w}} \times m_{\mathrm{w}})/Q_{\mathrm{r}} \tag{3-57}$$

式中　$M_{\mathrm{w}}$——磁选机尾矿带走的介质，kg/t(重介原煤)；

$W_{\mathrm{w}}$——尾矿流量，$\mathrm{m^3/h}$；

$S_{\mathrm{w}}$——尾矿固体含量，g/L；

$m_{\mathrm{w}}$——尾矿固体中磁性物含量，%。

介质的技术损失按下式计算：

$$M_{\mathrm{J}} = \sum_{i=1}^{n} M_{\mathrm{p}_i} + M_{\mathrm{w}} \tag{3-58}$$

式中　$M_{\mathrm{J}}$——全厂介质的技术损失，kg/t(重介原煤)；

$M_{\mathrm{p}_i}$——各产品的介质损失，kg/t(重介原煤)；

$n$——产品个数；

$M_{\mathrm{w}}$——磁选机尾矿介质损失，kg/t(重介原煤)。

实际的介质技术损失情况是，产品带走介质的比例比较小，主要从磁选机尾矿中损失。磁选机的入料有两部分，一部分来源于脱介筛喷水形成的稀介质，另一部分来源于密度自动控制系统调节密度和煤泥含量的分流量。尽管磁选机的回收率很高，但由于入料绝对量大，磁选机尾矿的介质损失量仍然比较大。因此，磁选机的磁性物回收率必须大于 99.8%。

磁选机磁性物回收率 $\varepsilon$ 的计算公式为：

$$\varepsilon = (m_j/m_r) \times [(m_r - m_w)/(m_j - m_w)] \times 100\% \quad (3\text{-}59)$$

式中，$m_r$、$m_j$、$m_w$ 分别为磁选机入料、精矿和尾矿中的磁性物含量。磁性物含量按 MT/T 808—1999《选煤厂技术检查》用磁选管试验测定。

如果产品中介质的损失量大，就要从喷水和筛分机的工作方面来找原因。如果磁选机尾矿的介质损失多，就要从磁选机操作条件、磁场强度、分流量等方面找原因。实际介质损失的计算公式为：

$$M_{实} = (Q_{实} \times 1000)/Q_r \quad (3\text{-}60)$$

式中　$M_{实}$——实际介质损失，kg/t(重介原煤)；

$Q_{实}$——实际介质消耗量，t/h。

管理造成的介质损失可按下式计算：

$$M_{管} = M_{实} - M_J \quad (3\text{-}61)$$

式中　$M_{管}$——管理造成的介质损失，kg/t(重介原煤)。

将所有计算结果列于表 3-54，以便于分析介质损失的情况及降低介质损失的可能途径。

**表 3-54　　某选煤厂介质损失分析表**

| 项　目 | 介质损失/(kg/t) | 比例/% | |
|---|---|---|---|
| | | 占技术损失 | 占总损失 |
| 一、技术损失合计 | $W_J$ | | |
| 1. 产品损失合计 | $\sum M_{p_i}$ | | |
| (1) 产品 1 | $M_{p1}$ | | |
| (2) 产品 2 | $M_{p2}$ | | |
| …… | … | | |
| 2. 磁选机尾矿损失 | $M_w$ | | |
| 二、管理损失 | $M_{管}$ | | |
| 三、实际损失 | $M_{实}$ | | |

有的选煤厂介质的技术损失并不大，但管理损失大，就要从介质的运输、储存和介质的流失等方面分析降低介质损失的途径。

4. 重悬浮液系统

重悬浮液系统的主要计算公式如下：

$$\delta_{jz} = \delta_m m_{jz} + \delta_n (1 - m_{jz}) \tag{3-62}$$

$$\xi = \lambda(\delta_{jz} - 1) + 1 = \lambda[\delta_m m_{jz} + \delta_n (1 - m_{jz}) - 1] + 1 \tag{3-63}$$

$$\lambda = \frac{\xi - 1}{\delta_{jz} - 1} = \frac{\xi - 1}{\delta_m m_{jz} + \delta_n (1 - m_{jz}) - 1} \tag{3-64}$$

$$m_{jz} = [\xi - 1 - \lambda(\delta_n - 1)]/[\lambda(\delta_m - \delta_n)] \tag{3-65}$$

式中 $\xi$——悬浮液密度，$g/cm^3$；

$\lambda$——悬浮液固体容积浓度，%；

$\delta_m$——加重剂中磁性物的密度，$g/cm^3$；

$\delta_n$——加重剂中非磁性物的密度，$g/cm^3$；

$\delta_{jz}$——加重剂的平均密度，$g/cm^3$

$m_{jz}$——加重剂的磁性物含量(小数)；

$1-m_{jz}$——加重剂的非磁性物含量(小数)。

设悬浮液磁性物含量为60%，磁铁矿密度为4.5 $g/cm^3$，煤泥密度为1.5 $g/cm^3$，则加重剂的平均密度为3.3 $g/cm^3$。悬浮液密度为1.3 $g/cm^3$ 时，容积浓度为13%；悬浮液密度为1.6 $g/cm^3$ 时，容积浓度为26%。如果要求悬浮液密度为1.8 $g/cm^3$，而容积浓度保持在25%，则要求磁性物含量为90%。

## 三、跳汰分选系统分析

跳汰分选系统在我国使用的比例最高，做好跳汰生产情况分析至关重要。

1. 跳汰分选系统分析资料的获取

(1) 日常生产情况分析

一般选煤厂有大量跳汰机快灰、快浮资料。有的选煤厂装备有自动测灰仪，除了指导司机操作外，还应该充分利用这些资料对生产情况进行分析。

(2) 跳汰机单机检查

单机检查一般要在正常生产情况下连续采样 2 小时，建议的采样点和计量点见图 3-58，采样计划和计量计划见表 3-55 和表 3-56。表 3-57 和表 3-58 为跳汰机工作情况及技术特征的记录表。应尽量采用采样机及自动监测仪器代替人工采样测量。

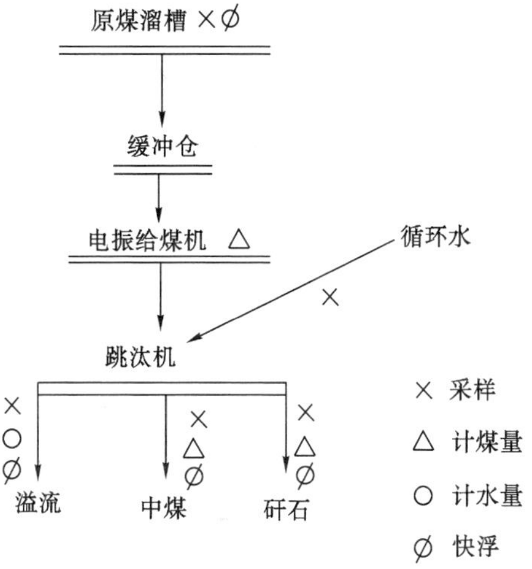


图 3-58　某跳汰机取样流程

采样结束后，进行筛分浮沉试验。根据计量或格氏法求出处理量、用水量和各产品的产率，计算各粒级分选效果、数量效率、可能偏差、不完善度。根据小筛分结果分析分选下限，再根据上述资料全面分析跳汰机的工作效果。

**表 3-55　某跳汰机采样计划**

| 名称 | 总样重/kg | 子样重/kg | 子样份数 | 间隔时间/min | 取样地点 | 试验项目 |
|---|---|---|---|---|---|---|
| 跳汰原煤 | 250 | 10 | 24 | 5 | 原煤溜子 | 筛分、浮沉、小筛分水分 |
| 跳汰溢流（不带水） | 250 | 10 | 24 | 5 | 溢流堰 | （同上） |
| 跳汰中煤 | 250 | 10 | 24 | 5 | 中煤溜槽 | （同上） |
| 跳汰矸石 | 250 | 10 | 24 | 5 | 矸石胶带 | （同上） |
| 跳汰溢流水样 | 24 | 1 | 24 | 5 | 溢流堰 | 小筛分 |
| 循环水 | 24 | 1 | 24 | 5 | 循环水管 | 固体含量 |

**表 3-56　某跳汰机计量计划**

| 名　　称 | 计量地点 | 计量方法 | 间隔时间/min | 计量次数 |
|---|---|---|---|---|
| 跳汰原煤量 | 电振给煤机 | 测煤流断面及速度 | 10 | 12 |
| 跳汰溢流水量 | 溢流堰 | 量水波高度及水速 | 10 | 12 |
| 跳汰中煤量 | 中煤溜槽 | 翻板称一个斗子煤重 | 15 | 8 |
| 跳汰矸石量 | 矸石斗子 | 量斗子空高 | 隔10个斗子量1次 | |

**表 3-57　跳汰机工作情况记录**

<table>
<tr><td></td><td></td><td colspan="5">一段</td><td colspan="7">二段</td><td>备注</td></tr>
<tr><td rowspan="2">水门开启扣数</td><td>序号</td><td>总</td><td>1</td><td>2</td><td>3</td><td>4</td><td>总</td><td>1</td><td>2</td><td>3</td><td>4</td><td>5</td><td>6</td><td rowspan="6"></td></tr>
<tr><td>实启扣数</td><td></td><td></td><td></td><td></td><td></td><td></td><td></td><td></td><td></td><td></td><td></td><td></td></tr>
<tr><td rowspan="2">风门开启角度</td><td>序号</td><td>总</td><td colspan="2">1</td><td colspan="2">2</td><td>总</td><td colspan="2">1</td><td colspan="2">2</td><td colspan="2">3</td></tr>
<tr><td>实启角度</td><td></td><td colspan="2"></td><td colspan="2"></td><td></td><td colspan="2"></td><td colspan="2"></td><td colspan="2"></td></tr>
<tr><td rowspan="2">水波振幅/mm</td><td>风阀侧</td><td></td><td colspan="2"></td><td colspan="2"></td><td></td><td colspan="2"></td><td colspan="2"></td><td colspan="2"></td></tr>
<tr><td>操作侧</td><td></td><td colspan="2"></td><td colspan="2"></td><td></td><td colspan="2"></td><td colspan="2"></td><td colspan="2"></td></tr>
</table>

表 3-57(续)

| 跳汰室工作参数 | 项 目 | 物料层厚 度/mm | 水层厚度/mm | 水流速度/(m/s) | 物料层厚 度/mm | 水层厚度/mm | 水流速度/(m/s) |
|---|---|---|---|---|---|---|---|
| | 数 据 | | | | | | |
| 循环水浓度/(g/L) | | | | | | | |
| 精煤快灰/% | | | | | | | |

| 产品快浮平均值 | 密度级/(g/cm³) | 原 煤 | 精 煤 | 中 煤 | 矸 石 |
|---|---|---|---|---|---|
| | −1.5 | | | | |
| | 1.5～1.8 | | | | |
| | +1.8 | | | | |

表 3-58 跳汰机技术特征记录

| 项目 | 筛板 | | | | 溢流堰高度/mm | 排矸口高度/mm | 卧式风阀 | | | |
|---|---|---|---|---|---|---|---|---|---|---|
| | 长×宽/mm | 面积/m² | 筛板孔径/mm | 倾角/(°) | | | 进气期/(°) | 排气期/(°) | 膨胀期/(°) | 进气孔面积/cm² |
| 一段 | | | | | | | | | | |
| 二段 | | | | | | | | | | |
| 合计 | | | | | | | | | | |

| 项目 | 卧式风阀 | | | 排矸轮 | | | | 浮标 | | |
|---|---|---|---|---|---|---|---|---|---|---|
| | 排气孔面积/cm² | 转速/(r/min) | 风压/(kgf/cm²) | 直径/mm | 轮叶高度/mm | 垂直闸门开口高度/mm | 转速/(r/min) | 形式 | 底距筛面高度 | 密度 |
| 一段 | | | | | | | | | | |
| 二段 | | | | | | | | | | |
| 合计 | | | | | | | | | | |

(3) 月综合资料

月综合资料煤样来源于一个月全厂原煤、精煤、中煤、矸石等最终产品的快速检查煤样的累积样，月综合资料比单机检查资料更真实地反映了日常生产水平。但是月综合资料表示的是多台选煤设备甚至多段分选作业的综合分选结果。对于只有跳汰主选的简单流程选煤厂，可以近似地将月综合三产品的分选结果看成是跳汰机的分选结果。对于有主、再选或有重介、跳汰复合流程的选煤厂，月综合只能被认为是全厂流程的综合结果。即使这样，对月综合进行详细分析也有助于对不同工艺效果的分析。况且进行月综合资料试验需要耗费大量人力、物力，如果将月综合资料束之高阁，显然是一种浪费。

2. 跳汰分选系统的分析

跳汰分选系统的分析可以从以下几方面入手：

(1) 原煤的粒度组成和浮沉组成，分粒级和总的原煤可选性。前面已做介绍。

(2) 不同粒级的分配曲线，分选密度差异和不完善度变化及是否有改善的可能。图 3-59 为某厂一段跳汰机分粒级分配曲线，随粒度减小，分选密度增加。

对跳汰机适当调节风水制度，使床层在上升期充分松散，下降期充分分层，可以改善分选效果。跳汰机吸啜力很弱时，表现为细

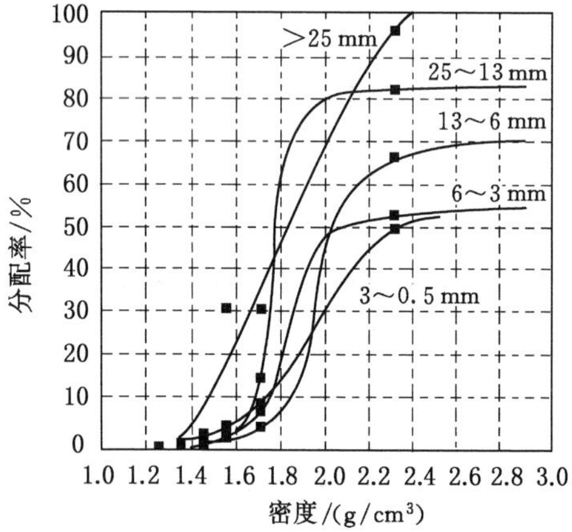


图 3-59　一段分粒级分配曲线

粒级的分选密度显著增高，细粒矸石对精煤造成严重污染；而跳汰机的吸啜力很强时，会出现随粒度减小，分选密度降低的趋势。因此，在实际操作中要视具体情况决定，需要调节风水制度，降低洗水浓度，增加风量和吸啜力，改善细粒级分选效果，减少不同粒级分选密度的差异。

(3) 分选下限。前面已介绍分选下限的评定方法，降低跳汰机的分选下限，可以减少混入精煤的粗煤泥对精煤的污染，为浮选和煤泥水处理系统创造良好的条件。对同一选煤厂，为了简化试验工作量，也可以通过精煤小筛分对降灰情况进行分析。

对分选下限的分析很重要，如果对煤泥的分选效果差，由于煤泥灰分高，会显著增加总精煤灰分。表 3-59 中某厂混入精煤的煤泥使总精煤灰分增加 0.3%，其原因是混入煤泥的灰分在 21%以上，混入煤泥量大，占总精煤 2.5%以上。当该厂改善了细煤泥的分选效果和降低了洗水浓度后，混入煤泥量减到 1%左右，灰分降到 15%，减小了对总精煤灰分的影响。

**表 3-59　某厂煤泥对精煤污染情况**

| 时期 | 总精煤灰分/% | 混入煤泥 | | | 混入煤泥对总精煤灰分的增量/% |
|---|---|---|---|---|---|
| | | $\gamma_{占总精煤}$/% | $\gamma_{占-0.5mm精煤}$/% | 灰分/% | |
| 改善前 | 10.16 | 2.70 | 21.96 | 25.00 | 0.36 |
| | 9.12 | 2.57 | 17.89 | 21.99 | 0.34 |
| 改善后 | 9.73 | 0.50 | 5.65 | 15.53 | 0.03 |
| | 9.23 | 1.31 | 7.61 | 15.51 | 0.08 |

(4) 给料数质量均衡情况；循环水浓度与循环水量；风水制度，风压、风量；跳汰周期；排料机构的灵敏度和误动作等。

除需要从以上几方面分析跳汰分选系统外，还要对跳汰分选过程加以分析。跳汰分选过程分为分层和排料两个阶段，为了达到好的分层效果，需要保持给料粒度、数量、质量（密度组成）稳定，跳汰周期参数合理，风水制度适宜，使床层该松散时充分松散，该紧密时紧密，有较强的吸啜力，达到分层清晰。

跳汰机的排料方法有两种，一种是透筛排料，主要排除细粒矸石，在分层过程中进行，和风水制度密切相关；另一种是在排料端排料，排除分层好的高密度物料。排料时要尽可能精确地将重产物排除，而不要搞乱了床层，使一些轻产物误入排矸道。

跳汰分选的效果是分层和排料的综合结果。因此，在分析跳汰分选效果时，不但要从各个环节进行考核，还要对整个系统进行分析。

## 第三节　浮选分选效果的评定和预测

随着采煤机械化程度的提高，原煤中的粉煤含量急骤增加，目前已达25%左右。对于进入选煤厂的大量粉煤，主要用浮选方法回收其中的精煤。

由于湿法选煤过程要使用大量的水，特别是跳汰分选吨煤耗水量为2～4 $m^3$。水中带有大量的煤泥，这些煤泥必须与水分离回收，以便使洗水循环使用。因此，在洗水处理过程中，浮选起着举足轻重的作用。

目前，浮选已成为炼焦煤选煤厂不可缺少的选煤方法，动力煤选煤厂也开始使用，以改善煤炭质量，提高资源利用率。

### 一、浮选泡沫组成

浮选泡沫中主要是疏水的煤粒，它们有很强的疏水性，能黏附在气泡上而上浮。在上浮过程中，这些煤粒能够克服流体运动、气泡碰撞、气泡兼并等阻力进入精煤。

浮选泡沫中的另一部分物料是脉石颗粒，它们是亲水的，不可能黏附在气泡上而上浮，但是可能因夹带作用而进入精煤。

图 3-60 是浮选精煤泡沫的示意图。在 $n$ 个气泡之间有薄薄的水层，气泡上黏附的颗粒大部分是疏水的煤粒，也有少数中煤(连生体)疏水一端在气泡上，同时在疏水颗粒中间夹着脉石颗粒，这是由夹带作用造成的。

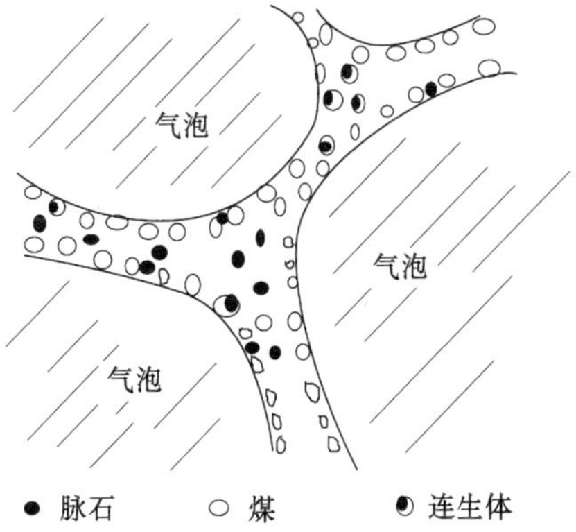


图 3-60　浮选精煤泡沫示意图

另外，还有一部分物料存在于气泡的水膜中，它们并不是由煤粒夹带上浮的，而是和水一起进入精煤的。这部分物料主要是细粒度(−0.074 mm)的脉石。图 3-61 是进入精煤中的累计水量和精煤中−200 网目的细泥量的关系。大量试验表明，细泥是随着水而进入精煤的。

## 二、煤泥浮选理论指标的确定

煤泥浮选理论指标是对煤泥质量的客观表述，是理想条件下煤泥浮选可得到的灰分和产率。可以用两种方法获得煤泥浮选理论指标：分步释放浮选试验和小浮沉试验。

### (一) 分步释放浮选试验

浮选的原理是按照煤炭和脉石表面物理化学性质——疏水性的差别进行分选的。煤炭一般是疏水(亲气)的，可以黏附在气泡

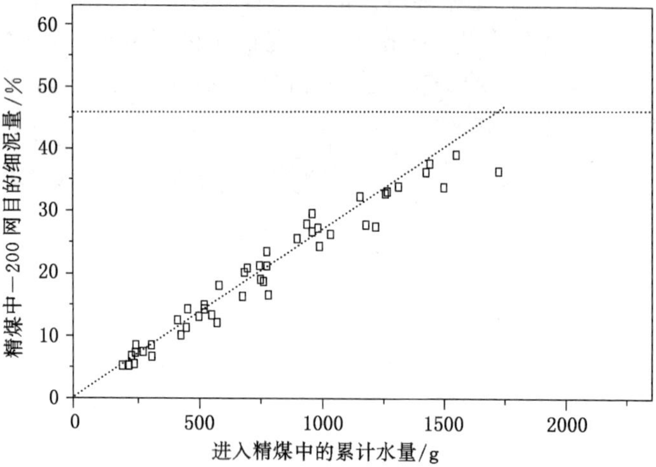


图 3-61　进入精煤中的累计水量和相应的－200 网目细泥量的关系

上浮起，而脉石一般是亲水（疏气）的，不易黏附在气泡上。因此，应该按照表面性质差异对煤泥浮选的理论指标进行分类。虽然接触角的大小可以度量不同矿物和煤炭的疏水性，但是对细粒物料的测定难度大，而且煤泥浮选是对大宗散状物料的分选，浮选入料中有大量不同粒度、不同表面性质的颗粒，不可能有代表性地直接测量这些不同颗粒的浮选特性。分步释放浮选试验就是通过试验，将可浮性相似的颗粒划归为一群，评定不同浮选行为颗粒的数量。分步释放浮选试验相似于小于 0.5 mm 原煤的浮沉试验。

前面已介绍了物料进入浮选泡沫的机理，浮选精煤中主要富集了疏水颗粒，但是有一部分亲水脉石也进入了精煤，主要原因是水流夹带和其他精煤颗粒的夹带。分步释放浮选试验要把夹带的亲水颗粒减到最少，但又要把所有疏水颗粒回收到精煤，这样就可以认为分步释放浮选试验的结果是真正按照可浮性分选、效率在 100％情况下得到的理想结果。

按 MT/T 144—1997《选煤实验室分步释放浮选试验方法》规定进行分步释放浮选试验。试验分两部分，第一部分是选择最佳的试验条件，因为煤的变质程度不同，煤的性质是不均匀的，即使是相同牌号的煤，其浮选条件也不完全一样，所以要先进行条件试验，寻找最佳的试验条件；第二部分是分步释放浮选试验，首先将所有可浮的煤炭都浮选到精煤中，再对精煤进行四次精选，产品的灰分依次按产物 1、产物 2、产物 3、产物 4、产物 5 增加，产物 6 粗选尾煤的灰分最高(图 3-62)。由于粗选时已将所有可浮的煤炭

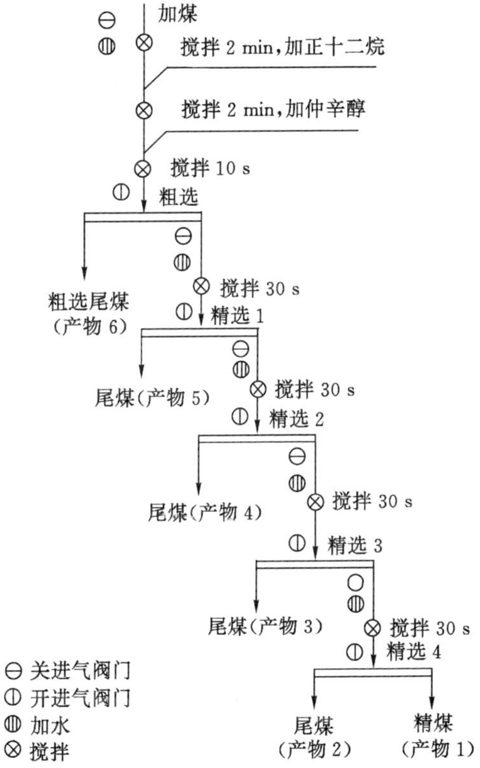


图 3-62　分步释放浮选试验流程图(MT/T 144—1997)

都回收到精煤中，其中包括一部分夹带的脉石，其后的各段精选可以去除夹带的脉石，应该说，产物 1 夹带的脉石量最少。当然，由于浮起物中的质量是不同的，可浮性也是不同的，从产物 1 到产物 5，煤泥的可浮性也是逐渐变差的。

分步释放浮选试验通过试验来确定煤泥浮选理论指标，比较切合浮选生产实际，试验结果可以列入表 3-60。图 3-63 为分步释放浮选曲线图，图中可以查询不同精煤灰分时的精煤产率、尾煤灰分和尾煤产率。为了提高精度，最好用计算机画图和查询。

图 3-63 表示分步释放浮选试验的结果，灰分与精煤产率曲线，灰分与尾煤产率曲线都与大于 0.5 mm 原煤可选性曲线的画法相似。使用时也可以按照需要绘制其他图形，图 3-64 为分步释放浮选试验结果和常规浮选机、浮选柱实际分选结果对照。各种浮选机试验结果越接近分步释放浮选曲线，分选效果越好；若是向下远离分步释放浮选曲线，则说明在相同灰分下，精煤产率低，效果不够理想。浮选柱有个别点在曲线上部，说明相同灰分下浮选柱的产率高于分步释放浮选试验，这也是可能的。因为分步释放浮选试验用的是机械搅拌浮选机，尽管产品 1、产品 2 夹带少些，但产品 3 以后的夹带就会增加，而且产品 1、产品 2 也不可避免地因为矿浆进入精矿而夹带一些高灰细粒；而浮选柱采用喷水后大大减小了夹带。

按 MT/T 144—1997 规定要做两次分步释放浮选试验并取平均值。但对于选煤厂自身管理需要来说，在试验误差满足要求的前提下，可以只做一次。

(二) 小浮沉试验

小浮沉试验是按照密度差别将煤炭分类的，而浮选是按照表面物理化学性质差别分选的，小浮沉试验不能作为浮选的理论指标，但是它从另一个角度表征了煤炭的性质，有条件时可以将其结果也作为分析浮选生产情况的原始资料，可以和分步释放浮选试

**表 3-60　分步释放浮选试验结果表(MT/T 144—1997)**

| 产物编号 | 第一次试验结果 | | | | | | 第二次试验结果 | | | | | |
|---|---|---|---|---|---|---|---|---|---|---|---|---|
| | 质量/g | 产率/% | 灰分/% | 累计产率/% | 平均灰分/% | 全硫/% | 质量/g | 产率/% | 灰分/% | 累计产率/% | 平均灰分/% | 全硫/% |
| 1 | 32.5 | 22.27 | 5.35 | 22.27 | 5.35 | | 35.0 | 24.14 | 5.31 | 24.14 | 5.31 | |
| 2 | 21.0 | 14.38 | 7.50 | 36.65 | 6.19 | | 21.0 | 14.48 | 7.34 | 38.62 | 6.07 | |
| 3 | 20.0 | 13.70 | 8.61 | 50.35 | 6.85 | | 20.5 | 14.14 | 8.40 | 52.76 | 6.70 | |
| 4 | 24.5 | 16.78 | 11.73 | 67.13 | 8.07 | | 22.0 | 15.17 | 11.87 | 67.93 | 7.85 | |
| 5 | 29.0 | 19.86 | 23.22 | 86.99 | 11.53 | | 26.0 | 17.93 | 23.81 | 85.86 | 11.18 | |
| 6 | 19.0 | 13.01 | 69.85 | 100.00 | 19.12 | | 20.5 | 14.14 | 70.74 | 100.00 | 19.60 | |
| 计算入料 | 146.0 | 100.00 | 19.12 | | | | 145.0 | 100.00 | 19.60 | | | |

综　合　结　果

| 产物编号 | 1 | 2 | 3 | 4 | 5 | 6 | 计算入料 | |
|---|---|---|---|---|---|---|---|---|
| 产率/% | 23.20 | 14.43 | 13.92 | 15.98 | 18.90 | 13.57 | 100.00 | 煤样名称：<br>采样日期：<br>煤样灰分:19.81%<br>煤样全硫:0.77%<br>煤样质量:150 g<br>试验日期：<br>试 验 者： |
| 灰分/% | 5.33 | 7.42 | 8.50 | 11.80 | 23.50 | 70.31 | 19.36 | |
| 累计产率/% | 23.20 | 37.63 | 51.55 | 67.53 | 86.43 | 100.00 | | |
| 平均灰分/% | 5.33 | 6.13 | 6.77 | 7.96 | 11.35 | 19.36 | | |
| 全硫/% | | | | | | | | |

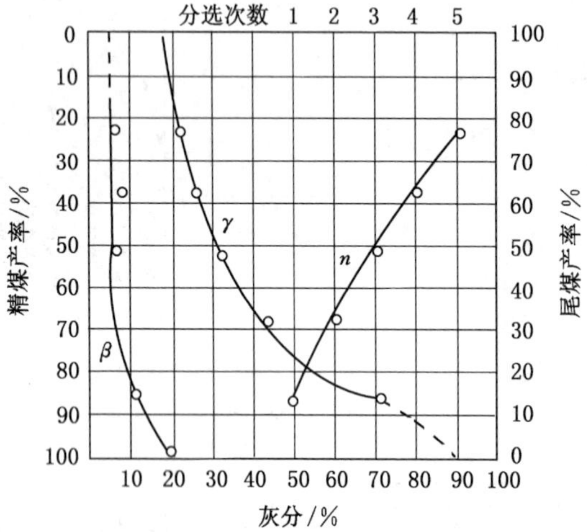


β—精煤产率-灰分曲线；ν—尾煤产率-灰分曲线；

n—分选次数-精煤产率曲线。

图 3-63 分步释放浮选曲线图(MT/T 144—1997)

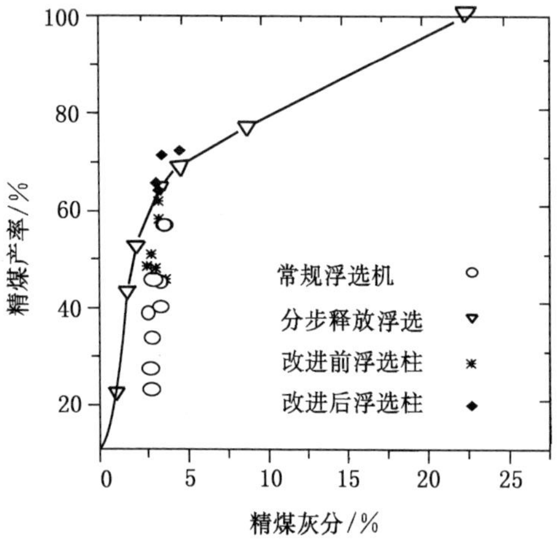


图 3-64 分步释放浮选试验结果和不同浮选机实际分选结果对照

验结果达到互补。

根据大量的研究，煤炭的基元灰分和密度呈正相关关系，图 3-10 所示的是 3 个选煤厂密度和基元灰分的关系。煤炭的可浮性和灰分也具有相关性，可浮性越好，灰分越低。因此，小浮沉试验结果得到的浮煤累计产率和灰分的关系应该和分步释放浮选试验结果相似。不同的是，分步释放浮选试验结果是包括夹带后的实际分选结果，而小浮沉是严格按密度分离的，其结果更具理论性。如果把同一煤泥的两种试验的累计灰分-产率曲线画在同一张图上，应该如图 3-65 所示，即在同样精煤灰分时，小浮沉试验得到更高的产率，当然二者的差距不会很大。

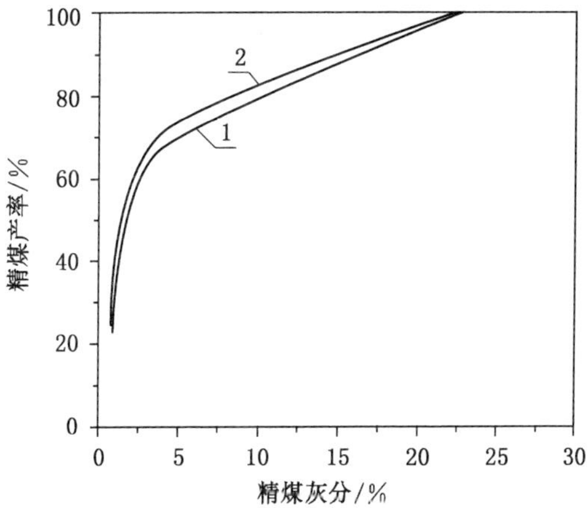


1—分步释放浮选试验结果；2—小浮沉试验结果。

图 3-65　小浮沉和分步释放浮选试验结果

表 3-61 中某煤样的小浮沉试验结果清楚地显示，煤泥中有 7.35％灰分达 73.10％的高灰细泥，16.62％灰分为 3.26％的 −1.3 g/cm$^3$ 密度级低灰煤，灰分为 8.32％的 1.3～1.4 g/cm$^3$ 密度级是主导密度级，占 42.96％。如果分选方法得当，有可能得到

灰分低于4%的精煤。但从表3-60分步释放浮选试验结果看，最低精煤的灰分已是5.33%，产率23.20%，没有信息说明是否有进一步降低灰分的可能；而且产品5的灰分是23.50%，产品6的灰分就升高到70.31%，看不到灰分为30%、40%、50%左右的煤泥的信息。从以上分析可知，小浮沉试验结果也是确定浮选理论指标的重要基础资料。

**表3-61　某煤样的小浮沉试验资料**

| 密度级/(g/cm³) | 产率/% | 灰分/% | 浮物累计 | |
|---|---|---|---|---|
| | | | 产率/% | 灰分/% |
| −1.3 | 16.62 | 3.26 | 16.61 | 3.26 |
| 1.3～1.4 | 42.96 | 8.32 | 59.57 | 6.91 |
| 1.4～1.5 | 13.87 | 22.16 | 73.45 | 9.79 |
| 1.5～1.6 | 10.34 | 31.19 | 83.79 | 12.43 |
| 1.6～1.8 | 8.86 | 41.21 | 92.65 | 15.18 |
| +1.8 | 7.35 | 73.10 | 100.00 | 19.44 |
| 合　计 | 100.00 | 19.44 | | |

（三）单元浮选试验

利用单元浮选试验进行浮选药剂制度的筛选，可以对浮选速度进行试验，对不同煤炭的操作参数进行探索。因为单元浮选试验是在一个1.5 L的小浮选槽中进行的，易于变更条件和进行参数测定，所以在选煤的教学、科研单位及选煤厂，一般都具有单元浮选试验的条件。实验室单元浮选试验按GB/T 4757—2013进行，其中包括浮选药剂选择试验、浮选条件选择试验、分项加药试验、流程试验及浮选速度试验等。试验中可以根据需要对药剂、试验条件等内容进行加减。如果为了减少试验工作量，可以考虑采用正交试验法进行试验。

单元浮选试验中的浮选速度试验（或称鉴定试验）可以得到浮

选精煤灰分和产率的关系曲线。

单元浮选试验的结果不能克服夹带对精煤灰分的污染，分选效果比较接近于机械搅拌浮选机的结果，比分步释放浮选试验的结果差，比小浮沉试验的结果更差。当浮选入料中泥质含量多时，这个问题更为突出，单元浮选试验的结果一般不能作为理论指标使用。

### 三、粉煤的粒度组成

粉煤的粒度组成通过小筛分试验获得，小筛分方法见 GB/T 477—2008《煤炭筛分试验方法》。小于 0.045 mm 的细物料中往往带有较多的高灰细泥，这部分物料对浮选和煤泥水系统的影响较大。因此必须进行 325 网目湿法的筛分，才能保证试验的准确性。表 3-62 为某煤样的小筛分资料。

**表 3-62　某煤样的小筛分试验资料**

| 粒度级/mm | 产率/% | 灰分/% | 筛上物累计 | |
|---|---|---|---|---|
| | | | 产率/% | 灰分/% |
| 0.5～0.25 | 19.64 | 13.75 | 19.64 | 13.75 |
| 0.25～0.125 | 17.76 | 16.31 | 37.40 | 15.49 |
| 0.125～0.074 | 16.39 | 16.72 | 53.79 | 15.87 |
| 0.074～0.045 | 10.33 | 18.82 | 64.12 | 16.34 |
| −0.045 | 35.88 | 24.71 | 100.00 | 19.34 |
| 合　计 | 100.00 | 19.34 | | |

在煤泥浮选和煤泥水沉降浓缩过程中，粒度对分选效果和沉降速度都有很大的影响，了解煤泥的粒度组成对后续作业的操作和效果评价都有重要的意义。

### 四、浮选系统的技术检查

浮选系统的技术检查主要指浮选机单机检查，其目的是了解浮选机的工作效果，一般采用逐槽取样的方法了解浮选机各室的浮选效果。事先做好采样计划很重要，要在获得较全面的、有价值的信息的前提下，尽量节省人力、物力，不要因为计划不周，由于少采了某些试样而无法进行系统分析。图 3-66 所示为不完善的浮选机采样计划，虽然采了很多试样，化验了各室的精煤灰分，但是算不出各室浮选精煤的产率，也求不出浮选机的处理量。如果能测定尾 1、尾 2 和尾 3 试样的灰分，测定原煤或精煤的流量及浓度，便可求出各室浮选精煤的产率、浮选机组的处理量以及矿浆的停留时间。

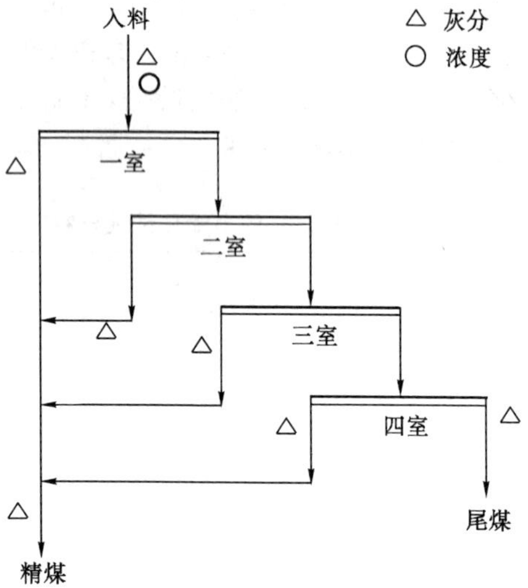


图 3-66　不完善的浮选机采样计划

表 3-63、表 3-64 和表 3-65 分别为浮选机采样计划、计量计划和浮选机工作条件记录表。小筛分要做到 325 网目以下。试验结束后，用灰分量平衡法计算各室产率[见式(3-14)和式(3-15)]，并换算成占浮选入料的产率。

**表 3-63　浮选机采样计划**

| 名称 | 总样重/kg/ | 子样重/kg | 子样份数 | 间隔时间/min | 取样地点 | 取样工具 | 试验项目 |
|---|---|---|---|---|---|---|---|
| 各室精煤 | 24 | 1 | 24 | 5 | | 取样器 | 浓度、总灰、小筛分 |
| 总精煤 | 24 | 1 | 24 | 5 | 总精溜槽 | 取样器 | (同上) |
| 各室尾煤 | 24 | 1 | 24 | 5 | | 取样器 | (同上) |
| 浮选入料 | 24 | 1 | 24 | 5 | 搅拌桶 | 取样器 | 浓度、总灰、小筛分、小浮沉 |

**表 3-64　浮选机计量计划**

| 名　　称 | 计量地点 | 计　量　方　法 | 间隔时间 |
|---|---|---|---|
| 浮选入料 | 搅拌桶 | 搅拌桶放空后按正常入料测装满一定容积的时间(或流量计) | 采完样后计 2 次 |
| 一室精煤 | | 用容器接取泡沫称重 | 20 min |
| 起泡剂和捕集剂 | 各加药点 | 用量筒接取称重 | 20 min |

**表 3-65　浮选机工作条件记录**

| 型号 | 分选槽个数 | 总容积/$m^3$ | 充气量/[$m^3$/($min\cdot m^2$)] | 快　　灰 | | | 入料平均浓度/(g/L) |
|---|---|---|---|---|---|---|---|
| | | | | 原煤/% | 精煤/% | 尾煤/% | |
| | | | | | | | |

假设：

浮选机入料产率为 100%，灰分为 $A_d$；

浮选机各室精煤、尾煤灰分分别为 $A_{j_i}$、$A_{w_i}$；

浮选机各室精煤、尾煤占浮选入料的产率为 $R_i$、$T_i$；

浮选机各室精煤占本室入料（本室入料产率为 100%时）的产率为 $C_i$；

浮选槽个数为 $n$。

那么，按照式(3-14)计算各室 $C_i$ 后对第一室有：

$$R_1 = C_1 \tag{3-66}$$

$$T_1 = 100 - C_1 \tag{3-67}$$

对第 2 室及以后各室有：

$$R_i = T_{i-1}C_i/100 \tag{3-68}$$

$$T_i = T_{i-1}(100 - C_i)/100 \tag{3-69}$$

总精煤产率为：

$$R = \sum_{i=1}^{n} R_i \tag{3-70}$$

总精煤灰分用加权平均法求得，总尾煤灰分等于最后一室尾煤的灰分。将这些数据整理后可以得到浮选机实际可选性曲线资料。

表 3-66 为某选煤厂浮选机逐室取样的产品灰分。图 3-67 为该厂浮选数量、质量流程图，从图中可以一目了然地看到各室精煤、尾煤的产率和灰分变化。表 3-67 为该厂浮选实际可选性计算表，从表中可以查到不同浮选总精煤灰分时的浮选总精煤产率。图 3-68 为根据表 3-67 绘制的浮选实际可选性曲线。

**表 3-66　某选煤厂浮选机逐室取样的产品灰分**　　单位：%

| 产品 | 一室 | 二室 | 三室 | 四室 | 五室 | 六室 | 入料 |
|---|---|---|---|---|---|---|---|
| 精煤 | 7.21 | 7.78 | 8.47 | 10.58 | 16.10 | 18.29 | 21.65 |
| 尾煤 | 25.31 | 27.39 | 35.45 | 39.75 | 60.52 | 60.73 | |

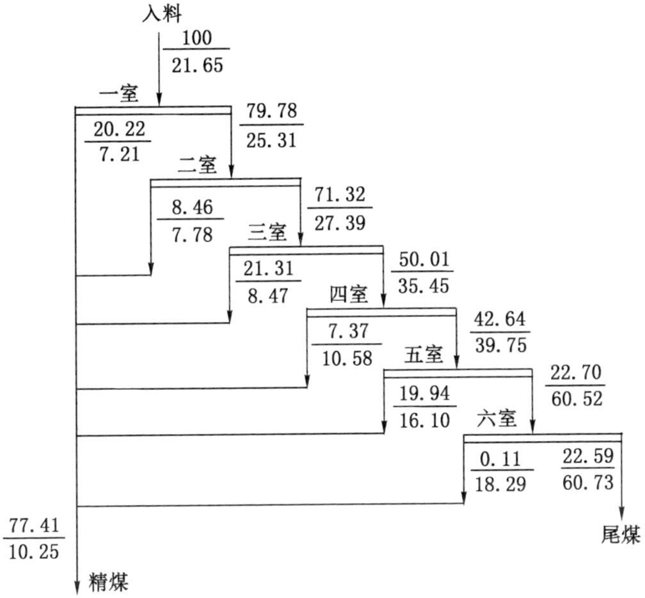


图 3-67　某选煤厂浮选数量、质量流程图

**表 3-67　某选煤厂浮选实际可选性计算表**

| 项目 | 浮沉级 | | 浮煤累计 | |
|---|---|---|---|---|
| | $\gamma$/% | $A_d$/% | $\sum\gamma$/% | $A_d$/% |
| 一室 | 20.22 | 7.21 | 20.22 | 7.21 |
| 二室 | 8.46 | 7.78 | 28.68 | 7.38 |
| 三室 | 21.31 | 8.47 | 49.99 | 7.84 |
| 四室 | 7.37 | 10.58 | 57.36 | 8.20 |
| 五室 | 19.94 | 16.10 | 77.30 | 10.23 |
| 六室 | 0.11 | 18.29 | 77.41 | 10.25 |
| 尾煤 | 22.59 | 60.73 | 100.00 | 21.65 |
| 合计 | 100.00 | 21.65 | | |

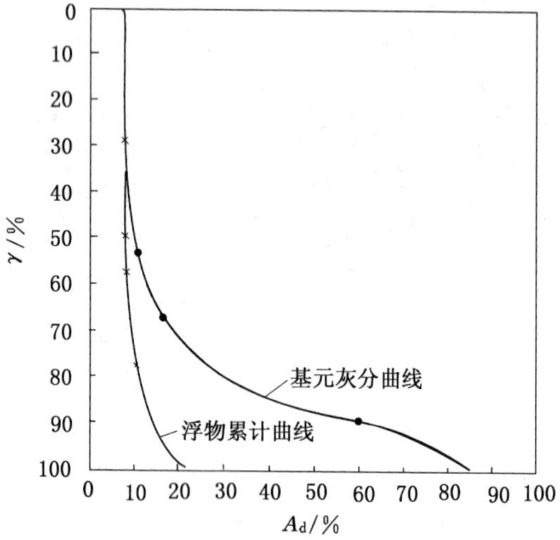


图 3-68　浮选实际可选性曲线

## 五、浮选动力学

浮选动力学是研究浮选泡沫产品随时间的变化规律。浮选动力学模型也是比较实用的浮选过程数学模型。

单相浮选动力学模型把浮选槽看成理想的混合器，其基本动力学方程类似于化学反应动力学，即：

$$dc/dt = -k_1 c \tag{3-71}$$

式中　$c$——浮选槽中欲浮矿物的浓度；

$t$——浮选时间；

$k_1$——一级浮选速率常数。

式(3-71)的含义是，在浮选过程中，进入精煤中的欲浮矿物成分(浮选速度)正比于煤浆中该成分的浓度。

将式(3-71)积分后得：

$$c = c_0 e^{-k_1 t} \tag{3-72}$$

式中　$c_0$——浮选开始时槽内欲浮矿物的浓度。

式(3-72)又可写成：

$$\ln \frac{c_0}{c} = k_1 t \tag{3-73}$$

事实上，在煤浆中往往存在着不可浮部分，如果经过长时间浮选，留在槽中未被浮起的矿物浓度为 $c_\infty$，则式(3-73)可以写成：

$$\ln \frac{c_0 - c_\infty}{c - c_\infty} = k_1 t \tag{3-74}$$

若用产率表示，则最大产率 $R_\infty = c_0 - c_\infty$，即原矿浓度 $c_0$ 减去留在槽中不可浮矿物浓度 $c_\infty$。设 $t$ 时的产率为 $R$，则 $R_\infty - R = c - c_\infty$，将其代入式(3-74)，可得：

$$\ln \frac{R_\infty}{R_\infty - R} = k_1 t \tag{3-75}$$

$$R = R_\infty (1 - e^{-k_1 t}) \tag{3-76}$$

式中　$R$——欲浮矿物的产率；

$R_\infty$——欲浮矿物的最大产率。

由式(3-76)可知，$R$ 是浮选时间 $t$ 的函数，欲浮矿物的最大产率是 $R_\infty$，产率增长速度与浮选速率常数 $k_1$ 有关，当 $k_1$ 大时，$e^{-k_1 t}$ 变小，$R$ 变大。

式(3-75)表明，凡是能以一级浮选速率模型描述的浮选过程，浮选时间 $t$ 与 $\ln \dfrac{R_\infty}{R_\infty - R}$ 之间的关系是一条直线，而且该直线的斜率就是 $k_1$。

因此，只要已知欲浮矿物的最大产率及浮选速率常数，便可求出不同浮选时间的产率。

实际应用中，有人认为浮选槽中欲浮矿物浓度的下降速率不与槽内该矿物的浓度成正比，而是与其 $n$ 次方成正比，则式(3-71)变成：

$$\mathrm{d}c/\mathrm{d}t = -k_n c^n \tag{3-77}$$

式(3-77)就是 $n$ 级浮选速率模型。

在一组连续工作的浮选机中，在稳定的状态下取出一个浮选槽，分析这个槽的工作，可以得到：

浮选速度$=k\times$(浮选槽中欲浮矿物的量)

若用欲浮矿物的产率 $R$ 与煤浆在浮选槽中停留时间 $t$ 的比值表示浮选速度，浮选槽中欲浮矿物的量为 $1-R$，则上式可写成：

$$\frac{R}{t} = k(1-R)$$

$$R = \frac{kt}{1+kt} \tag{3-78}$$

这就是连续浮选动力学的基本方程式。式中煤浆在浮选槽中的停留时间 $t$ 称为标称浮选时间。

经研究证明，浮选速率常数 $k$ 实际上并不是常数，它与矿石的性质和浮选条件有关，同时受浮选时间 $t$ 的影响。$k$ 有不同的分布，如 $\Gamma$ 分布、$\beta$ 分布、立方抛物线分布、双峰分布等。

对选煤来说，浮选入料的粒度级别较宽，煤岩组分有镜煤、亮煤、暗煤、丝炭，也有脉石颗粒及泥质，其可浮性不尽相同。

一般认为，煤是由若干结构相似而又不完全相同的结构单元组成，其中较规则的单元的核心为缩聚芳环、氢化芳环和各种杂环。缩合环之间通过—O—、$CH_2$—、—S—、—S—S—或—$CH_2$—$CH_2$—等形式的桥键形成三维网状的大分子结构。在多环芳香核之间的侧链因氧化作用可生成羧基、酚基、羰基、羟基和醌基等化学活性较强的亲水基团。多环芳香核本身化学性质不活泼，具有天然的疏水性，所以煤是一种具有亲水和疏水两重性的结合体。而且随着煤化程度的变化，其组分有大幅度的变化，组成有明显的不均匀性，性质不同的煤泥在浮选过程中会表现出不同的浮选行为。

浮选过程是一个非常复杂的动态的物理化学过程，包含了多个子过程和影响因素，这些因素可以归纳为以下几个方面：

(1) 煤泥的固有性质。包括煤的结构，煤中矿物杂质的性质和含量，煤的变质程度，煤泥的密度组成，煤泥的粒度组成，煤的氧化程度等。

(2) 矿浆性质。包括矿浆浓度，pH 值，矿浆中各种离子性质和含量等。

(3) 药剂制度。药剂种类，加药方式、地点，药剂用量，药剂和矿浆的接触时间等。

(4) 浮选机的操作条件。包括矿浆停留时间，充气量及其均匀程度，气泡个数、尺寸，搅拌强度，矿浆的流体动力学特性，液面高度等。

浮选速率常数 $k$ 是对浮选过程中碰撞概率、附着概率、矿化气泡的稳定概率及矿粒在泡沫层中脱落概率的总概括，它囊括了影响浮选过程的各种因素。因此，浮选速率常数从另一角度表征了煤泥的实际可浮性。浮选速率常数越大，可浮性越好；反之，可浮性越差。

对性质极不均匀的浮选入料，可以按照粒度和密度差别将其细分。研究表明，相同粒度和密度的窄级别物料的性质更加相似，其浮选过程基本符合一级速率常数模型。

根据刘文礼等人对临涣煤泥的研究，煤炭浮选速率常数的变化规律如下：

1. 粒度对浮选速率有重要影响

0.074～0.125 mm 粒级煤的浮选速率最快，0.125～0.25 mm 次之，但两者相差不大，0.25～0.5 mm 粒级煤的浮选速率较低，−0.074 mm 粒级煤的浮选速率常数最低。−0.074 mm 细粒煤浮选速率与进入精煤中的水量成正比。

2. 密度对浮选速率有很大影响

煤泥的浮选速率常数随密度的增加而降低，脉石的浮选速率常数很低。

$-1.3\ g/cm^3$、$1.3\sim1.4\ g/cm^3$ 和 $+1.8\ g/cm^3$ 密度级中各粒级的浮选速率常数随粒度的变化较小。$1.4\sim1.5\ g/cm^3$ 和 $1.5\sim1.8\ g/cm^3$ 密度级中各粒级的浮选速率常数受粒度的影响较大。这是因为这两个密度级大部分是中煤，其表面既有亲水极性基，也有疏水非极性基。当粒度较大时，比表面积小，吸附药剂的能力弱，同时，自身的重力大，不易上浮，导致浮选速率低；反之，细颗粒的吸附药剂能力强，且自身重力小，浮选速率快。$+1.8\ g/cm^3$ 密度级的浮选速率受试验条件变化的影响不大。其原因是 $+1.8\ g/cm^3$ 密度级本身是脉石，可浮性很差，主要是由于水夹带而进入精煤的，捕收剂等变化对其影响不大。

图 3-69 是三种粒度不同密度级物料的浮选速率常数。

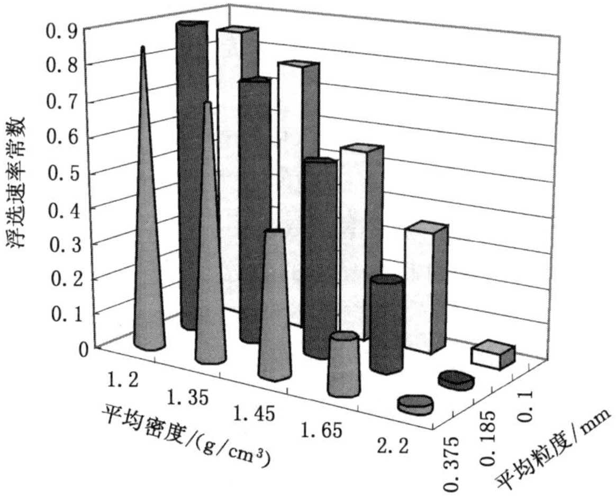


图 3-69 三种粒度不同密度级物料的浮选速率常数

3. 水的浮选速率常数在浮选过程中变化不大，可认为是常数

水的浮选速率常数受捕收剂用量、起泡剂用量的影响很小，但随充气量的增加而显著增加。分析认为，由于充气量增加，单位时间内通过煤浆的空气量增大，携带的水量增加，从而提高了水的回收速率。

各品级煤浮选速率常数一般是随着起泡剂用量的增加、充气量的增加、捕收剂用量的增加而增加，但变化的程度是不同的。

通用的各品级煤浮选速率常数与各操作变量的关系的多元二次非线性模型的基本结构式为：

$$k_{s,d}=b_{s,d}+c_{s,d}\cdot\ln(Col)+f_{1,s,d}\cdot Fro+f_{2,s,d}\cdot Fro^2+a_{s,d}\cdot Air \tag{3-79}$$

式中　$k_{s,d}$——粒级为 $s$、密度为 $d$ 的品级煤的浮选速率常数；

$b_{s,d}, c_{s,d}, f_{1,s,d}, f_{2,s,d}, a_{s,d}$——模型的待定参数；

$Col, Fro$——捕收剂、起泡剂的用量，kg/t；

$Air$——充气量，$m^3/(m^2\cdot min)$。

模型的参数要通过试验求得。

## 六、浮选分选效果分析

分析浮选分选效果时，需要有浮选系统日常检查资料，浮选入料及产品的小筛分资料，浮选机逐槽取样资料。如有可能，要有分步释放浮选试验资料，浮选入料的小浮沉资料，小浮选试验资料，煤泥水的 pH 值，循环水浓度等。

可以从以下几方面进行浮选效果分析：

### （一）浮选入料的可浮性

根据 MT 259—1991《煤炭可浮性评定方法》，采用灰分符合要求条件下的浮选精煤可燃体回收率作为评定可浮性的标准。煤炭可浮性的等级如表 3-68 所示。

表 3-68 煤炭可浮性等级

| 可浮性等级 | 极易浮 | 易浮 | 中等可浮 | 难浮 | 极难浮 |
| --- | --- | --- | --- | --- | --- |
| 浮选精煤可燃体回收率 $E_j$/% | ≥90.1 | 80.1～90.0 | 60.1～80.0 | 40.1～60.0 | ≤40.0 |

浮选精煤可燃体回收率 $E_j$ 的计算公式为：

$$E_j = \frac{\gamma_j(100 - A_{d,j})}{100 - A_{d,r}} \times 100 \qquad (3\text{-}80)$$

式中 $E_j$——浮选精煤可燃体回收率，%；

$\gamma_j$——浮选精煤产率，%

$A_{d,j}$——浮选精煤干基灰分，%；

$A_{d,r}$——浮选入料干基灰分，%。

浮选精煤产率按 GB/T 4757—2013《煤粉（泥）实验室单元浮选试验方法》所绘制的精煤产率曲线确定。

显然，浮选精煤可燃体回收率随浮选精煤灰分的变化而变化，一般情况下，精煤灰分增加，可浮性变得容易。与>0.5 mm 粒级原煤可选性一样，对同一种煤，可浮性随产品质量要求的变化而变化。

（二）浮选工艺效果评定标准

按照 MT 180—88《选煤厂浮选工艺效果评定方法》，对不同煤之间的浮选工艺效果，采用浮选精煤数量指数 $\eta_{if}$ 评定；对同一种煤在不同工艺条件下的分选完善程度，采用浮选完善指标 $\eta_{wf}$ 来评定。

（1）浮选精煤数量指数

$$\eta_{jf} = \frac{\gamma_j}{\gamma_j'} \times 100 \qquad (3\text{-}81)$$

式中 $\eta_{jf}$——浮选精煤数量指数，%；

$\gamma_j$——实际浮选精煤产率，%；

$\gamma_j'$——精煤灰分相同时，标准浮选精煤产率，%。

标准浮选精煤产率按 GB/T 4757—2013 所绘制的精煤产率曲线确定。

(2) 浮选完善指标

$$\eta_{wf} = \frac{\gamma_j}{100 - A_y} \cdot \frac{A_y - A_j}{A_y} \times 100 \qquad (3\text{-}82)$$

式中　$\eta_{wf}$——浮选完善指标,%;

$A_y$——计算入料灰分,%;

$A_j$——浮选精煤灰分,%。

式中,$\frac{\gamma_j}{100-A_y}$表明实际产率与理论产率近似值的关系,$\frac{A_y-A_j}{A_y}$为相对降灰率。浮选完善指标一般小于 50%,与其他指标相关性很差。

浮选精煤数量指数、浮选完善指标与浮选入料性质均有很密切的关系。在相同的浮选机和工艺条件下操作,可浮性好的煤将得到高的浮选精煤数量指数与浮选完善指标,反之亦然。

按照笔者的观点,根据分步释放浮选试验得到的精煤产率曲线求得浮选精煤产率,再用式(3-80)和式(3-81)计算浮选精煤可燃体回收率或浮选精煤数量指标更合理。分步释放浮选试验的结果比单元浮选试验更科学些,起码可以减少高灰物料在精煤中的夹带量。

对煤炭浮选工艺效果评定方法的研究是在近 30 年才开始的,虽然发表的论文不少,但评定方法仍不很成熟。除了原煤炭工业部部颁标准外,还可用以下指标评定浮选工艺效果:

(1) 可燃体回收率

可燃体回收率 $\eta_s$ 计算公式为:

$$\eta_s = \frac{\gamma_j(100 - A_j)}{100(100 - A_y)} \times 100 \qquad (3\text{-}83)$$

式中,$100(100-A_y)$为入浮原煤中的可燃体,$\gamma_j(100-A_j)$为实际

精煤中的可燃体。可燃体回收率越高,浮选效果越好。表3-69中列出了一些选煤厂的可燃体回收率指标。很显然,可燃体回收率与原煤可浮性也是有关的。

(2) 计算原煤数量效率

**表3-69 不同方法评定浮选效果指标表**

| 序号 | 厂名 | 实测灰分/% | | | 产率/% | | | 评定指标 | | | |
|---|---|---|---|---|---|---|---|---|---|---|---|
| | | 精煤 $A_j$ | 尾煤 $A_w$ | 入料 $A_y$ | 实际 $\gamma_j$ | 分步释放 $\gamma_j'$ | 计算原煤 $\gamma_k$ | 浮选精煤数量指数 $\eta_{jf}$/% | 浮选完善指标 $\eta_{wf}$/% | 计算原煤数量效率 $\eta_k$/% | 可燃体回收率 $\eta_s$/% |
| 1 | 株洲 | 10.00 | 66.50 | 12.50 | 95.58 | 96.50 | 97.60 | 99.05 | 21.85 | 97.93 | 98.31 |
| 2 | 株洲 | 8.29 | 46.63 | 9.95 | 95.67 | 95.50 | — | 100.20 | 17.72 | — | 97.43 |
| 3 | 邯郸 | 9.97 | 73.48 | 15.98 | 90.53 | 85.80 | 92.30 | 105.51 | 40.53 | 98.08 | 97.01 |
| 4 | 卢岭 | 10.13 | 64.04 | 17.37 | 86.57 | 82.80 | 88.70 | 104.55 | 43.67 | 97.60 | 94.16 |
| 5 | 马头 | 11.01 | 54.37 | 16.95 | 87.01 | 84.50 | 91.20 | 102.97 | 36.42 | 95.41 | 92.86 |
| 6 | 青龙山 | 12.89 | 64.60 | 21.45 | 83.23 | 75.00 | 86.00 | 110.97 | 42.39 | 96.78 | 92.45 |
| 7 | 青龙山 | 9.48 | 51.10 | 17.60 | 80.49 | — | 86.00 | — | 45.07 | 93.53 | 88.42 |
| 8 | 庞庄 | 13.37 | 47.48 | 20.25 | 79.83 | 81.30 | — | 98.19 | 34.01 | — | 86.72 |
| 9 | 庞庄 | 9.43 | 46.45 | 19.59 | 72.61 | 78.00 | — | 93.10 | 46.80 | — | 81.78 |
| 10 | 庞庄 | 9.17 | 37.73 | 17.93 | 69.33 | 78.00 | — | 88.90 | 41.27 | — | 76.73 |
| 11 | 庞庄 | 11.51 | 45.26 | 23.57 | 65.29 | 71.00 | — | 91.95 | 43.02 | — | 75.59 |
| 12 | 焦作 | 7.36 | 49.10 | 23.11 | 62.27 | 47.56 | 67.50 | 130.93 | 55.19 | 92.25 | 75.03 |
| 13 | 焦作 | 9.84 | 42.22 | 22.92 | 59.60 | 78.50 | — | 75.90 | 44.13 | — | 69.71 |
| 14 | 焦作 | 12.24 | 30.69 | 20.22 | 56.75 | — | 81.00 | — | 28.03 | 70.60 | 62.43 |
| 15 | 焦作 | 10.62 | 23.11 | 15.87 | 57.97 | 89.50 | — | 64.80 | 22.79 | | 61.59 |
| 16 | 焦作 | 21.62 | 67.80 | 53.76 | 30.41 | 60.30 | — | 50.40 | 39.31 | | 51.55 |
| 17 | 焦作 | 15.66 | | | 41.63 | | | | | | 47.60 |
| 18 | 焦作 | 12.68 | | | 70.65 | | | | | | 76.42 |
| 19 | 焦作 | 10.95 | | | 85.00 | | | | | | 93.20 |
| 20 | 焦作 | 7.85 | | | 96.51 | | | | | | 99.33 |

计算原煤数量效率 $\eta_k$ 计算公式为：

$$\eta_k = \frac{\gamma_j}{\gamma_k} \times 100 \tag{3-84}$$

式中　$\gamma_k$——计算原煤理论产率，%。

根据浮选精煤及尾煤的小浮沉试验结果，按实际产率 $\gamma_j$ 求出计算原煤的浮沉组成，在计算原煤的浮煤累计曲线上，按与精煤相同的灰分求得计算原煤理论产率 $\gamma_k$。计算原煤数量效率也与原煤的可浮性有关。

以上评定浮选工艺效果的指标均与重力分选的数量效率相类似，只是理论产率的取法不同。除此之外，在达到对浮选工艺要求的条件下，还可以用单位体积（浮选机）处理量、浮选药剂用量、入料及产品的小筛分、小浮沉结果分析等方法评定浮选效果。

表 3-69 是匡亚莉采用不同方法计算的评定浮选效果的指标，采用分步释放浮选试验的精煤产率曲线作为浮选精煤产率，其中有的选煤厂浮选精煤数量指数超过 100%，原因是分步释放浮选试验不一定是最佳的浮选结果，特别是其夹带过程造成高灰细泥上浮，出现实际分选结果优于分步释放浮选试验的情况。

（三）粒度对浮选效果的影响

前面已介绍，密度相同不同粒级煤的浮选速度不同，0.25～0.5 mm 粒级煤的浮选速率较低，而－0.074 mm 物料的上浮主要是由水的夹带造成的，其回收率和水的回收率成正比。

浮选入料小筛分显示，一般浮选入料粗粒级灰分较低，而小于 0.074 mm 或小于 0.045 mm 物料的灰分显著增高，但各厂小筛分资料的差别很大，表 3-70 所示为 4 个选煤厂浮选入料的小筛分资料，其浮选入料的差别很大，灰分从 16.86% 到 35.57% 变化。

1 号煤和 3 号煤 0.5～0.074 mm 粒级的灰分很低，特别是 1 号煤大于0.074 mm 煤泥的累计灰分只有 7.91%，3 号煤大于

0.074 mm 煤泥的累计灰分也小于 10%。这两个选煤厂小于 0.045 mm 的细泥含量大、灰分高，造成原料灰分高，特别是 3 号煤小于 0.045 mm 的细泥含量达 61.19%，灰分高达 51.01%，比相邻粒级灰分高 30%以上。对 1 号煤和 3 号煤，关键是对小于 0.045 mm 细泥的污染的处理。对 3 号煤采用浮选柱分选，可以得到灰分8.74%的精煤和灰分 57.78%的尾煤，精煤产率达到 45.29%，分选效果很好；但是如果采用机械搅拌浮选机分选 3 号煤，细泥的污染问题是很难处理的。

**表 3-70　4 个选煤厂煤泥浮选入料小筛分资料**

| 粒度/mm | 1 号煤 | | | | 2 号煤 | | | |
|---|---|---|---|---|---|---|---|---|
| | 占本级 | | 筛上物累计 | | 占本级 | | 筛上物累计 | |
| | 产率/% | 灰分/% | 产率/% | 灰分/% | 产率/% | 灰分/% | 产率/% | 灰分/% |
| 0.5～0.25 | 3.34 | 6.37 | 3.34 | 6.37 | 8.32 | 17.01 | 8.32 | 17.01 |
| 0.25～0.125 | 10.82 | 7.03 | 14.16 | 6.87 | 66.60 | 16.32 | 74.93 | 16.40 |
| 0.125～0.074 | 21.01 | 8.60 | 35.17 | 7.91 | 20.08 | 17.4 | 95.00 | 16.61 |
| 0.074～0.045 | 15.57 | 13.71 | 50.74 | 9.69 | 3.33 | 19.49 | 98.33 | 16.71 |
| <0.045 | 49.26 | 31.16 | 100.00 | 20.26 | 1.67 | 25.90 | 100.00 | 16.86 |
| 合　计 | 100.00 | 20.26 | | | 100.00 | 16.86 | | |

| 粒度/mm | 3 号煤 | | | | 4 号煤 | | | |
|---|---|---|---|---|---|---|---|---|
| | 占本级 | | 筛上物累计 | | 占本级 | | 筛上物累计 | |
| | 产率/% | 灰分/% | 产率/% | 灰分/% | 产率/% | 灰分/% | 产率/% | 灰分/% |
| 0.5～0.25 | 0.90 | 6.97 | 0.9 | 6.97 | 19.64 | 13.75 | 19.64 | 13.75 |
| 0.25～0.125 | 15.08 | 7.84 | 15.98 | 7.79 | 17.76 | 16.31 | 37.40 | 15.49 |
| 0.125～0.074 | 12.07 | 10.95 | 28.05 | 9.15 | 16.39 | 16.72 | 53.79 | 15.87 |
| 0.074～0.045 | 10.76 | 16.63 | 38.81 | 11.22 | 10.33 | 18.82 | 64.12 | 16.34 |
| −0.045 | 61.19 | 51.01 | 100.00 | 35.57 | 35.88 | 24.71 | 100.00 | 19.34 |
| 合　计 | 100.00 | 35.57 | | | 100.00 | 19.34 | | |

2 号煤和 4 号煤大于 0.045 mm 粒级的灰分都在 15%左右，小于 0.045 mm 的灰分在 25%左右，−0.045 mm 细泥的含量不高，尤其是 2 号煤小于 0.045 mm 细泥的含量只有不到 2%。对这 2 个选煤厂，浮选中高灰细泥的污染问题不严重，要重视对粗粒的浮选。特别是 2 号煤近 75%的煤泥粒度大于 0.125 mm，4 号煤 0.25～0.5 mm 粗粒煤泥的含量接近 20%，要防止低灰粗粒的损失。表 3-61 为 4 号煤的小浮沉试验结果，对照表 3-61、表 3-70 和图 3-70 所示的 4 号煤浮选入料资料，4 号煤中有16.62%灰分为 3.26%的精煤，近 60%灰分为 6.91%的精煤，虽然各粒级灰分都在 16%左右，但各粒级中都有大量低灰精煤。

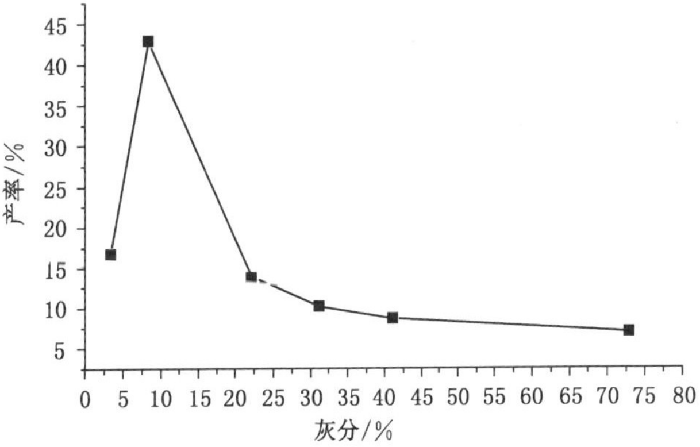


图 3-70 4 号煤各浮沉级灰分和产率的关系

表 3-71 和表 3-72 为某厂两个时期的浮选生产数据。从两组小筛分结果可以看出，两个时期的分选效果有较大的差异，表3-71 所示第一组分选效果较好，主要是精煤中−320 网目的灰分仅为 9.5%，比浮选入料中同粒级灰分 16.33%有明显降低，比精煤总灰 8.25%稍高，而尾煤中各粒级包括粗粒级的灰分都比较高，说

明粗粒精煤损失较少。而表3-72所示第二组分选效果则不能令人满意，浮选入料中－320网目的含量仍达75％左右，但灰分由16.33％增加到28.88％，说明入料中高灰细泥含量增多，精煤总灰增加到10.16％，主要是进入精煤的－320网目细泥的数量增加；另一个问题是低灰粗粒在尾煤中的损失增加，40～60网目及60～120网目尾煤的灰分都是8.5％左右，尾煤灰分降低的原因是粗粒精煤损失。由于第二组浮选入料性质变坏，在相同的设备和操作水平下，分选效果变坏。要从浮选操作上，包括入料浓度、药剂制度、充气量等方面加以调节，以适应煤质的变化。

**表3-71　某厂浮选入料、精煤、尾煤小筛分结果(一)**

| 粒度/网目 | 浮选入料 | | 浮选精煤 | | 浮选尾煤 | |
|---|---|---|---|---|---|---|
| | 产率/％ | 灰分/％ | 产率/％ | 灰分/％ | 产率/％ | 灰分/％ |
| 40～60 | 0.06 | 4.29 | 0.35 | 4.16 | 1.93 | 49.84 |
| 60～120 | 2.44 | 4.12 | 8.16 | 5.14 | 5.61 | 35.12 |
| 120～200 | 17.46 | 5.30 | 48.76 | 7.74 | 12.27 | 23.98 |
| 200～320 | 0.51 | 7.94 | 4.24 | 8.24 | 0.81 | 27.78 |
| －320 | 79.53 | 16.33 | 38.49 | 9.50 | 79.38 | 51.52 |
| 合　计 | 100 | 14.06 | 100 | 8.25 | 100 | 47.00 |

**表3-72　某厂浮选入料、精煤、尾煤小筛分结果(二)**

| 粒度/网目 | 浮选入料 | | 浮选精煤 | | 浮选尾煤 | |
|---|---|---|---|---|---|---|
| | 产率/％ | 灰分/％ | 产率/％ | 灰分/％ | 产率/％ | 灰分/％ |
| 40～60 | 0.74 | 5.22 | 1.97 | 4.90 | 0.79 | 8.54 |
| 60～120 | 7.07 | 6.14 | 14.15 | 4.86 | 5.34 | 8.56 |
| 120～200 | 17.44 | 8.62 | 26.52 | 7.56 | 9.48 | 11.54 |
| 200～320 | 0.35 | 10.48 | 0.68 | 7.72 | 0.43 | 15.64 |
| －320 | 74.40 | 28.88 | 56.68 | 12.92 | 83.96 | 53.72 |
| 合　计 | 100 | 23.50 | 100 | 10.16 | 100 | 46.79 |

（四）中煤含量对浮选效果的影响

本书所指的中煤是处于精煤和尾煤分割点附近的难浮粒子，和大于 0.5 mm 煤的 $\delta \pm 0.1$ 含量很相似，因此，这一部分叫中煤或±0.1 临近物含量。浮选入料中这一部分物料越多，分离越困难。

从表 3-61 中煤泥浮沉试验结果可知，精煤灰分为 9.79％时的理论产率为 73.45％，有近 20％的 1.5～1.8 g/cm$^3$ 密度级灰分为 30％～40％的难浮粒子，这种煤很难浮选，实际浮选结果也证明，该种煤浮选精煤灰分 10％时，尾煤灰分只能到 40％。

而表 3-73 所示煤泥中浮物累计灰分为 7.32％时，产率为 85.43％，灰分为 9.04％时，产率 90.95％，此时的分割点可以放在 1.6 g/cm$^3$，1.6～1.8 g/cm$^3$ 的难浮物料只有 4％，而且该煤 +1.8 g/cm$^3$ 的泥质含量只有 5％，说明这种煤很好浮选。

表 3-73　某矿煤泥小浮沉试验结果

| 密度级/(g/cm$^3$) | 浮沉级 | | 浮煤累计 | |
|---|---|---|---|---|
| | 产率/％ | 灰分/％ | 产率/％ | 灰分/％ |
| −1.3 | 30.15 | 3.44 | 30.15 | 3.44 |
| 1.3～1.4 | 41.21 | 8.05 | 71.36 | 6.10 |
| 1.4～1.5 | 14.07 | 13.51 | 85.43 | 7.32 |
| 1.5～1.6 | 5.52 | 35.62 | 90.95 | 9.04 |
| 1.6～1.8 | 4.02 | 49.20 | 94.97 | 10.74 |
| +1.8 | 5.03 | 72.44 | 100.00 | 13.84 |
| 合　计 | 100.00 | 13.84 | | |

对同一种煤，可浮性也随精煤灰分的变化而改变。表 3-73 中的煤泥，分选灰分 8.5％的精煤时，可浮性很好；但如果分选灰分 3％的精煤，就很困难了。

（五）根据日常快速检查资料分析浮选生产情况

日常快速检查的结果是宝贵的第一手资料，不但能指导当班司机的操作，进行日常生产管理，而且可以用统计学的方法对这些大批的随机数据进行分析，指导生产技术管理。

表 3-74 为某厂 1998 年 4 月 9 个浮选司机浮选精煤快灰指标，快灰总数 244 个，快灰平均值 7.90%，均方差 0.52%，极差 3.68%。最高灰分 10.44%，最低灰分 6.76%，灰分波动比较大。各个司机平均灰分不同，最低为 7.73%，最高为 8.17%。司机 3 的均方差比较小，操作比较好；司机 5 的灰分个数只有 8 个，均方差大，操作比较差；司机 4 的灰分高，均方差大，操作差。

**表 3-74　某厂浮选精煤快灰指标分析**

| 司　机 | 司机 1 | 司机 2 | 司机 3 | 司机 4 | 司机 5 | 司机 6 | 司机 7 | 司机 8 | 司机 9 | 合计 |
|---|---|---|---|---|---|---|---|---|---|---|
| 快灰个数 | 11 | 22 | 28 | 35 | 8 | 31 | 25 | 41 | 43 | 244 |
| 平均值/% | 8.11 | 7.84 | 7.98 | 8.17 | 7.73 | 7.78 | 7.79 | 7.84 | 7.87 | 7.90 |
| 均方差/% | 0.34 | 0.52 | 0.38 | 0.68 | 0.56 | 0.54 | 0.42 | 0.54 | 0.47 | 0.52 |
| 最大值/% | 8.56 | 9.18 | 8.66 | 10.44 | 8.64 | 8.7 | 8.78 | 8.94 | 9.78 | 10.44 |
| 最小值/% | 7.48 | 6.76 | 6.86 | 7.18 | 6.96 | 6.98 | 7.1 | 6.84 | 7.08 | 6.76 |
| 极　差/% | 1.08 | 2.42 | 1.8 | 3.26 | 1.68 | 1.72 | 1.68 | 2.1 | 2.7 | 3.68 |

为了仔细分析浮选司机的操作情况，对 1998 年 4 月司机 2 的浮选入料、精煤、尾煤的灰分、浓度的快速检查指标进行了分析，分析结果如表 3-75 和图 3-71、图 3-72 所示。1998 年 4 月浮选入料、精煤、尾煤的平均灰分分别为 16.78%、7.84% 和 50.4%。入料和尾煤的平均浓度为 59.89 g/L 和 12 g/L。入料灰分变化较大，最小为 13.72%，最大为 20.32%；尾煤灰分变化最大，极差达到18.46%。图 3-71 为司机 2 浮选入料和产品快

表 3-75　司机 2 的浮选入料和产品快灰结果分析

| 产　品 | 入料 | | 精煤 | 尾煤 | |
|---|---|---|---|---|---|
| 项　目 | 灰分 | 浓度 | 灰分 | 灰分 | 浓度 |
| 快灰个数 | 9 | 9 | 22 | 8 | 8 |
| 平均值/% | 16.78 | 59.89 | 7.84 | 50.4 | 12.1 |
| 均方差/% | 2.69 | 7.94 | 0.52 | 6.46 | 2.27 |
| 最大值/% | 20.32 | 70.08 | 9.18 | 59.2 | 15.61 |
| 最小值/% | 13.72 | 52.36 | 6.76 | 40.74 | 8.4 |
| 极　差/% | 6.6 | 17.72 | 2.42 | 18.46 | 7.21 |

灰、浓度由月初到月末变化图。从图中可知，从月初到月末，入料浓度逐渐增加，尾煤灰分逐渐增加，尾煤浓度略有增加，入料灰分和精煤灰分呈波动状。图 3-72 为司机 2 浮选精煤快灰由月初到月末变化图。由图中可知，随时间变化，浮选精煤快灰变化规律性不强，随机性较大。由此可见，提高浮选分选效果的途径

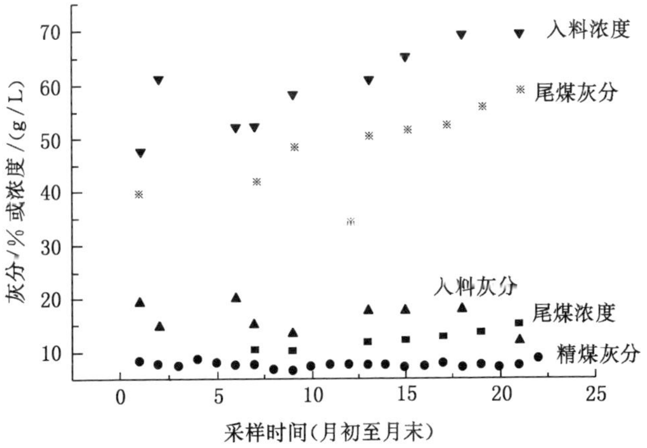


图 3-71　司机 2 浮选入料和产品快灰、浓度由月初到月末变化图

是降低入料灰分和浓度的波动，提高操作水平，降低浮选产品指标的波动。如有可能，建议增加浮选自动控制系统。同时，还要结合现场生产实际，分析从月初到月末，浮选入料浓度逐渐增加的原因，并对症解决。

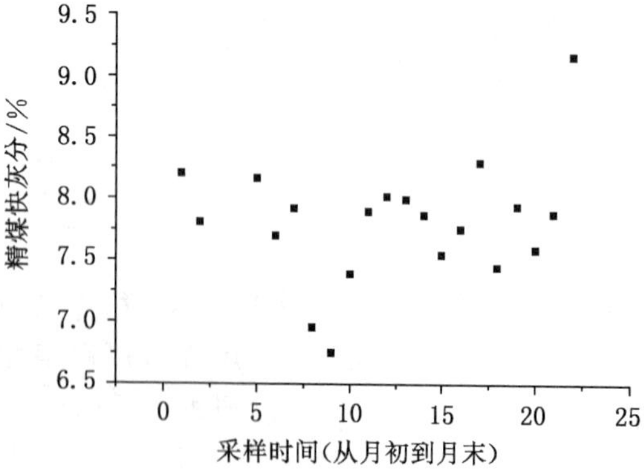


图 3-72　司机 2 浮选精煤快灰由月初到月末变化图

## 七、浮选分选效果预测

对浮选分选效果预测的研究起步较晚，目前缺少像分配曲线那样的评定指标，因此，浮选分选效果预测的结果也不如重力分选作业那样精确。常用的预测方法有以下几种：

（一）分步释放浮选试验、小浮选试验或小浮沉试验

根据分步释放浮选试验、小浮选试验或小浮沉试验得到的浮选精煤产率-灰分关系曲线，查阅某一灰分时的精煤产率，再乘以效率，可以预测浮选效果。效率可以按经验选取，一般对小浮选试验，效率可以选取得比较高；对小浮沉试验，选取的效率要低一些，因为小浮沉试验是分离最精确的结果。

用计算机预测时，要用数学模型拟合浮选精煤产率-灰分关系

曲线，求得模型参数后即可进行查询。所用的模型和拟合方法见本章第二节。

（二）采用数学模型预测浮选效果

对浮选数学模型的研究还不够成熟，在实际中运用还有一定的困难，在此仅做介绍，供进一步研究参考。

1. 浮选动力学模型

前已介绍，如果能求出浮选入料各粒级的浮选速率常数，便可以预测浮选分选效果。但浮选速率常数是多因素的函数，一般要通过试验确定，而试验的工作量和难度很大，需要进一步研究浮选速率常数的变化规律。

2. 混合模型

煤浮选的一个显著特点是精煤量很大，浮选槽内煤浆浓度变化的速度很快，因此，用动力学模型预测的浮选产率与实际产率的误差较大。澳大利亚昆士兰大学 J. K. 矿物研究中心 Lynch 教授和荣瑞煊等人提出煤浮选中泡沫过负荷对浮选过程的影响和用线性回归模型及浮选动力学模型两者的混合模型来预测浮选效果：用线性回归模型模拟存在泡沫过负荷的浮选槽及受其影响的前后浮选槽，用浮选动力学模型预测其他各槽。线性回归模型及浮选动力学模型的参数均按试验结果用回归分析或拟合方法求得。求出模型参数后，就可以用此模型预测该选煤厂的浮选分选效果。当然，这些模型的使用是有局限性的，只能在该选煤厂的可浮性、分选机性能、加药制度及操作水平不变时使用。

(1) 线性回归模型

对可燃体：

$$RC = L_1 \cdot RW + L_2 \cdot MC + L_3 \cdot CC$$

或

$$RC=L_1 \cdot RW+L_2 \cdot MC+L_3$$

对非可燃体：

$$RI = m_1 \cdot RW + m_2 \cdot MI + m_3 \cdot CI$$

或
$$RI=m_1 \cdot RW+m_2 \cdot MI+m_3$$

或
$$RI=m_1 \cdot RW+m_2 \cdot CI+m_3$$

式中 $RC$、$RI$——可燃体和非可燃体某粒级的质量流量，kg/min；

$RW$——水的质量流量，kg/min；

$MC$、$MI$——浮选入料中可燃体和非可燃体－120 网目的质量流量，kg/min；

$CC$、$CI$——可燃体和非可燃体某粒级在浮选入料中的质量流量，kg/min；

$L_1$、$L_2$、$L_3$、$m_1$、$m_2$、$m_3$——参数。

由线性回归方程可知，在泡沫过负荷条件下，固体颗粒的移动速度与水的回收速度成正比。也就是说，当泡沫过负荷存在时，水的质量流量是影响浮选精煤产率的一个重要因素。

表 3-76 为马家沟选煤厂浮选机第 1～4 槽的线性回归方程。

**表 3-76 拟合可燃体与非可燃体质量产率的线性回归模型**

| | 粒级/网目 | 模　　型 | 剩余标准偏差 |
|---|---|---|---|
| 可燃体 | +40 | $RC=0.009\,534RW-0.021\,06MC+0.478\,9CC$ | 0.047 |
| | 40～60 | $RC=0.027\,57RW-0.055\,13MC+0.438\,5CC$ | 0.308 |
| | 60～80 | $RC=0.039\,08RW-0.074\,65MC+0.453\,5CC$ | 0.002 |
| | 80～100 | $RC=0.046\,96RW-0.109\,2MC+0.557\,4CC$ | 0.883 |
| | 100～120 | $RC=0.020\,3RW-0.024\,7MC+0.275\,9CC$ | 0.027 |
| | －120 | $RC=0.300\,0RW+0.143\,6MC-13.10$ | 0.296 |

表 3-76(续)

| | 粒级/网目 | 模　　型 | 剩余标准偏差 |
|---|---|---|---|
| 非可燃体 | +40 | $RI=0.000\,249\,5RW-0.006\,395MI+0.207\,6$ | 0.009 |
| | 40～60 | $RI=0.000\,177\,6RW-0.531\,1CI+0.676\,1$ | 0.003 |
| | 60～80 | $RI=0.001\,343RW-0.402\,1CI+0.821\,6$ | 0.050 |
| | 80～100 | $RI=0.000\,647\,9RW-0.545\,7CI+1.764$ | 0.123 |
| | 100～120 | $RI=0.002\,412RW-0.2035CI+0.371\,9$ | 0.009 |
| | -120 | $RI=0.054\,7RW+0.0118\,2CI-1.379$ | 0.129 |

(2) 动力学模型

将式(3-78)转换后得：

$$R_n = \frac{k_1 \alpha^{n-1} t_n}{1 + k_1 \alpha^{n-1} t_n} \tag{3-85}$$

式中　$R_n$——某粒级可燃体或不可燃体的产率；

$k_1$——浮选速率常数；

$\alpha$——参数(根据生产实践经验取值)；

$t_n$——第 $n$ 个槽的矿浆标称停留时间，计算公式为：

$$t_n = \frac{\text{浮选槽中矿浆容积}}{\text{尾矿容积流量}} \tag{3-86}$$

引入参数 $\alpha$ 的原因是为了使模型更切合实际。

马家沟选煤厂浮选机的第 5～6 槽没有泡沫过负荷的现象，采用动力学模型模拟求得的参数值列于表 3-77。

**表 3-77　拟合的可燃体与非可燃体动力学模型参数**

| 粒级/网目 | 可燃体 | | 非可燃体 | |
|---|---|---|---|---|
| | $k_1$ | $\alpha$ | $k_1$ | $\alpha$ |
| +40 | 0.487 3 | 6.027 1 | 0.378 7 | 6.628 1 |

**表 3-77(续)**

| 粒级/网目 | 可燃体 | | 非可燃体 | |
| --- | --- | --- | --- | --- |
| | $k_1$ | $\alpha$ | $k_1$ | $\alpha$ |
| 40～60 | 0.584 1 | 5.129 9 | 0.430 4 | 5.857 4 |
| 60～80 | 0.613 0 | 4.795 1 | 0.417 9 | 5.574 2 |
| 80～100 | 0.773 1 | 3.520 0 | 0.493 5 | 4.089 5 |
| 100～120 | 0.577 9 | 1.088 2 | 0.142 6 | 1.018 6 |
| －120 | 0.572 7 | 1.042 0 | 0.120 8 | 0.795 4 |
| 总粒级 | 0.650 8 | 1.214 5 | 0.450 4 | 0.427 6 |

# 第四章　选煤厂生产系统的优化

## 第一节　选煤厂生产系统优化的重要性

选煤厂是一个处理大宗物料的企业，精煤产率的微小增加都会带来巨大的经济效益。选煤厂必须以市场为导向，合理确定分选制度和产品搭配方案，以进一步提高精煤产率，增加经济效益。

选煤厂的生产系统由不同的分选作业组成，其最终产品由这些作业的产品混合而成。具体到某一种产品，各分选作业选出的灰分和产率都不尽相同，这就出现了在满足其质量要求的前提下，寻求最佳的不同分选作业产品的质量搭配方案，换言之，寻求最佳的分选密度的配合方案，对提高选煤厂的经济效益有重要的意义。例如，表 4-1 和表 4-2 为某选煤厂精煤组成的两个方案。很明显，这两个方案的经济效益是不同的，方案一的总销售额比方案二多 0.24元/t 原煤。按该厂年处理 200 万 t 原煤计算，一年多获利润 48 万元。当然，还可寻求更佳的精煤搭配方案，把中煤、洗混煤分级后可得到不同的粒级煤，销售金额还有可能增加。因为从产品目录可知，在质量相同的情况下，中块、小块、大块、粒煤的价格均比混煤和末煤高。

对一个选煤厂，虽然设备及流程已经确定了，但只要对操作制度做一些调整，或是对流程做一些简单的变动，如增设一台筛子或胶带输送机，或是对产品的灰分做些调整，都会显著增加收入。因此，选煤厂的经营管理者要经常考虑厂内各作业分选指标的合理配合问题。换句话说，要经常对市场进行调查研究，确定各作业最合理的分选密度、精煤灰分、污染指标以及最终产品的最佳组合方案。

**表 4-1　某选煤厂精煤组成方案一**

| 产品名称 | 产率/% | 灰分/% |
| --- | --- | --- |
| 末煤跳汰精煤 | 30.29 | 9.37 |
| 块煤跳汰精煤 | 9.32 | 11.58 |
| 浮选精煤 | 12.95 | 11.79 |
| 煤泥筛上精煤 | 2.02 | 14.01 |
| 总精煤 | 54.58 | 10.49 |

**表 4-2　某选煤厂精煤组成方案二**

| 产品名称 | 产率/% | 灰分/% |
| --- | --- | --- |
| 低灰精煤 | 30.29 | 9.37 |
| 其中：末煤跳汰精煤 | 30.29 | 9.37 |
| 高灰精煤 | 24.29 | 11.89 |
| 其中：块煤跳汰精煤 | 9.32 | 11.58 |
| 浮选精煤 | 12.95 | 11.79 |
| 煤泥筛上精煤 | 2.02 | 14.01 |

## 第二节　最大产率原则

从 20 世纪 50 年代到 70 年代，最大产率原则即等 $\lambda$ 原则在我国受到高度重视，无论在选煤厂设计或选煤厂管理中，均被作为确定设计方案或指标配合的依据。该原则指出，欲从两种或两种以上的煤中选出一定质量的综合精煤，必须按相等的边界灰分分选，才能使综合精煤的产率最大。

边界灰分可从原煤可选性曲线求得。按实际分选密度，可在浮物曲线上查到精煤的产率和灰分，在基元灰分曲线上查到边界

灰分 $A_\lambda$；反之，也可根据边界灰分找到分选密度、精煤的产率和灰分。原煤按等 $\lambda(A_\lambda)$ 原则分选的含义是灰分低于边界灰分 $A_\lambda$ 的物料进入精煤，高于 $A_\lambda$ 的物料进入重产物。例如，按 $A_\lambda=18\%$ 分选，表示各个分选作业灰分小于18%的煤全部进入精煤，大于18%的煤全部进入重产物，此时总精煤的产率最大。当几个分选作业的边界灰分不同时，如跳汰的边界灰分为14%，浮选的边界灰分为22%，尽管总精煤的灰分仍然不变，但精煤产率必定要降低，因为在总精煤中丢失了跳汰作业中灰分14%～18%的好煤，而多回收了浮选作业中灰分为18%～22%的高灰分煤。

例如，表4-3为某选煤厂大于13 mm和13～0.5 mm原煤的浮沉组成，块末煤的比例为40%和60%。假定分选效率为100%，表4-4列出了按等边界灰分18%、等精煤灰分和不等边界灰分三种方案分选时得到的精煤产率和灰分。结果很明显，方案Ⅰ总精煤的产率最大，方案Ⅲ次之，方案Ⅱ较差。方案Ⅲ的精煤产率比方案Ⅰ低0.13%，以该厂生产能力300万t/a计算，方案Ⅰ比方案Ⅱ一年要多回收精煤3 900 t。

**表4-3　某选煤厂块末原煤浮沉组成**

| 密度级/(g/cm³) | >13 mm(40%) | | | | 13～0.5 mm(60%) | | | |
|---|---|---|---|---|---|---|---|---|
| | γ/% | A/% | Σγ/% | 平均A/% | γ/% | A/% | Σγ/% | 平均A/% |
| −1.3 | 4.65 | 5.70 | 4.65 | 5.70 | 16.35 | 4.00 | 16.35 | 4.00 |
| 1.3～1.4 | 34.50 | 10.30 | 39.15 | 9.75 | 35.18 | 9.10 | 51.53 | 7.48 |
| 1.4～1.5 | 12.40 | 18.70 | 51.55 | 11.91 | 12.30 | 17.80 | 63.83 | 9.47 |
| 1.5～1.6 | 6.72 | 26.90 | 58.27 | 13.63 | 5.85 | 26.50 | 69.68 | 10.90 |
| 1.6～1.8 | 9.23 | 38.30 | 67.50 | 15.53 | 8.20 | 37.00 | 77.88 | 13.65 |
| +1.8 | 32.50 | 71.10 | 100.00 | 33.59 | 22.12 | 68.70 | 100.00 | 25.83 |
| 合计 | 100.00 | 33.59 | | | 100.00 | 25.83 | | |

表 4-4 三种不同方案的分选结果

| 方案 | 物料名称 | 占原煤比例 | 精煤 | | | 边界灰分 $A_{\lambda}$/% |
|---|---|---|---|---|---|---|
| | | | $\gamma_{本级}$/% | $\gamma_{原煤}$/% | A/% | |
| Ⅰ | >13 mm | 40 | 43.95 | 17.58 | 10.50 | 18.00 |
| | 13～0.5 mm | 60 | 60.75 | 36.45 | 8.75 | 18.00 |
| | 总精煤 | | | 54.03 | 9.32 | |
| Ⅱ | >13 mm | 40 | 35.50 | 14.20 | 9.32 | 14.50 |
| | 13～0.5 mm | 60 | 63.50 | 38.10 | 9.32 | 21.50 |
| | 总精煤 | | | 52.30 | 9.32 | |
| Ⅲ | >13 mm | 40 | 48.50 | 19.40 | 11.26 | 20.75 |
| | 13～0.5 mm | 60 | 57.50 | 34.50 | 8.23 | 15.20 |
| | 总精煤 | | | 53.90 | 9.32 | |

由于各分选作业入选原料煤的性质不同，按等边界灰分分选时，精煤灰分可能有较大差距。例如，都按边界灰分 18%分选，块精煤灰分为 10.50%，末精煤灰分为 8.75%，两者相差 1.75%。如果看不到问题的实质，就会误认为末精煤灰分太低，片面降低块精煤灰分而提高末精煤灰分，致使总精煤产率降低。

在实际应用最大产率原则时，应注意避免单纯根据等理论边界灰分来确定各作业的分选指标。由于各分选作业的分选效率不同，即使理论边界灰分相同，实际边界灰分也不一定相等。因此，必须采用实际可选性曲线来确定指标。

## 一、重力分选实际可选性曲线的确定

从浮沉试验得到的可选性曲线称为理论可选性曲线，在理论可选性曲线上得到的指标是理论指标。重力分选的实际可选性曲线要通过分配曲线对理论可选性曲线进行修正后才能获得。例如，平移某选煤厂分配曲线预测不同分选密度的精煤产率和灰分见表 4-5。将不同分选密度的精煤产率和灰分综合后便得到实际可选性曲线的资料，如表 4-6 和图 4-1 所示。

**表 4-5　不同分选密度的预测结果**

| 密度级/(g/cm³) | 原煤 | | 分选密度 1.3 g/cm³ | | | 分选密度 1.4 g/cm³ | | | 分选密度 1.5 g/cm³ | | | 分选密度 1.6 g/cm³ | | | 分选密度 1.7 g/cm³ | | |
|---|---|---|---|---|---|---|---|---|---|---|---|---|---|---|---|---|---|
| | $\gamma$/% | $A_d$/% | ε/% | $\gamma_{全}$/% | $A_d$/% | ε/% | $\gamma_{全}$/% | $A_d$/% | ε/% | $\gamma_{全}$/% | $A_d$/% | ε/% | $\gamma_{全}$/% | $A_d$/% | ε/% | $\gamma_{全}$/% | $A_d$/% |
| | (1) | (2) | (3) | (4)=(1)×(3) | (5) | (6) | (7)=(1)×(6) | (8) | (9) | (10)=(1)×(9) | (11) | (12) | (13)=(1)×(12) | (14) | (15) | (16)=(1)×(15) | (17) |
| −1.3 | 18.37 | 4.91 | 68.0 | 12.49 | 4.91 | 89.5 | 16.44 | 4.91 | 94.8 | 17.41 | 4.91 | 99.0 | 18.19 | 4.91 | 100.0 | 18.37 | 4.91 |
| 1.3～1.4 | 28.37 | 8.72 | 30.5 | 8.65 | 8.72 | 67.0 | 19.00 | 8.72 | 88.0 | 24.97 | 8.72 | 95.5 | 27.09 | 8.72 | 98.8 | 28.03 | 8.72 |
| 1.4～1.5 | 4.02 | 20.91 | 9.5 | 0.36 | 20.91 | 35.0 | 1.40 | 20.91 | 64.0 | 2.57 | 20.91 | 82.5 | 3.32 | 20.91 | 92.5 | 3.72 | 20.91 |
| 1.5～1.6 | 3.59 | 31.77 | 2.5 | 0.09 | 31.77 | 15.0 | 0.54 | 31.77 | 37.5 | 1.35 | 31.77 | 60.0 | 2.15 | 31.77 | 78.0 | 2.80 | 31.77 |
| 1.6～1.8 | 5.31 | 42.31 | 0.3 | 0.02 | 42.31 | 3.7 | 0.20 | 42.31 | 14.0 | 0.74 | 42.31 | 30.5 | 1.62 | 42.31 | 50.0 | 2.66 | 42.31 |
| +1.8 | 40.34 | 79.21 | 0.1 | 0.04 | 79.21 | 0.3 | 0.12 | 79.21 | 0.6 | 0.24 | 79.21 | 1.0 | 0.40 | 79.21 | 2.0 | 0.81 | 79.21 |
| 合计 | 100.00 | 39.56 | | 21.65 | 6.98 | | 37.70 | 8.24 | | 47.28 | 9.52 | | 52.77 | 10.68 | | 56.39 | 12.02 |

**表 4-6 重力分选实际可选性曲线**

| 密度级/(g/cm³) | 浮沉级 | | 浮煤累计 | |
|---|---|---|---|---|
| | γ/% | $A_d$/% | γ/% | $A_d$/% |
| −1.3 | 21.65 | 6.98 | 21.65 | 6.98 |
| 1.3～1.4 | 16.05 | 9.94 | 37.70 | 8.24 |
| 1.4～1.5 | 9.58 | 14.56 | 47.28 | 9.52 |
| 1.5～1.6 | 5.49 | 20.67 | 52.77 | 10.68 |
| 1.6～1.7 | 3.62 | 31.55 | 56.39 | 12.02 |
| +1.7 | 43.61 | 75.17 | 100.00 | 39.56 |

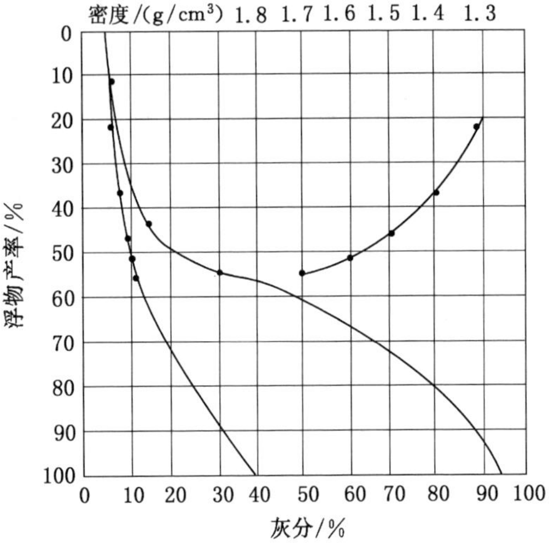


图 4-1 重力分选实际可选性曲线

实际可选性曲线与理论可选性曲线的关系如图 4-2 所示。由于在分选过程中有损失和污染的影响，相同灰分精煤的实际产率要比理论产率低，因此，实际 β 曲线始终在理论 β 曲线之上。由于是同一原料煤，所以两条$\beta$曲线在$E$点相交。实际$\lambda$曲线先在理论$\lambda$曲线之上，后在理论$\lambda$曲线之下。这是因为在低密度段，有高灰物料污染，使相同分选密度时$\lambda$增高；而在高密度段，有低灰物料损失，使相同分选密度时$\lambda$降低。两条$\lambda$曲线与坐标包围的面积即原煤的灰分量应该相等。分选效率越高，实际曲线与理论曲线越接近。当分选效率为100%时，两条曲线就重合了。

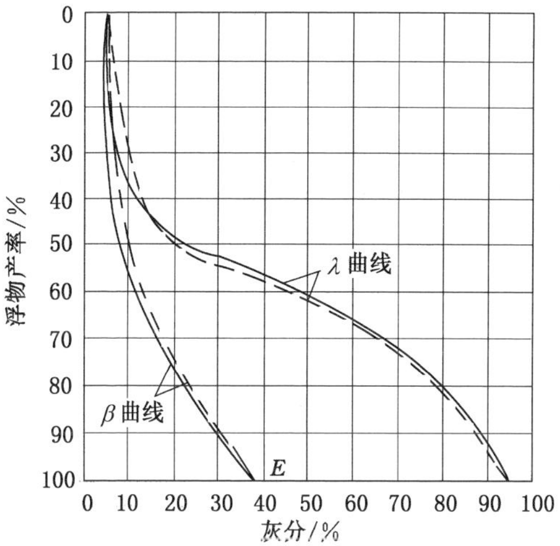


——理论可选性曲线；－－－实际可选性曲线。

图 4-2 理论可选性曲线与实际可选性曲线的关系

## 二、浮选实际可选性曲线的确定

通常根据小浮选试验或逐槽取样试验结果，绘制浮选实际可选性曲线(参见图 3-72)。

过去，各分选作业按等边界灰分分选时，分选条件采用作图法确定。但作图法既麻烦，误差又大。采用计算法比较准确，也比较方便。有了计算机以后，就更方便了。下面举一简单例子说明计算方法。设要求跳汰与浮选精煤及精煤泥组成的总精煤灰分小于

10.50%，现要确定跳汰与浮选的精煤灰分。精煤泥为一常量，产率为2.29%，灰分为16.00%。设边界灰分为18.00%，先求出跳汰与浮选精煤的产率、灰分，再计算出总精煤灰分为10.17%，这个灰分比要求偏低。为此，将边界灰分增加到22.00%，求出的总精煤灰分为10.71%，此时灰分又偏高。再调整边界灰分到20.00%，求得总精煤灰分为10.46%，符合要求。见表4-7。

**表4-7　用计算法确定分选指标的实例**

| 选煤方法 | 入料占原煤比例/% | 边界灰分18.00% | | | 边界灰分22.00% | | | 边界灰分20.00% | | |
|---|---|---|---|---|---|---|---|---|---|---|
| | | $\gamma_{本级}$ | $\gamma_{原煤}$ | $A$ | $\gamma_{本级}$ | $\gamma_{原煤}$ | $A$ | $\gamma_{本级}$ | $\gamma_{原煤}$ | $A$ |
| 跳　汰 | 78 | 47.90 | 37.36 | 9.90 | 51.00 | 39.78 | 10.40 | 49.70 | 38.77 | 10.20 |
| 浮　选 | 17 | 75.00 | 12.75 | 10.00 | 80.00 | 13.60 | 10.80 | 77.70 | 13.21 | 10.10 |
| 精煤泥 | 2.29 | | 2.29 | 16.00 | | 2.29 | 16.00 | | 2.29 | 16.00 |
| 总精煤 | | | 52.40 | 10.17 | | 55.67 | 10.71 | | 54.27 | 10.46 |

按照以上思路编制计算机程序，图4-3为程序的框图。$\varepsilon$为给定的误差标准，通常取值0.05。$\varepsilon$值小，迭代次数增加，精度增加。但$\varepsilon$值太小，没有实际意义，因为在实际生产中不可能将灰分控制得非常精确。同时，由于计算有误差存在，可能达不到要求的精度，造成死循环。$\alpha$为步长，通常取值0.05～0.1。$\alpha$值减小，迭代次数增加，精度增加。$\alpha$与$\varepsilon$值之间有一个配合问题，$\varepsilon$小，$\alpha$也要小。如出现死循环，可调整$\alpha$值。当然，程序也可自动调整$\alpha$值。程序给定的边界灰分初值“$\lambda$”要尽量接近实际。

设计选煤厂时，考虑几种原煤是混合入选还是分组入选，要用最大产率原则进行判定。原煤混合入选意味着按等密度分选。等密度分选时，几种不同原煤的“$\lambda$”相近，说明混合入选是可行的。原煤配煤混合入选可以使选煤操作、精煤配煤、指标制定、技术检

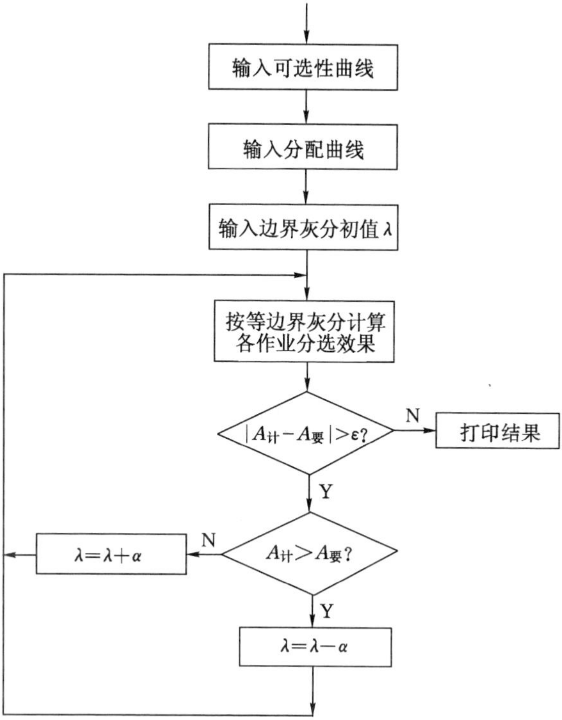


图 4-3　用最大产率原则确定分选指标的程序框图

查等各项管理工作大大简化。所以，如果混合入选符合最大产率原则，就不应分组入选。有的选煤厂入选几种原煤，它们的质量往往差别很大，如按等密度分选，精煤的产率和灰分相差很大。例如表 4-8 为某选煤厂三种原煤均按密度 1.5 g/cm$^3$ 分选时的精煤理论指标。虽然这三种煤混合入选符合等边界灰分原则，即分选密度为 1.5 g/cm$^3$ 时，"λ"很接近，但甲矿原煤的煤质比乙矿及丙矿的煤质差得很多，入选时要做好配煤，将三种煤充分混匀后再进行分选，绝不能来什么煤选什么煤。否则，三种煤按同一分选密度分选,精煤的灰分会有很大波动。

表 4-8　三种原煤按 1.5 g/cm³ 分选时精煤的理论指标

| | 甲矿原煤 | 乙矿原煤 | 丙矿原煤 |
|---|---|---|---|
| 理论产率/% | 47.53 | 71.90 | 82.40 |
| 理论灰分/% | 13.24 | 9.50 | 9.36 |

过去,我国选煤厂是单纯的生产型企业,其任务就是完成国家下达的精煤产率和质量指标。因此,最大产率原则起了很大的作用,用以确定主再选配合、重选浮选指标配合、不同重力分选作业指标搭配的最佳方案等,并解决了不同原煤混合入选或分组入选等问题。

但是,最大产率原则只考虑精煤产率最大的方案,并没有考虑此时是否利润最大。对出多种产品的动力煤选煤厂,就更无法判断是哪种产品的产率最大。因而,随着选煤厂由生产型向生产经营型转变,单纯以最大产率原则组织生产已不适用了。

## 第三节　最大经济效益原则

选煤厂是一个生产企业,必须创造经济效益。因此,选煤厂经营管理水平的判定依据只能是一个——经济效益。

前面已讨论了最大产率原则。当选煤厂只出精煤、中煤及矸石三种产品时,一般情况下,最大产率与最大经济效益是一致的。如果选煤厂不出中煤而改出洗混煤,由于这两种产品的价格相差显著,再加上不同粒级产品的价格不同,因而按最大产率原则组织生产并不总是得到最大利润。表 4-9 及图 4-4 为某选煤厂利税与精煤产率、洗混(中)煤灰分之间的关系。产率与利税在一定范围内呈单调上升关系,但到了某一点就出现马鞍形,这是因为混煤灰分大于32%时，由洗混煤变为中煤，价格骤减造成的。因此，在考虑产品结构或分选制度时，不应单纯依据最大产率原则，而应以最大经济效益原则为依据。

**表4-9 某选煤厂利税与精煤产率、混煤灰分的关系**

| | | | | | |
|---|---|---|---|---|---|
| 精煤产率/% | 46.66 | 54.62 | 60.33 | 63.79 | 65.00 |
| 混煤灰分/% | 24.95 | 28.04 | 31.16 | 33.49 | 33.96 |
| 利税/万元 | 4.26 | 4.98 | 6.08 | 4.41 | 4.84 |

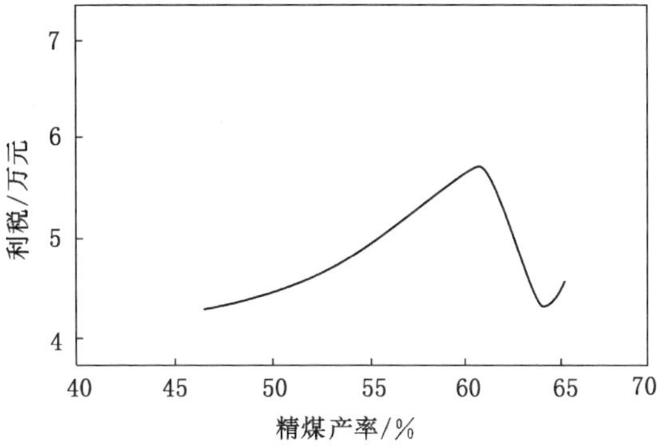


图4-4 某选煤厂利税与精煤产率的关系

选煤厂的利税(盈利+税收)是由总销售收入减去总成本而得到的。总销售收入为精煤、混煤、中煤、煤泥等产品的销售收入总和。总成本包括入选原煤费及加工费。为了提高经济效益，可以从降低成本及增加销售收入两方面入手。增加销售收入的渠道有以下几方面：

(1) 提高各作业的分选效率，增加产品特别是价格高的产品的产率或提高产品质量；

(2) 调整产品结构及分选指标，使不同产品的总销售额最大。

当分选效率基本保持不变时，决定各作业的合理分选制度及各产品的搭配方案是很重要的工作。选煤厂的生产实践表明，调整选煤厂的产品结构有明显的经济效益。例如有的选煤厂把原来生产的中煤分为混煤和低热值煤，由于混煤的价格比中煤高得多，全厂的销售额大大提高。

如某选煤厂设计能力为 180 万 t/a，国家计划生产精煤 78 万 t，动力煤 60 万 t。由于原煤煤质较好，精煤任务较易完成；但若原煤全部入选，则完不成动力煤的产量任务。因此，该厂只入选 115 万 t 原煤，另以 60 万 t 原煤直接筛分后作筛混煤外销。经研究，如按图 4-5 的流程生产，改变产品结构，将 175 万 t 原煤全部入选，把小于 13 mm 的细矸石筛出掺入混煤，浮选尾煤压滤的滤饼也掺入混煤，精煤灰分由原来的 8.85％降到 7.30％，产量由 78 万 t 增加到 104 万 t，洗混煤产量也达到 62 万 t，这样既能全面完成国家计划，又使选煤厂的销售额由 10 927.47 万元/a 增加到 13 142.37万元/a，考虑加工费增加等因素，选煤厂每年能增加利税1 800万元。见表 4-10。

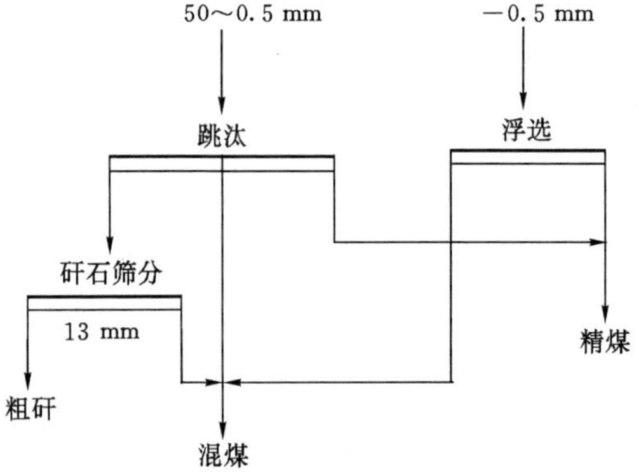


图 4-5　改变产品结构后的流程图

**表 4-10　新旧产品结构对比**

| 品　　种 | 项　　目 | 原产品结构 | 新产品结构 |
| --- | --- | --- | --- |
| 入选原煤量/万 t | | 115.00 | 175.00 |
| 直销原煤量/万 t | | 59.60 | 0.00 |
| 洗精煤 | 灰　分/% | 8.85 | 7.30 |
| | 产　量/万 t | 78.00 | 104.00 |
| | 单　价/(元/t) | 99.60 | 108.60 |
| | 销售额/万元 | 7 768.80 | 11 294.40 |
| 洗混煤 | 灰　分/% | 23.56 | 29.76 |
| | 产　量/万 t | 15.04 | 62.0 |
| | 单　价/(元/t) | 37.10 | 29.40 |
| | 销售额/万元 | 557.98 | 1 822.80 |
| 煤　泥 | 灰　分/% | 40.00 | — |
| | 产　量/万 t | 5.62 | — |
| | 单　价/(元/t) | 30.00 | — |
| | 销售额/万元 | 168.60 | — |
| 筛混煤 | 灰　分/% | 19.71 | — |
| | 产　量/万 t | 59.61 | — |
| | 单　价/(元/t) | 40.80 | — |
| | 销售额/万元 | 2 432.09 | — |
| 洗　矸 | 灰　分/% | 73.50 | 86.20 |
| | 产　量/万 t | 14.50 | 9.23 |
| 合　　计 | 销售额/万元 | 10 927.47 | 13 142.37 |

# 第四节　主、再选的最佳配合问题

过去，选煤界对主、再选的配合方案有很多争议，比较一致的观点是二者按等边界灰分分选。有人认为等边界灰分分选就是等密度分选;有人主张应按等实际边界灰分分选,因为再选入料的质量比主选差,它的分选密度应略低于主选的分选密度;也有人认为主、再选应按等精煤灰分分选。

使用计算机优化软件求出的最佳方案证明,主、再选最佳配合方案既不是按等边界灰分分选,也不是按等密度分选,更不是按等精煤灰分分选。

以往有关等边界灰分的论点,都是从最大产率原则出发的,而最大产率原则所研究的都是并联作业,也就是首先假定各作业相互独立,互不相关。而串联流程的特点是,前一作业参数的变化直接影响后续作业。由于主、再选是串联作业,再选的入料是主选的中煤,陶东平已从数学上证明,主、再选不应按等边界灰分分选,而是再选的边界灰分大于主选。证明如下:

设主、再选串联流程如图 4-6 所示,图中:

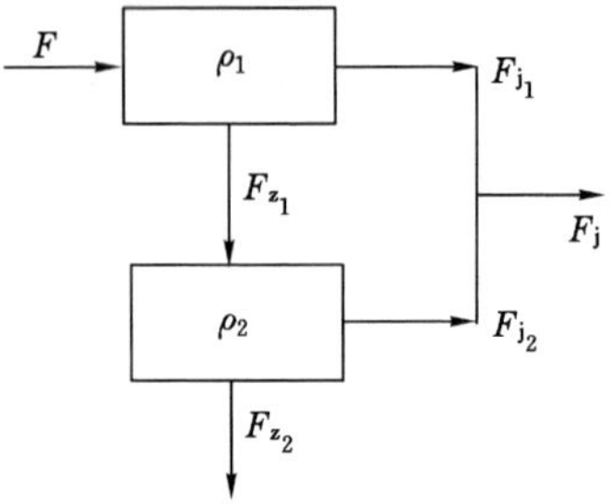


图 4-6 主、再选串联流程示意图

$\rho_1$,$\rho_2$——主、再选精煤段实际分选密度,即 $D_{主}$、$D_{再}$;

$F_{j_1}$,$F_{j_2}$——主、再选精煤产量;

$F_{z_1}$,$F_{z_2}$——主、再选中煤产量;

$F$——入料量;

$F_j$——综合精煤产量。

在下面的推导过程中，还将用到 $A_{j_1}$、$A_{j_2}$、$A_j$、$\gamma_1$、$\gamma_2$、$\gamma_j$ 等变量，其意义说明如下：

$A_{j_1}$，$A_{j_2}$——主、再选精煤灰分；

$A_j$——综合精煤灰分要求值；

$\gamma_1$，$\gamma_2$——主、再选精煤对其入料的产率；

$\gamma_j$——综合精煤产率。

因为　$F_{j_1}=F\gamma_1(\rho_1)$

$$F_{j_2}=F_{z_1}(\rho_1)\gamma_2(\rho_2,\rho_1)=F[1-\gamma_1(\rho_1)]\gamma_2(\rho_2,\rho_1)$$

所以　$F_j=F_{j_1}+F_{j_2}=F[\gamma_1(\rho_1)+\gamma_2(\rho_2,\rho_1)-\gamma_1(\rho_1)\gamma_2(\rho_2,\rho_1)]$

(4-1)

上式的自变量 $\rho_1$，$\rho_2$ 必须满足下列方程：

$$A_j=\frac{F\{\gamma_1(\rho_1)A_{j_1}(\rho_1)+[1-\gamma_1(\rho_1)]\gamma_2(\rho_2,\rho_1)A_{j_2}(\rho_2,\rho_1)\}}{F[\gamma_1(\rho_1)+\gamma_2(\rho_2,\rho_1)-\gamma_1(\rho_1)\gamma_2(\rho_2,\rho_1)]} \tag{4-2}$$

在一个具体的生产条件下，$F$ 是常数。将式(4-1)、式(4-2)两式简化得：

$$F_j/F=\gamma_j=\gamma_1(\rho_1)+\gamma_2(\rho_2,\rho_1)-\gamma_1(\rho_1)\gamma_2(\rho_2,\rho_1) \tag{4-3}$$

$$\gamma_1(\rho_1)A_{j_1}(\rho_1)+[1-\gamma_1(\rho_1)]\gamma_2(\rho_2,\rho_1)A_{j_2}(\rho_2,\rho_1)-A_j[\gamma_1(\rho_1)+\gamma_2(\rho_2,\rho_1)-\gamma_1(\rho_1)\gamma_2(\rho_2,\rho_1)]=0 \tag{4-4}$$

这样，可以把主、再选最大精煤产率问题转化成由式(4-3)和式(4-4)表示的极大值求解问题，目的是求 $\gamma_j$ 的最大值。根据拉格朗日求极值法，先设：

$$\Phi(\rho_2,\rho_1)=\gamma_1(\rho_1)+\gamma_2(\rho_2,\rho_1)-\gamma_1(\rho_1)\gamma_2(\rho_2,\rho_1)+\alpha\{\gamma_1(\rho_1)A_{j_1}(\rho_1)+[1-\gamma_1(\rho_1)]\gamma_2(\rho_2,\rho_1)\times A_{j_2}(\rho_2,\rho_1)-A_j[\gamma_1(\rho_1)+\gamma_2(\rho_2,\rho_1)-\gamma_1(\rho_1)\gamma_2(\rho_2,\rho_1)]\} \tag{4-5}$$

式中 $\alpha$ 为拉格朗日乘子。

偏导数$\frac{\partial \Phi(\rho_2,\rho_1)}{\partial \rho_2}$为：

$$\frac{\partial \Phi(\rho_2,\rho_1)}{\partial \rho_2}=[1-\gamma_1(\rho_1)]\left\{(1-\alpha A_j)\frac{\partial \gamma_2(\rho_2,\rho_1)}{\partial \rho_2}+\alpha\frac{\partial[\gamma_2(\rho_2,\rho_1)A_{j_2}(\rho_2,\rho_1)]}{\partial \rho_2}\right\}$$

在极值点处，必有$\frac{\partial \Phi(\rho_2,\rho_1)}{\partial \rho_2}=0$。又因 $\gamma_1(\rho_1)\neq 1$，所以：

$$\frac{\partial[\gamma_2(\rho_2,\rho_1)A_{j_2}(\rho_2,\rho_1)]/\partial \rho_2}{\partial \gamma_2(\rho_2,\rho_1)/\partial \rho_2}=\frac{\alpha A_j-1}{\alpha}=A_{\lambda_2}^* \tag{4-6}$$

$A_{\lambda_2}^*$为极值点处的再选作业实际边界灰分。

求$\frac{\partial \Phi(\rho_2,\rho_1)}{\partial \rho_1}$，同理可得：

$$\frac{\mathrm{d}[\gamma_1(\rho_1)A_{j_1}(\rho_1)]/\mathrm{d}\rho_1}{\mathrm{d}\gamma_1(\rho_1)/\mathrm{d}\rho_1}=A_{\lambda_2}^*-\gamma_2(\rho_2,\rho_1)[A_{\lambda_2}^*-A_{j_2}(\rho_2,\rho_1)]+[1-\gamma_1(\rho_1)]\frac{\partial[A_{\lambda_2}^*-A_{j_2}(\rho_2,\rho_1)]\gamma_2(\rho_2,\rho_1)/\partial \rho_1}{\mathrm{d}\gamma_1(\rho_1)/\mathrm{d}\rho_1} \tag{4-7}$$

等式(4-6)、式(4-7)的左边是取得最大产率时，主、再选作业实际基元灰分的定义式，所以 $A_{\lambda_2}^*-A_{j_2}(\rho_2,\rho_1)>0$。另外，$\rho_1$ 增加，$\gamma_1(\rho_1)$也增加，$\gamma_2(\rho_2,\rho_1)$则下降，$A_{j_2}(\rho_2,\rho_1)$则上升，故有：

$$\frac{\mathrm{d}[\gamma_1(\rho_1)A_{j_1}(\rho_1)]/\mathrm{d}\rho_1}{\mathrm{d}\gamma_1(\rho_1)/\mathrm{d}\rho_1}=A_{\lambda_1}^*<A_{\lambda_2}^* \tag{4-8}$$

$A_{\lambda_1}^*$为极值点处的主选作业实际基元灰分。

因此，要求得最大产率时的 $\rho_2^*$、$\rho_1^*$，必须联立求解方程(4-6)、(4-7)两式。显然，用解析法求解是不可能的，用作图法求解也极为烦琐，但式(4-8)告诉我们，对图 4-6 所示的作业流程，最大精煤产率的必要条件并不是主、再选等实际基元灰分，而是实际基元灰分不相等。

陶东平曾对几十个选煤厂主、再选配合方案进行研究和优化计算。研究结果表明，主、再选分选密度的最佳配合方案与主、再选的不完善度有关，其关系可用表 4-11 及图 4-7 表示。基本结论是：若主选的不完善度高于再选，则主选的分选密度要低于再选；若主选的不完善度低于再选，则主选的分选密度要高于再选；若两者的不完善度相等，则主、再选的分选密度基本相同。

**表 4-11　分选密度差值与不完善度差值的关系**

| $\Delta I$ | $\Delta D/(g/cm^3)$ | | | | |
|---|---|---|---|---|---|
| | $D_1=1.719$ g/cm³ | $D_1=1.769$ g/cm³ | $D_1=1.819$ g/cm³ | $D_1=1.869$ g/cm³ | $D_1=1.919$ g/cm³ |
| −0.13 | 0.241 | 0.227 | 0.234 | 0.224 | 0.256 |
| −0.06 | 0.132 | 0.094 | 0.156 | 0.120 | 0.105 |
| −0.03 | 0.053 | 0.041 | 0.047 | 0.076 | 0.034 |
| 0 | 0.043 | 0.019 | 0.013 | 0.039 | 0.026 |
| 0.03 | −0.053 | −0.042 | −0.047 | −0.074 | −0.036 |
| 0.06 | −0.099 | −0.093 | −0.133 | −0.172 | −0.158 |
| 0.13 | −0.228 | −0.227 | −0.284 | −0.224 | −0.256 |

注：$D_1$ 为主选一段分选密度；$\Delta D$ 为 $D_{再}-D_{主}$（再选分选密度减主选分选密度）；
$\Delta I$ 为 $I_{再}-I_{主}$（再选不完善度减主选不完善度）。

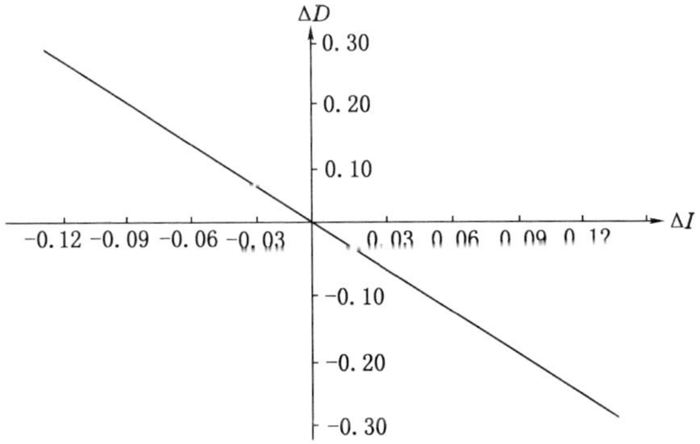


图 4-7　分选密度差值与不完善度差值关系图

根据以上分析，主、再选按等边界灰分分选的论点值得商榷。

主、再选最佳配合的计算机程序有以下两类：

一类是穷举法，就是固定一个主选二段分选密度，求出再选一连串不同分选密度时的分选效果，再固定一个主选二段分选密度，求出再选一连串不同分选密度时的分选效果，可绘制图 4-8 所示的图形。图中的密度为主选二段的分选密度，横坐标为总精煤灰分，纵坐标为总精煤产率。根据要求的精煤灰分，可求出总精煤产率、主选二段及再选二段的分选密度。穷举法计算时间长，而且当步长较大时，有可能漏掉最优解。

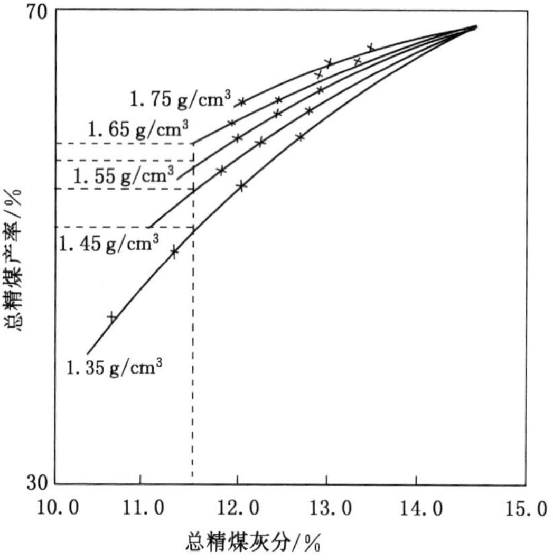


图 4-8　主、再选跳汰配合的优化计算结果

另一类是用优化方法寻找达到总精煤灰分要求时主、再选的最佳配合方案。此处的优化方法可为 0.618 法、二分法等。如“选煤工艺计算软件包”中的“主、再选”程序，该程序框图如图 4-9 所示。为了简化寻优过程，该程序首先要求用户输入一个适宜的主

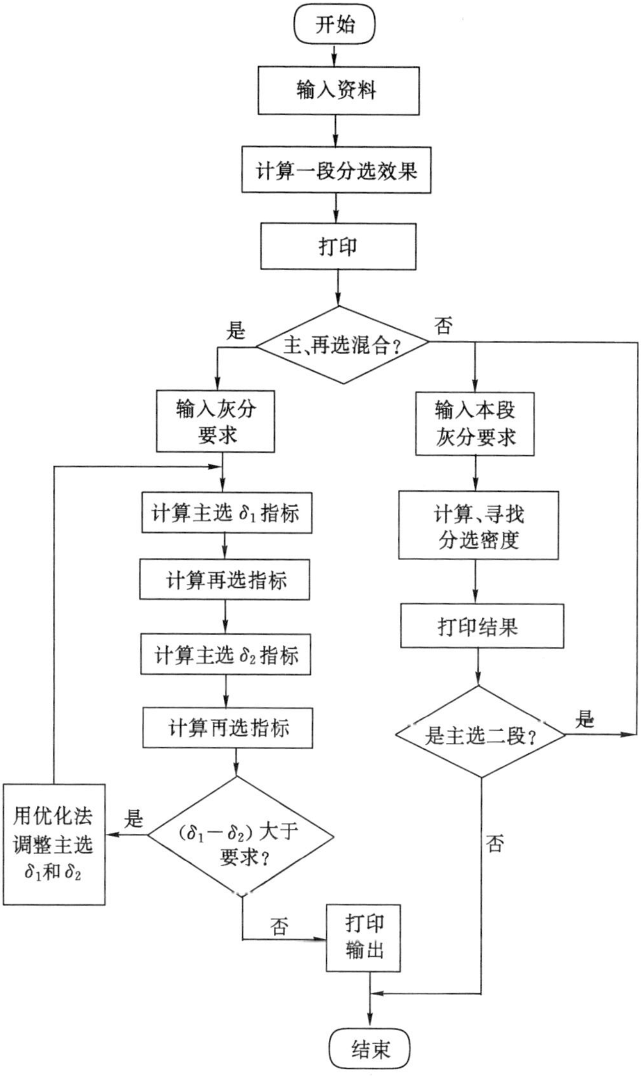
开始
输入资料
计算一段分选效果
打印
主、再选混合？
是
否
输入灰分要求
计算主选 δ1 指标
计算再选指标
计算主选 δ2 指标
计算再选指标
(δ1－δ2) 大于要求？
是
用优化法调整主选 δ1和 δ2
否
打印输出
输入本段灰分要求
计算、寻找分选密度
打印结果
是主选二段？
是
否
结束

图 4-9　“主、再选”程序框图

选一段分选密度，把两段再选简化为一段，即认为再选一、二段的重产物是混合的。参加选优的只有主选二段与再选的综合分选密度。此外，程序首先要求输入原煤及其分配曲线的数学模型，按用户指定的分选密度计算、打印一段的分选效果。然后，程序有一个选择项：主、再选精煤混合或分开。如主、再选精煤分开，程序按用户对主选或再选精煤灰分的要求，分别寻找达到要求灰分时的分选密度及精煤产率；如主、再选精煤混合，则进行优化。

当总精煤灰分一定时，若主选分选密度确定了，则主选精煤的产率、灰分以及再选入料的性质都确定了，这样，再选的分选密度即再选精煤的产率、灰分也就随之确定了。

选优过程是在给定的主选分选密度上下限范围内（如 $a=1.3\ g/cm^3$，$b=1.8\ g/cm^3$）按 0.618 法先选定两个分选密度 $\delta_1$ 及 $\delta_2$，再用二分法分别计算达到总精煤灰分要求时再选的分选密度 $\Delta_1$ 及 $\Delta_2$，得到主选与再选精煤总产率 $\gamma_1$ 及 $\gamma_2$。比较 $\delta_1$ 及 $\delta_2$，如 $|\delta_1-\delta_2|$ 小于规定误差（如 0.01），停止寻优，选取 $(\delta_1+\delta_2)/2$ 为主选的分选密度，并求出相应的再选指标。如果 $|\delta_1-\delta_2|$ 大于规定误差，将主选分选密度的端点 $a$ 或 $b$ 移向产率大的方向，按 0.618 法重新确定新的分选密度 $\delta_1$ 和 $\delta_2$，再进行计算。

表 4-12 为"主、再选"程序的选优过程及优化结果。例中，主选一段、二段及再选的不完善度分别为 0.2、0.18 及 0.22。

选优结果显示，当主、再选总精煤灰分为 10.00％时，主选二段的分选密度为 $1.508\ g/cm^3$，再选的分选密度为 $1.422\ g/cm^3$，主选精煤的灰分为 9.63％，再选精煤的灰分为 13.95％。由于再选入料是主选中煤，即使再选的分选密度低于主选，再选精煤灰分仍然高于主选。主、再选精煤灰分的差距不等，有的差 2％～3％，有的差得更多。灰分差距与原煤性质、选煤机的不完善度和对精煤灰分的要求都有关系。因此，要求主、再选精煤灰分相等的做法是不正确的。

**表 4-12 “主、再选”程序的选优过程及优化结果**

主选一段

| 分选密度/(g/cm³) | 精煤 | | 尾煤 | |
|---|---|---|---|---|
| | 产率/% | 灰分/% | 产率/% | 灰分/% |
| 1.900 | 84.395 | 13.25 | 15.605 | 76.51 |

选优过程

| 主选二段 | | | 再选 | | | 总计 | |
|---|---|---|---|---|---|---|---|
| 分选密度/(g/cm³) | 产率/% | 灰分/% | 分选密度/(g/cm³) | 产率/% | 灰分/% | 产率/% | 灰分/% |
| 1.609 | 75.227 | 10.39 | | | | | |
| 1.491 | 64.655 | 9.48 | 1.447 | 8.361 | 13.99 | 73.016 | 10.00 |
| 1.418 | 51.773 | 8.78 | 1.511 | 20.481 | 13.07 | 72.254 | 10.00 |
| 1.536 | 69.870 | 9.86 | 1.356 | 2.893 | 13.23 | 72.763 | 10.00 |
| 1.463 | 60.437 | 9.23 | 1.478 | 12.406 | 13.76 | 72.843 | 10.00 |
| 1.508 | 66.901 | 9.63 | 1.422 | 6.182 | 13.95 | 73.083 | 10.00 |
| 1.519 | 68.094 | 9.72 | 1.402 | 4.921 | 13.81 | 73.015 | 10.00 |
| 1.508 | 66.901 | 9.63 | 1.422 | 6.182 | 13.95 | 73.083 | 10.00 |

主、再选精煤混合选优结果

| 主选二段 | | | 再选 | | | 总精煤 | | 中煤 | |
|---|---|---|---|---|---|---|---|---|---|
| 分选密度/(g/cm³) | 产率/% | 灰分/% | 分选密度/(g/cm³) | 产率/% | 灰分/% | 产率/% | 灰分/% | 产率/% | 灰分/% |
| 1.508 | 66.901 | 9.63 | 1.422 | 6.182 | 13.95 | 73.083 | 10.00 | 11.313 | 34.21 |

## 第五节 选煤厂生产系统的优化

前面已阐明，为了使选煤厂的利润最大，必须确定各作业的最佳分选制度及产品的合理搭配方案。但是，由于选煤厂是一个复杂的大系统，各变量之间的关系大部分是非线性的，给选优带来较大困难。各国学者对此做了很多研究。随着计算机的普及及相关学科的发展，基本上解决了这些复杂过程的非线性选优问题。

## 一、选煤厂优化的系统分析

原煤进入选煤厂后，对多种原煤首先要考虑是混合入选还是分组入选。原煤在选煤厂要经过多种分选作业，选后产品有时要进行分级，各分选作业生产的产品有可能掺和到一起作最终产品，也可能分别发运。总的说来，选煤工艺分为两个大的阶段：一是分选阶段，二是搭配阶段。这两个大阶段对最终产品的数量和质量均有显著的影响。

分选阶段又可分为重选和浮选两大类。由于原煤可选性曲线和分配曲线是非线性的，所以重选和浮选产品的数量和质量的变化规律也是非线性的。

在搭配阶段，如果不考虑分选过程，单纯考虑产品的搭配方案，可以用线性规划求出最优解；如果要同时考虑分选过程及产品搭配，必须用非线性方法寻优。将有关选优中需要解决的方案和问题归纳后，画出图 4-10 所示的关系图，其中“入选原煤结构”是

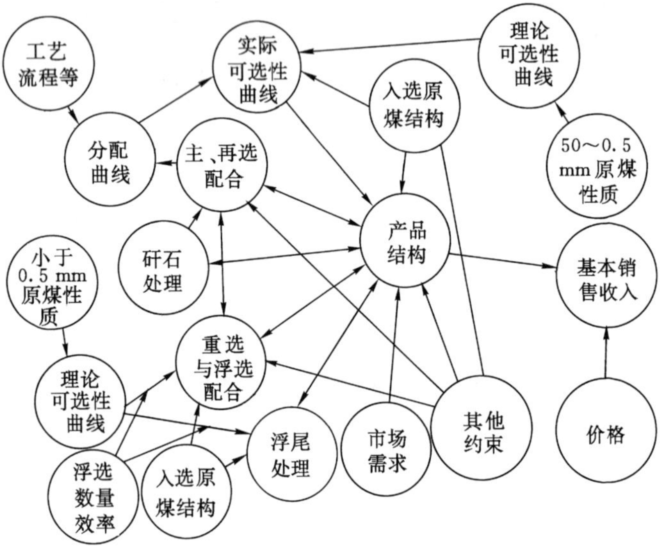


图 4-10　选煤厂优化关系图

指多种原煤配煤方案。

图 4-10 中所有单向和双向连线表示了各类问题之间的相互影响关系。双向连线表示两个问题之间相互影响，单向连线表示两个问题之间是因果关系。仔细分析关系图，还可以找到各因素之间更详细的关系，如图 4-11 所示。图 4-11 说明，实际可选性曲线和原煤性质、入选原煤结构、分配曲线、工艺流程这几个方面有关联。

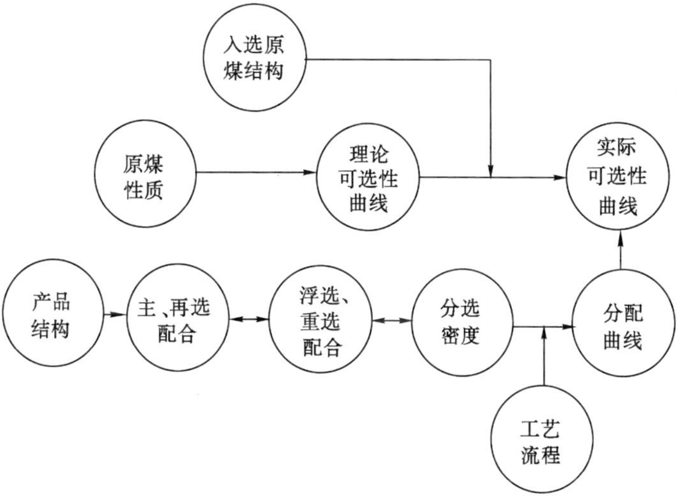


图 4-11　实际可选性曲线与其他因素的关系

## 二、线性规划的应用——配煤

线性规划是运筹学理论中最成熟且应用最广泛的一个分支。当日标函数和约束是线性时，可以用线性规划求解。线性规划可以求解运输问题、配料问题、厂址的布局问题等。下面举例说明线性规划在选煤厂经营管理中的应用。

### （一）利用线性规划确定产品的合理搭配方案

例如美国高硫煤较多，即使经过机械分选，产品的硫分仍然较高,不能使用。于是,产煤公司就购买一些低硫煤与本公司高硫煤掺混后出售。

某公司有4个选煤厂:1号、2号、3号和4号。4个选煤厂的精煤送到精煤贮煤场混匀后运到电厂。电厂每天用煤2万t,对质量要求见表4-13。各厂的产量、煤质分析及生产成本(包括运往贮煤场的运费)见表4-14。为了达到混煤的质量要求,可以有多种配煤方案。但是,由于各种煤的成本不同,必定有一种成本最低的配煤方案。

**表4-13　电厂对煤炭质量的要求**

| 项　目 | 指　标 | 项　目 | 指　标 |
| --- | --- | --- | --- |
| 灰　分 | ≤10.0% | 挥发分 | ≥25.0% |
| 硫　分 | ≤1.0% | 固定碳 | ≤65.0% |
| 内在水分 | ≤3.0% | 固定碳 | >55.0% |

**表4-14　各厂原煤性质及生产成本**

| | 1号 | 2号 | 3号 | 4号 |
| --- | --- | --- | --- | --- |
| 产量/(t/d) | 8 000 | 7 000 | 4 000 | 6 000 |
| 生产成本/(美元/t) | 10.21 | 8.80 | 9.00 | 9.73 |
| 灰分/% | 8.20 | 10.00 | 9.10 | 11.20 |
| 硫分/% | 0.70 | 1.00 | 0.85 | 1.40 |
| 挥发分/% | 27.00 | 26.00 | 24.50 | 24.30 |
| 内在水分/% | 2.00 | 3.00 | 3.50 | 3.00 |
| 固定碳/% | 62.80 | 61.00 | 62.90 | 65.50 |

设4个选煤厂每天需用煤量分别为$x_1$,$x_2$,$x_3$,$x_4$,则每天总成本$y$为:

$$y = 10.21x_1 + 8.80x_2 + 9.00x_3 + 9.73x_4$$

线性规划的目标函数是使总成本 $y$ 最小，它有以下约束函数：

(1) 产量约束

$$x_1 + x_2 + x_3 + x_4 = 20\ 000$$

(2) 灰分约束

$$8.20x_1 + 10.00x_2 + 9.10x_3 + 11.20x_4 < 20\ 000 \times 10.00$$

(3) 硫分约束

$$0.70x_1 + 1.00x_2 + 0.85x_3 + 1.40x_4 < 20\ 000 \times 1.00$$

(4) 内在水分约束

$$2.00x_1 + 3.00x_2 + 3.50x_3 + 3.00x_4 < 20\ 000 \times 3.00$$

(5) 挥发分约束

$$27.00x_1 + 26.00x_2 + 24.50x_3 + 24.30x_4 > 20\ 000 \times 25.00$$

(6) 1 号选煤厂产量约束

$$x_1 \leqslant 8\ 000$$

(7) 2 号选煤厂产量约束

$$x_2 \leqslant 7\ 000$$

(8) 3 号选煤厂产量约束

$$x_3 \leqslant 4\ 000$$

(9) 4 号选煤厂产量约束

$$x_4 \leqslant 6\ 000$$

因 4 个选煤厂精煤的固定碳含量均在要求的 55%～65%之间，对固定碳含量就不再加约束了。

表 4-15 为计算机求解该线性规划问题的输入及结果。最佳结果显示，4 个选煤厂所用的精煤量分别为：4 600 t/d，7 000 t/d，4 000 t/d 及 4 400 t/d，得到的最低成本是 187 378 美元/d。

表 4-15 所示是配煤的一个实例。为了快速完成配煤预测，开发了相应的“配煤”软件，以下作一介绍。

**表 4-15　线性规划问题计算结果**

输入资料：使 10.21 * X(1)+8.80 * X(2)+9.00 * X(3)+9.73 * X(4)最小

约束为：

| X(1) | X(2) | X(3) | X(4) | |
|---|---|---|---|---|
| 1.000 | 1.000 | 1.000 | 1.000 | =20 000 |
| 0.082 | 0.100 | 0.091 | 0.112 | <2 000 |
| 0.007 | 0.010 | 0.008 5 | 0.014 | <200.000 |
| 0.020 | 0.030 | 0.035 | 0.030 | <600.000 |
| 0.270 | 0.260 | 0.245 | 0.243 | >5 000 |
| 1.000 | 0.000 | 0.000 | 0.000 | <8 000 |
| 0.000 | 1.000 | 0.000 | 0.000 | <7 000 |
| 0.000 | 0.000 | 1.000 | 0.000 | <4 000 |
| 0.000 | 0.000 | 0.000 | 1.000 | <6 000 |

迭代 6 次得：

X(1)=4 600；X(2)=7 000；X(3)=4 000；X(4)=4 400

目标函数值为 187 378 美元/d

* * * 最佳解 * * *

（二）用“配煤”软件进行配煤预测

用线性规划求解配煤的前提是目标函数和约束必须是线性的。经过研究发现，不同煤炭的灰分、硫分、水分、挥发分、固定碳、发热量具有线性可加性，一般情况下，灰成分、灰熔点也有线性可加性。图 4-12 至图 4-14 为按照线性函数计算的灰分、硫分、发热

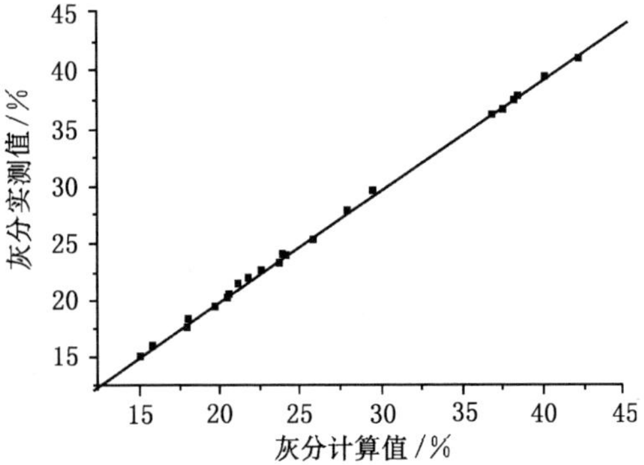


图 4-12　灰分计算值与实测值的关系

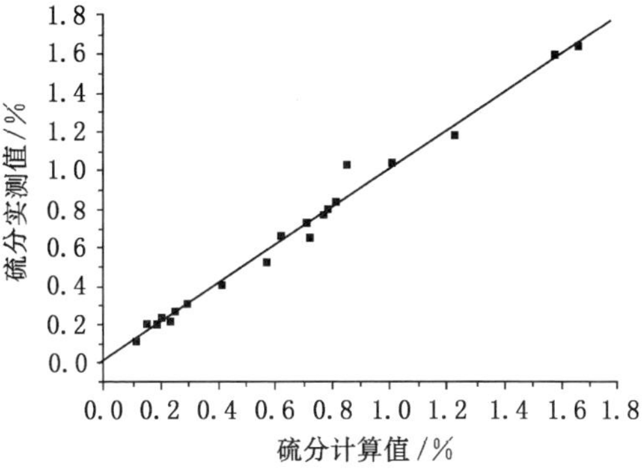


图 4-13 硫分计算值与实测值的关系

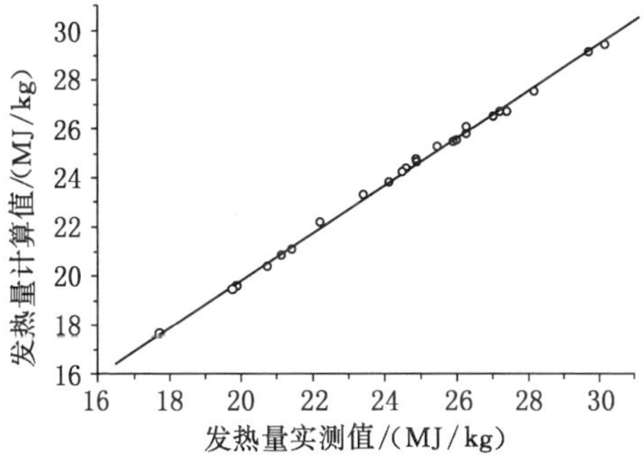


图 4-14 发热量计算值与实测值的关系

量与实际测量数据的关系,数据点基本上在对角线上,证明线性关系较强。但是,煤炭重要的燃烧特性——煤的着火稳定性、燃尽特性和结渣特性不具有线性可加性。当不考虑燃烧特性时,最优配煤方案可以用线性规划求解。

"配煤"软件的目标函数、约束和优化方法如下:

1. 目标函数

在满足用户煤质要求的条件下，配煤成本最低、获得最大经济效益是企业追求的目标，即：

$$\min Z=\sum_{j=1}^{n}C_jX_j \tag{4-9}$$

式中，$Z$ 为总成本或总价格；$C_j$ 为第 $j$ 种煤的成本或价格；$X_j$ 为第 $j$ 种煤的数量。

2. 约束

约束有三种：

（1）对配煤产品的质量要求，如灰分、水分、发热量、硫分、固定碳等线性可加特性；

（2）单种煤配煤质量限制；

（3）配煤产品总量要求。

3. 优化方法——单纯形法

单纯形法求解的数学基础是线性代数解联立方程所用的迭代法，此法计算过程虽然比较烦琐，但有一定的规则与步骤可循，便于计算机编程计算。单纯形法的基本思路是：根据问题的标准采取逐步接近的最优化办法，先从可行域中某个基可行解（一个顶点）求出一个可行解，转换到另一个基可行解，并且使目标函数值达到最大时，就得到了最优解。

进行优化前首先要将线性规划问题的数学模型变换为标准形式：

（1）将目标函数由最小变换为最大；

（2）把不等式约束变换为等式约束。

求解结果可能出现唯一最优解、无穷最优解、无界解和无可行解几种情况。当煤质达不到约束要求、不能出现唯一最优解时，需要通知用户改变约束。

图 4-15 为“配煤”程序总体方案设计框图，图 4-16、图 4-17 分

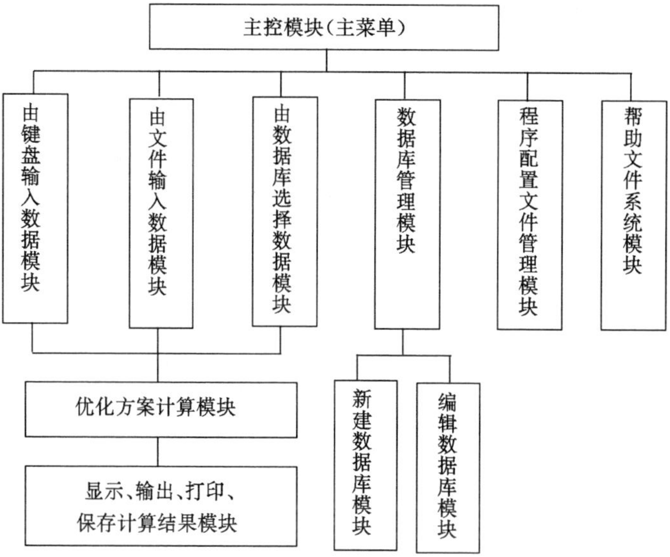


图 4-15 “配煤”程序总体方案设计框图

图 4-16 “配煤”程序运行界面

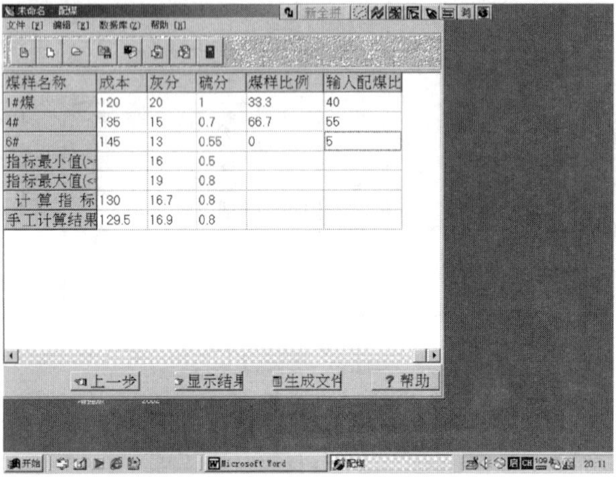


图 4-17 “配煤”程序优化结果

别为“配煤”程序运行界面和优化结果。

配煤的最大优点是可以充分发挥每种煤的优点，相互“取长补短”，使煤炭质量满足各种类型锅炉的需要。对于发电厂，配煤不但可以降低购煤成本，满足锅炉对煤质的要求，还可以降低电厂其他运行费用（如磨煤、脱硫、除灰渣等费用），降低生产成本。

**三、选煤流程的预测优化**

“选煤流程优化”软件的功能主要是对由重选、浮选、筛分、分级作业组成的不同流程，按照用户对产品数量、质量要求的约束以及产品价格表，求出产值最高时各作业的最佳分选制度，预测各作业及最终产品的数量、质量指标。

“选煤流程优化”程序的用途有：

（1）选煤厂的技术管理；为技术改造决策提供依据；作为日常生产指标下达的依据，生产计划制订的依据，产品结构确定的依据等。

（2）选煤厂设计时，确定选煤工艺流程及产品结构的依据。

可以对不同工艺流程、不同分选方法、不同产品结构进行计算，最后选出一个最佳的方案。

由于选煤流程的优化是一个复杂的非线性优化问题，必须借助数学模型并利用计算机完成。

（一）原始资料及计算机表述

1. 原煤可选性资料

根据第三章的介绍，用不同的数学模型表示浮物累计曲线和密度曲线，输入拟合参数文件名。

2. 重选分配曲线资料

根据第三章的介绍，推荐用不同的数学模型模拟实际分配曲线。当缺少实际资料时，对跳汰可以用通用分配曲线，也可以用近似公式法（分配指标表）。对重介选可以用近似公式法。但要注意近似公式法预测的结果比实际效果好。

3. 浮选分选效果资料

根据第三章的介绍，可以使用分步释放浮选试验结果或浮选机单元浮选试验结果的浮选精煤产率曲线作为理论指标。缺少以上资料时，可用小浮沉试验资料作为理论指标。要用不同的数学模型模拟后送入计算机。对小浮沉试验资料，需要输入浮选效率，即在相同精煤灰分下，理论产率乘以效率得到实际产率。如果缺少以上资料，也可以只简单地输入精煤产率和灰分，将浮选作为固定指标参加优化。

4. 筛分作业

筛分作业可以将煤炭分成两部分，可以按粒度筛分，也可以将同一粒级煤炭分成两部分。

筛分作业的操作比较简单，计算时首先要输入分级粒度和筛分效率。

5. 重选分选效果预测方法

根据第三章的介绍，采用数学模型代表原煤可选性曲线和分配曲线，将分选密度细化，提高预测精度。

6. 选煤流程和产品结构

选煤流程中包括重选、浮选和筛分作业，筛分作业置于分选作业前端，分选后产品不再进行筛分。分选作业的产品可以任意合并，形成不同的产物。图 4-18 为某选煤厂的选煤工艺流程的简化图，该厂为块煤重介、末煤跳汰、煤泥浮选流程。块煤（50～13 mm）重介作业第一段分选出精煤，第二段分离出中煤和矸石。末煤（13～0.5 mm）跳汰作业为主、再选，主选一段（作业 5）、二段（作业 6），再选用一段代表了两段（作业 7）。煤泥（0.5～0 mm）进入浮选（作业 8）出两个产品，浮选精煤与跳汰主、再选末精煤合并成为末精煤。筛分作业（1）是将＞13 mm 物料筛出，筛分作业（2）是将 13～0.5 mm 物料筛出，与实际生产不同，生产中是 13～0 mm 物料全部进入跳汰机，对精煤产品脱水分级后，＜0.5 mm 煤泥再进入浮选。这样比较复杂，图 4-18 的流程是简化的流程。

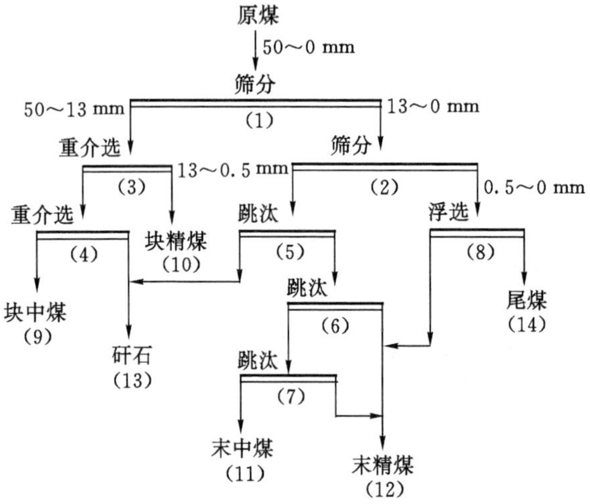


图 4-18　某选煤厂的选煤工艺流程简化图

用户可以根据本厂的流程画出具体的流程图，如跳汰主选、跳汰浮选、重介一段、重介二段、三产品重介质旋流器、跳汰主、再选、浮选等。为了便于计算机对流程的记忆，规定每一个作业出二产品，出三产品的作业可以分解为串联的两个二产品作业，图 4-18 所示的作业(5)、(6)串联的两个跳汰作业就是一个出三产品的作业。

在计算机中，选煤程序以网络流的形式存储。图 4-19 所示的网络图代表了图 4-18 的选煤工艺流程。

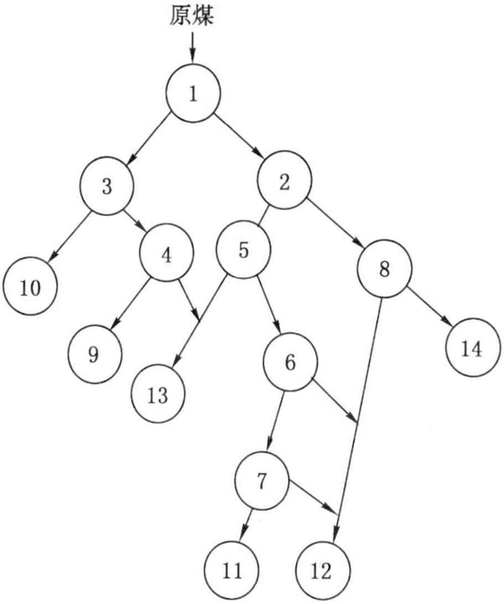


图 4-19　与图 4-18 对应的网络图

7. 产品的价格体系

产品的种类和价格随灰分变化规律由价格表表示，价格表的灰分范围要宽，因为选优过程产品灰分的变化幅度有可能比较大。产品的个数可以为任意多个或由用户决定，如 1 号精煤、2 号精煤、3 号精煤、1 号混煤等。输入价格后以文件形式存储，使用时由用户指定某产品价格文件名称。

价格表一般是按灰分等级改变价格，有时某一灰分段的价格会有一个跳跃。因此，价格是一个阶跃函数而且是不可导的，只能以价格表的形式备查。

（二）优化的目标函数

选煤流程优化目标为最大经济效益。选煤厂的利税（包括盈利和税收）是由总销售收入减去总成本而得到的。总销售收入为精煤、中煤、煤泥等产品的销售收入的总和。总成本包括原煤费及加工费，其中原煤费、工资、折旧费等属于固定费用，基本不变；而购买电力、药剂等费用随着产品结构的变化而变化，但是这一部分在总成本中只占很小的比例。这样，就可以把目标函数从利润最大简化为销售收入最大，即表示为：

$$\max f\left(\sum_{i=1}^{n}\gamma_i P_i\right) \tag{4-10}$$

式中　$i$——第 $i$ 个产品，$i=1,2,\cdots,n$；

$\gamma_i$——第 $i$ 个产品的产率；

$P_i$——第 $i$ 个产品的价格。

因为许多优化算法的表达形式为求目标函数的最小值，为了直接使用这些算法，需要变换式(4-10)，得到等价式：

$$\min f\left(-\sum_{i=1}^{n}\gamma_i P_i\right)$$

考虑上述约束条件后，选煤流程寻优问题的数学表达式为：

$$\min f\left(-\sum_{i=1}^{n}\gamma_i P_i\right) \tag{4-11}$$

$$\text{S. t}\quad A_i' \leqslant A_i \leqslant A_i'' \tag{4-12}$$

$$\text{S. t}\quad \rho_j' \leqslant \rho_j \leqslant \rho_j'' \tag{4-13}$$

式中　$j$——第 $j$ 个分选作业，$j=1,2,\cdots,m$；

$A_i, A_i', A_i''$——第 $i$ 个产品的灰分、灰分的下限和上限；

$\rho_j, \rho_j', \rho_j''$——第 $j$ 个分选作业的分选密度、分选密度的下限和上限。

（三）约束

1. 约束的内容

优化过程的约束条件包括以下两方面：

（1）用户对某些产品质量的约束，如精煤灰分上、下限；也可能对矸石灰分有要求，如灰分大于70%。“选煤流程优化”程序对所有的最终产品都提供了灰分上、下限约束的可能。

但是，当选优过程约束太多时，由于原煤质量及分选效率的制约，令约束产生碰撞，选优过程无解。这时，用户要调整约束，只要规定主要产品的约束就可以了。另外，还要注意不要提出达不到要求的约束，如精煤灰分过低，矸石灰分过高等。

（2）软件内部设定的约束。为了保证分选设备的操作制度在生产中切实可行，本程序根据生产经验，对分选密度的关系进行约束。如跳汰机一段的分选密度大于二段的分选密度。

2. 约束处理方法

多数的直接寻优算法属于无约束最优化算法，而这里的目标函数是有约束的，因此必须把有约束的优化问题加以处理，使之变为无约束的优化问题。主要方法有以下三种：

（1）惩罚函数法。其基本思想是：根据约束的特点，构造某种“惩罚”函数，然后把它加到目标函数中去，将约束问题的求解转化为一系列无约束问题的求解。这种“惩罚”策略，对于在无约束问题求解过程中那些企图“违反”约束的迭代点给予很大的目标函数值（对于求极小值而言是一种“惩罚”），迫使一系列无约束问题的极小点或者无限地靠近可行域，或者一直保持在可行域内移动，直到迭代点收敛到原约束问题的极小点。根据构造的“惩罚”函数的不同，这种方法具体又可以分为外罚函数法和内罚函数法。惩罚函数法不适用于本约束处理,因为无论是外罚函数法还是内罚函数法,转化后形成的无约束问题中,惩罚因子 $\sigma$(或障碍因子 $r$)的选取都涉及选优变量 $X$,而且由于本优化问题无法使用求导的解析法,对于每个惩罚因子(或障碍因子)的确定都要进行多次目标函数值的计算。虽然惩罚因子(或障碍因子)在约束上做出了贡献,但付出了太多的计算量代价,在目标函数的寻优速度上起了阻碍作用。

(2) 增广 Lagrange 乘子法。该法是通过引入一些待定系数(乘子),把原有的约束与这些乘子添加到目标函数中去,构成一个无约束的新目标函数。增广 Lagrange 乘子法虽然优于惩罚函数法,但是它要求目标函数 $f(X)$是二次连续可微函数;而这里的目标函数很复杂,无法写出显式的函数表达式,更不能保证二次连续可微的条件,因此无法应用增广 Lagrange 乘子法处理本约束。

(3) 密闭约束法。以可行域边界形成一个密闭的"容器",选优变量 $X$ 存于密闭的"容器"内。选优中,选优变量 $X$ 在可行域("容器")内任意滚动,以寻找对应的最优目标值,但不允许 $X$ 冲出密闭的可行域边界。一旦 $X$ 冲出可行域边界,则认为它在冲出边界瞬间前的工作有效,以后不管处于哪个位置,由于在可行域之外,其对应的目标值均为无效值,选优变量 $X$ 总在可行域内部或边界上变化。密闭约束法没有附加因子,使选优过程得以自然发展。

根据以上分析,本软件采用密闭约束法把有约束的优化问题变为无约束的优化问题。

选煤流程复杂,是一个多变量输入、输出系统,可选性曲线和分配曲线都是很复杂的非线性函数,无法计算其导数,只能用直接搜索法。由于选煤流程的复杂性,优化的关键是寻找收敛速度快、受初值影响小、真正实现全局优化的方法。

“选煤流程优化”软件采用遗传算法与传统搜索方法相结合的混合搜索法。在寻优的初期阶段采用遗传算法，以克服对初始搜索点的依赖，在寻优的后期阶段，即已经接近全局最优解时，改用传统搜索方法，利用传统的搜索方法较强的局部搜索能力，加快搜索速度，既能防止收敛陷入局部最优解，又能提高优化速度，保证了优化结果的可靠性。

（四）“选煤流程优化”软件的使用

“选煤流程优化”软件可以对各种选煤流程、各种产品搭配方案进行优化计算，在达到最大经济效益的前提下求得最佳的分选制度，即各个作业分选密度和产品灰分搭配方案。经过对大量数据计算，证明该软件能较快收敛，并能够找到全程最优解。

“选煤流程优化”软件只能对一个固定流程、固定的产品搭配方案进行优化，找到一个销售额最高的方案。如果要对不同流程进行比较，需要采用如下方法。

首先画出不同流程或同一流程不同产品搭配方案的图形，输入计算机；再应用“选煤流程优化”软件对每一种流程进行计算，求得最高销售额的方案；然后将全部计算结果进行比较，求出最优流程及产品结构方案。如表 4-16 所示。

表 4-16 为 6 种选煤流程的最高销售额及产品结构。根据各流程的销售额，再考虑到加工费、投资、市场等因素，最后选择一个最佳流程。

“选煤流程优化”软件只是对一种原煤进行优化计算，当需要了解同一流程、不同配煤方案的分选效果时，也可以用同样方法反复计算后进行对比。

“选煤流程优化”软件提供了往产品中掺入煤泥的功能，这是模拟生产现场有大量的粗煤泥掺入精煤或中煤的实际，可以由用户自由输入掺入煤泥的数量和质量。

**表 4-16　6 种选煤流程的最高销售额及产品结构**

| 序号 | 流　　程 | 最高销售额/万元 | 最终产品 | | |
| --- | --- | --- | --- | --- | --- |
| | | | 产品名称 | 产率/% | 灰分/% |
| 1 | 二段重介浮选 | 5 753.59 | 低灰精煤 | 27.17 | 7.88 |
| | | | 高灰精煤 | 34.35 | 15.97 |
| | | | 矸石 | 31.23 | 82.62 |
| 2 | 二段重介不浮选 | 5 282.22 | 精煤 | 39.66 | 9.90 |
| | | | 混煤 | 29.00 | 27.35 |
| | | | 矸石 | 24.09 | 89.84 |
| 3 | 跳汰主、再选浮选 | 5 324.64 | 精煤 | 36.62 | 9.72 |
| | | | 高灰精煤 | 12.36 | 14.45 |
| | | | 中煤 | 20.61 | 39.87 |
| | | | 矸石 | 23.16 | 85.79 |
| 4 | 三段跳汰浮选 | 5 486.38 | 精煤 | 39.90 | 10.02 |
| | | | 高灰精煤 | 17.23 | 16.00 |
| | | | 沸腾煤 | 7.22 | 54.63 |
| | | | 矸石 | 28.41 | 80.03 |
| 5 | 三段跳汰无浮选 | 5 100.85 | 精煤 | 36.72 | 9.32 |
| | | | 混煤 | 3.29 | 22.29 |
| | | | 中煤 | 32.49 | 35.64 |
| | | | 矸石 | 20.25 | 87.40 |
| 6 | 二段跳汰无浮选 | 5 094.54 | 精煤 | 38.11 | 9.97 |
| | | | 混煤 | 31.87 | 31.68 |
| | | | 矸石 | 22.77 | 86.08 |

# 第五章　选煤厂质量管理

## 第一节　产品质量的概念

产品质量就是产品的使用价值，即产品能够满足人们需要所应具备的自然属性或技术特性。一般来说，质量特性可归纳为以下几个方面：

(1) 产品的技术性能。如冶金用煤要求水分、灰分、硫分低，结焦性好；机车用煤要求中块，限下率低，发热量高，低硫，挥发分及灰熔点较高等。

(2) 产品的经济性能。产品的价格合理，使用过程中的各类消耗低，效率高，经济效益好。

(3) 耐久性。产品的使用寿命长。

(4) 可靠性。通常是指在规定的时间内和使用条件下产品各项指标的稳定性。如一台计算机在开始使用时效果很好，但使用时间不长，图像就不清晰了，这说明该计算机的可靠性差。可靠性是产品在使用过程中逐渐表现出来的，是产品的内在质量特征。

(5) 安全性。要求产品在使用过程中保证安全可靠，对使用人员不造成伤害事故，不污染环境，不损害健康。如煤的硫分高会造成二氧化硫污染，导致酸雨。

以上5种质量特性有时是互相矛盾的，如技术性能好的产品价格可能高。因此，不能片面强调某一方面，而要全面综合地考虑各方面的因素，才能得到最优的产品质量。

产品质量是企业的生命线，是提高企业经济效益的重要条件，如果质量达不到用户要求，产品就没有销路，生产就不能持续。产品质量不好时，即使勉强降价销售，企业的利润很低，信誉不好，也会在竞争中失败。

产品质量不好，解决的办法是推动技术进步，对现有企业进行技术改造。但同时也要注意到，管理水平不高时，也会造成质量问题。管理水平高，有助于发现产品质量及生产技术中的薄弱环节，对生产技术的发展起促进作用。

## 第二节　煤炭产品质量标准

矿井开采出来的未经任何加工的煤炭称为毛煤，毛煤不能作为商品煤直接销售，只有经过简单加工，除掉大块矸石（一般大于50 mm），成为原煤后才能作为商品煤销售。但销售原煤有很多弊端，首先原煤中有大量矸石、黄铁矿等有害杂质，直接销售会带来很大的环境问题；其次，原煤价格便宜，直接出售不经济。应该尽可能排除原煤中的杂质，按用户要求生产适销对路的产品。选煤厂就是对煤炭进行加工的企业。为了便于研究选煤厂的质量管理问题，先对煤炭产品的质量标准作一简单介绍。

### 一、中国煤炭的分类标准

煤炭分类是合理利用煤炭资源的前提，也是选煤厂建厂的根据之一。我国的国家标准 GB/T 5751—2009《中国煤炭分类》对中国煤炭分类制定了详尽的标准。表 5-1 为中国煤炭分类简表。

各类煤用两位阿拉伯数码表示，如表中第 3 列所示。数码的十位数按煤的挥发分分组，无烟煤为 0、烟煤为 1～4、褐煤为 5。个位数的含义是：无烟煤类为 1～3，表示煤化程度；烟煤类为 1～6，表示黏结性；褐煤类为 1～2，表示煤化程度。

**表 5-1 中国煤炭分类简表**

| 类别 | 代号 | 编码 | 分类指标 | | | | | |
|---|---|---|---|---|---|---|---|---|
| | | | $V_{daf}$/% | $G$ | $Y$/mm | $b$/% | $P_M$/%[b] | $Q_{gr,maf}$[c]/(MJ/kg) |
| 无烟煤 | WY | 01,02,03 | ≤10.0 | | | | | |
| 贫煤 | PM | 11 | >10.0～20.0 | ≤5 | | | | |
| 贫瘦煤 | PS | 12 | >10.0～20.0 | >5～20 | | | | |
| 瘦煤 | SM | 13,14 | >10.0～20.0 | >20～65 | | | | |
| 焦煤 | JM | 24 | >20.0～28.0 | >50～65 | | | | |
| | | 15,25 | >10.0～28.0 | >65[a] | ≤25.0 | ≤150 | | |
| 肥煤 | FM | 16,26,36 | >10.0～37.0 | (>85)[a] | >25.0 | | | |
| 1/3 焦煤 | 1/3JM | 35 | >28.0～37.0 | >65[a] | ≤25.0 | ≤220 | | |
| 气肥煤 | QF | 46 | >37.0 | (>85)[a] | >25.0 | >220 | | |
| 气煤 | QM | 34 | >28.0～37.0 | >50～65 | ≤25.0 | ≤220 | | |
| | | 43,44,45 | >37.0 | >35 | | | | |
| 1/2 中黏煤 | 1/2ZN | 23,33 | >20.0～37.0 | >30～50 | | | | |
| 弱黏煤 | RN | 22,32 | >20.0～37.0 | >5～30 | | | | |
| 不黏煤 | BN | 21,31 | >20.0～37.0 | ≤5 | | | | |
| 长焰煤 | CY | 41,42 | >37.0 | ≤35 | | | >50 | |
| 褐煤 | HM | 51 | >37.0 | | | | ≤30 | ≤24 |
| | | 52 | >37.0 | | | | >30～50 | |

注：a 在 $G>85$ 的情况下，用 $Y$ 值或 $b$ 值来区分肥煤、气肥煤与其他煤类；当 $Y>25.0$ mm 时，根据 $V_{daf}$ 的大小可划分为肥煤或气肥煤；当 $Y\leqslant25$ mm 时，则根据 $V_{daf}$ 的大小可划分为焦煤、1/3 焦煤或气煤。

按 $b$ 值划分类别时，当 $V_{daf}\leqslant28.0\%$，$b>150\%$ 的为肥煤；当 $V_{daf}>28.0\%$ 时，$b>220\%$ 的为肥煤或气肥煤。如按 $b$ 值和 $Y$ 值划分的类别有矛盾时，以 $Y$ 值划分的类别为准。

b 对 $V_{daf}>37.0\%$，$G\leqslant5$ 的煤，再以透光率 $P_M$ 来区分其为长焰煤或褐煤。

c 对 $V_{daf}>37.0\%$，$P_M>30\%\sim50\%$ 的煤，再测 $Q_{gr,maf}$，如其值大于 24 MJ/kg，应划分为长焰煤，否则为褐煤。

## 二、煤炭的主要质量指标及分级

煤炭产品的质量指标很多，比较重要的质量指标有灰分、硫分、发热量、水分、固定碳、挥发分、灰熔融性、热稳定性、哈氏可磨性指数、磷分。不同的用户对质量指标的要求有不同的侧重，如冶金用焦煤对灰分、硫分、全水分、磷含量和结焦性能有具体要求，而发电用煤主要对发热量、挥发分、灰熔融性、硫分、可磨性、灰分、全水分有要求。

煤炭按照不同质量指标的分级如下：

1. 煤炭灰分分级

灰分是煤炭质量的重要指标。灰分越高，质量越差。商品煤灰分用扣除水分后的干基灰分表示。按 GB/T 15224.1—2018《煤炭质量分级 第1部分：灰分》，对煤炭灰分的分级标准如表5-2所示。

**表5-2 煤炭资源评价灰分分级**

| 序号 | 级别名称 | 代号 | 灰分($A_d$)范围/% |
|---|---|---|---|
| 1 | 特低灰煤 | SLA | ≤10.00 |
| 2 | 低灰煤 | LA | 10.01～20.00 |
| 3 | 中灰煤 | MA | 20.01～30.00 |
| 4 | 中高灰煤 | MHA | 30.01～40.00 |
| 5 | 高灰煤 | HA | 40.01～50.00 |

我国的煤炭以低中灰煤和中灰分煤为主，二者占80%以上。在炼焦过程中，煤中的灰分几乎全部转入焦炭之中。一般焦炭灰分升高1%，高炉熔剂消耗量约增加4%，炉渣量约增加3%，每吨生铁焦炭消耗量增加1.7%～2.0%，生铁产量降低2.2%～3.0%。与发达国家相比，我国高炉焦的灰分是比较高的。

发电用煤灰分高会增加磨煤电耗、排灰量和排灰场地，增加入厂原煤运输量，增大发电的综合成本。

2. 煤炭硫分分级

硫是煤中的有害元素。对炼焦用煤,焦炭中的硫全部来自煤炭,焦炭含硫高会增高生铁含硫量,增大生铁热脆性,增加炉渣碱度,使高炉运行指标下降。通常焦炭硫分增加 0.1%,焦炭消耗量增加1.2%~2.0%,生铁产量减少 2%以上,并加剧冶炼过程环境污染。

对发电用煤,硫分会腐蚀锅炉和管道,影响设备寿命。更重要的是,燃煤排放的 $SO_2$ 严重污染大气,产生酸雨,破坏生态平衡。我国大气中 80%的 $SO_2$ 污染源自燃煤。GB/T 15224.2—2021《煤炭质量分级 第 2 部分:硫分》对煤炭总硫分的分级标准如表 5-3 所示。我国煤炭中特低硫煤和低硫煤所占的比例为63.45%。相对而言,我国动力用煤的硫分低于炼焦用煤。

**表 5-3 煤炭资源评价硫分分级**

| 序号 | 级别名称 | 代号 | 干燥基全硫分($S_{t,d}$)范围/% |
|---|---|---|---|
| 1 | 特低硫煤 | SLS | ≤0.50 |
| 2 | 低硫煤 | LS | 0.51~1.00 |
| 3 | 中硫煤 | MS | 1.01~2.00 |
| 4 | 中高硫煤 | MHS | 2.01~3.00 |
| 5 | 高硫煤 | HS | >3.00 |

3. 煤炭发热量分级

发热量是评价动力煤质量的一个很重要的指标。不同类型锅炉对发热量的要求不同,高的要求是收到基低位发热量 $Q_{net,ar}$ 在 25 MJ/kg 以上,有些电厂要求 21 MJ/kg 左右,有的小电厂更低。总之,发电用煤的发热量以符合电厂锅炉设计时的要求为好,发热量过低或过高都会影响电厂的正常运行。GB/T 15224.3—2022《煤炭质量分级 第 3 部分:发热量》所规定的标准如表 5-4 所示。

**表 5-4　煤炭发热量分级**

| 序号 | 级别名称 | 代号 | 发热量($Q_{net,ar}$)范围/(MJ/kg) |
|---|---|---|---|
| 1 | 低发热量煤 | LQ | ≤16.70 |
| 2 | 中低发热量煤 | MLQ | 16.71～21.30 |
| 3 | 中发热量煤 | MQ | 21.31～24.30 |
| 4 | 中高发热量煤 | MHQ | 24.31～27.20 |
| 5 | 高发热量煤 | HQ | 27.21～30.90 |
| 6 | 特高发热量煤 | SHQ | ＞30.90 |

4. 煤的全水分分级

煤中水分的高低对焦炭的质量没有直接影响，但炼焦精煤水分过高，会增加炼焦过程能耗。发电用煤全水分增高不但会降低收到基低位发热量，还影响其可磨性，增大磨煤电耗。另外，水分增高增加了不必要的运输量，给严寒地区装卸车带来困难。

煤中全水分分级标准如表 5-5 所示。

**表 5-5　煤中全水分分级**

| 序号 | 级别名称 | 代号 | 分级范围($M_t$)/% |
|---|---|---|---|
| 1 | 特低全水分煤 | SLM | ≤6.00 |
| 2 | 低全水分煤 | LM | ＞6.0～8.0 |
| 3 | 中等全水分煤 | MM | ＞8.0～12.0 |
| 4 | 中高全水分煤 | MHM | ＞12.0～20.0 |
| 5 | 高全水分煤 | HM | ＞20.0～40.0 |
| 6 | 特高全水分煤 | SHM | ＞40.0 |

5. 煤的固定碳含量要求

合成氨用煤要求固定碳 $FC_d$ 含量在 65%以上，高炉喷吹用煤的固定碳含量一般大于 75%，生产人造刚玉用无烟煤及碳化硅、活性炭用煤等对固定碳含量也有要求。

6. 煤的挥发分产率分级

电厂用煤挥发分要随锅炉设计要求来确定，不宜过低或过高，液化用煤宜采用挥发分产率较高的年轻煤，高炉喷吹用煤的挥发分要合适，其他工业用煤对挥发分有具体要求。表 5-6 为煤的挥发分产率分级标准。

**表 5-6　煤的挥发分产率分级**

| 序号 | 级别名称 | 代号 | 分级范围($V_{dar}$)/% |
|---|---|---|---|
| 1 | 特低挥发分煤 | SLV | ≤10.00 |
| 2 | 低挥发分煤 | LV | >10.00～20.00 |
| 3 | 中等挥发分煤 | MV | >20.00～28.00 |
| 4 | 中高挥发分煤 | MHV | >28.00～37.00 |
| 5 | 高挥发分煤 | HV | >37.00～50.00 |
| 6 | 特高挥发分煤 | SHV | >50.00 |

7. 煤灰熔融性分级

煤灰熔融性是评价动力用煤和气化用煤的重要质量参数。一般采用变形温度 DT、软化温度 ST、半球温度 HT 和流动温度 FT 4 个特征温度来评价煤灰熔融性。实际应用中对软化温度和流动温度的应用较多。表 5-7、表 5-8 分别为按照软化温度和流动温度的分级标准。

**表 5-7　煤灰熔融性软化温度分级**

| 序号 | 级别名称 | 代号 | 分组范围(ST)/℃ |
|---|---|---|---|
| 1 | 低软化温度灰 | LST | ≤1 100 |
| 2 | 较低软化温度灰 | RLST | >1 100～1 250 |
| 3 | 中等软化温度灰 | MST | >1 250～1 350 |
| 4 | 较高软化温度灰 | RHST | >1 350～1 500 |
| 5 | 高软化温度灰 | HST | >1 500 |

表 5-8 煤灰熔融性流动温度分级

| 序号 | 级别名称 | 代号 | 分级范围(FT)/℃ |
|---|---|---|---|
| 1 | 低流动温度灰 | LFT | ≤1 150 |
| 2 | 较低流动温度灰 | RLFT | >1 150~1 300 |
| 3 | 中等流动温度灰 | MFT | >1 300~1 400 |
| 4 | 较高流动温度灰 | RHFT | >1 400~1 500 |
| 5 | 高流动温度灰 | HFT | >1 500 |

对固态排渣的发电厂煤粉锅炉，通常以燃煤灰熔融性软化温度(ST)大于 1 350℃最好。否则，软化温度低会造成固态排渣的困难。对少数液态排渣的电厂锅炉，一般以流动温度(FT)小于 1 200℃最好，而且 FT 越低越好，必要时还可添加助熔剂以降低灰渣的流动温度。

对合成氨用煤，FT 以 1 250℃以上为宜。否则，灰渣易在气化炉内结疤挂炉，影响产气率和煤气质量，严重时会造成停炉事故。

对沸腾床气化炉用煤，ST 应大于 1 200 ℃。

8. 煤的热稳定性分级

煤的热稳定性 $TS_{+6}$ 是指煤在高温燃烧或气化过程中对热的稳定程度，也就是煤块在高温下保持原来粒度的性质。

气化用煤对煤的热稳定性有较高要求，以免在气化过程中粉碎，影响气化率，并增加粉煤在飞灰或炉灰中的损失。对常压固定床煤气发生炉，热稳定性应大于 60.0%。对合成氨用煤，要求热稳定性在 70%以上。

我国 62%的煤炭属于热稳定性好的煤炭。表 5-9 为煤的热稳定性分级标准。

**表 5-9　煤的热稳定性分级**

| 序号 | 级别名称 | 代号 | 热稳定性范围($TS_{+6}$)/% |
|---|---|---|---|
| 1 | 低热稳定性煤 | LTS | ≤40 |
| 2 | 较低热稳定性煤 | RLTS | >40～50 |
| 3 | 中等热稳定性煤 | MTS | >50～60 |
| 4 | 较高热稳定性煤 | RHTS | >60～70 |
| 5 | 高热稳定性煤 | HTS | >70 |

9. 煤的哈氏可磨性指数分级

煤的可磨性是表示煤磨碎成粉难易程度的一个指标，它对于设计和改造粉煤制备系统、计算磨煤机的产率和耗电量等均有重要意义。我国采用哈德格罗夫法测定煤的可磨性指数，称为哈氏可磨性指数(HGI)。表 5-10 为煤的哈氏可磨性指数分级标准。

**表 5-10　煤的哈氏可磨性指数分级**

| 序号 | 级别名称 | 代号 | 分级范围(HGI) |
|---|---|---|---|
| 1 | 难磨煤 | DG | ≤40 |
| 2 | 较难磨煤 | RDG | >40～60 |
| 3 | 中等可磨煤 | MG | >60～80 |
| 4 | 易磨煤 | EG | >80～100 |
| 5 | 极易磨煤 | UEG | >100 |

发电用煤的哈氏可磨性指数(HGI)越高越好。对于烟煤，HGI 值以大于 50 为好。对高炉喷吹用煤，HGI 值应该高一些，否则煤的硬度大，会使增加制粉工艺的动力消耗，同时降低喷吹设备特别是喷枪的寿命。

10. 煤中磷分分级

煤炭中的磷分对煤特别是炼焦煤的利用有很大影响。煤中的磷分在炼焦时全部残留在焦炭中，焦炭中的磷又全部转入生铁，会增大生铁的冷脆性。煤中磷分分级标准如表 5-11 所示。

**表 5-11 煤中磷分分级**

| 序号 | 级别名称 | 代号 | 磷分($P_d$)范围/% |
|---|---|---|---|
| 1 | 特低磷分煤 | SLP | ≤0.010 |
| 2 | 低磷分煤 | LP | >0.010～0.050 |
| 3 | 中磷分煤 | MP | >0.050～0.100 |
| 4 | 高磷分煤 | HP | >0.100 |

## 三、煤炭产品品种和等级划分

### （一）品种划分

煤炭经过分选、筛选等加工后，煤炭的质量发生了变化，主要表现在有害元素含量如硫分、磷分、灰分的脱除，质量得到了提高。同时，煤炭经过筛分，分为粒度不同的产品，以满足不同用户的需要。

GB/T 17608—2022《煤炭产品品种和等级划分》把我国的煤炭产品按其用途、加工方法和技术要求划分为 5 大类、29 个品种，如表 5-12 所示。

### （二）产品质量指标的划分

1. 灰分($A_d$)

冶炼用炼焦精煤灰分等级划分如表 5-13 所示，其他用炼焦精煤灰分等级划分如表 5-14 所示，喷吹用精煤灰分等级划分如表 5-15 所示，其他煤炭产品灰分等级划分如表 5-16 所示。

2. 硫分($S_{t,d}$)

精煤硫分等级划分按表 5-17 所示，其他煤炭产品硫分等级划分如表 5-18 所示。

表 5-12 煤炭产品的类别、品种和技术要求

| 产品类别 | 品种名称 | 技术要求 | | | |
| --- | --- | --- | --- | --- | --- |
| | | 粒度/mm | 发热量 $Q_{net,ar}$ /(MJ/kg) | 灰分 $A_d$ /% | 最大粒度[a]上限/% |
| 1 精煤 | 1-1 冶炼用炼焦精煤 | <50,<100 | | ≤12.50 | ≤5 |
| | 1-2 其他用炼焦精煤 | <50,<100 | | 12.51~16.00 | |
| | 1-3 喷吹用精煤 | <25,<50 | ≥23.50 | ≤14.00 | |
| 2 粒级煤 | 2-1 洗原煤 | <300 | 无烟煤、烟煤:≥14.50<br>褐煤:≥11.00 | — | ≤5 |
| | 2-2 洗混煤 | <50,<100 | | | |
| | 2-3 洗末煤 | <13,<20,<25 | | | |
| | 2-4 洗粉煤 | <6 | | | |
| | 2-5 洗特大块 | >100 | | | |
| | 2-6 洗大块 | 50~100,>50 | | | |
| | 2-7 洗中块 | 25~50 | | | |
| | 2-8 洗混中块 | 13~50,13~100 | | | |
| | 2-9 洗混块 | >13,>25 | | | |
| | 2-10 洗小块 | 13~20,13~25 | | | |
| | 2-11 洗混小块 | 6~25 | | | |
| | 2-12 洗粒煤 | 6~13 | | | |

**表 5-12(续)**

| 产品类别 | 品种名称 | 技术要求 | | | |
|---|---|---|---|---|---|
| | | 粒度/mm | 发热量 $Q_{net,ar}$ /(MJ/kg) | 灰分 $A_d$ /% | 最大粒度[a]上限/% |
| 3 洗选煤 | 3-1 混煤 | ＜50 | 无烟煤、烟煤:≥14.50<br>褐煤:≥11.00 | ＜40 | ≤50 |
| | 3-2 末煤 | ＜13,＜20,＜25 | | | |
| | 3-3 粉煤 | ＜6 | | | |
| | 3-4 特大块 | ＞100 | | | |
| | 3-5 大块 | 60～100,＞50 | | | |
| | 3-6 中块 | 25～50 | | | |
| | 3-7 混块 | ＞13,＞25 | | | |
| | 3-8 混中块 | 13～50,13～100 | | | |
| | 3-9 小块 | 13～25 | | | |
| | 3-10 混小块 | 6～25 | | | |
| | 3-11 粒煤 | 6～13 | | | |
| 4 原煤 | 4-1 原煤,水采原煤 | ＜300 | 无烟煤、烟煤:≥14.50<br>褐煤:≥11.00 | ＜40 | |
| 5 低质煤[b] | 5-1 原煤 | ＜300 | 无烟煤、烟煤:＜14.50<br>褐煤:＜11.00 | ＞40 | |
| | 5-2 煤泥,水采煤泥 | ＜1.0,＜0.5 | | 16.50～49.00 | |

注:a 取筛上物累计产率最接近、但不大于5%的那个筛孔尺寸,作为最大粒度。

b 如用户需要,必须采取有效的环保措施,不违反环保法规的情况下供需双方协商解决。

表 5-13　冶炼用炼焦精煤灰分等级划分

| 等级 | 灰分 $A_d$/% | 等级 | 灰分 $A_d$/% |
|---|---|---|---|
| A-0 | 0～5.00 | A-8 | 8.51～9.00 |
| A-1 | 5.01～5.50 | A-9 | 9.01～9.50 |
| A-2 | 5.51～6.00 | A-10 | 9.51～10.00 |
| A-3 | 6.01～6.50 | A-11 | 10.01～10.50 |
| A-4 | 6.51～7.00 | A-12 | 10.51～11.00 |
| A-5 | 7.01～7.50 | A-13 | 11.01～11.50 |
| A-6 | 7.51～8.00 | A-14 | 11.51～12.00 |
| A-7 | 8.01～8.50 | A-15 | 12.01～12.50 |

表 5-14　其他用炼焦精煤灰分等级划分

| 等级 | 灰分($A_d$)/% | 等级 | 灰分($A_d$)/% |
|---|---|---|---|
| A-1 | 12.51～13.00 | A-5 | 14.51～15.00 |
| A-2 | 13.01～13.50 | A-6 | 15.01～15.50 |
| A-3 | 13.51～14.00 | A-7 | 15.51～16.00 |
| A-4 | 14.01～14.50 | — | — |

表 5-15　喷吹用精煤灰分等级划分

| 等　级 | 灰分($A_d$)/% | 等　级 | 灰分($A_d$)/% |
|---|---|---|---|
| A-0 | 0～5.00 | A-10 | 9.51～10.00 |
| A-1 | 5.01～5.50 | A-11 | 10.01～10.50 |
| A-2 | 5.51～6.00 | A-12 | 10.51～11.00 |
| A-3 | 6.01～6.50 | A-13 | 11.01～11.50 |
| A-4 | 6.51～7.00 | A-14 | 11.51～12.00 |
| A-5 | 7.01～7.50 | A-15 | 12.01～12.50 |
| A-6 | 7.51～8.00 | A-16 | 12.51～13.00 |
| A-7 | 8.01～8.50 | A-17 | 13.01～13.50 |
| A-8 | 8.51～9.00 | A-18 | 13.51～14.00 |
| A-9 | 9.01～9.50 | — | — |

**表 5-16　其他煤炭产品灰分等级划分**

| 等级 | 灰分 $A_d$/% | 等级 | 灰分 $A_d$/% |
|---|---|---|---|
| A-1 | ≤5.00 | A-13 | 16.01～17.00 |
| A-2 | 5.01～6.00 | A-14 | 17.01～18.00 |
| A-3 | 6.01～7.00 | A-15 | 18.01～19.00 |
| A-4 | 7.01～8.00 | A-16 | 19.01～20.00 |
| A-5 | 8.01～9.00 | A-17 | 20.01～21.00 |
| A-6 | 9.01～10.00 | A-18 | 21.01～22.00 |
| A-7 | 10.01～11.00 | A-19 | 22.01～23.00 |
| A-8 | 11.01～12.00 | A-20 | 23.01～24.00 |
| A-9 | 12.01～13.00 | A-21 | 24.01～25.00 |
| A-10 | 13.01～14.00 | A-22 | 25.01～26.00 |
| A-11 | 14.01～15.00 | A-23 | 26.01～27.00 |
| A-12 | 15.01～16.00 | A-24 | 27.01～28.00 |
| A-25 | 28.01～29.00 | A-31 | 34.01～35.00 |
| A-26 | 29.01～30.00 | A-32 | 35.01～36.00 |
| A-27 | 30.01～31.00 | A-33 | 36.01～37.00 |
| A-28 | 31.01～32.00 | A-34 | 37.01～38.00 |
| A-29 | 32.01～33.00 | A-35 | 38.01～39.00 |
| A-30 | 33.01～34.00 | A-36 | 39.01～40.00① |

注：① $A_d$>40%的低质煤，如用户需要并能保证环境质量的条件下，可双方协商解决。

**表 5-17　精煤硫分等级划分**

| 等级 | 硫分($S_{t,d}$)/% | 等级 | 硫分($S_{t,d}$)/% |
|---|---|---|---|
| S-1 | ≤0.30 | S-6 | 1.26～1.50 |
| S-2 | 0.31～0.50 | S-7 | 1.51～1.75 |
| S-3 | 0.51～0.75 | S-8 | 1.76～2.00 |
| S-4 | 0.76～1.00 | S-9 | 2.01～2.25 |
| S-5 | 1.01～1.25 | S-10 | 2.26～2.50 |

表 5-18　其他煤炭产品硫分等级划分

| 等级 | 硫分($S_{t,d}$)/% | 等级 | 硫分($S_{t,d}$)/% |
|---|---|---|---|
| S-1 | ≤0.30 | S-8 | 1.76～2.00 |
| S-2 | 0.31～0.50 | S-9 | 2.01～2.25 |
| S-3 | 0.51～0.75 | S-10 | 2.26～2.50 |
| S-4 | 0.76～1.00 | S-11 | 2.51～2.75 |
| S-5 | 1.01～1.25 | S-12 | 2.76～3.00 |
| S-6 | 1.26～1.50 | S-13 | >3.00① |
| S-7 | 1.51～1.75 | — | — |

注：① 如用户需要，必须采取有效的环保措施，在不违反环保法规的情况下，由供需双方协商解决。

3. 发热量($Q_{net,ar}$)

除喷吹用精煤外，其他煤炭产品的发热量等级划分见表 5-19。

表 5-19　煤炭发热量等级划分

| 等级 | 编号 | 发热量 $Q_{net,ar}$/(MJ/kg) | 等级 | 编号 | 发热量 $Q_{net,ar}$/(MJ/kg) |
|---|---|---|---|---|---|
| Q-1 | 295 | >29.00 | Q-20 | 200 | 19.51～20.00 |
| Q-2 | 290 | 28.51～29.00 | Q-21 | 195 | 19.01～19.50 |
| Q-3 | 285 | 28.01～28.50 | Q-22 | 190 | 18.51～19.00 |
| Q-4 | 280 | 27.51～28.00 | Q-23 | 185 | 18.01～18.50 |
| Q-5 | 275 | 27.01～27.50 | Q-24 | 180 | 17.51～18.00 |
| Q-6 | 270 | 26.51～27.00 | Q-25 | 175 | 17.01～17.50 |
| Q-7 | 265 | 26.01～26.50 | Q-26 | 170 | 16.51～17.00 |
| Q-8 | 260 | 25.51～26.00 | Q-27 | 165 | 16.01～16.50 |
| Q-9 | 255 | 25.01～25.50 | Q-28 | 160 | 15.51～16.00 |
| Q-10 | 250 | 24.51～25.00 | Q-29 | 155 | 15.01～15.50 |
| Q-11 | 245 | 24.01～24.50 | Q-30 | 150 | 14.51～15.00① |
| Q-12 | 240 | 23.51～24.00 | Q-31 | 145 | 14.01～14.50② |
| Q-13 | 235 | 23.01～23.50 | Q-32 | 140 | 13.51～14.00② |
| Q-14 | 230 | 22.51～23.00 | Q-33 | 135 | 13.01～13.50② |

表 5-19(续)

| 等级 | 编号 | 发热量 $Q_{net,ar}$ /(MJ/kg) | 等级 | 编号 | 发热量 $Q_{net,ar}$ /(MJ/kg) |
|---|---|---|---|---|---|
| Q-15 | 225 | 22.01～22.50 | Q-34 | 130 | 12.51～13.00② |
| Q-16 | 220 | 21.51～22.00 | Q-35 | 125 | 12.01～12.50② |
| Q-17 | 215 | 21.01～21.50 | Q-36 | 120 | 11.51～12.00② |
| Q-18 | 210 | 20.51～21.00 | Q-37 | 115 | 11.01～11.50② |
| Q-19 | 205 | 20.01～20.50 | Q-38 | — | — |

注:① $Q_{net,ar}$≤14.5 MJ/kg 的无烟煤、烟煤,如用户需要,并在不违反环保法规的情况下,由供需双方协商解决。

② 只适用于褐煤。$Q_{net,ar}$≤11.00 MJ/kg 的褐煤,如用户需要,并在不违反环保法规的情况下,由供需双方协商解决。

4. 块煤限下率

块煤限下率等级按表 5-20 划分。

表 5-20　块煤限下率等级划分

| 等　　级 | 1 | 2 | 3 | 4 | 5 |
|---|---|---|---|---|---|
| 块煤限下率/% | ≤3.00 | 3.01～6.00 | 6.01～9.00 | 9.01～12.00 | 12.01～15.00 |
| 等　　级 | 6 | 7 | 8 | 9 | 10 |
| 块煤限下率/% | 15.01～18.00 | 18.01～21.00 | 21.01～24.00 | 24.01～27.00 | 27.01～30.00 |

## 四、用户对煤炭产品质量的要求

煤炭的用途十分广泛,煤炭既是燃料,也是工业原料,在电力、化工、冶金、民用等不同部门使用。发达国家的煤炭主要用来发电,中国的煤炭消费呈多元化格局。1999 年我国煤炭用户分布如图 5-1 所示。

图 5-2 为煤炭的主要用途。不同行业、不同用煤设备对煤炭质量的要求不同,煤炭的主要用户对煤种和煤质的要求如表 5-21 所示。表 5-22 为相应的国家标准名称。表 5-23 至表 5-32 列出了标准中的主要内容。

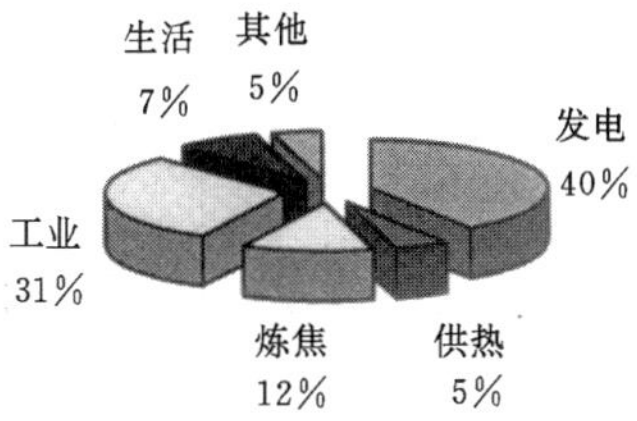


图 5-1　1999 年我国煤炭用户分布示意图

- 煤
  - 燃烧
    - 热蒸汽——发电、动力、取暖等
    - 煤灰——制造水泥、耐火材料、建筑材料，提炼铝和稀散金属
    - 焦炭——冶金、铸造及发生炉燃料
  - 干馏
    - 高温干馏
      - 高温焦油——制药、染料以及建筑材料的原料
      - 粗苯——药品及合成原料
      - 氨——制氮肥
      - 煤气——气体燃料及有机合成原料
    - 低温干馏
      - 半焦——气化原料、发电及民用燃料，制活性炭、二硫化碳等
      - 低温焦油——提炼液体燃料、酚、石蜡、沥青等
      - 焦油水——制药、枕木防腐剂、氮肥原料
      - 煤气——气体燃料，有机合成原料
  - 气化
    - 气——氧煤气；水煤气 } 作为原料气制取
      - 合成液体燃料，如汽油、柴油等
      - 合成化学品，如甲醇、氨等
      - 作加氢原料和硬化油脂用
    - 发生炉煤气——气体燃料
  - 加氢液化
    - 液体燃料——汽油、柴油等
    - 润滑油
    - 化工原料
    - 煤气——高热值气体燃料
  - 炭化
    - 活性炭
    - 分子筛
  - 热塑化——热塑煤
    - 建筑材料
    - 酚醛树脂代用品
  - 热熔
    - 油煤沥青
    - 煤液化原料
    - 胶体燃料
    - 泡沫塑料
    - 无灰煤——无灰焦
  - 其他特殊加工
    - 石墨——电极、润滑剂
    - 碳化硅——研磨剂、耐火材料
    - 碳化钙——有机合成原料及工业用
    - 磺化煤——离子交换树脂(净水剂)

图 5-2　煤炭的主要用途

表 5-21 不同用户对煤种和煤质的要求

| 用户类型 | 适宜煤种 | 灰分 | 全硫分 | 磷分 | 钾和钠总量 | 水分 | 固定碳 | 挥发分 | 发热量 | 灰熔融点 | 粒度 | 块煤限下率 | 含矸率 | 可磨性 | 抗碎强度 | 热稳定性 | 粘结指数 | 胶质层厚度 | 焦渣特性 |
|---|---|---|---|---|---|---|---|---|---|---|---|---|---|---|---|---|---|---|---|
| 冶金焦煤 | 气煤，1/3 焦煤，气肥煤，肥煤，焦煤，瘦煤 | √ | √ |  |  | √ |  |  |  |  |  |  |  |  |  |  |  |  |  |
| 铸造焦用煤 | 气煤，1/3 焦煤，气肥煤，肥煤，焦煤，瘦煤 | √ | √ |  |  | √ |  |  |  |  |  |  |  |  |  |  |  |  |  |
| 高炉喷吹烟煤 | 贫煤，贫瘦煤，气煤，长焰煤，不粘煤，弱粘煤 | √ | √ | √ | √ | √ |  |  | √ |  | √ |  |  | √ |  |  |  |  |  |
| 高炉喷吹无烟煤 | 无烟煤 | √ | √ | √ |  | √ |  |  |  |  | √ |  |  | √ |  |  |  |  |  |
| 水煤气两段炉 | 褐煤，长焰煤，不粘煤，弱粘煤，气煤，瘦煤，贫瘦煤 | √ | √ |  |  |  | √ | √ |  | √ | √ | √ |  |  | √ | √ | √ |  |  |
| 常压固定床煤气 | 长焰煤，不粘煤，弱粘煤，1/2 中粘煤，气煤，1/3 焦煤，瘦煤，贫瘦煤，贫煤，无烟煤 | √ | √ |  |  |  |  |  | √ | √ | √ | √ | √ |  | √ | √ |  | √ |  |
| 合成氨用煤 | 无烟煤 | √ | √ | √ |  | √ | √ | √ |  | √ | √ | √ | √ |  | √ | √ |  |  |  |
| 发电煤粉锅炉用煤 | 无烟煤，烟煤（包括贫煤），褐煤 | √ | √ |  |  | √ |  | √ | √ | √ |  |  |  | √ |  |  |  |  |  |
| 链条炉排锅炉用煤 |  | √ | √ |  |  | √ |  | √ | √ | √ | √ | √ |  |  |  |  |  |  | √ |
| 蒸汽机车用煤 | 烟煤 | √ | √ |  |  |  |  | √ | √ | √ | √ | √ |  |  |  |  |  |  |  |
| 水泥回转窑 | 弱粘煤，不粘煤，1/2 中粘煤，气煤，1/3 焦煤，气肥煤，肥煤，焦煤，长焰煤，瘦煤，贫瘦煤，贫煤，褐煤，无烟煤 | √ | √ |  |  |  |  | √ | √ |  | √ |  |  |  |  |  |  |  |  |

**表 5-22　不同用户对煤炭质量要求的国家标准**

| 标准名称 | 标准号 |
|---|---|
| 商品煤质量 煤焦用煤 | GB/T 397—2022 |
| 商品煤质量 高炉喷吹用煤 | GB/T 18512—2022 |
| 商品煤质量 发电煤粉锅炉用煤 | GB/T 7562—2018 |
| 商品煤质量 链条炉用煤 | GB/T 18342—2018 |
| 商品煤质量 固定床气化用煤 | GB/T 9143—2021 |
| 商品煤质量 水泥回转窑用煤 | GB/T 7563—2018 |

**表 5-23　冶金焦用原料煤技术要求(GB/T 397—2022)**

| 项　　目 | 技术要求 |
|---|---|
| 灰分($A_d$)/% | 特级:≤5.0;1 级:5.01～5.50;2 级:5.51～6.00;3 级:6.01～6.50;4 级:6.51～7.00;5 级:7.01～7.50;6 级:7.51～8.00;7 级:8.01～8.50;8 级:8.51～9.00;9 级:9.01～9.50;10 级:9.51～10.00;11 级:10.01～10.50;12 级:10.51～11.00;13 级:11.01～11.50;14 级:11.51～12.00[a] |
| 全硫($S_{t,d}$)/% | 特级:≤0.30;1 级:≤0.31～0.50;2 级:0.51～0.75;3 级:0.76～1.00;4 级:1.01～1.25;5 级:1.26～1.50;6 级:1.51～1.75[a] |
| 磷含量(Pd)/% | 1 级:<0.010;2 级:≥0.010～0.050;3 级:>0.050～0.100;4 级:>0.100～0.150[a] |
| 黏结指数($G_{R,I}$) | >20～50;>50～80;>80[a] |
| 全水分($M_t$)/% | 1 级:≤9.0;2 级:9.1～10.0;3 级:10.1～12.0[a,b] |

注:a 对于不符合表中灰分、全硫、磷含量、黏结指数和全水分要求的部分原料煤,由供需双方协商解决。

b 东北、西北、华北地区冬季有火力干燥设备的选煤厂,冬季全水分($M_t$)≤10.0%。冬季一般指 11 月 15 日～次年 3 月 15 日。在特殊情况下,由供需双方协商,根据防冻的要求提前或延长。

表 5-24 铸造焦用原料煤技术要求(GB/T 397—2022)

| 项　目 | 技术要求 |
| --- | --- |
| 灰分($A_d$)/% | 特级:≤5.00<br>1 级:5.01~5.50<br>2 级:5.51~6.00<br>3 级:6.01~6.50<br>4 级:6.51~7.00<br>5 级:7.01~7.50<br>6 级:7.51~8.00<br>7 级:8.01~8.50<br>8 级:8.51~9.00<br>9 级:9.01~9.50[a] |
| 全硫($S_{t,d}$)/% | 特级:≤0.30<br>1 级:≤0.31~0.50<br>2 级:0.51~0.70<br>3 级:0.71~1.00[a] |
| 磷含量($P_d$)/% | 1 级:≤0.010<br>2 级:≥0.010~0.050<br>3 级:≥0.050~0.100<br>4 级:≥0.010~0.150[a] |
| 黏结指数($G_{R,I}$) | >20~50<br>>50~80<br>>80[a] |
| 全水分($M_t$)/% | 1 级:≤9.0<br>2 级:9.1~10.0<br>3 级:10.1~12.0[a,b] |

注:a 对于不符合表中灰分、全硫、磷含量、黏结指数和全水分要求的部分原料煤,由供需双方协商解决。

b 东北、西北、华北地区冬季有火力干燥设备的选煤厂,冬季全水分($M_t$)≤10.0%。冬季一般指 11 月 15 日~次年 3 月 15 日。在特殊情况下,由供需双方协商,根据防冻的要求提前或延长。

**表 5-25 高炉喷吹用无烟煤的技术要求(GB/T 18512—2022)**

| 项目 | 符号 | 单位 | 级别 | 技术要求 |
|---|---|---|---|---|
| 粒度 | — | mm | | 0～13<br>0～25 |
| 灰分 | $A_d$ | % | Ⅰ级<br>Ⅱ级<br>Ⅲ级<br>Ⅳ级 | ≤8.00<br>>8.00～10.00<br>>10.00～12.00<br>>12.00～14.00 |
| 全硫 | $S_{t,d}$ | % | Ⅰ级<br>Ⅱ级<br>Ⅲ级 | ≤0.30<br>>0.30～0.50<br>>0.50～1.00 |
| 哈氏可磨性指数 | HGI | — | Ⅰ级<br>Ⅱ级<br>Ⅲ级 | >70<br>>50～70<br>>40～50 |
| 磷分 | $P_d$ | % | Ⅰ级<br>Ⅱ级<br>Ⅲ级 | ≤0.010<br>>0.010～0.030<br>>0.030～0.050 |
| 钾和钠总量[a] | $w(K)+w(Na)$ | % | Ⅰ级<br>Ⅱ级 | <0.12<br>>0.12～0.20 |
| 全水分 | $M_t$ | % | Ⅰ级<br>Ⅱ级<br>Ⅲ级 | ≤8.0<br>>8.0～10.0<br>>10.0～12.0 |

注:a 煤中钾和钠总量的计算方法:

$$w(K)+w(Na)=[0.830w(K_2O)+0.742w(Na_2O)]\times A_d\div 100$$

式中 $w(K)+w(Na)$——煤中钾和钠总量,%;

0.830——钾占氧化钾的系数;

$w(K_2O)$——煤灰中氧化钾的含量,%;

0.742——钠占氧化钠的系数;

$w(Na_2O)$——煤灰中氧化钠的含量,%;

$A_d$——煤的干燥基灰分,%。

表 5-26　高炉喷吹用贫煤、贫瘦煤的技术要求(GB/T 18512—2022)

| 项目 | 符号 | 单位 | 级别 | 技术要求 |
| --- | --- | --- | --- | --- |
| 粒度 | — | mm | | <50 |
| 灰分 | $A_d$ | % | Ⅰ级 | <8.00 |
| | | | Ⅱ级 | >8.00~10.00 |
| | | | Ⅲ级 | >10.00~12.00 |
| | | | Ⅳ级 | >12.00~13.50 |
| 全硫 | $S_{t,d}$ | % | Ⅰ级 | ≤0.50 |
| | | | Ⅱ级 | >0.50~0.75 |
| | | | Ⅲ级 | >0.75~1.00 |
| 哈氏可磨性指数 | HGI | — | Ⅰ级 | >70 |
| | | | Ⅱ级 | >50~70 |
| 磷分 | $P_d$ | % | Ⅰ级 | ≤0.010 |
| | | | Ⅱ级 | >0.010~0.030 |
| | | | Ⅲ级 | >0.030~0.050 |
| 钾和钠总量[a] | $w(K)+w(Na)$ | % | Ⅰ级 | <0.12 |
| | | | Ⅱ级 | >0.12~0.20 |
| 全水分 | $M_t$ | % | Ⅰ级 | ≤8.0 |
| | | | Ⅱ级 | >8.0~10.0 |
| | | | Ⅲ级 | >10.0~12.0 |

注:a 煤中钾和钠总量的计算方法同表 5-25。

表 5-27　高炉喷吹用其他烟煤的技术要求(GB/T 18512—2022)

| 项目 | 符号 | 单位 | 级别 | 技术要求 |
| --- | --- | --- | --- | --- |
| 粒度 | — | mm | | <50 |
| 灰分 | $A_d$ | % | Ⅰ级 | ≤6.00 |
| | | | Ⅱ级 | >6.00~8.00 |
| | | | Ⅲ级 | >8.00~10.00 |
| | | | Ⅳ级 | >10.00~12.00 |

表 5-27(续)

| 项目 | 符号 | 单位 | 级别 | 技术要求 |
|---|---|---|---|---|
| 全硫 | $S_{t,d}$ | % | Ⅰ级<br>Ⅱ级<br>Ⅲ级 | ≤0.50<br>>0.50~0.75<br>>0.75~1.00 |
| 哈氏可磨性指数 | HGI | — | Ⅰ级<br>Ⅱ级 | >70<br>>50~70 |
| 烟煤胶质层指数 | $Y$ | mm | | <10 |
| 磷分 | $P_d$ | % | Ⅰ级<br>Ⅱ级<br>Ⅲ级 | ≤0.010<br>>0.010~0.030<br>>0.030~0.050 |
| 钾和钠总量[a] | $w(K)+w(Na)$ | % | Ⅰ级<br>Ⅱ级 | <0.12<br>>0.12~0.20 |
| 发热量 | $Q_{net,ar}$ | MJ/kg | | ≥23.50 |
| 全水分 | $M_t$ | % | Ⅰ级<br>Ⅱ级<br>Ⅲ级 | ≤12.0<br>>12.0~14.0<br>>14.0~16.0 |

注：a 煤中钾和钠总量的计算方法同表 5-25。

**表 5-28　常压固定床气化用煤的技术要求(GB/T 9143—2021)**

| 项目 | 符号 | 单位 | 级别 | 技术要求 | |
|---|---|---|---|---|---|
| 粒度 | — | mm | | >6~13;>13~25;>25~50;>50~100 | |
| 块煤限下率 | — | % | | >6~13 mm:≤20;>13~25 mm:≤18<br>>25~50 mm:≤15;>50~100 mm:≤12 | |
| 灰分 | $A_d$ | % | Ⅰ级<br>Ⅱ级<br>Ⅲ级 | 对无烟块煤：<br>≤15.00<br>>15.00~19.00<br>>19.00~22.00 | 对其他块煤：<br>≤12.00<br>>12.00~18.00<br>>18.00~25.00 |

表 5-28(续)

| 项目 | 符号 | 单位 | 级别 | 技术要求 |
|---|---|---|---|---|
| 煤灰熔融性软化温度 | ST | ℃ |  | ≥1 250<br>≥1 150($A_d$≤18.00%) |
| 水分 | $M_t$ | % |  | <6.00(无烟煤),<10.00(烟煤),<20.00(褐煤) |
| 全硫 | $S_{t,d}$ | % | Ⅰ级<br>Ⅱ级<br>Ⅲ级 | ≤0.50;<br>>0.50～1.00;<br>>1.00～1.50 |
| 黏结指数[a] | $G_{R,I}$ |  | Ⅰ级<br>Ⅱ级 | ≤20;<br>>20～50 |
| 热稳定性 | $TS_{-6}$ | % | Ⅰ级<br>Ⅱ级<br>Ⅲ级 | Ⅰ级:>80<br>Ⅱ级:>70～80<br>Ⅲ级:>60～70 |
| 落下强度 | SS | % |  | >60 |

注:a 对于黏结指数在 40～50 的低挥发分烟煤,应采用“胶质层最大厚度($Y$)”指标,即无搅拌装置时 $Y$≤12.00 mm,有搅拌装置时 $Y$≤16.00 mm,相应的试验方法为 GB/T 479。

**表 5-29-1 无烟煤煤粉锅炉用煤的技术要求(GB/T 7562—2018)**

| 项目 | 符号 | 单位 | 技术要求 |
|---|---|---|---|
| 挥发分 | $V_{daf}$ | % | >6.50～10.00 |
| 发热量 | $Q_{net,ar}$ | MJ/kg | >24.00;>21.00～24.00 |
| 灰分 | $A_d$ | % | ≤20.00;>20.00～30.00 |
| 全水分 | $M_t$ | % | ≤8.0;>8.0～12.0 |
| 全硫 | $S_{t,d}$ | % | ≤1.00;>1.00～2.00;>2.00～3.00 |
| 煤灰熔融性软化温度 | ST | ℃ | >1 450;>1 350～1 450;>1 250～1 350 |
| 哈氏可磨性 | HGI | — | >60;>40～60 |

**表 5-29-2　贫煤煤粉锅炉用煤的技术要求(GB/T 7562—2018)**

| 项目 | 符号 | 单位 | 技术要求 |
| --- | --- | --- | --- |
| 挥发分 | $V_{daf}$ | % | >10.00～20.00 |
| 发热量 | $Q_{net,ar}$ | MJ/kg | >24.00;>21.00～24.00;>18.50～21.00 |
| 灰分 | $A_d$ | % | ≤20.00;>20.00～30.00;30.00～40.00 |
| 全水分 | $M_t$ | % | ≤8.0;>8.0～12.0 |
| 煤灰熔融性软化温度 | ST | ℃ | >1 450;>1 350～1 450;>1 250～1 350 |
| 哈氏可磨性 | HGI | — | >60;>40～60 |

**表 5-29-3　烟煤煤粉锅炉用煤的技术要求(GB/T 7562—2018)**

| 项目 | 符号 | 单位 | 技术要求 |
| --- | --- | --- | --- |
| 挥发分 | $V_{daf}$ | % | >20.00～28.00;>28.00～37.00;>37.00 |
| 发热量 | $Q_{net,ar}$ | MJ/kg | >24.00;>21.00～24.00;>18.00～21.00;>16.50～18.00 |
| 灰分 | $A_d$ | % | ≤10.00;>10.00～20.00;>20.00～30.00;>30.00～40.00 |
| 全水分 | $M_t$ | % | ≤8.0;>8.0～12.0;>12.0～20.0 |
| 全硫 | $S_{t,d}$ | % | ≤1.00;>1.00～2.00;>2.00～3.00 |
| 煤灰熔融性软化温度 | ST | ℃ | >1 450;>1 350～1 450;>1 250～1 350;>1 150～1 250 |
| 哈氏可磨性 | HGI | — | >80;>60～80;>40～60 |

**表 5-29-4 褐煤煤粉锅炉用煤的技术要求(GB/T 7562—2018)**

| 项目 | 符号 | 单位 | 技术要求 |
|---|---|---|---|
| 挥发分 | $V_{daf}$ | % | >37.00 |
| 发热量 | $Q_{net,ar}$ | MJ/kg | >18.000;>14.00～18.00;>12.00～14.00 |
| 灰分 | $A_d$ | % | ≤10.00;>10.00～20.00;>20.00～30.00 |
| 全水分 | $M_t$ | % | ≤30.0;>30.0～40.0;>40.0 |
| 全硫 | $S_{t,d}$ | % | ≤0.50;>0.50～1.00;>1.00～1.50 |
| 煤灰熔融性软化温度 | ST | ℃ | >1 350;>1 250～1 350;>1 150～1 250 |
| 哈氏可磨性 | HGI | — | >60～80;>40～60 |

**表 5-30 链条炉排锅炉用块煤的技术要求(GB/T 18342—2018)**

| 项　目 | 符　号 | 单　位 | 技　术　要　求 |
|---|---|---|---|
| 粒度 | — | mm | 6～25 |
| 块煤限下率 | — | % | <30.00 |
| 全水分 | $M_t$ | % | ≤12.00 |
| 挥发分 | $V_{daf}$ | % | ≥22.00 |
| 灰分 | $A_d$ | % | ≤25.00 |
| 发热量 | $Q_{net,ar}$ | MJ/kg | ≥21.00 |
| 全硫 | $S_{t,d}$ | % | ≤0.70;>70.75～1.00;>1.00～1.50 |
| 煤灰熔融性软化温度 | ST | ℃ | ≥1 250 |
| | | | ≥1 150($A_d$≤18.00%时) |
| 焦渣特征 | CRC | — | ≤5 |

**表 5-31　链条炉排锅炉用混煤的技术要求(GB/T 18342—2018)**

| 项　　目 | 符号 | 单位 | 技术要求 |
|---|---|---|---|
| 粒度 | — | mm | <50 (<6 mm 的不大于 30%) |
| | | | <30 (<3 mm 的不大于 30%) |
| 挥发分 | $V_{daf}$ | % | >20.00 |
| | | | >8.00~20.00($Q_{net,ar}$>18.5 MJ/kg) |
| 灰分 | $A_d$ | % | ≤30.00 |
| 发热量 | $Q_{net,ar}$ | MJ/kg | >21.50 |
| | | | >20.00~21.50 |
| | | | >16.50~20.00 |
| 全硫[a] | $S_{t,d}$ | % | ≤0.75 |
| | | | >0.75~1.00 |
| | | | >1.00~1.50 |
| 煤灰熔融性软化温度 | ST | ℃ | ≥1 250 |
| | | | ≥1 150 ($A_d$≤18.00%时) |
| 焦渣特征 | CRC | — | ≤5 |

注：a 全硫($S_{t,d}$)大于 1.5%时，应添加固硫剂成有脱硫装置。

**表 5-32　水泥回转窑用煤技术条件(GB/T 7563—2018)**

| 项　　目 | 技　术　要　求 |
|---|---|
| 煤炭类别 | ① 一般用煤类别：弱黏煤、不黏煤、1/2 中黏煤、气煤、1/3 焦煤、气肥煤、焦煤、肥煤；<br>② 可搭配使用煤类别：长焰煤、瘦煤、贫瘦煤、贫煤、褐煤、无烟煤；<br>③ 在条件允许时可单独使用贫煤、贫瘦煤、瘦煤、长焰煤、褐煤、无烟煤 |
| 煤炭粒度 | ① 粉煤、末煤、混煤、粒煤；<br>② 当粉煤、末煤、混煤、粒煤数量不足或不能满足质量要求时，可用原煤或其他粒度的煤 |
| 灰分($A_d$)/% | <27.00 |
| 挥发分($V_{daf}$)/% | >25.00 |
| 发热量($Q_{net,ar}$)/(MJ/kg) | >20.00 |
| 硫分($S_{t,d}$)/% | <2.00 |

# 第三节 全面质量管理

全面质量管理 TQC(total quality control)是 20 世纪 60 年代出现的一种科学管理体系,是现代管理科学在质量管理中的具体应用。它起源于美国,后来在日、英、法等工业发达国家得到广泛应用,对提高产品质量、降低消耗、提高企业的经济效益有重要作用。我国于 1977 年开始推行全面质量管理,已经在理论和实践上有了一定发展,并取得了成效。

质量管理的发展大体上经历了三个阶段。第一阶段从 20 世纪初期到 40 年代,为产品出厂前的检验把关阶段。这种事后检验的办法,只能对产品的质量进行把关检查,起不到预防作用。第二阶段是从 20 世纪 40 年代到 50 年代,生产管理者运用数理统计知识对生产过程中产生的大量数据进行分析,找到了许多质量形成的内在规律,促进了产品质量的提高,但忽略了组织管理工作。第三阶段是从 20 世纪 60 年代开始,把质量管理看成是整个管理过程和全体人员参加的活动,并把经营管理、专业技术和数理统计方法紧密地结合在一起,形成了全面、全过程和全员的质量管理体系,开发、研制、生产和销售用户满意的产品,使质量管理的水平大幅度提高。

## 一、全面质量管理的基本观点

全面质量管理的基本观点有 4 个方面:全面对待质量,全过程和全员的管理,为用户服务,用科学的方法和手段进行管理。

1. 全面对待质量

全面质量管理和旧式的质量管理最重要的差别之一,就是从广义的质量概念出发,全面对待质量。不仅要保证产品质量,还要包括工作质量和环境因素。

(1) 产品质量

产品质量就是产品的使用价值，即产品能够满足人们需要所应具备的自然属性或技术特性，在本章第一节已做详细介绍。

（2）工作质量

工作质量是指为了使产品达到质量标准，企业的经营管理工作、思想政治工作、组织工作及技术工作所应具有的能力和水平。它的内容有：保证实现作业计划、交货期、设备配套、优质的售后服务、健全的规章制度、准确及时的信息以及良好的技术状态等。

（3）环境因素

环境因素是指企业环境对产品质量的影响。如原煤性质、絮凝剂、浮选药剂以及各种消耗材料质量的变化，均会影响选煤厂产品的质量。

产品质量、工作质量和环境因素三者之间是互相联系的，可用图 5-3 表示。工作质量好是产品质量的保证，产品质量在一定程度上又是工作质量的反映。

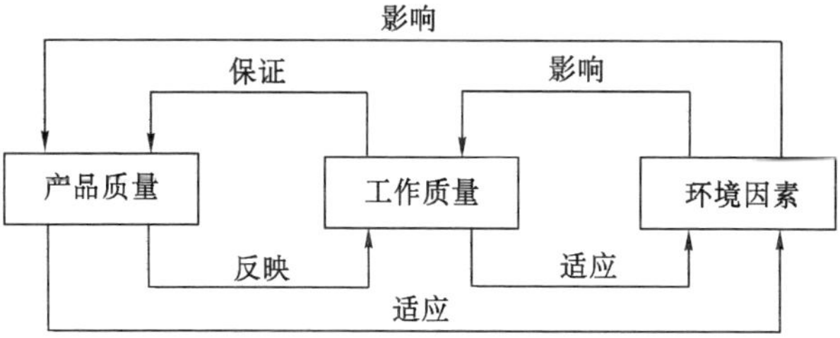


图 5-3　产品质量、工作质量和环境因素的关系

2. 全过程和全员的管理

全过程的管理是指管理的范围是全面的，不仅要管好最终产品，而且要管好生产活动的全过程——生产工序、市场调查、试验研究、质量检验、设备维修、产品运销直到售后服务的全部环节。

如图 5-4 所示。

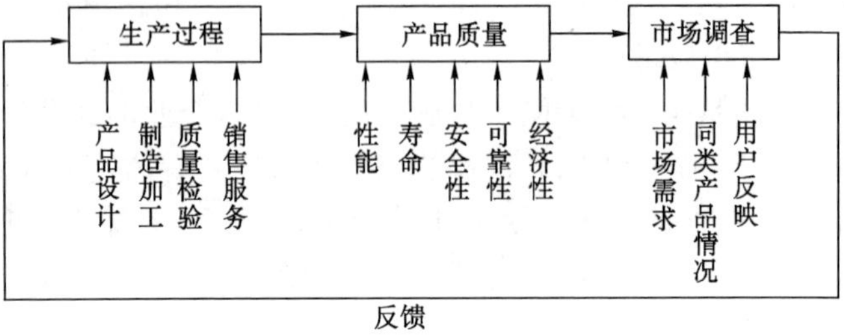


图 5-4　创造产品质量的生产全过程

全员的管理是要求企业所有部门和全体人员都投入到质量管理工作中去，使每个人都清楚地认识到自己的工作与企业产品的质量息息相关，增加责任感，不断提高技术水平和管理水平，向用户提供满意的产品。

3. 为用户服务

为用户服务的观点是全面质量管理的一个基本观点。这里的“用户”是广义的用户，不单是最终产品的用户，而且包括企业内部使用上道工序产品的下道工序。换句话说，每一道工序都要在本工序内发现并解决本工序的质量问题，决不给下道工序留下麻烦。要尽快地搜集下道工序对本工序产品质量的要求，认真加以研究，不断改进操作规程，修订质量标准。如选煤厂准备车间的任务是排除原煤中的大块矸石、铁器及杂物，为选煤车间供应粒度适宜的原煤；否则，下道分选作业有可能产生排矸闸门被卡，分选效果变坏，不能保证产品质量等问题。

4. 用科学的方法和手段进行管理

运用数理统计方法将收集到的大量数据进行整理分析，研究生产过程的各道工序、各个环节的产品质量波动情况，揭示存在的问题，进行质量控制。

全面质量管理与传统质量管理的主要区别列于表 5-33。

表 5-33　全面质量管理与传统质量管理的主要区别

| 序号 | 全面质量管理 | 传统质量管理 |
| --- | --- | --- |
| 1 | 质量和质量管理的概念是广义的 | 质量和质量管理的概念是狭义的 |
| 2 | 实行从设计、生产到使用全过程的、全体人员参加的全面质量管理 | 往往只重视生产过程的质量检查 |
| 3 | 不仅要达到质量标准，还要满足用户的需要 | 仅限于达到质量标准 |
| 4 | 运用系统论、数理统计等科学的方法和手段进行管理，使质量管理数据化 | 缺乏科学的预防与控制方法 |
| 5 | 预防与检查相结合，以预防为主 | 主要对产品质量事后检查把关 |
| 6 | 在管理过程中不断总结提高，实行标准化、制度化 | 缺乏标准化、制度化 |

## 二、全面质量管理的基本工作方式

全面质量管理的基本工作方式是由美国管理学家戴明提出的 PDCA 循环。PDCA 是计划(plan)、执行(do)、检查(check)和处理(action)四个阶段的英文缩写。质量管理即按照这四个阶段的顺序循环进行。

1. PDCA 循环的工作步骤

(1) 计划阶段(P)。制订改善产品质量计划，首先要对现状进行调查研究，及时、全面、准确地收集有关数据和资料，找出影响质量的各种因素，针对主要因素制订计划和措施。重点解决以下 6 个问题：

① 为什么要做(why)?

② 达到什么目标(what)?

③ 在什么地点或部门执行(where)?

④ 什么时候执行，什么时候完成(when)？

⑤ 谁负责(who)？

⑥ 完成任务的方法(how)？

(2) 执行阶段(D)。按制订的计划和方法组织实施。

(3) 检查阶段(C)。检查执行情况，并与计划、目标相对照，找出成功与失败的经验和教训。

(4) 处理阶段(A)。分析、比较、判断检查的结果，继续巩固行之有效的措施，制定标准，形成规章制度。将没有解决的问题或新发现的问题转入下一个 PDCA 循环。

2. PDCA 循环的特点

(1) P、D、C、A 四个阶段是一个有机整体。只有计划不去实施，等于没有计划。计划有了，也按此实施了，但不检查就无从知道实施的结果。检查后不处理，成果无法巩固，工作水平就无法提高。因此，这四个阶段是一个循序渐进的完整循环。

(2) PDCA 循环是一个不断前进、不断提高的运动过程。正如图 5-5 所示，这样循环不止，就会使企业的工作和产品质量不断提高。

(3) PDCA 循环是一个大环套小环、一环扣一环的制约环。整个企业的质量管理体系是一个大管理环，各级、各部门都有各自的小管理环，这样形成一个大环套小环的综合环系统(图 5-6)，大小循环彼此协调，互相促进。

(4) PDCA 管理循环的关键在于处理阶段(A)。这个阶段是一个承上启下的阶段，它把执行结果的成功经验与失败教训都纳入有关的各项标准、规章、制度中，作为今后行动的指南或借鉴，使工作与产品质量在已有的基础上进一步提高。对存在的问题，又纳入下一个循环去解决。因此，对处理阶段的工作应倍加重视。

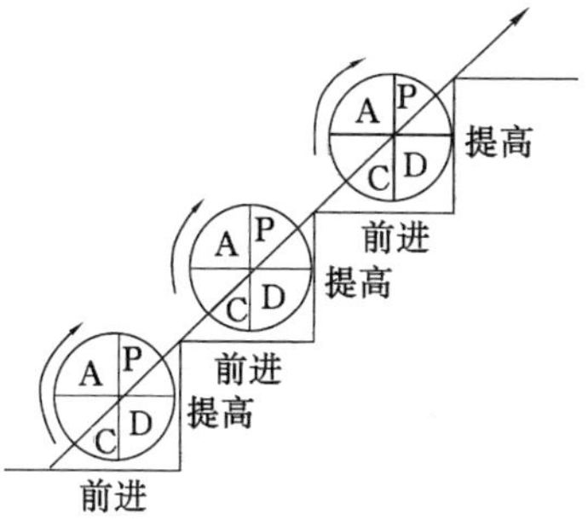


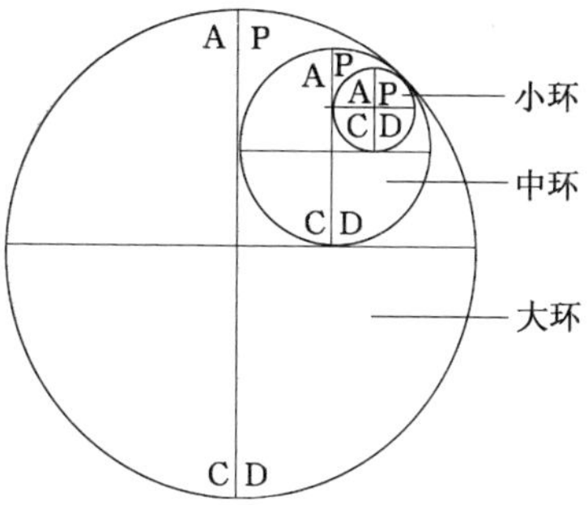


图 5-5　PDCA 循环逐步提高示意图　图 5-6　PDCA 循环环环相扣示意图

# 第四节　质量管理的基础工作

搞好质量管理，必须做好基础工作。最直接、最重要的基础工作有：质量教育工作、标准化工作、质量责任制、计量工作、质量管理小组活动和质量信息工作等。

## 一、加强质量管理教育

质量管理教育工作的主要任务是：不断增强企业全体员工的质量意识，掌握和运用质量管理的方法和技术。它包括两个方面：技术教育与培训，质量管理知识教育。通过质量管理教育使全体员工明确质量管理的基本思想，掌握工作步骤、常用方法，克服各种错误思想，防止走形式、搞花架子，切实发挥质量管埋工作的作用。

## 二、推行标准化工作

标准化工作与质量管理有密切的关系。标准化是质量管理的基础，质量管理是标准化的保证。质量管理的全过程从确定目标到工艺流程、技术检查、试验直至总结评定都离不开标准。因此，标准化工作是推行质量管理的一项重要的基础工作。

标准分为技术标准和管理标准两部分。前者是对技术活动中需要统一协调的事物所制定的技术准则;后者为合理组织、利用和发展生产力,正确处理生产、交换、分配和消费中的相互关系以及行政和经济管理机构行使其计划、监督、指挥和控制等管理职能而制定的准则。

技术标准除国际标准(ISO)外,有国家标准(GB)、部颁标准、企业标准。我国有关选煤的国家标准和部颁标准已逐渐完善。

标准既是衡量工作和产品质量的尺度,又是企业进行技术活动和管理工作的依据。因此,要搞好质量管理,首先必须搞好标准化工作,并按各种标准贯彻执行。

**三、建立健全质量责任制**

质量责任制明确规定企业中的每一个人在质量工作中的具体任务、责任和权力,以便做到质量工作事事有人管,人人有职责,办事有标准,工作有检查,形成一个严密的质量管理工作体系。一旦发现产品质量有问题,可以迅速查清责任,总结经验,更好地保证和提高产品质量。

**四、做好计量工作**

计量工作包括测试、化验、分析、能源平衡等,是企业开展质量管理的一项重要的基础工作,是保证产品质量的重要手段和方法。各种计量器具、试验和化验设备等必须齐备,精度达到要求,质量稳定可靠,并实行严格管理。

**五、开展质量管理小组活动**

质量管理小组是由员工自发组织起来的运用科学管理方法进行质量管理的一种基层组织,是发动群众参加质量管理的好方法。质量管理小组开展工作时首先要选定课题,规定目标。然后,进行调查分析,绘制各类统计图表,分析原因,订出措施,分头实施。实施后,要对效果进行评定,并订出巩固措施。

### 六、加强质量信息工作

质量信息是反映产品质量和产、供、销各个环节工作质量的基本数据，是企业进行质量管理的基础资料。

## 第五节　质量管理的统计方法

### 一、质量数据的获取

在质量管理中，要对产品或操作参数进行检测或取样、制样、试验、分析，得到质量数据，并对这些数据进行加工处理，利用概率统计方法对产品质量进行预测、判断和控制。

质量数据包括两种：一种叫计量值，如灰分、产量、水量等，这种计量值属于连续型随机变量，一般服从正态分布；另一种叫计数值，是指以个数计算的数据，如废品数，这些数值属于离散型随机变量。选煤厂质量数据主要是计量值。

选煤厂质量数据主要来源于日常生产检查(快速检查)和销售产品数质量检查。生产过程中各种自动检测仪表的检测结果，如胶带秤、重介悬浮液密度计、自动测灰仪、液位计等检测的日常生产数据。

(一) 采样

许多检查项目需要对原料或产品进行破坏性的测试，如测量灰分，而且为了节省人力，也只能抽取一部分物料进行测试，也就是必须采样。

采样是从大量的某种原始物料(总体)中取出数量很小的一部分，目的是通过这一小部分试样来了解总体。试样与总体相比，在数量上是很小的，然而在物理化学性质上应能完全代表总体，换句话说，采出的试样要有代表性。不然的话，不管制样、化验、分析如何精确，最终的结果也是错误的。因此，如何保证试样的代表性就成了采样的首要问题。根据煤炭组成的物理化学性质分布不均匀的特点，为使试样的代表性好，必须随机地采取多份子样组成总样。子样的最小质量和份数必须符合规定，采样方法必须正确，由这些子样组成的总样才有充分的代表性。

总样质量和子样份数的关系是：

$$G = nq \tag{5-1}$$

式中 $G$——总样质量，kg；

$n$——子样份数；

$q$——子样质量，kg。

以下分别介绍子样份数、子样质量和采样方法对煤样代表性的影响。

1. 子样份数

子样份数的确定与所要检查物料的物理性质、化学组成、分布特性以及要求的误差范围有关。物料性质分布均匀，子样份数可少些，反之要多些。物料组成分布情况不同，子样份数也不同。子样的采集必须是随机的，即不加入人为因素，按一定的时间间隔或距离采取一定质量的子样，是什么就采什么，不能有选择性。这样，不同性质的物料都有一定的概率被取到。

图 5-7 为某选矿厂测定锌矿石含量时，不同子样份数与误差的关系。由图可知，当子样份数增加时，误差减小，当增加到一定程度时，误差的变化就不大了。显然，此时再增加子样份数意义就不大了。另外，子样份数还和允许误差有关。允许误差越小，要求子样份数越多。允许误差是根据需要确定的，比如分析矸石灰分的允许误差可以比分析精煤灰分的允许误差大，快速检查的允许误差可以比正规检查的允许误差大。

各国采样标准对子样份数的规定虽然不完全相同，但规律是一致的。子样份数随着煤炭灰分的提高而增加，随着精确度要求的提高而增加。

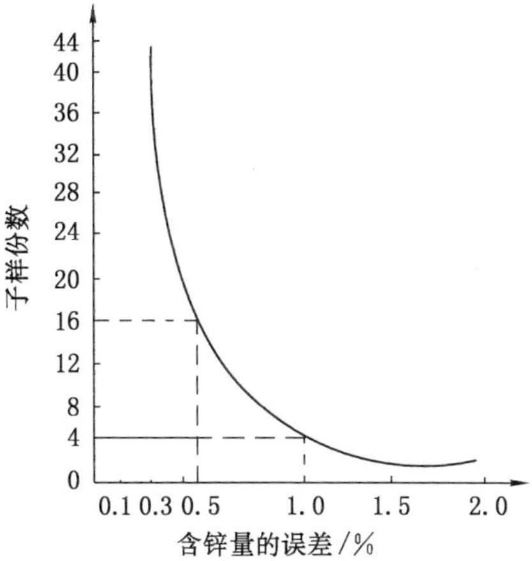


图 5-7　子样份数与误差的关系

2. 子样质量

最低子样质量的确定应保证两点要求：误差小于允许误差，满足试验项目及分析所需质量的要求。

影响子样质量的主要因素是粒度。如果子样的质量都是 1 kg，对浮选精煤可有无数粒，对粒度上限为 13 mm 的精煤可能有三四十块，而对大于 50 mm 的精煤可能只有六七块。显而易见，浮选精煤子样的质量可以减小，而大于 50 mm 精煤的子样质量必须增加。子样质量还应满足试验分析的要求。如果按规定的子样质量及份数采样后所得的总样质量不够，就要增加子样质量。

子样最小质量和粒度间的关系是：

$$q_{\min} = kd_{\max}^{\alpha} \tag{5-2}$$

式中　$q_{\min}$——子样最小质量，kg；

$d_{\max}$——物料中最大颗粒的直径，mm；

$k$、$\alpha$——系数，通过试验确定。

3. 子样的采集方法

采样点和采样方法对试样的代表性影响很大。由于煤的物理化学性质及粒度很不均匀，粗细粒级煤的灰分往往不同，在运输过程中很容易出现粒度偏析现象。如果采样点和采样方法不当，不能把各种粒度的物料按比例采出，必然要产生系统误差。例如在斗子提升机里的物料通常是下粗上细，加上斗子运动速度较快，采样时不可能挖得很深，因此试样不易采准，会产生系统误差。又如煤堆粒度偏析现象严重，各处厚度不同，也会产生系统误差。因此，在确定采样点和采样方式时，应该尽量避免在煤堆、矿车、斗子提升机中采样，应该在煤流中采样。采集子样必须在生产正常时进行，以均匀的速度截取整个煤流或水流的横断面。应尽量选择在垂直管道采集矿浆试样。如果物料量太大，不能采到全部物料，要分左、中、右几个点采样。当必须在煤堆或火车上采样时，采样点的分布一定要均匀。

采集的煤样在运输、存放时要避免破碎、损失、混入杂物；要存放在不受日光照射和不受风雨影响的地点；还要防止氧化。

综上所述，子样份数、子样质量和采样方法对煤样的代表性均有影响，但影响的程度不同，采样方法不当影响最大，子样份数和子样质量次之。

按照以上原则，我国制定了国家采样标准或行业标准。国家标准有 GB/T 482—2008《煤层煤样采取方法》，GB 475—2008《商品煤样人工采取方法》，行业标准有 MT/T 1034—2006《生产煤样采取方法》，MT/T 808—1999《选煤厂技术检查》等。

（二）煤样的缩制

1. 煤样缩制的目的和基本流程

选煤厂在技术检查过程中所采集的各种煤样的质量都比较大，这是因为子样的质量与粒度有直接关系。一个商品煤样的质量通常达 100 kg 以上，生产大样 5 t 以上。作筛分浮沉试验用的煤样需要保持与原物料的粒度特性一致，因而要求原始煤样在经过掺和与缩分之后能达到各种试验所需要的质量。但是，最终化验分析用煤样只需要几百克就够了，烧一次灰分只需要 1 g 煤样。虽然分析用煤样需要的质量很小，但必须在化学性质上充分代表原物料的性质，粒度需要磨碎至 0.2 mm 以下。为了从几十千克乃至几百千克重的煤样中取出有代表性的几百克化验用煤样，必须采取破碎、掺和、缩分、磨细、再缩分的方法以缩小煤样粒度，才能减少煤样质量。表 5-34 为煤样的最小质量与最大粒度的关系。煤样缩制的流程如图 5-8 所示。

**表 5-34　化验用煤样的最小质量与最大粒度的关系**

| 煤样最大粒度/mm | 原煤 | 100 | 50 | 25 | 13 | 6 | 3 | 1 |
|---|---|---|---|---|---|---|---|---|
| 煤样最小质量/kg | 400 | 250 | 100 | 60 | 15 | 7.5 | 3.75 | 0.1 |

2. 掺和与缩分

(1) 煤样的掺和

煤样破碎到一定粒度后，要进行缩分。为了使缩分后的试样有充分的代表性，要对煤样进行掺和。煤样掺和的具体操作要按国标进行，见国标 GB 474—2008《煤样的制备方法》。

煤样掺和的目的是使煤样中粒度和灰分不同的颗粒在煤堆中均匀分布，使缩分出的少量煤样有充分的代表件。

(2) 煤样的缩分

煤样缩分的日的是从一堆掺和好的煤样中取出能代表总样性质的少量煤样，以缩减试样的质量。煤样缩分的具体操作按国标进行。

缩分粗粒物料一般用四分法，将用移堆法掺和后的料堆顶部用板或铲压成等厚的圆锥台，再将圆锥台用十字形架或铁锹分成

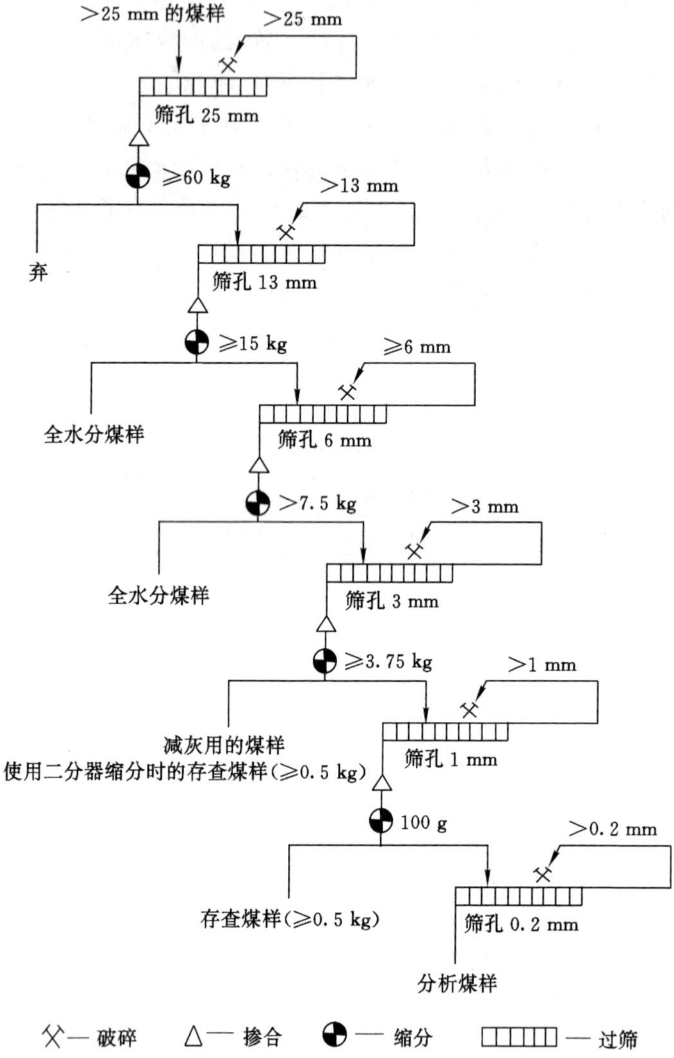
>25 mm 的煤样
>25 mm
筛孔 25 mm
≥60 kg
>13 mm
弃
筛孔 13 mm
≥15 kg
≥6 mm
全水分煤样
筛孔 6 mm
>7.5 kg
>3 mm
全水分煤样
筛孔 3 mm
≥3.75 kg
>1 mm
减灰用的煤样
使用二分器缩分时的存查煤样(≥0.5 kg)
筛孔 1 mm
100 g
>0.2 mm
存查煤样(≥0.5 kg)
筛孔 0.2 mm
分析煤样
— 破碎
— 掺合
— 缩分
— 过筛

图 5-8 煤样的制备方法

相等的四份，将其中对角的两份弃去，取对角的另两份作为试样（图 5-9）。

小于 13 mm 的物料，可用二分器缩分（图 5-10）。

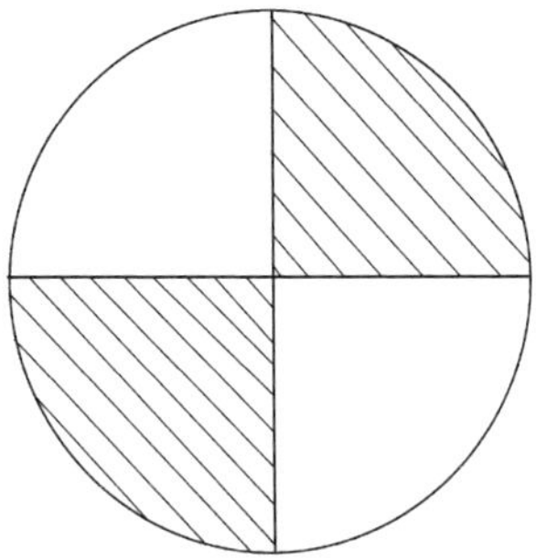

图 5-9　四分法

图 5-10　二分器示意图

分析全水分的煤样破碎到规定粒度后，稍加混合，摊平后可用九点法缩分（图 5-11）。

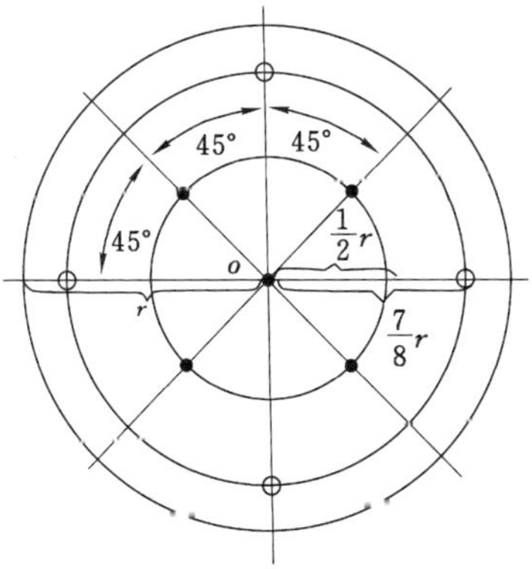


图 5-11　九点法取全水分煤样布点示意图

为了减轻劳动强度，可采用机械缩分器进行缩分。缩分的过程也是采样的过程。

3. 试样加工过程中的误差

在试样加工过程中，不可避免地存在误差。按照GB 474—2008《煤样的制备方法》的规定，煤样制备和分析的总方差为$0.05A^2$，其中$A$为采样、制样和分析的总精确度。$A$值规定如下：

(1) 原煤筛选煤干基灰分大于20%时，$A$为±2%；原煤筛选煤干基灰分小于等于20%时，$A$为实际灰分的$\pm\frac{1}{10}$，但不小于±1%；

(2) 精煤，$A$为±1%；

(3) 其他洗煤(包括中煤)，$A$为±1.5%。

制样时，必须把制样设备清理干净，以免在煤样中混入异物；精煤和矸石应该采用专用的盘磨机，以防互相污染；不可丢弃难磨的粒子，这些粒子的灰分往往较高，如果丢弃，煤样灰分势必偏低。掺和缩分必须严格按规程进行。筛分浮沉试验时，应尽量避免煤的破碎，否则影响试验结果的代表性。

使用的计量设备和仪器必须符合国标的规定。

## 二、质量数据的整理和计算

### (一) 数据的特征值和误差

在质量数据的获取中，即使我们做得很细心，但由于测量仪器、测量方法、环境和人的技术水平等因素的影响，其结果总会出现偏离真值的情况，即有一定的误差。

1. 误差

根据误差的性质和产生的原因，误差可分为系统误差、偶然误差和过失误差三种。

(1) 系统误差

系统误差又叫恒定误差，是由于在测定过程中某些因子引起的。这些因子影响测定的结果永远偏向一个方向，偏高或偏低。例如，粗粒洗精煤的灰分往往较低，细粒则较高，在胶带输送机上采集精煤样，常有粒度偏析现象，粗粒精煤集中在胶带的一侧。如果采集的煤样不是沿整个胶带的断面，而只是固定在细粒较多的一侧，那么，虽然几次采样得到的精煤灰分很接近，但均比真值偏高，造成了系统误差。如果改变了采样方法，沿煤流全宽采样，那么精煤灰分就接近于真值了。又如在浮选尾矿沟中采样时，只采表面的水样，没有采到沉在下面灰分较低的粗粒，也会使尾矿的灰分比真值高，造成系统误差。

在技术检查过程中，不允许产生系统误差。

（2）偶然误差

偶然误差又叫随机误差。在消除了引起系统误差的因素后，所测数据仍然在末一位或末二位有差别，这就是偶然误差的影响。偶然误差是一些小的因子或无法控制的因素造成的，往往难以避免。像化验灰分时天平内温度的微量变化，砝码上电荷的改变，水蒸气在瓷舟或砝码上的凝结作用，空气中灰尘降落速度的不恒定等，都会产生偶然误差。

偶然误差的特点是误差小，有时是正值，有时是负值；有时大，有时小。对同一物理量测量足够多次后发现，符号相反、大小相同的误差有同等的出现概率，完全符合正态分布规律（图 5-12）。从

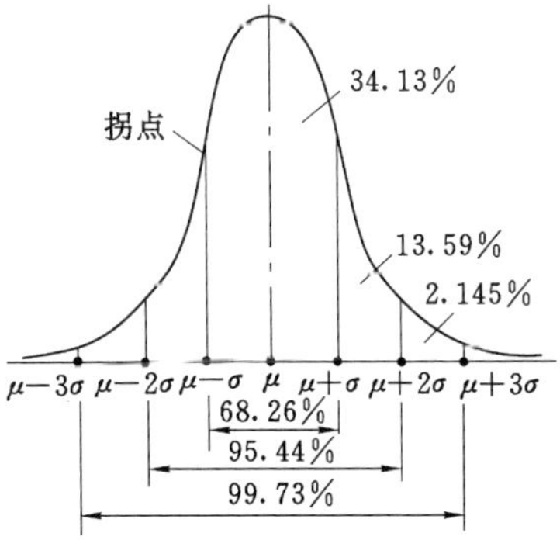


图 5-12　正态分布曲线

偶然误差正态分布曲线上可以看出:① 误差越小,出现的概率越大,误差越大,出现的概率越小;② 绝对值相等、符号相反的正负误差,出现的概率近于相等;③ 每一种测量方法都有误差的极限,超过这个极限的误差概率很小。

偶然误差是不可避免的。但是,不同的采样方法,偶然误差的大小不同。在一般情况下,对采样,增加子样份数,可以减小偶然误差。对化验,天平室的湿度、温度要恒定,卫生状况要好,不要有风,尽量减少外界因素的影响,也会减小偶然误差。

(3) 过失误差

过失误差是显然与事实不符的误差,这是由于工作粗心大意或操作不正确引起的。如读错刻度,采错子样,记录错误,计算错误等。过失误差是不允许的。

2. 真值与平均值

由于偶然误差难以避免,严格地讲,真值是无法测得的。但是,当测量次数无限多时,偶然误差服从正态分布,正负误差出现的概率相等。因此,测定值的算术平均值与真值很接近,可以把算术平均值视为真值。虽然在实际操作中观测的次数都是有限的,但在没有系统误差的情况下,可以认为以有限观测值求出的平均值即是真值。所以,在技术检查中测得的数据与真值很接近,同时又与真值有一定的误差。

3. 准确度和精确度

在处理误差问题时,必须明确区别准确度和精确度这两个概念。准确度是指观测值(单次观测值或多次观测值的平均值)同真值符合的程度。精确度是多次观测的重复性。显然,在有系统误差的情况下,精确度可能很高,但准确度不一定很高;反之,准确度高的观测值其精确度必然也高。因此,只有在消除系统误差和尽量降低偶然误差的条件下,才能获得较高的准确度。

4. 极差和标准离差

从总体中抽取一个样本，得到一组数据：$x_1, x_2, \cdots, x_n$。这一组数据波动的大小可以用极差和标准离差来度量。

极差是指数据中最大值与最小值之差，即：

$$R = \max\{x_1, x_2, \cdots, x_n\} - \min\{x_1, x_2, \cdots, x_n\} \qquad (5\text{-}3)$$

式中，$\max\{x_1, x_2, \cdots, x_n\}$和$\min\{x_1, x_2, \cdots, x_n\}$分别表示一组数据$x_1, x_2, \cdots, x_n$中的最大值和最小值。

例如，对一批(1 000 t)精煤，采集8份煤样分别化验灰分得到一组数据列于表5-35。这组数据中的最大值为9.7%，最小值为9.3%，其极差为：

$$R = 9.7\% - 9.3\% = 0.4\%$$

**表5-35 一批精煤8份分样的化验结果**

| | $A_d$/% | $A_d - \overline{A}_d$ | $(A_d - \overline{A}_d)^2$ |
|---|---|---|---|
| 1 | 9.6 | 0.1 | 0.01 |
| 2 | 9.7 | 0.2 | 0.04 |
| 3 | 9.5 | 0 | 0 |
| 4 | 9.3 | −0.2 | 0.04 |
| 5 | 9.5 | 0 | 0 |
| 6 | 9.4 | −0.1 | 0.01 |
| 7 | 9.6 | 0.1 | 0.01 |
| 8 | 9.4 | −0.1 | 0.01 |
| 合计 | 76.0 | 0 | 0.12 |
| $\overline{A}_d$ | 9.5 | | |

标准离差(标准差)是单次观测值同平均值的平均偏差，计算公式为：

$$s = \sqrt{\frac{\sum (x_i - \overline{x})^2}{n-1}} \qquad (5\text{-}4)$$

或

$$s=\sqrt{\frac{\sum x_i^2}{n-1}-\frac{(\sum x_i)^2}{n(n-1)}} \tag{5-5}$$

式中 $x_i$——第 $i$ 次观测值；

$\overline{x}$——$n$ 次观测值的算术平均值，即：

$$\overline{x}=\frac{1}{n}\sum_{i=1}^{n}x_i \tag{5-6}$$

$n$——观测次数。

以表 5-35 中的数据为例，其标准离差

$$s=\sqrt{\frac{\sum(x_i-\overline{x})^2}{n-1}}=\sqrt{\frac{0.12}{8-1}}=0.13$$

极差或标准离差越大，说明这一组数据的波动性越大。

5. 绝对误差和相对误差

在技术检查中，除了用均方差表示误差的大小外，还常用绝对误差和相对误差表示某一分析结果的准确性。其定义为：

$$\text{绝对误差}=\text{测定值}-\text{真值} \tag{5-7}$$

$$\text{相对误差}=\frac{\text{测定值}-\text{真值}}{\text{真值}} \tag{5-8}$$

由于真值不易测得，可用多次测定值的算术平均值代替真值，即：

$$\text{绝对误差}=\text{测定值}-\text{平均值} \tag{5-9}$$

$$\text{相对误差}=\frac{\text{测定值}-\text{平均值}}{\text{平均值}} \tag{5-10}$$

如果物体总重几十千克，绝对误差为 1 g，则表明误差很小；如果物体仅重 2～3 g，绝对误差为 1 g，则表明误差很大。所以相对误差更能说明问题。

我国国家标准 GB/T 477—2008 和 GB/T 478—2008 中规

定：煤炭筛分试验和浮沉试验方法的质量损失的相对误差≤2%，即：

$$\left|\frac{G_1 - G_2}{G_1}\right| \leqslant 2\% \tag{5-11}$$

式中　$G_1$——筛分或浮沉试验前煤样总重；

$G_2$——筛分或浮沉试验后各产品质量之和。

浮沉试验后各密度级产品灰分的加权平均值与试验前煤样总灰分的误差不得超过以下规定：

(1) 煤样中最大粒度≥25 mm

① 煤样灰分<20%时，相对误差≤10%，即

$$\left|\frac{A_d - \overline{A}_d}{A_d}\right| \times 100\% \leqslant 10\% \tag{5-12}$$

式中　$A_d$——浮沉试验前煤样的灰分；

$\overline{A}_d$——浮沉试验后各产品的加权平均灰分。

② 煤样灰分≥20%时，绝对误差≤2%，即

$$|A_d - \overline{A}_d| \leqslant 2\% \tag{5-13}$$

(2) 煤样中最大粒度<25 mm

① 煤样灰分<15%时，相对误差<10%；

② 煤样灰分≥15%时，绝对误差≤1.5%。

选煤厂技术检查中所产生的误差来自采样、筛分或浮沉试验、煤样缩制、化验分析等过程，其中以采样出现误差的可能性最大，化验分析的误差较小。

筛分试验煤样灰分小于20%时，相对误差不超过10%；煤样灰分大于等于20%时，绝对误差不得超过2%。

(二) 可疑观测值的舍弃及运算

在计算前，必须对原始数据进行核对。对筛分试验及浮沉试验，要按照 GB/T 477—2008 和 GB/T 478—2008 两个标准的要求检查误差是否超过规定。对可疑数据，通过生产实践调查、与历

史资料对照或用数理统计方法决定取舍。在确认资料有代表性后，才可进行下一步计算。

在计算产率、灰分、水分等指标时，算到小数点后面第三位，四舍五入取小数点后面两位数。

1. 可疑观测值的舍弃

通常，我们所得到的一组数据是参差不齐的，而且其中往往有某一个（或某些）数据与其他数据相差很大。如何判断这个（或某些）数据是否属于可疑数据，可以用莱特或肖维勒判据法进行判断。

（1）莱特判据法

数理统计原理证明，不管随机变量服从什么分布，随机变量 $\xi$ 的取值落在 $E\xi \pm 3\sigma$ 区间的概率不小于 88.89%（$E\xi$ 为 $\xi$ 的数学期望值，$\sigma$ 为均方差）。又根据随机误差服从正态分布的条件，可证明数据落在该区间的概率为 99.73%。因此可以认为，观测值为 $x$ 时，$|x-E\xi|>3\sigma$ 的数据为可疑数据，可以舍弃。

当样本容量足够大时，可用观测值的算术平均值 $\bar{x}$ 代表数学期望 $E\xi$，用样本标准偏差 $s$ 代表均方差 $\sigma$。所以，当观测值 $x$ 与 $\bar{x}$ 的差值大于 $3s$ 时，可认为该观测值是错误的，即

$$|x-\bar{x}|>3s \tag{5-14}$$

式中 $x$——某观测值；

$\bar{x}$——观测值的算术平均值；

$s$——标准偏差。

（2）肖维勒判据法

莱特判据法用 $\pm 3\sigma$ 原则来判定可疑数据，有时不够合理。对大样本，可能将正常数据错判为反常数据；对小样本，可能检验不出反常数据。肖维勒判据法可避免此类问题。

肖维勒的判别方法是：

$$|x-\bar{x}|>us \tag{5-15}$$

其中，$u$ 为系数，可从表 5-36 查得。

**表 5-36　肖维勒判据系数 $u$ 值表**

| $n$ | $u$ | $n$ | $u$ | $n$ | $u$ | $n$ | $u$ | $n$ | $u$ |
|---|---|---|---|---|---|---|---|---|---|
| 3 | 1.38 | 11 | 2.00 | 20 | 2.24 | 29 | 2.38 | 185 | 3.00 |
| 4 | 1.53 | 12 | 2.04 | 21 | 2.26 | 30 | 2.39 | 200 | 3.02 |
| 5 | 1.65 | 13 | 2.07 | 22 | 2.28 | 35 | 2.45 | 250 | 3.11 |
| 6 | 1.73 | 14 | 2.10 | 23 | 2.30 | 40 | 2.50 | 500 | 3.29 |
| 7 | 1.79 | 15 | 2.13 | 24 | 2.32 | 50 | 2.58 | 1 000 | 3.48 |
| 8 | 1.86 | 16 | 2.16 | 25 | 2.33 | 60 | 2.64 | 2 000 | 3.66 |
| 9 | 1.92 | 17 | 2.18 | 26 | 2.34 | 80 | 2.74 | 5 000 | 3.89 |
| 10 | 1.96 | 18 | 2.20 | 27 | 2.35 | 100 | 2.81 | | |
| | | 19 | 2.22 | 28 | 2.37 | 150 | 2.93 | | |

由表 5-36 可知，随样本个数增加，$u$ 值从 1.38 增加到 3.89。

2. 数量质量平衡原则

数量质量平衡原则是对任何一个作业，进入该作业各物料的数量质量总和应该等于从该作业排出物料的数量质量总和。因为在任何一个作业中，物料不会自行增长，也不会自行消失和无限期积存，不管是煤量、水量、产率、灰分量、磁铁矿量等都是这样。但是要注意，必须是同一基础的量才能进行计算。比如煤量、水量必须是同一单位（例如 t/h，$m^3/h$）；产率必须换算成占同一产品的产率，不能把占精煤的产率和占矸石的产率相加，而要把它们换算成占原煤的产率以后才能相加；对灰分、水分、浓度等指标要用加权平均方法进行运算。

如果计量的结果是准确的，用计量结果计算产率误差较小。不可能计量时，可用计算法求产率。但计算结果与实际产率不尽相符。

### 三、质量管理的统计方法

20 世纪 70 年代末以前，质量管理常用的统计方法有：分组法、排列图法、因果分析图法、直方图法、控制图法、相关图法和对策计划表法。1979 年，日本科学技术联盟“质量管理方法研究会”又提出了系统图法、关系图法、KJ 法、PDPC 法、矩阵图法、矩阵数据分析法和矢线图法。下面作简单介绍。

#### （一）分组法

分组法又称分类法、分层法，是整理、归纳数据最基本的方法。它把相同性质的数据分组，使本来杂乱无章的数据变得有规律，以便从中分析问题，找出对策。分组标志大体上有以下 7 种：

（1）按时间分，如小时、班、日、旬、月、季、年；

（2）按人员分，如新老工人、性别、年龄、文化程度、工龄等；

（3）按设备类型分，如跳汰机、重介分选机、浮选机等；

（4）按原料分，如产料地点（煤层、矿井）、规格、可选性、灰分等；

（5）按操作方法分，如自动控制、人工操作；

（6）按检测方法分，如人工检测、自动检测、检测工具、检测人员；

（7）其他分组法，如经济损失、环境气候影响、产品种类等。

分组方法的实质是逐次分层，逐层分解，使质量管理工作层层深入、层层解剖、层层解决。

例如，将选煤厂控制精煤质量的快灰检查按旬分组后发现，半年内各旬快灰指标不同，但有一定的规律性：上旬偏低，中旬居中，下旬偏高。虽然该厂每月精煤的平均灰分均能达到 10.01%～10.50%的要求，但一个月内的灰分值并不均衡（表 5-37）。为了使全月总精煤灰分的平均值达到要求并提高精煤产率，应调整上、中、下旬快灰指标，使全月的灰分值更均衡。

表 5-37　某选煤厂半年精煤快灰指标平均值

| 时间 | 上旬 | 中旬 | 下旬 | 上半年平均 |
|---|---|---|---|---|
| 精煤快灰/% | 10.12 | 10.35 | 10.75 | 10.45 |

表 5-38 和图 5-13 为某选煤厂 4 个月不同精煤灰分对比。由于细粒原煤煤质好于大块原煤，在相同的分选密度下，细粒精煤的灰分应该低一些。但 4 个月的统计结果表明，总精煤灰分基本保持在 9%左右，但是，末精煤灰分比块精煤灰分高 2.79%，比总精煤灰分高 1.60%，说明细粒分选效果差。浮选精煤灰分比末精煤灰分高 0.76%，比总精煤灰分高 2.36%。为了保证总精煤灰分小于 9%，不得不压低块精煤灰分，造成块精煤损失，降低了总精煤产率。

表 5-38　某选煤厂 4 个月统计结果

| 产　品 | 不同时间灰分/% | | | | 平均灰分/% |
|---|---|---|---|---|---|
| | 1998.7 | 1998.10 | 1998.12 | 1999.7 | |
| 块精煤 | 7.71 | 7.56 | 7.95 | 7.62 | 7.71 |
| 末精煤 | 10.27 | 10.4 | 10.32 | 10.99 | 10.50 |
| 浮选精煤 | 11.38 | 11.43 | 9.76 | 12.46 | 11.26 |
| 总精煤 | 9.07 | 8.81 | 8.74 | 8.99 | 8.90 |

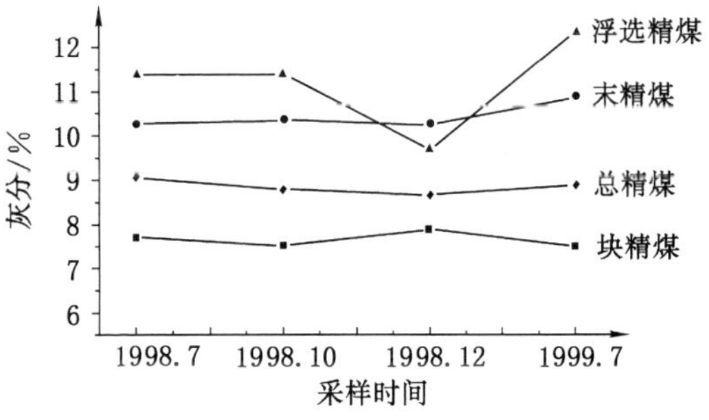


图 5-13　某选煤厂 4 个月不同精煤灰分对比

由表 5-38 可知，该选煤厂 1998 年 12 月的浮选精煤灰分小于 10%，说明浮选精煤灰分是有可能降低的。

对某厂 2 个月离心机产品水分进行了分析，列于表 5-39。由表可见，416# 离心机的水分始终高于 415#，方差也大于 415#，说明 416# 离心机的性能较差，要进行调查分析。

**表 5-39　某选煤厂离心机产品水分快速检查结果分析**

| 产品名称 | 1998.11 | | 1998.12 | |
|---|---|---|---|---|
| | 平均值 | 方差 | 平均值 | 方差 |
| 415# 离心机 | 9.91 | 6.63 | 8.92 | 5.49 |
| 416# 离心机 | 10.59 | 6.93 | 10.25 | 21.82 |

（二）排列图法

排列图是找出影响质量主要因素的一种方法。

排列图由两个纵坐标、一个横坐标、几个长方形和一条折线组成（图 5-14）。左边的纵坐标表示频数、件数、金额、时间等，右边的纵坐标表示累计频率，横坐标表示影响质量的各个因素。作图

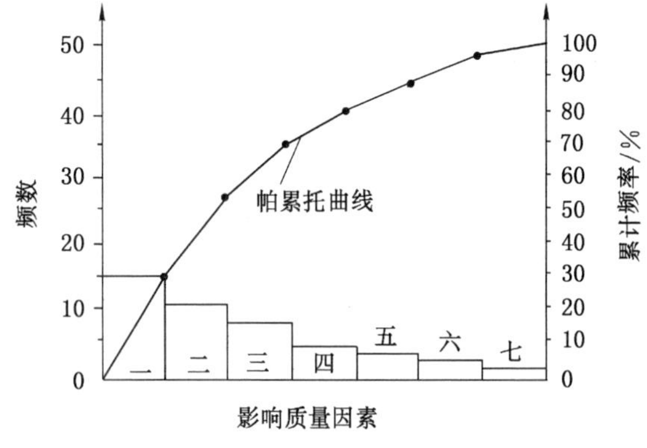


图 5-14　排列图的基本形式

步骤首先是收集原始数据，将原始数据按项目分类，找出影响产品质量的因素。其次统计各项目(或因素)的次数，计算频率及累计频率列于表中。最后根据表中数据绘制排列图。绘图时要注意频数与累计频率两个纵坐标的数据相互对应。图 5-15 为某选煤厂由于经常停车造成跳汰机生产指标不稳定的主次因素排列图(影响因素见表 5-40)。

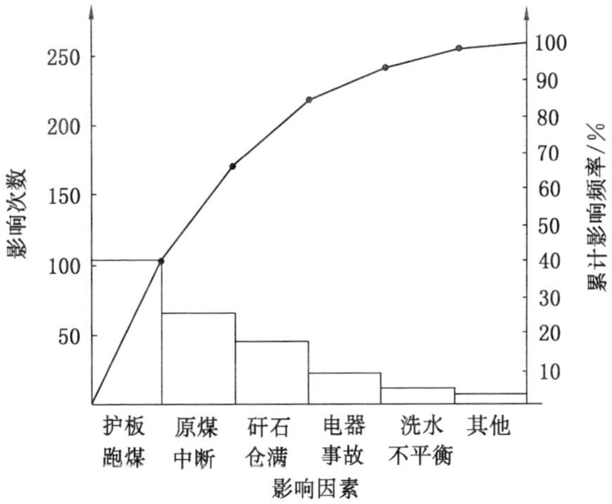


图 5-15　某选煤厂事故停车主次因素排列图

**表 5-40　影响因素表**

| 因　素 | 影响次数 | 影响频率/% | 累计影响频率/% |
|---|---|---|---|
| 护板跑煤 | 106 | 41 | 41 |
| 原煤中断 | 64 | 25 | 66 |
| 矸石仓满 | 44 | 17 | 83 |
| 电器事故 | 24 | 9 | 92 |
| 洗水不平衡 | 13 | 5 | 97 |
| 其　　他 | 8 | 3 | 100 |

作排列图的注意事项：

(1) 影响产品质量的因素不宜过多，如果过多，可把不重要的因素并入“其他”项，排在最后。

(2) 问题可以分层处理，把数据按性质、来源、时间、人员、设备等分类，分别绘制不同的排列图，以便于分析比较。

(3) 主要因素要少于 3 个，最好是 1 个，否则失去意义。

(4) 通过排列图找到主要因素后要采取措施解决，然后再收集数据，按原项目重作排列图，以检查改进效果。

(三) 因果分析图法

因果分析图又称为鱼刺图或树枝图。因果分析图是一种形象直观的逐步深入研究的图示方法。它采用从大到小，从粗到细，顺藤摸瓜，追根求源的思路，把影响质量的各项因素画到图上。

图 5-16 为因果分析图的实例。图中有一条主干指向结果(要解决的质量问题)，影响质量的原因分为大、中、小和更小的原因，它们之间的关系用箭头表示。该图说明，某选煤厂断续停车选煤

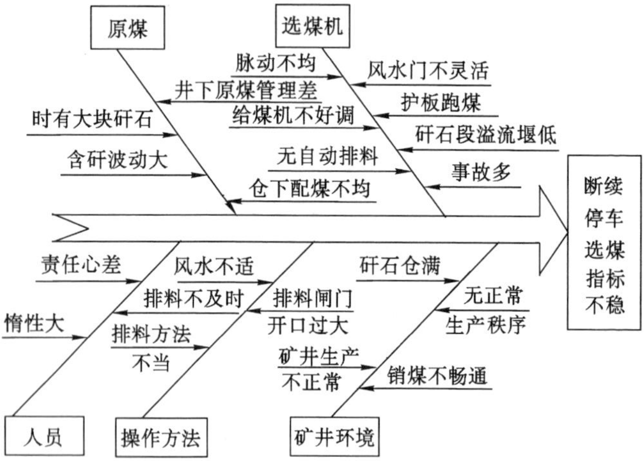


图 5-16　事故停车因果分析图

指标不稳的原因有原煤、选煤机、人员、操作方法与矿井环境五个大原因。在各个大原因中，又有许多原因。如选煤机这个大原因中又有脉动不均、给煤机不好调、无自动排料、风水门不灵活、护板跑煤、矸石段溢流堰低等原因。

绘制因果分析图的方法如下：

(1) 确定因果分析图的研究对象，找到要解决的问题。这些问题应该是企业中的主要问题，解决后对提高企业的经营管理水平有重要的意义。

(2) 调查研究，广泛听取各方面人员的意见，分析产生问题的原因(人、设备、材料、方法、环境等)。对每个原因都要提出相应的解决措施。

(3) 整理调查结果，把所有的原因从大到小按其关系画到因果分析图上。可采用投票、排列图、评分等方法确定主要原因。

(4) 找出主要原因后，到现场实地调查，确定改进措施。改进措施实施后，应检查实施效果。

(四) 直方图法

直方图法是用来整理杂乱无章的数据，从中找出质量变化的规律，预测生产过程质量的一种常用工具。通过直方图的绘制，可求出数据的平均值，了解数据的离散程度及数据分布规律。

1. 直方图的绘制

绘制直方图，需要收集 50～100 个观测数据(数据太少规律性不强)，并分成若干组，计算数据落在每组的频数及频率，绘制直方图。例如，某选煤厂要求精煤灰分指标为 5.51%～6.00%，收集了 150 个销售精煤批灰分数据列于表 5-41。

(1) 确定组数。组数的大小与数据的个数有关。组数太少，直方图过于粗糙；组数太多，每组的数据太少，直方图有可能凹凸不平。数据个数与组数的关系见表 5-42。

表 5-41 某选煤厂精煤批灰分测定数据表 单位:%

| | | | | | | | | | |
|---|---|---|---|---|---|---|---|---|---|
| 5.90 | 5.75 | 5.82 | 5.60 | 5.25 | 5.76 | 5.45 | 6.39 | 6.27 | 6.05 |
| 5.92 | 5.90 | 6.09 | 6.03 | 5.73 | 6.26 | 6.27 | 6.26 | 6.46 | 5.73 |
| 6.24 | 5.96 | 5.79 | 5.60 | 6.34 | 6.30 | 6.39 | 6.17 | 6.23 | 5.75 |
| 5.76 | 5.46 | 5.52 | 5.78 | 5.84 | 5.98 | 6.07 | 5.97 | 5.86 | 5.98 |
| 6.18 | 6.35 | 6.16 | 6.03 | 6.09 | 5.79 | 5.65 | 6.78 | 6.39 | 6.42 |
| 7.10 | 6.31 | 5.68 | 6.18 | 5.40 | 5.53 | 6.64 | 5.74 | 6.10 | 5.89 |
| 5.98 | 6.60 | 5.72 | 6.38 | 5.96 | 5.46 | 5.85 | 5.92 | 5.86 | 6.08 |
| 6.30 | 6.00 | 5.87 | 6.18 | 5.83 | 6.02 | 6.30 | 6.49 | 5.87 | 6.28 |
| 6.13 | 6.40 | 6.02 | 5.70 | 5.69 | 6.25 | 5.89 | 6.16 | 6.18 | 6.30 |
| 6.23 | 6.15 | 6.10 | 6.43 | 5.96 | 5.43 | 5.74 | 5.40 | 5.50 | 5.61 |
| 6.08 | 5.53 | 6.00 | 5.61 | 5.77 | 6.11 | 5.73 | 5.79 | 5.76 | 6.22 |
| 6.02 | 6.27 | 5.82 | 5.87 | 5.76 | 5.61 | 6.01 | 6.16 | 6.64 | 6.24 |
| 6.86 | 6.27 | 5.83 | 5.56 | 6.25 | 5.72 | 6.00 | 5.99 | 5.64 | 5.59 |
| 6.21 | 6.02 | 5.88 | 5.95 | 5.67 | 6.01 | 5.72 | 6.21 | 6.03 | 6.18 |
| 6.34 | 6.58 | 5.84 | 5.87 | 6.07 | 6.44 | 6.03 | 5.73 | 5.30 | 5.55 |

表 5-42 数据个数与组数关系

| 数据个数 | <50 | 50～100 | 100～250 | >250 |
|---|---|---|---|---|
| 组　　数 | 5～7 | 6～10 | 7～12 | 10～20 |

按表 5-42 规定,150 个数据可分成 10 组。

(2) 确定组间距(级宽)。其原则是边界应能包含所有的原始数据,为此,求出原始数据的极差。本例中,极差 $R=X_{\max}-X_{\min}=7.10\%-5.25\%=1.85\%$,则组间距 $h=\frac{R}{组数}=\frac{1.85\%}{10}=0.185\%$。

为了便于分组,取组间距 $h=0.20\%$。

(3) 确定组的上下界限值。

$$第一组的下限=X_{min}-\frac{测量单位}{2}$$

本例:第一组的下限为 5.25%-0.005%=5.245%。

$$第一组的上限=下限+h$$

本例:第一组的上限为 5.245%+0.20%=5.445%。

其余各组的上下界限值为:前一组的上限=后一组的下限。同一组中,上限=下限+$h$。组的上下界限值精确到二分之一测量单位的目的是防止数据跨界,以利于分组。

(4) 计算各组的组中值。

$$组中值=\frac{上界限值+下界限值}{2}$$

本例:第一组的组中值$=\frac{5.445\%+5.245\%}{2}=5.345\%$。

(5) 作频数分布表,统计各组频数,计算出百分比。本例的频数分布表见表 5-43。

**表 5-43　某选煤厂精煤批灰分频数分布表**

| 组号 | 组　距/% | 组中值/% | 频数统计 | 频数 | 频率/% |
|---|---|---|---|---|---|
| 1 | 5.245～5.445 | 5.345 | 正 | 5 | 3.33 |
| 2 | 5.445～5.645 | 5.545 | 正正正一 | 16 | 10.67 |
| 3 | 5.645～5.845 | 5.745 | 正正正正正正一 | 31 | 20.67 |
| 4 | 5.845～6.045 | 5.945 | 正正正正正正正一 | 36 | 24.00 |
| 5 | 6.045～6.245 | 6.145 | 正正正正正下 | 28 | 18.67 |
| 6 | 6.245～6.445 | 6.345 | 正正正正正 | 25 | 16.67 |
| 7 | 6.445～6.645 | 6.545 | 正一 | 6 | 4.00 |
| 8 | 6.645～6.845 | 6.745 | 一 | 1 | 0.66 |
| 9 | 6.845～7.045 | 6.945 | 一 | 1 | 0.66 |
| 10 | 7.045～7.245 | 7.145 | 一 | 1 | 0.67 |
| 合计 | | | | 150 | |

(6) 计算平均值 $\overline{X}$ 与标准偏差 $s$。

按表 5-43 中数据计算出平均值 $\overline{X}$ 为 5.99%，标准偏差 $s$ 为 0.323%。

(7) 绘制直方图，以纵坐标表示频数或频率，以横坐标表示数据值，用组宽作底宽，用相应的频数或频率为高画出直方图，如图 5-17 所示。现在可以用软件完成以上工作。

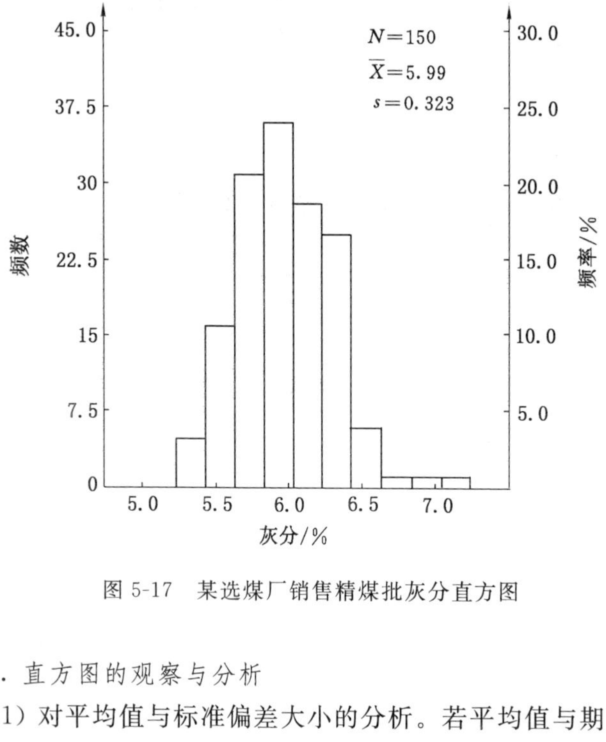


图 5-17　某选煤厂销售精煤批灰分直方图

2. 直方图的观察与分析

(1) 对平均值与标准偏差大小的分析。若平均值与期望值相一致，说明控制中心正确；若平均值与期望值有较大偏移，说明产品质量产生了偏移，应调整控制指标。例中要求精煤的灰分为 5.51%～6.00%，实际销售精煤批灰分的平均值为 5.99%，符合要求，并处于上限，非常适宜。因为精煤价格是阶跃函数，在同一等级中，应将灰分控制到接近上限，这样精煤产率高，利润大。

标准偏差表示数据的离散程度。标准偏差越小，数据越集中，质量波动越小。

(2) 直方图的分布形状有多种形式，如图 5-18 所示。在图中，(a)为对称形，基本上呈正态分布，表示工序稳定。在正常生产条件下，由偶然因素引起的产品质量波动符合正态分布规律。(b)和(c)是偏向形，在分布中心的一侧数据分布比较匀称平缓，而在另一侧则比较陡峭，说明在生产实践中对上限或下限控制较严，如对精煤灰分，对上限的控制一般比下限严，因为精煤灰分超标，质量就不合格了，而下限再低也不会构成质量事故，只是产率稍低。因此，低侧是处于随机控制的状态下，高侧是处在人为的严格控制之下。(d)为陡壁形，这是由于在质量检查中剔除不合格品而引起的结果。(e)是双峰形，这种情况大多数是由于两组不同性质的数据未进行分层而引起的。将数据分层后对两组不同性质的数据分别作直方图，就得到平均值不同的两个直方图。(f)是孤岛形，在正常的分布之外，出现质量差异较大的少数产品，它常常是由于原材料的变化或不熟练的工人替班而造成的。(g)为折齿形，这是由于组数过多、测量方法不当或测量不准确造成的。

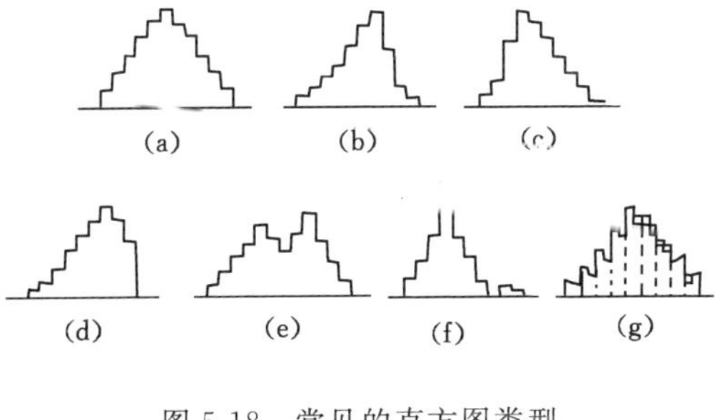


图 5-18　常见的直方图类型

(3) 分布范围 $B$ 与规格 $T$ 的比较。图 5-19 为分布范围 $B$ 与

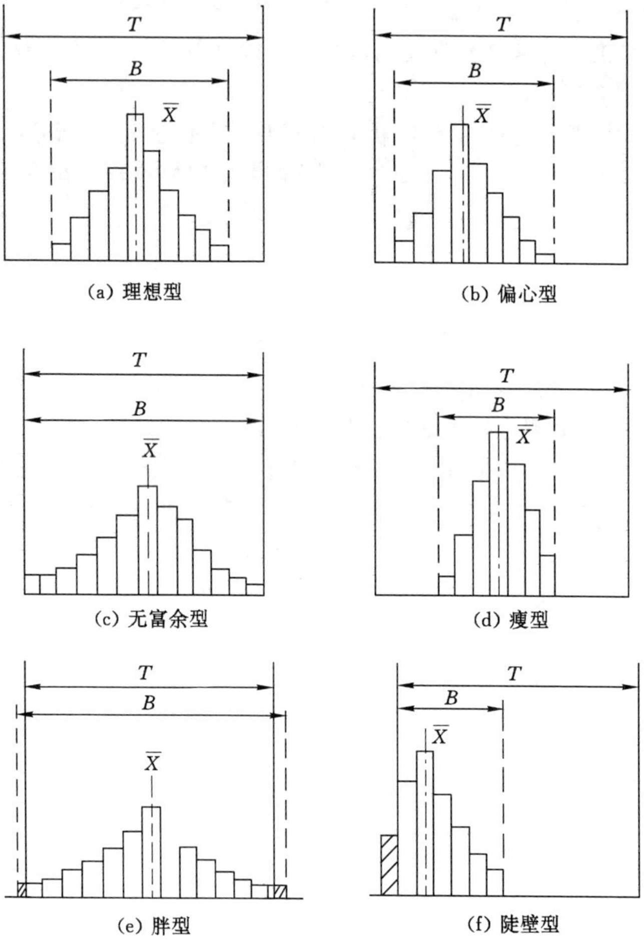


图 5-19　分布范围与规格的几种常见关系

规格 $T$ 的几种常见的关系。在图中，(a)为正常状态，分布范围稍微小于规格，说明质量控制较好；(b)的分布范围与规格稍有偏移，有出现废品的可能，应对工艺进行调整；(c)的分布范围与规格相重合，分布范围偏大，若工艺稍有波动，会出现废品；(d)的分布范围太小，说明加工不经济；(e)及(f)的分布范围太大或分布范围与规格偏移太大，有废品出现，应及时采取措施，改善工艺操作。

图 5-20 为某选煤厂三个班跳汰机精煤质量的直方图。对比后得出结论：二班最好，标准偏差最小为 0.65%；一班最差，标准偏差为0.89%。这与平日对三个班操作情况的观察是一致的。为此，要总结二班的经验，帮助一班改善操作。

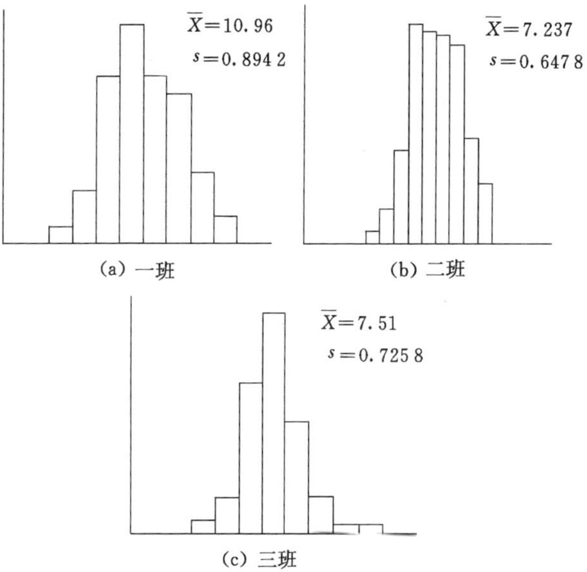


图 5-20　某选煤厂三个班跳汰机精煤质量直方图

(五) 控制图法

控制图法(管理图)是一种对产品质量进行动态分析的方法，它根据生产过程中数据的变化规律来分析和反映产品质量的变化，判别产品质量变化的趋势，发现和及时消除生产中的问题，预防废品的产生。

控制图的种类很多，有单值管理图、平均数-极差管理图、中位数-极差管理图、不合格品率管理图等。

控制图一般用计算机绘制，横坐标表示抽样时间或样品号，纵坐标表示测得的质量特征值。图上画出质量控制中心线 CL (central line)、上下控制界限 UCL (upper control limit)、LCL (lower control limit)。有的管理图还在控制界限内侧画有上下警戒界限 UWL(upper warning limit)、LWL(lower warning limit)，有的管理图还画有公差上下限。

在正常生产过程中，当只有偶然误差存在时，按照正态分布规律，设质量的平均值为 $\mu$，观测值落在 $\mu\pm3\sigma$ 范围内的概率为 99.73%，落在 $\mu\pm2\sigma$ 范围内的概率为 95.5%。对任何分布，观测值落在 $\mu\pm3\sigma$ 之内的概率不会低于 88.89%，因此，通常取 $\mu\pm3\sigma$ 为上下控制界限，取 $\mu\pm2\sigma$ 为上下警戒界限。由于观测值落在 $\mu\pm2\sigma$ 范围之外的概率不到 5%，因此，对越出警戒界限的情况必须严加注意。

各种控制图的原理是一致的，下面只介绍几种选煤厂常用的控制图。

1. 单值($X$)管理图

单值管理图适宜控制一个质量特性参数，以观测值逐个打点，方法简便，尤其适用于现场质量管理。

(1) 控制图中心线的求法

中心线可用两种方法决定，一是根据技术标准，二是根据历史资料求得的算术平均值。例如控制选煤厂最终精煤灰分，按产品目录规定的灰分或灰分的历史资料的算术平均值作为控制中心线。

(2) 上下控制界限的确定

① 根据技术标准确定上下控制界限。例如，国家规定精煤批灰分波动不得超过月平均值的 0.5%，因此出厂精煤批灰分上下控制界限按 $\mu \pm 0.5\%$ 确定。

② 利用单个数据的标准差计算上下控制界限。

$$UCL = \overline{X} + 3\sigma \tag{5-16}$$

$$LCL = \overline{X} - 3\sigma \tag{5-17}$$

$$UWL = \overline{X} + 2\sigma \tag{5-18}$$

$$LWL = \overline{X} - 2\sigma \tag{5-19}$$

式中　$\overline{X}$——算术平均值；

$\sigma$——标准差。

表 5-44 为某选煤厂跳汰精煤灰分测定结果，其算术平均值为 7.237%，标准差为 0.65%，则：

$$UCL = 7.237 + 3 \times 0.65 = 9.19(\%)$$

$$LCL = 7.237 - 3 \times 0.65 = 5.29(\%)$$

$$UWL = 7.237 + 2 \times 0.65 = 8.54(\%)$$

$$LWL = 7.237 - 2 \times 0.65 = 5.94(\%)$$

**表 5-44　跳汰精煤灰分测定结果**　　单位：%

| | | | | | | | | | |
|---|---|---|---|---|---|---|---|---|---|
| 7.38 | 6.54 | 6.90 | 7.98 | 6.70 | 6.24 | 6.88 | 6.56 | 7.20 | 6.36 |
| 7.20 | 7.00 | 7.02 | 7.10 | 7.24 | 7.80 | 6.04 | 7.40 | 6.66 | 8.48 |
| 8.12 | 7.16 | 7.60 | 5.92 | 7.38 | 6.26 | 5.92 | 6.38 | 7.66 | 6.36 |
| 6.80 | 6.70 | 7.54 | 6.26 | 8.98 | 6.54 | 6.50 | 8.80 | 7.08 | 6.74 |
| 7.66 | 7.84 | 7.22 | 7.24 | 6.70 | 8.96 | 7.24 | 6.84 | 6.78 | 7.00 |
| 6.06 | 6.81 | 7.00 | 7.58 | 7.28 | 8.48 | 8.40 | 7.76 | 7.00 | 7.30 |
| 8.04 | 6.24 | 7.81 | 7.22 | 7.52 | 7.60 | 5.66 | 7.24 | 6.98 | 7.92 |
| 7.88 | 7.72 | 8.52 | 7.36 | 7.80 | 6.74 | 8.44 | 6.20 | 8.02 | 7.76 |
| 7.18 | 7.60 | 7.02 | 6.60 | 6.56 | 6.82 | 6.68 | 7.64 | 6.50 | 7.92 |
| 6.70 | 6.66 | 7.82 | 8.24 | 7.80 | 7.16 | 8.94 | 7.24 | 8.50 | 7.54 |

③ 利用分群数据的极差求上下控制界限。若单个数据的分布不符合正态分布规律，可将数据分群。分群之后，群平均值的分布符合正态分布。因此，可利用分群数据极差的分布计算相当于 $3\sigma$ 的控制界限：

$$UCL = \overline{\overline{X}} + E_2\overline{R} \tag{5-20}$$

$$LCL = \overline{\overline{X}} - E_2\overline{R} \tag{5-21}$$

式中 $\overline{\overline{X}}$——群数据算术平均值的平均值；

$\overline{R}$——群数据算术平均值的极差；

$E_2$——与群大小有关的系数，可查表 5-45。

**表 5-45　控制图用系数表**

| 群大小 | $X$ 图用系数 | | | $\overline{X}$-$R$ 图用系数 | | $\widetilde{X}$ 图用系数 | |
|---|---|---|---|---|---|---|---|
| $n$ | $E_1$ | $E_2$ | $E_3$ | $A_2$ | $D_4$ | $m_3$ | $m_3A_2$ |
| 2 | 5.318 | 2.660 | 3.15 | 1.880 | 3.267 | 1.000 | 1.880 |
| 3 | 4.146 | 1.772 | 1.89 | 1.023 | 2.575 | 1.160 | 1.187 |
| 4 | 3.760 | 1.457 | 1.52 | 0.729 | 2.282 | 1.092 | 0.796 |
| 5 | 3.568 | 1.290 | 1.33 | 0.577 | 2.115 | 1.198 | 0.691 |
| 6 | 3.454 | 1.184 | 1.21 | 0.483 | 2.004 | 1.135 | 0.549 |
| 7 | 3.378 | 1.109 | 1.13 | 0.419 | 1.924 | 1.214 | 0.509 |
| 8 | 3.323 | 1.054 | 1.07 | | | 1.160 | 0.432 |
| 9 | 3.283 | 1.010 | 1.03 | | | 1.223 | 0.412 |
| 10 | 3.251 | 0.975 | 0.99 | | | 1.177 | 0.363 |

群的大小一般为 3～5 个。

表 5-46 将精煤质量数据以 5 个为一群，求得 $\overline{\overline{X}}$ 为 7.25%，$\overline{R}$ 为 1.64%，则：

$$UCL = 7.25 + 1.29 \times 1.64 = 9.37(\%)$$

$$LCL = 7.25 - 1.29 \times 1.64 = 5.13(\%)$$

表 5-46　精煤质量数据分群结果　　单位：%

| 试样号 | 单个测定值 | | | | | 平均值 | 极差 |
|---|---|---|---|---|---|---|---|
| | $X_1$ | $X_2$ | $X_3$ | $X_4$ | $X_5$ | $\overline{X}$ | $\overline{R}$ |
| 1～5 | 7.38 | 6.54 | 6.90 | 7.98 | 6.70 | 7.10 | 1.44 |
| 6～10 | 6.24 | 6.88 | 6.56 | 7.20 | 6.36 | 6.65 | 0.96 |
| 11～15 | 7.20 | 7.00 | 7.02 | 7.10 | 7.24 | 7.11 | 0.24 |
| 16～20 | 7.80 | 6.04 | 7.40 | 6.66 | 8.48 | 7.28 | 2.44 |
| 21～25 | 8.12 | 7.16 | 7.60 | 5.92 | 7.38 | 7.24 | 2.20 |
| 26～30 | 6.26 | 5.92 | 6.38 | 7.66 | 6.36 | 6.52 | 1.74 |
| 31～35 | 6.80 | 6.70 | 7.54 | 6.26 | 8.98 | 7.26 | 2.72 |
| 36～40 | 6.54 | 6.50 | 8.80 | 7.08 | 6.74 | 7.13 | 2.30 |
| 41～45 | 7.66 | 7.84 | 7.22 | 7.24 | 6.70 | 7.33 | 1.14 |
| 46～50 | 8.96 | 7.24 | 6.84 | 6.78 | 7.00 | 7.36 | 2.18 |
| 51～55 | 6.96 | 6.84 | 7.00 | 7.58 | 7.26 | 7.13 | 0.74 |
| 56～60 | 8.48 | 8.40 | 7.76 | 7.00 | 7.30 | 7.79 | 1.48 |
| 61～65 | 8.04 | 6.24 | 7.81 | 7.22 | 7.52 | 7.37 | 1.80 |
| 66～70 | 7.60 | 5.66 | 7.24 | 6.98 | 7.92 | 7.08 | 2.26 |
| 71～75 | 7.88 | 7.72 | 8.52 | 7.36 | 7.80 | 7.86 | 1.16 |
| 76～80 | 6.74 | 8.44 | 6.20 | 8.02 | 7.76 | 7.43 | 2.24 |
| 81～85 | 7.18 | 7.60 | 7.02 | 6.60 | 6.56 | 6.99 | 1.04 |
| 86～90 | 6.82 | 6.68 | 7.64 | 6.50 | 7.92 | 7.11 | 1.42 |
| 91～95 | 6.70 | 6.66 | 7.82 | 8.24 | 7.80 | 7.44 | 1.58 |
| 96～100 | 7.16 | 8.94 | 7.24 | 8.50 | 7.54 | 7.88 | 1.78 |
| 合计 | | | | | | 145.06 | 32.86 |
| 平均值 | | | | | | 7.25 | 1.64 |

④ 利用移动极差法求上下控制界限。移动极差是指测定值与其相邻测定值之差的绝对值，记为 $R_s$。移动极差的平均值为 $\overline{R}_s$，计算上下控制界线的公式为：

$$\mathrm{UCL} = \overline{X} + 2.66\overline{R}_s$$

$$\mathrm{LCL} = \overline{X} - 2.66\overline{R}_s$$

式中的 2.66 是取自表 5-45 的 $E_2$ 系数值。

表 5-47 为移动极差计算表。由表中数据求得的 $\overline{X}$ 为 7.24%，$\overline{R}_s$ 为 0.83%，则：

$$UCL=7.24+2.66\times0.83=9.45(\%)$$

$$LCL=7.24-2.66\times0.83=5.03(\%)$$

**表 5-47　移动极差计算表**

| $X$ | $R_s$ | $X$ | $R_s$ | $X$ | $R_s$ | $X$ | $R_s$ | $X$ | $R_s$ | $X$ | $R_s$ | $X$ | $R_s$ | $X$ | $R_s$ |
|---|---|---|---|---|---|---|---|---|---|---|---|---|---|---|---|
| | | | 0.14 | | 1.28 | | 0.62 | | 0.08 | | 0.04 | | 0.04 | | 1.26 |
| 7.38 | | 7.24 | | 7.66 | | 7.22 | | 8.40 | | 7.88 | | 6.56 | | 8.50 | |
| | 0.84 | | 0.56 | | 1.30 | | 0.02 | | 0.64 | | 0.16 | | 0.26 | | 0.96 |
| 6.54 | | 7.80 | | 6.36 | | 7.24 | | 7.76 | | 7.72 | | 6.82 | | 7.54 | |
| | 0.36 | | 1.76 | | 0.44 | | 0.54 | | 0.76 | | 0.80 | | 0.14 | | |
| 6.90 | | 6.04 | | 6.80 | | 6.70 | | 7.00 | | 8.52 | | 6.68 | | | |
| | 1.08 | | 1.36 | | 0.10 | | 2.26 | | 0.30 | | 1.16 | | 0.96 | | |
| 7.98 | | 7.40 | | 6.70 | | 8.96 | | 7.30 | | 7.36 | | 7.64 | | | |
| | 1.28 | | 0.74 | | 0.84 | | 1.72 | | 0.74 | | 0.44 | | 1.14 | | |
| 6.70 | | 6.66 | | 7.54 | | 7.24 | | 8.04 | | 7.80 | | 6.50 | | | |
| | 0.46 | | 1.82 | | 1.28 | | 0.40 | | 1.8 | | 1.06 | | 1.42 | | |
| 6.24 | | 8.48 | | 6.26 | | 6.84 | | 6.24 | | 6.74 | | 7.92 | | | |
| | 0.64 | | 0.36 | | 2.72 | | 0.06 | | 1.57 | | 1.70 | | 1.22 | | |
| 6.88 | | 8.12 | | 8.98 | | 6.78 | | 7.81 | | 8.44 | | 6.70 | | | |
| | 0.32 | | 0.96 | | 2.44 | | 0.22 | | 0.59 | | 2.24 | | 0.04 | | |
| 6.56 | | 7.16 | | 6.54 | | 7.00 | | 7.22 | | 6.20 | | 6.66 | | | |
| | 0.64 | | 0.44 | | 0.04 | | 0.04 | | 0.30 | | 1.82 | | 1.16 | | |
| 7.20 | | 7.60 | | 6.50 | | 8.96 | | 7.52 | | 8.02 | | 7.82 | | | |
| | 0.84 | | 1.98 | | 2.30 | | 0.12 | | 0.08 | | 0.26 | | 0.42 | | |
| 6.36 | | 5.92 | | 8.80 | | 6.84 | | 7.60 | | 7.76 | | 8.24 | | | |
| | 0.84 | | 1.46 | | 1.72 | | 0.16 | | 1.94 | | 0.58 | | 0.44 | | |
| 7.20 | | 7.38 | | 7.08 | | 7.00 | | 5.66 | | 7.13 | | 7.80 | | | |
| | 0.20 | | 1.12 | | 0.34 | | 0.58 | | 1.58 | | 0.42 | | 0.64 | | |
| 7.00 | | 6.26 | | 6.74 | | 7.58 | | 7.24 | | 7.60 | | 7.16 | | | |
| | 0.02 | | 0.34 | | 0.92 | | 0.32 | | 0.26 | | 0.58 | | 1.78 | | |
| 7.02 | | 5.92 | | 7.66 | | 7.26 | | 6.98 | | 7.02 | | 8.94 | | | |
| | 0.08 | | 0.46 | | 0.18 | | 1.22 | | 0.94 | | 0.42 | | 1.70 | | |
| 7.10 | | 6.38 | | 7.84 | | 8.48 | | 7.92 | | 6.60 | | 7.24 | | | |

图 5-21 是根据表 5-44 前 21 个精煤质量数据绘制的精煤质量管理图。图中前 15 个数据灰分偏低，说明月初灰分偏低，月末灰分偏高。

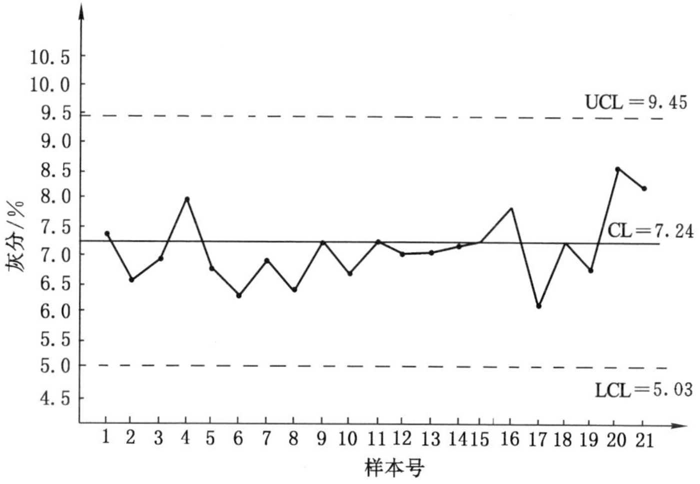


图 5-21　精煤质量管理图

2. 平均数-极差($\overline{X}$-$R$)管理图

在进行产品质量检验时，通常是从一批产品中抽取若干个试样分别测定其质量，然后取其平均值 $\overline{X}$ 代表该批产品的质量。但是，在实际质量管理工作中，我们不仅要了解产品质量的平均值，还应了解产品质量的离散情况。要达到这个目的，在生产过程中，不但要控制平均值，还要控制极差。为此，可用平均数-极差($\overline{X}$-$R$)管理图控制产品质量。

图 5-22 为 $\overline{X}$-$R$ 控制图的实例。该图由两部分组成，上部是 $\overline{X}$ 管理图，下部是 $R$ 管理图。图中横坐标为精煤质量的批号，$\overline{X}$ 管理图坐标为精煤批灰分平均值，$R$ 管理图坐标为精煤批灰分极

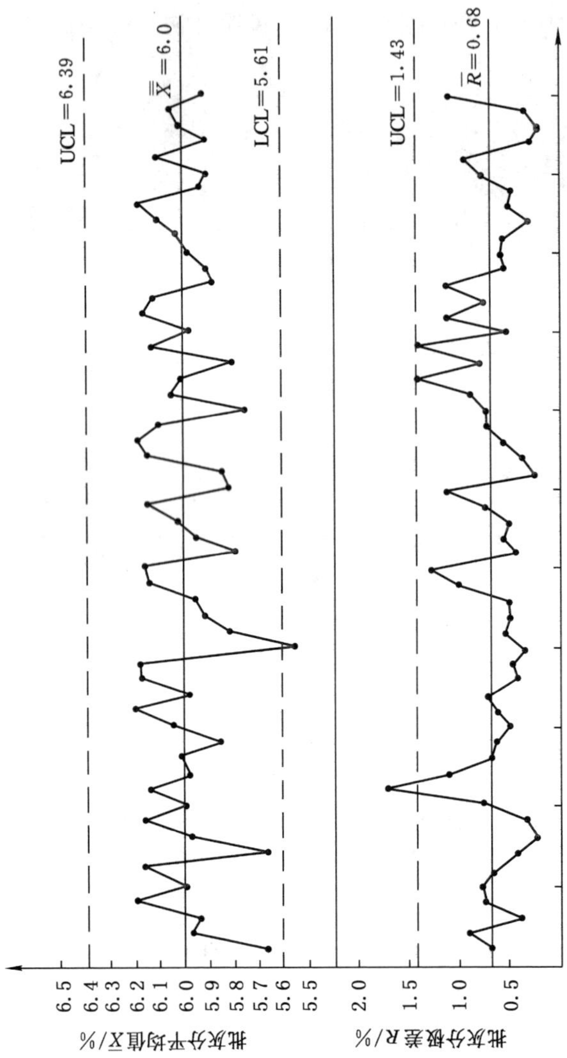


图5-22 精煤质量的$\overline{X}-R$控制图

差。$\overline{X}$ 与 $R$ 图各有控制线，两个图上的点都落在控制线内侧时，认为质量合格。当 $\overline{X}$ 的点在控制线以内，而 $R$ 的点超出控制线外时，表示工序有不稳定因素，需查明原因；当 $\overline{X}$ 的点超出控制线外时，即使 $R$ 的点是正常的，也应视为质量不合格。

$\overline{X}$-$R$ 控制图的控制界限与群的大小有关。$\overline{X}$ 图的控制界限是：

$$\mathrm{CL} = \overline{\overline{X}} \tag{5-22}$$

$$\mathrm{UCL} = \overline{\overline{X}} + A_2\overline{R} \tag{5-23}$$

$$\mathrm{LCL} = \overline{\overline{X}} - A_2\overline{R} \tag{5-24}$$

式中　$\overline{\overline{X}}$——群平均数的平均值；

$\overline{R}$——群极差的平均值；

$A_2$——与群大小 $n$ 有关的系数，由表 5-45 查得。

对 $R$ 图，极差越小越好，因此不考虑控制下限。$R$ 图的控制界限是：

$$\mathrm{CL} = \overline{R} \tag{5-25}$$

$$\mathrm{UCL} = D_4\overline{R} \tag{5-26}$$

式中　$D_4$——与群大小 $n$ 有关的系数，由表 5-46 查得。

3. 控制图的观察与分析

绘制质量控制图，重要的是对控制图进行观察与分析，从中发现产品质量的变化，及时采取措施提高产品质量。

(1) 判断控制图是否正常的准则

① 点呈随机性排列，连续 25 个点在控制界限以内。

② 点在控制界限内排列无缺陷。如有个别点超出控制界限，当连续 35 个点中仅有 1 个点超出时，仍视该控制图为正常。

(2) 判断控制图是否异常的准则

① 点超出控制界限以外。

② 点虽然在控制界限以内，但排列有缺陷，如图 5-23 所示。排列缺陷有以下几种情况：

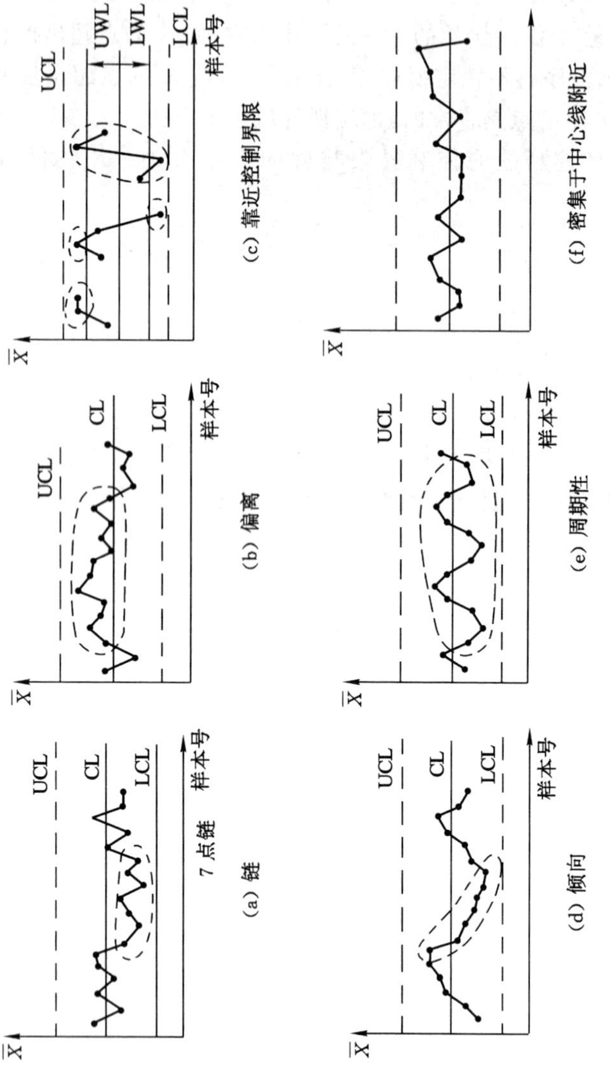


图5-23　控制图的几种异常情况

· 出现链——在中心线一侧连续出现 7 个点；

· 出现偏离——连续 11 个点中至少有 10 个点、连续 14 个点中至少有 12 个点、连续 17 个点中至少有 14 个点、连续 20 个点中至少有 16 个点出现在中心线的同一侧；

· 靠近控制界限——连续 3 个点中有 2 个点、7 个点中有 3 个点在控制界限附近；

· 倾向——连续 7 个点呈现上升或下降趋势；

· 周期性——点的排列呈现周期性；

· 密集于中心线附近——点密集于中心线附近且远离控制界限，说明工序已有改进，过去的控制界限已不适应需要，应调整控制界限，以进一步提高产品质量。

通过对控制图的观察与分析，可以从图形变化中发现问题，查明影响因素，采取改进措施。如某煤矿机修厂电机车牵引电动机的事故率控制图随季节作周期性变化，通过调查发现电动机整流环上的铜片因温度变化而变形松动，引起火花，产生事故。针对此问题，改进铜片的固定方式后，事故率明显下降，控制图也变为随机的。

(六) 相关图法

相关图又称散布图。相关图法是利用统计图的形式，借助简单的计算，分析和研究影响因素与质量特性之间、两种质量特性之间、两种影响因素之间有无关系及关系如何的一种方法。

相关统计图是利用有对应关系的两个变量的数据画成的散点图，从中可直观地看出两个变量之间的大致关系。图 5-24 为散布图的几种形式。图中，(a) 正相关，说明 $x$ 增大，$y$ 随之增大，只要管理好 $x$，$y$ 也随之得到管理；(b) 近于正相关，$x$ 增大，$y$ 基本随之增大，此时除了因素 $x$ 外，可能还有其他因素影响 $y$；(c) 不相关，说明 $x$ 与 $y$ 之间没有关系；(d) 近于负相关，$x$ 增大，$y$ 基本随之减小，此时除了因素 $x$ 外，还有其他因素影响 $y$；(e) 负相关，$x$ 增大，$y$ 随之减小，只要管理好 $x$，$y$ 也随之管理好了。

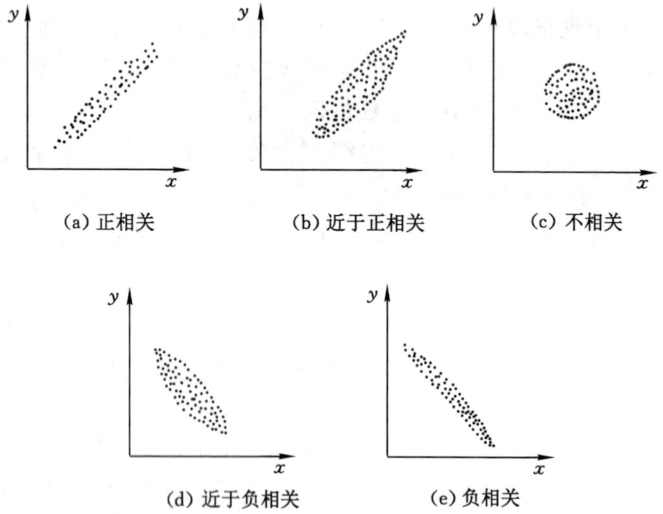


图 5-24 散布图的几种形式

绘制相关图的步骤如下：

(1) 收集数据。收集的数据量要大，数据要有代表性。将收集到的数据成对地填入数据表。

(2) 绘制散点图。通常取自变量为横轴，因变量为纵轴。坐标轴上的单位要使 $x$ 的散布范围与 $y$ 的散布范围大致相等，将成对数据作为点画在图上。

如图 5-25 所示，(a)为树直径与树干高散布图；(b)为原煤灰分与精煤产率散布图；(c)为煤炭密度与灰分散布图。图中，煤炭密度与灰分散布图为正相关，说明煤炭密度增高，灰分也增高；树直径与树干高散布图为近于正相关，即树直径大的，树干基本上是高的，但树干高还受其他因素影响；原煤灰分与精煤产率散布图为负相关，即当精煤灰分基本不变时，其产率随原煤灰分增加而

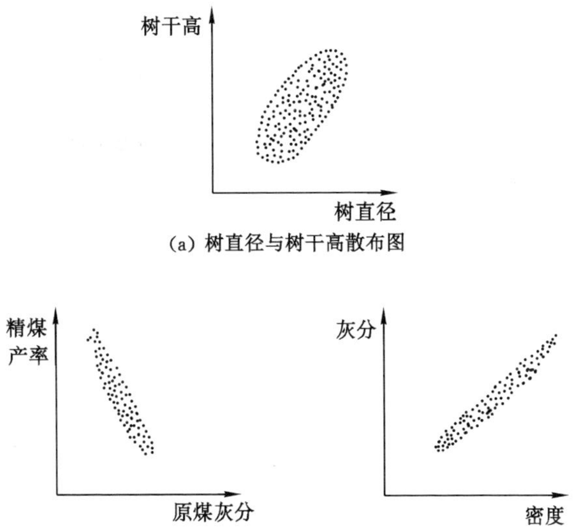


(a) 树直径与树干高散布图

(b) 原煤灰分与精煤产率散布图

(c) 煤炭密度与灰分散布图

图 5-25　几种实际散布图

降低。

相关性可用符号检定表检定，也可用相关系数检定，系数越大，相关性越好。

（七）对策计划表法

对策计划表法是对策表格化的一种方法，具有简单、明了、形象、直观和便于执行等优点。例如，某选煤厂断续停车，选煤指标不稳定，影响了产品质量。通过调查绘制排列图，找到护板跑煤、原煤中断、矸石仓满、电器事故、缺水及选煤机沿筛面脉动不匀等影响因素（图 5-15），针对这些问题制定的提高选煤产品质量对策表如表 5-48 所示。

**表 5-48 提高选煤产品质量对策表**

| 序号 | 因素 | 采取的措施 | 负责人 | 目标值 | 完成时间 |
| --- | --- | --- | --- | --- | --- |
| 1 | 护板跑煤 | 将护板由原来的 16 块通轴结构改为 8 块单轴单挂结构 | ××× | 护板活动灵活，不发生支起现象 | 1月上旬 |
| | | 护板适当配重，加翅臂，保证护板互不影响 | ××× | 护板活动灵活，不发生支起现象 | 1月上旬 |
| | | 加强原煤准备作业，避免大块混入 | ××× | 改造原煤线 203、205 设备 | 1月上旬 |
| 2 | 原煤中断 | 明确岗位责任制，提高奖金系数，重奖重罚 | ××× | 原煤线 309 不溢不堵，连续均匀配仓，不空仓 | 2月始 |
| | | 改善工作条件 | ××× | | |
| | | 增加联系通信设施 | ××× | | |
| 3 | 矸石仓满 | 建立完善的矸石排放制度 | ××× | 不因仓满而停车 | 2月始 |
| 4 | 电器事故 | 包机到人，定时检修，过热整定 | ××× | 不出现过负荷跳闸 | 2月始 |
| 5 | 缺水 | 与井下调度站配合，定时打生产水；防止洗水外排，循环水泵平衡供水 | ××× | 不因缺水影响生产 | 1月始 |
| 6 | 选煤机沿筛面脉动不匀 | 改造选煤机机体，改造导流板 | ××× | 脉动均匀 | 1月底 |
| | | 检修给煤机，沿全宽给料 | ××× | 给料均匀 | |
| | | 改造喷水管 | ××× | 喷水管不堵 | |

按照对策表实施后，改造了选煤机机体；更换了矸石段护板，加固了筛板；制定了严格的矸石排放制度；改善了原煤仓下的工作条件；在原煤胶带上安装了除铁器等，取得了明显的效果。图 5-26 为实施前、后精煤质量直方图，图 5-27 为实施前、后矸石中损失精煤量比较，图 5-28 为实施前、后开空车时间统计。

(八) 系统图法

系统图法是把要达到的目的(目标)和所需要的手段、方法按照系统展开，绘制成系统图，以便纵观全局，明确重点，寻求实现目标的最佳措施和手段的一种方法。所以，系统图法实质上是系统工程理论在质量管理中的具体运用。图 5-29 为系统图的基本形式。

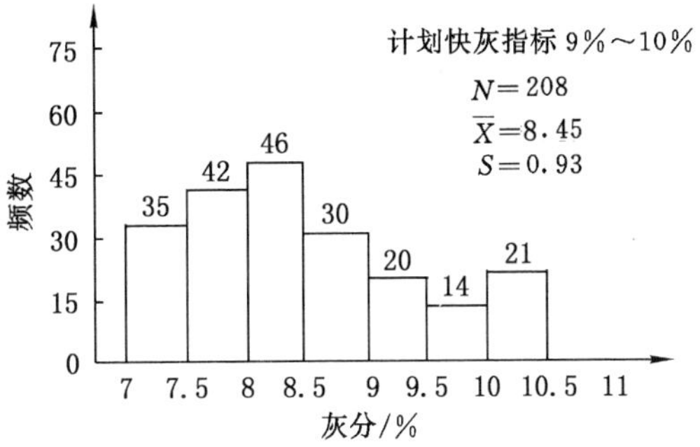


(a) 实施前

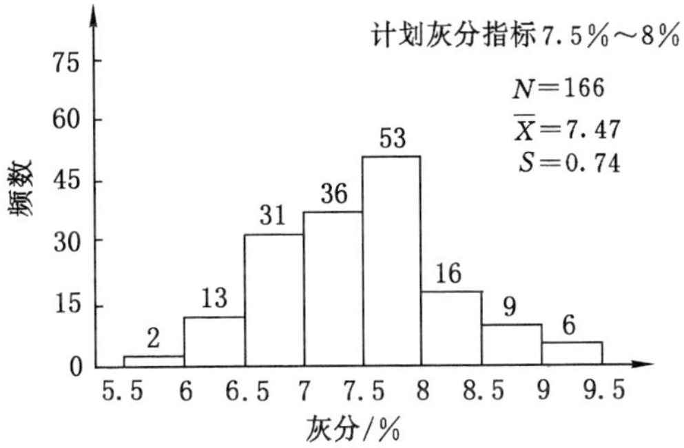


(b) 实施后

图 5-26 实施前、后精煤质量直方图

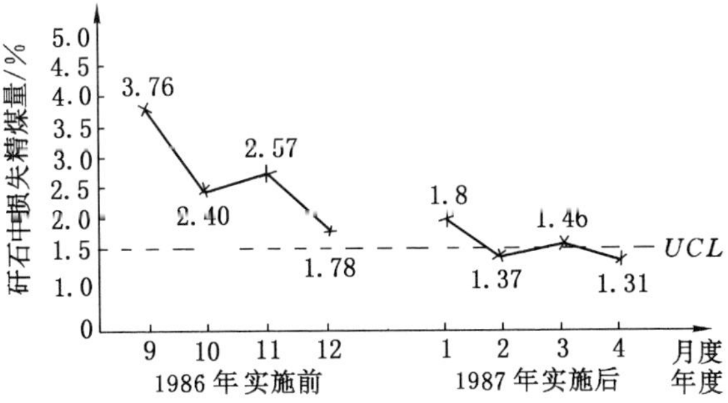


图 5-27 实施前、后矸石中损失精煤量比较

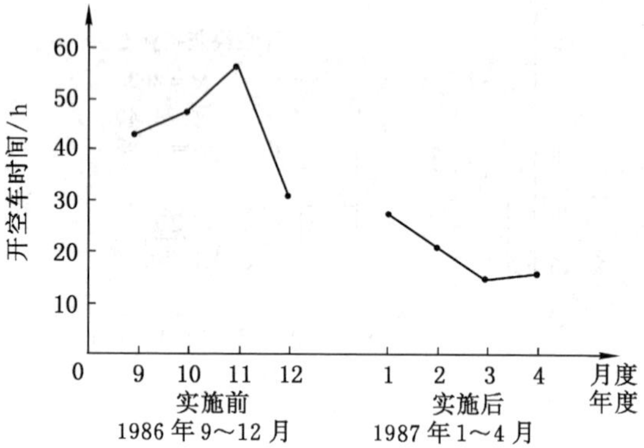


图 5-28 实施前、后开空车时间统计

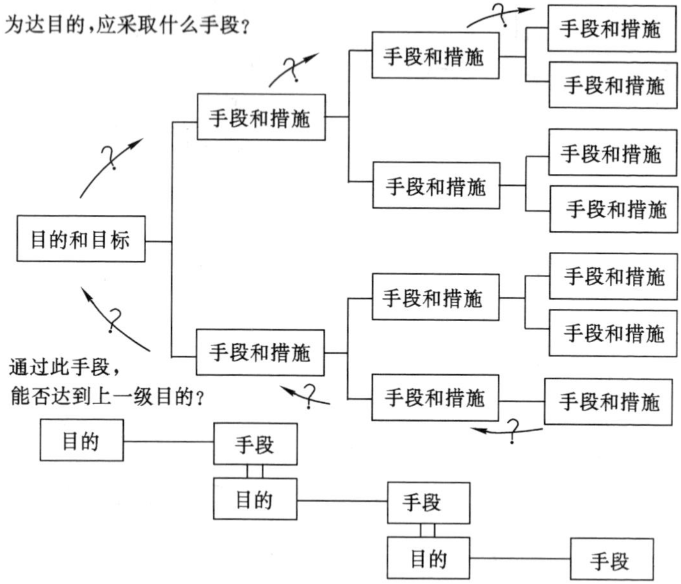


图 5-29 系统图的基本形式

绘制系统图的方法可以归纳为：

(1) 明确目的和目标；

(2) 提出手段和措施；

(3) 评价手段和措施；

(4) 绘制手段和措施卡片；

(5) 使手段和措施具体化；

(6) 确认目的，展开为达到目的所必须采取的手段和措施；

(7) 制订实施计划。

系统图法在质量管理中有广泛的用途。例如，研制设计新产品；质量保证活动的开展，建立质量保证体系；解决企业内质量、成本、产量等各种问题等。

(九) 关系图法

关系图是用箭头把影响质量的各种因素联系起来的图形。对于原因—结果、目的—手段等纠缠在一起的关系比较复杂的问题，可以使用关系图法明确其因果关系，并找出恰当的解决对策。图 5-30 为关系图的基本形式。

绘制关系图的工作步骤如下：

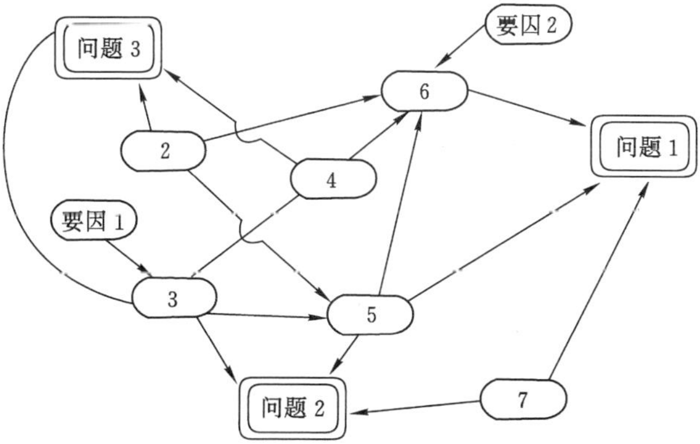


图 5-30　关系图的基本形式

(1) 通过全面调查研究,提出与某质量问题有关的各种因素;

(2) 用确切、简明的文字或语言来表示主要因素;

(3) 按各种因素的逻辑关系用箭头连接各因素;

(4) 根据图形,统观全局,进行分析讨论,看看有无遗漏或不确切之处;

(5) 拟订措施和计划,确定从何着手来解决问题。

(十) KJ 法

KJ 法是对未来的问题、未知的问题、未经检验的问题以语言、文字资料、意见、构思等形式收集后加以归纳整理,以便从复杂的现象中抓住实质,找出解决问题途径的一种方法。

KJ 法与统计法不同,统计法主张一切用数据说话,KJ 法则靠事实说话,靠"灵感"发现新思路、解决新问题。表 5-49 为 KJ 法与统计法的比较。

**表 5-49　KJ 法与统计法的比较**

| 统计法 | KJ 法 |
| --- | --- |
| 1. 假设检验型;<br>2. 把现象数量化,依靠数据资料分析问题;<br>3. 侧重分析和分层;<br>4. 用理论分析问题 | 1. 发现问题型;<br>2. 现象不需数量化,用语言、文字等形式分析问题;<br>3. 侧重综合,特别是不同性质问题的综合;<br>4. 用情感归纳问题 |

KJ 法的工作步骤如下:

(1) 确定目标。KJ 法适用于解决那种必须解决但允许用一定时间解决的问题,不适用于要求迅速解决的问题。

(2) 搜集语言、文字资料。搜集资料时,要尊重事实,找出原始思想(即"思想火花")。可采用直接观察法、面谈阅读法、个人思考法等。

(3) 把所有资料(包括"思想火花")写成卡片。

(4) 整理卡片,把相似的资料归纳在一起,逐步整理出新的思路。

(5) 集中同类卡片,做出分类标题卡。

(6) 根据不同目的,选用上述资料卡片,整理成文章。

(十一) PDPC 法

PDPC 法即过程决定规划图法,实质上是运筹学方法在质量管理中的运用。在计划阶段,预先对各种可能发生的不利因素加以估计,提出两个以上的行动方案。第一方案在执行中遇到困难时,立即改按第二方案执行,依此类推,以保持计划的灵活性,以便达到最终目标。它的特点是有预防性、预见性。

例如,为了使装卸工装卸货物时不倒置,要在箱子外面做标记。考虑到搬运工有识字的,可用文字写上“请勿倒置”;若搬运工不识字,但能识标记,可用图形表示;若两者都不会,只好改变包装方式,即使倒置也没有关系。如图 5-31 所示。

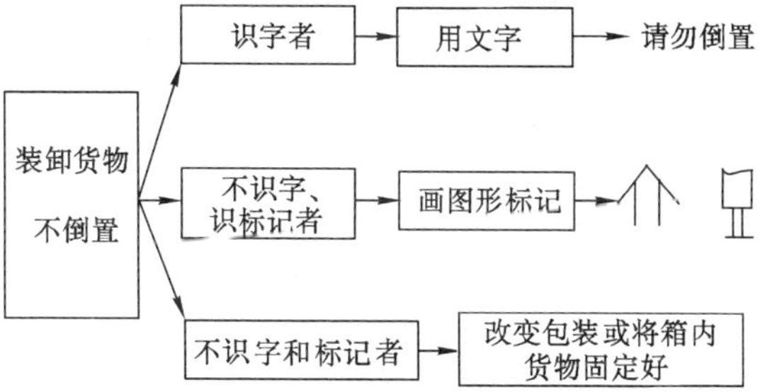


图 5-31　PDPC 法示例

(十二) 矩阵图法

矩阵图法是把问题中有对应关系的各个要素列成矩阵图,根据图形进行分析、确定关键点的一种方法。矩阵图的主要用途有:确定某产品需要改进的重点,确定质量保证体系中的关键环节,分析产品质量不好的原因，进行质量评价等。

矩阵图的基本形式见图 5-32。图中分别将属于 $A$ 要素群的 $a_1, a_2, a_3, \cdots, a_n$ 与属于 $B$ 要素群的 $b_1, b_2, b_3, \cdots, b_m$ 排成行与列，其交点表示行与列对应要素的关系程度。通过对矩阵图的分析，可以找到解决问题的关键点，从而有效地解决问题。

| | | A | | | | | | |
|---|---|---|---|---|---|---|---|---|
| | | $a_1$ | $a_2$ | $a_3$ | … | $a_i$ | … | $a_n$ |
| B | $b_1$ | | | | | | | |
| | $b_2$ | | | | | | | |
| | $b_3$ | | | | | | | |
| | … | | | | | | | |
| | $b_j$ | | | | | ○←着眼点 | | |
| | … | | | | | | | |
| | $b_m$ | | | | | | | |

图 5-32　矩阵图的基本形式

（十三）矩阵数据分析法

矩阵数据分析法是指当矩阵图上各要素之间关系能定量表示时，通过计算来分析、整理数据的方法。它与矩阵图法的区别是：后者是在矩阵图上填符号，前者是在矩阵图上填数字，然后求解行列式。由于矩阵数据分析计算比较复杂，一般要借助于计算机。

对由复杂因素组成的工序、多变量数据的质量因素以及市场调查的数据进行分析时，可用矩阵数据分析法。

（十四）矢线图法

矢线图又称网络图。矢线图法是统筹方法在质量管理中的应用，它把代表各工序的箭条，依照各工序间的相互关系和先后顺序以及流程方向，从左至右按逻辑排列，绘制成图形，用以制订质量管理计划。图 5-33 是某工程的施工网络图。

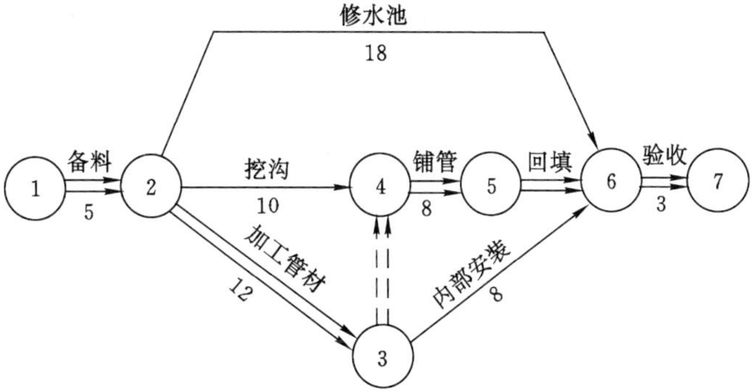


图 5-33　某工程施工网络图

矢线图由三种元素组成：带有标记的箭条表示作业的进程，叫作工序，指一项有具体活动内容，需投入人力物力，并经一定时间才能完成的活动内容；虚线箭条表示逻辑关系，不需消耗时间和资源；编有号码的圆圈表示作业的变换，叫作节点。网络图中各项工作的连接顺序一般按照事物本身的逻辑关系来确定。前面的作业没有完成，后面的作业就不能开始，若颠倒顺序，就会违背规律。但也有些工作，各作业间并没有特定的制约关系，先后顺序可以任意颠倒、任意组合。从起点开始沿着箭头方向连续不断到达终点有多条路线，其中最长的路线为关键路线，在图 5-33 中用双箭条表示，即①→②→③→④→⑤→⑥→⑦。关键路线上的所有工作都是没有机动余地的紧迫工作，完成时间的提前或推后都直接影响总工期的提前或推后。

通过矢线图法找到关键路线，集中力量缩短所有关键工序的工期，并在非关键工序上挖掘潜力，便可提高整个工程的进度。

以上 14 种方法为全面质量管理常用的统计方法，它们在

PDCA 循环中的应用总结在表 5-50 中。

**表 5-50 全面质量管理常用的 14 种统计方法在 PDCA 循环中的应用**

| PDCA 循环 | 工作内容 | 可能采用的质量管理方法 |
| --- | --- | --- |
| 计划阶段（P） | 分析现状 | 分组法、排列图法、直方图法、控制图法、关系图法、KJ 法 |
| | 找出存在的问题 | 分组法、排列图法、相关图法、关系图法、KJ 法 |
| | 找出主要问题 | 排列图法、因果分析图法、相关图法、系统图法、矩阵图法、矩阵数据分析法 |
| | 制定解决措施 | 对策计划表法、矢线图法、PDPC 法 |
| 实施阶段（A） | 按措施执行 | 控制图法，并加强通信联络 |
| 检查阶段（C） | 检查效果 | 直方图法、控制图法、排列图法、分组法 |
| 处理阶段（D） | 巩固措施<br>转下期处理 | 制定技术标准和管理标准<br>遗留问题转入下一个 PDCA 循环处理 |

# 第六章　选煤厂生产经营情况分析

## 第一节　主要经济指标完成情况分析

### 一、利润

选煤厂的利润可用吨煤利润、资金利税率以及人均利税率表示。

1. 吨煤利润

$$吨煤利润=\frac{实现利润}{煤炭产品产量}$$

2. 资金利税率

$$资金利税率=\frac{实现利润+税金}{全部资金平均占用额}\times 100\%$$

$$\frac{全部资金}{平均占用额}=\frac{固定资产净值}{平均占用额}+\frac{定额流动资金}{平均占用额}$$

$$固定资产净值=固定资产原值-全部折旧费$$

其中，税金包括产品税、增值税、营业税、城建税、资源税、车船税、房产税等。

资金利税率越高，意味着占用资金越少，创造利税越多。

3. 人均利税率

人均利税率反映了每个生产人员创造的价值。人均利税率越高，经济效益越高。

选煤厂的利税是一项综合性指标，它与原煤可选性、工艺流程、设备性能、管理水平、生产效率均有密切的关系。在各厂之间，利税的高低可比性不大，但各厂自己的各年利税情况是可比的。对炼焦煤选煤厂，如果入选原煤的理论产率高，工艺流程完善，管理水平高，利税就大。

## 二、成本管理

选煤产品生产和销售的全部费用支出是选煤产品的成本。

生产过程是物质产品形成过程与价值形成过程的统一。产品的价值包括三部分：

（1）物化劳动的转移价值部分——原材料、动力、折旧费等；

（2）劳动者为个人需要新创造的价值部分——工资及工资附加费等；

（3）劳动者为社会需要新创造的价值部分——税金和利润等。

前两部分构成产品的成本，是产品价值的主要部分。后一部分是劳动者为社会提供的积累。

产品成本反映了选煤厂生产产品时劳动消耗的水平，也决定了选煤厂能给社会提供积累及其获得盈利的高低。因此，只有降低成本，才能增加利润。

### 1. 选煤厂成本的构成与计算

选煤厂的产品成本分为分离前成本和分离后成本。分离前成本是按成本项目（表 6-1）归集的费用总额，以全部折合量为核算对象计算各项目单位成本。在归集各项费用时，入选原料煤成本占全部成本费用的 90％以上，所以必须按下式计算入选原煤量：

$$\begin{matrix}\text{本期入选}\\\text{原煤量}\end{matrix}=\begin{matrix}\text{期初库存}\\\text{原煤量}\end{matrix}+\begin{matrix}\text{本期入厂}\\\text{原煤量}\end{matrix}-\begin{matrix}\text{期末库存}\\\text{原煤量}\end{matrix}$$

分离后成本是洗（选）煤等级品成本，采用销售价格比例系数法进行计算。等级品的售价比例统一以洗精煤（或最高售价等级品）为“1”，其他等级品按售价比例计算系数和折合成相当于最高售价等级品的产量，并按各等级品折合量总量分配分离前的总成

## 表 6-1　洗(选)煤成本计算表

年　　月

编制单位：

| 项　　目 | 本年计划 | 本月实际 | 累计实际 |
| --- | --- | --- | --- |
| 一、入洗原料煤数量/t | | | |
| 二、入洗原料煤单价/(元/t) | | | |

一、分离前成本

| 项　　目 | 行次 | 单位成本/(元/t) | | | | 总成本/千元 | | | |
| --- | --- | --- | --- | --- | --- | --- | --- | --- | --- |
| | | 上年同期 | 本年计划 | 本月实际 | 累计实际 | 按上年同期单位成本计算 | 按本年计划单位成本计算 | 本月实际 | 累计实际 |
| (1) | | (2) | (3) | (4) | (5) | (6) | (7) | (8) | (9) |
| 一、入洗原料煤 | 1 | | | | | | | | |
| 二、材料 | 2 | | | | | | | | |
| 1. 配件 | 3 | | | | | | | | |
| 2. 油脂 | 4 | | | | | | | | |
| 3. 洗(选)煤用水 | 5 | | | | | | | | |
| 4. 其他材料 | 6 | | | | | | | | |
| 5. 材料价差 | 7 | | | | | | | | |
| 6. 材料节约奖 | 8 | | | | | | | | |
| 三、工资 | 9 | | | | | | | | |
| 1. 基本工资 | 10 | | | | | | | | |
| 2. 奖金 | 11 | | | | | | | | |
| 3. 津贴及其他 | 12 | | | | | | | | |
| 4. 包干工资结余 | 13 | | | | | | | | |
| 四、提取的职工福利基金 | 14 | | | | | | | | |
| 五、电力 | 15 | | | | | | | | |
| 六、折旧基金 | 16 | | | | | | | | |
| 七、大修理基金 | 17 | | | | | | | | |
| 八、其他支出 | 18 | | | | | | | | |
| 全部成本 | 19 | | | | | | | | |

表 6-1(续)

二、分离后成本

| 产品名称 | 回收率/% | | | 产量/t | | 比率/% | 折合量 | | 单位成本/(元/t) | | | | 总成本/千元 | | | |
|---|---|---|---|---|---|---|---|---|---|---|---|---|---|---|---|---|
| | 本年计划 | 本月实际 | 累计实际 | 本月实际 | 累计实际 | | 本月实际 | 累计实际 | 上年同期 | 本年计划 | 本月实际 | 累计实际 | 按上年同期单位成本计算 | 按本年计划单位成本计算 | 本月实际 | 累计实际 |
| (1) | (2) | (3) | (4) | (5) | (6) | (7) | (8) | (9) | (10) | (11) | (12) | (13) | (14) | (15) | (16) | (17) |
| 精煤 | | | | | | | | | | | | | | | | |
| 块煤 | | | | | | | | | | | | | | | | |
| 末煤 | | | | | | | | | | | | | | | | |
| 中煤 | | | | | | | | | | | | | | | | |
| 煤泥 | | | | | | | | | | | | | | | | |
| 低热值煤 | | | | | | | | | | | | | | | | |
| 全部成本 | | | | | | | | | | | | | | | | |

本，最后计算各等级品单位成本。计算步骤如下：

(1) 计算各等级品的比率

$$\text{各等级品的比率} = \frac{\text{各等级品调拨单价}}{\text{最高等级品调拨单价}}$$

(2) 计算各等级品的折合量

$$\text{各等级品折合量} = \text{各等级品实际产量} \times \text{各等级品比率}$$

(3) 计算折合量单位成本

$$\text{折合量单位成本} = \frac{\text{分离前总成本}}{\text{等级品折合量总量}}$$

(4) 计算各等级品总成本

$$\text{等级品总成本} = \text{各等级品折合量} \times \text{折合量单位成本}$$

(5) 计算各等级品单位成本

$$\text{各等级品单位成本} = \frac{\text{各等级品总成本}}{\text{各该等级品实际产量}}$$

选煤成本的计算步骤归结如下(表 6-1)：

(1) 首先将本月按经济用途分类的各项总成本填入分离前成本表第(8)列，将各等级品的产率、产量填入分离后成本表第(3)、(5)列。

(2) 按公式计算各等级品的比率及折合量，将得到的各等级品的比率及折合量分别填入分离后成本表第(7)、(8)列，求出折合量总和。

(3) 用折合量总量除以分离前成本表第(8)列各项总成本，得到单位成本填入分离前成本表第(4)列，求出全部单位成本。

(4) 用全部单位成本乘以分离后成本表第(8)列折合量，得到各等级品总成本填入分离后成本表第(16)列。

(5) 在分离后成本表中，将第(16)列各等级品总成本除以各等级品实际产量第(5)列，得到分离后单位成本填入分离后成本表第(12)列。

其他各项如“上年同期”“累计实际”，或将上年数字抄下，或按同法计算。

以上计算过程说明，分离前成本与分离后成本的计算是交叉的。

除了入选原料煤成本外，其他七项总成本之和除以原煤产量称为加工费。

2. 选煤成本分析

选煤厂可以从以下几方面着手进行选煤成本的分析：

(1) 对分离前成本，分析各类费用所占的比例，抓住影响成本的主要因素，寻找降低成本的途径。例如，入选原料煤占成本比例最大，对入选原料煤要控制好量与质，既要防止数量上亏吨，又要防止煤中可见矸石含量过高和煤质变坏；要减少油脂、介质以及各种材料的消耗；要节省用水、用电，防止大马拉小车，尽量少开或不开空车，提高全厂的功率因素；要精减人员，减少工资支出以降低加工费。

总之，选煤厂要千方百计争取多入选原料煤，提高分选效率，提高总精煤产率。

(2) 经常与历史资料相比较，找出成本变化的原因。

(3) 经常与同类型厂的各项成本指标对比，找出差距。

(4) 利用损益平衡图分析产、销、益的关系。选煤厂成本费用可划分为固定性费用和变动性费用。在加工费中，除电费、油脂等材料费、吨煤工资、管理费等划为变动性费用外，其余为固定性费用。根据销售收入、固定成本、变动成本与产销量的关系，可以绘制损益平衡图，确定达到盈亏平衡时的产销量，并确定选煤厂的最低处理量。见图 6-1。

图 6-1 中，$F$ 为固定成本，$V$ 为可变成本，$V+F=C$，$C$ 为总成本。固定成本是不变的，可变成本随产销量的增加而增加。因此，总成本 $C$ 也随产销量的增加而增加。$S$ 为销售收入，随产销量增加而增加。直线 $S$ 与 $C$ 的交点 $S_0(C_0)$ 为盈亏平衡点，这点的产销

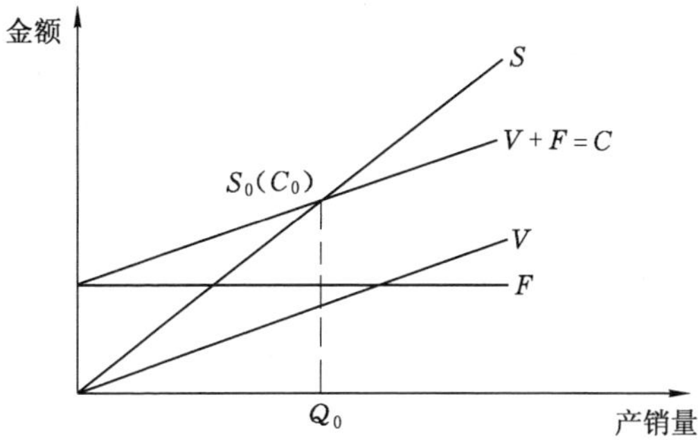


图 6-1 损益平衡图

量为 $Q_0$。$Q_0$ 的概念是:当产销量小于 $Q_0$ 时,选煤厂要亏损;当大于 $Q_0$ 时,就盈利。换言之,产销量越大,盈利越多。因此,在有可能的情况下,选煤厂应尽量增加产量。

选煤厂成本管理工作包括以下主要内容:

(1) 成本预测。根据选煤厂现有生产技术条件和经营状况以及计划期间可能采取的技术组织措施,预测成本可能达到的水平,为经营决策和编制成本计划提供依据。

(2) 成本计划。根据成本预测所确定的目标成本,编制成本计划,下达到各个车间与部门,作为控制成本的依据。

(3) 成本控制。按照计划成本及各种开支标准和消耗定额对成本进行事前控制,以防止可能发生的偏差,保证目标成本的实现。

(4) 成本核算。对选煤厂生产经营活动实际发生的一切费用,按照成本开支范围和一定的成本计算方法,进行正确、及时的记录、分类、汇总、分摊和结算,计算产品的实际成本。

(5) 成本分析。主要是对产品成本计划完成情况进行正确、及时的分析。通过分析,发现增产节约的潜力,采取措施,降低成本。

成本控制是在成本形成过程中，对每一项成本形成的具体活动进行严格的监督，发现超过规定的偏差，及时采取措施纠正，从而将每项支出和全部费用开支限制在规定的范围内。

成本形成过程的控制包括：

(1) 材料费用的日常控制。工艺部门要制定严格的材料消耗定额；供应部门要按规定控制材料消耗量并对采购价格、采购费用等进行控制；仓库部门要对保管费进行控制等。

(2) 工资费用的日常控制。劳动部门要控制全厂人数。车间对劳动定额、出勤率、工时利用率、劳动组织、加班加点、奖金、津贴等进行日常控制。

(3) 间接费用的日常控制。对销售费、车间经费、企业管理费等开支都要进行控制。

3. 电耗、油耗和介耗

电力、油脂和水的消耗量是成本的重要组成部分，控制其消耗量是降低成本的重要环节。原煤炭工业部 1994 年公布的《选煤厂质量标准化标准及考核评级方法》(简称《质量标准化标准》)考核的吨原煤电耗、油耗、介耗如下：

(1) 电耗

动力煤：矿井型，5 kW·h/t；矿区型，6 kW·h/t；

炼焦煤：矿井型，8 kW·h/t；矿区型，10 kW·h/t；

全重介加 2 kW·h/t，部分重介加 1 kW·h/t。

(2) 油耗

普通浮选 1.5 kg/t，直接浮选 1.6 kg/t。

(3) 介耗

块煤 1.5 kg/t，末煤 2.5 kg/t，混煤 2.0 kg/t。

1996 年对我国国有重点煤矿选煤厂统计结果，炼焦煤选煤厂平均电耗 8.64 kW·h/t，药耗 1.23 kg/t，介耗 4.11 kg/t；动力煤选煤厂平均电耗 2.63 kW·h/t。

电耗的大小与工艺流程、设备性能、处理量大小、空运转时间、功率因素等有关。

浮选药剂消耗与浮选入料性质、浮选工艺、浮选操作、药剂性能、药剂添加方法以及药剂预处理有关。同时还与药剂的储运管理有关。

介质消耗与介质回收系统的流程和设备、介质的粒度组成和磁性物含量、原煤的粒度、分选设备性能等有关，也和介质的储运管理有关。1996 年我国炼焦煤选煤厂平均介耗大于 4 kg/t(现已降到 2 kg/t)，与国际先进水平有较大差距。

4. *劳动生产率*

劳动生产率的高低直接影响成本中的工资、提取的职工福利基金。提高劳动生产率是降低成本、增加利润的重要举措。当前考察选煤厂劳动生产率的指标是全员效率，计算公式为：

$$\text{全员效率(t 原煤 / 工)} = \frac{\text{入选原煤量}}{\text{全部生产人员出勤工日数}}$$

其中，生产人员计算范围见《质量标准化标准》的附录。

按照《质量标准化标准》，全员效率的考核标准如下：

炼焦煤：矿井型　　12 t 原煤/工

　　　　矿区型　　10 t 原煤/工

　　　　动力煤：　20 t 原煤/工

1997 年原煤炭工业部颁发的《优质高效选煤厂试行标准》(简称《优质高效标准》)对全员效率标准的规定如表 6-2 所示。

表 6-3 所示的 1996 年统计的国有重点煤矿 126 个炼焦煤选煤厂全员效率平均值为 11.88 t 原煤/工，最大为 38.15 t 原煤/工，最小只有 2.52 t 原煤/工；57 个动力煤选煤厂为 20.88 t 原煤/工，最大为 46.06 t 原煤/工，最小为 4.74 t 原煤/工。这些指标大大低于《优质高效》标准。由此可见，我国选煤厂劳动生产率水平较低，各厂之

间差别很大。目前,新建选煤厂劳动生产率已达到 200 t/工(动力煤厂)和 100 t/工(炼焦煤厂)。

**表 6-2　全员效率标准**

| 选煤厂类型 | | 全员效率/(t/工) |
| --- | --- | --- |
| 炼焦煤 | 中心型 | 25 |
| | 矿井型 | 30 |
| 动力煤 | 中心型 | 50 |
| | 矿井型 | 60 |

注:动力煤选煤厂按入选原煤量计算全员效率。

**表 6-3　1996 年国有重点煤矿选煤厂全员效率情况**

单位:t 原煤/工

| 厂型 | 统计选煤厂总数 | 平均 | 最大 | 最小 |
| --- | --- | --- | --- | --- |
| 炼焦煤 | 126 | 11.88 | 38.15 | 2.52 |
| 动力煤 | 57 | 20.88 | 46.06 | 4.74 |

## 第二节　主要技术指标完成情况分析

### 一、精煤灰分批合格率、稳定率

精煤灰分批合格率、稳定率是控制精煤质量的两个指标,它们表示精煤质量的稳定程度。选煤厂生产计划以及与用户签订的合同中对精煤质量有严格的要求,如 9 级精煤灰分必须在 9.01%～9.50%之间。虽然选煤厂按此质量指标控制生产,但由于多种因素的影响,精煤的质量总是有波动的。在选煤产品发运时,一般按 1 000 t±10 t 作为一批,化验一个灰分作为该批煤的质量。因此,精煤灰分批合格率、稳定率能充分反映选煤厂的生产管理水平。

这两个指标的定义式分别为：

$$批合格率=\frac{合格批数}{精煤化验总批数}\times 100\%$$

$$批稳定率=\frac{稳定批数}{精煤化验总批数}\times 100\%$$

合格批数指灰分在规定灰分+0.5%范围内波动的批数；稳定批数指灰分在规定灰分±0.5%范围内波动的批数。

精煤灰分批合格率、稳定率高，说明精煤的质量均衡稳定，选煤厂管理水平高。为了鼓励降低精煤灰分，按质论价，选煤厂对质量下限不加以控制，因而稳定率已不再作为评比指标。

按《优质高效标准》规定，选煤厂的批合格率要求达到100%，对炼焦煤选煤厂批稳定率要求≥95%。

目前，煤炭价格可以按质论价，因此，要按照选煤厂销售情况决定对精煤灰分批合格率和稳定率的要求。

**二、数量效率**

数量效率是选煤分选效率的一种评定指标，按式(3-5)计算。

当计算全厂数量效率时，精煤理论产率按以下规定计算：

(1) 有浮选的选煤厂，理论产率必须计算到0 mm，用小于0.5 mm原生煤泥小浮沉资料计算煤泥理论产率，然后把大于0.5 mm和小于0.5 mm原煤浮沉资料加权综合得出总入选原煤的浮沉结果，求得理论产率。

(2) 没有浮选的选煤厂，以实际入选粒度浮沉组成结果计算理论产率。

第三章已提到，数量效率与原煤可选性、精煤质量要求、工艺流程、设备性能、指标确定以及操作水平有较大的关系。它不但反映了生产管理水平，还和自然条件有关。原煤的理论产率越高，数量效率就越高。因此，数量效率只适用于选煤厂自身的比较。

1996 年国有重点煤矿炼焦煤选煤厂的平均数量效率是 86.43%，动力煤选煤厂为 90.18%。

《优质高效标准》对数量效率指标的规定如表 6-4 所示。

表 6-4 按分选密度±0.1 含量和分选工艺考核数量效率，初步考虑了原煤可选性的影响。

**表 6-4　数量效率分类标准**　　单位：%

| ±0.1 含量 | 跳汰-重介-浮选 | 重介-浮选或全重介 | 跳汰-浮选或跳汰 |
|---|---|---|---|
| <10% | 94 | 95 | 93 |
| 10%～20% | 92 | 93 | 91 |
| 20%～30% | 90 | 91 | 89 |
| 30%～40% | 88 | 89 | 87 |
| ≥40% | 86 | 87 | 85 |

**三、可能偏差、不完善度与分选密度**

第三章已比较详细地介绍了可能偏差与不完善度，它们是评定重选效果较客观的指标。重介采用可能偏差评定，跳汰和其他以水为介质的设备用不完善度评定。

为了细致地评定分选效果，最好分粒级计算可能偏差、不完善度及分选密度。还要注意同一设备不同粒级的分选密度差别不宜过大。

**四、煤泥水闭路循环**

选煤厂的煤泥水应该达到闭路循环，以防止环境污染。选煤厂产品的水分一般都高于原煤水分，在浓缩、澄清和煤泥回收系统完善的选煤厂，只要管理得当，系统是一个缺水的过程，需要补充少量清水，而不应该有多余的水外排。

如果系统不完善，设备能力不够或是管理不力，煤泥积聚，洗水浓度过高，或系统中使用过多清水，就会造成水量过剩，向外排放水。而排放的水中不可避免地带有煤泥、浮选药剂等有害物质，造成环境污染，这是不允许的。

## 第三节　人员系统分析

选煤厂是由人和机械两个基本成分组成的，人在生产经营活动中起主导作用。经常对选煤厂人员系统进行分析，提高人员的素质，对搞好选煤厂经营管理至关重要。

选煤厂中的"人员"包括以下几部分：

(1) 领导集团——选煤厂的正副厂长及总工程师、总经济师等；

(2) 生产过程中的各种管理人员——生产技术、计划、财务、供销等部门的人员；

(3) 机器设备的直接操作者——工人。

对人员系统的分析可以从以下几方面进行。

### 一、决策者

由选煤厂的正副厂长及总工程师、总经济师等组成的领导集团是选煤厂的最高决策者。有关经营方针、产品结构、技术改造方案、劳动组织形式、奖金分配方案等重大问题均由领导集团决策，决策正确与否对选煤厂生产与经营的成败以至发展前途均具有战略意义。因此，要求决策者具备以下素质：有学识，知识面广，有智有勇，豁达大度，既具有坚定的原则性又有贯彻原则的灵活性，能团结人，会调动人的积极性，身体健康和精力充沛。

当然，任何一个决策者不可能做到"全能"。当前，决策均由决策机构完成。决策机构的成员必须由精通本专业知识、多思善谋、懂得现代化经营管理方法的专家组成，作为决策者的助手和参谋。

对中小型选煤厂，由于人力、物力、财力的限制，选煤厂自身不可能拥有收集、分析、处理大量信息的决策参谋机构，但可委托高等学校、科研单位或社会咨询服务机构进行决策。

### 二、管理组织者

管理组织者也就是生产过程中的各职能机构的负责人，他们的任务是在明确的经营管理战略目标的指导下，制定和执行具体的战术决策，保证选煤厂的各项目标最佳、最快地实现。管理组织者应该熟悉本专业的技术知识，具有企业管理的知识，有较强的组织能力。为了提高他们的素质，应对他们进行科学管理、组织管理及管理科学中行为科学的教育。

### 三、生产操作者

工人是机器的直接操作者，他们必须具备熟练的生产操作技能，遵守劳动纪律。应该对工人进行技术培训、思想教育，使他们有很强的责任感，生产中有主动性、积极性及创造性。

### 四、人员系统的素质

企业中人员系统的素质不但与决策者、管理组织者和生产操作者的素质有关，还与这三部分人员的组合关系有关。他们当中的每个成员要做到学有所用、各尽其才，从而形成一个协调、稳定的有机整体。要不断地起用实践中涌现出来的优秀人才，把不称职的人员从原有的岗位上撤换下来。

## 第四节　机械系统分析

机械是构成选煤厂的另一个基本成分。对机械系统的分析可从以下几方面着手。

### 一、单台设备性能的分析

对每台设备，特别是主要选煤设备，要提高完好率，减少待修率及故障率；搞好设备更新，及时淘汰低效率的设备，采用高效率的新设备。例如，有的选煤厂跳汰分选机很陈旧，分选效果不好，应该进行改造或更换重介分选机；有的厂改造了跳汰机的分流板，将卧式风阀改为数控风阀后，提高了处理量，改善了分选效果；有的厂以新式大型浮选机更换旧式小型浮选机，既提高了浮选机的处理能力，又改善了分选效果。

**二、机械设备系统的分析**

选煤厂的机械设备很多而且形成了一个连续的生产系统。因此，不但要注意单台设备性能的优劣，还要注意这些机械设备是否配套，是否形成了最佳组合。例如，筛下气室跳汰机需要风压较高的鼓风机，但是有的厂由于风压过低使床层不能很好地松散，影响了分选效果。此外，对机械设备系统中的陈旧设备要更新改造，要处理多余的机械设备，充分发挥每一台设备的作用，使之创造最佳的产值。

## 第五节　工艺流程、产品结构和分选指标分析

**一、选煤工艺流程合理性的分析**

对于已经建成投产的选煤厂，有必要分析选煤厂工艺流程是否完善。如果经过分析、预测与优化，发现现有工艺流程不够完善，就要通过技术经济比较，寻找一个比较完善的流程并付诸实现。显然，改变部分流程意味着对选煤厂进行扩建，这在资金上、设计上、施工上都有许多困难。但是，一旦确认经过改建经济上是合算时，就要坚定地去做。对于建厂几十年的老厂来说，进行适当的改扩建是完全必要的。

**二、产品结构合理性的分析**

产品结构对选煤厂的经济效益有显著的影响。要求运用计算机及科学的计算方法经常测定并确定选煤厂最佳的产品结构。例如，原煤入选比例的配煤方案，精煤灰分等级，副产品的个数及副产品的种类是否适当等。要根据市场需求及最大利润原则经常对产品结构进行调整。如果需要增添设备，经过技术经济比较认为

合算时,就要努力去实现。

## 三、不同作业分选指标的配合分析

当选煤厂有多个分选作业时,例如有主选、再选、浮选或块煤、末煤分选作业,就要考虑各作业分选指标的配合是否合理。各作业指标的配合可有多个方案,但其中必有一个最佳的方案使产品的经济效益最高。因此,选煤厂应经常进行测算,并按测算结果及时进行调整。

例如,某厂的工艺流程是跳汰主选、煤泥浮选,两者精煤混合成总精煤,精煤灰分要求为7.51%～8.00%。采用"选煤工艺计算软件包"预测其效果。

该厂原煤可选性及数学模型如表6-5、表6-6所示。浮选逐槽取样试验结果列于表6-7。调整浮选和跳汰精煤灰分后的优化结果列于表6-8。

**表6-5　入选原煤浮沉试验结果**

| 密度级/(g/cm$^3$) | 浮沉级 | | 浮煤累计 | | ±0.1含量 | |
|---|---|---|---|---|---|---|
| | $\gamma$/% | A/% | $\sum\gamma$/% | 平均A/% | $\delta_p$ | $\gamma_{\delta_p \pm 0.1}$ |
| −1.3 | 20.98 | 3.29 | 20.98 | 3.29 | | |
| 1.3～1.4 | 46.64 | 7.54 | 67.62 | 6.22 | 1.4 | 58.17 |
| 1.4～1.5 | 11.53 | 14.37 | 79.15 | 7.41 | 1.5 | 14.82 |
| 1.5～1.6 | 3.29 | 24.75 | 82.44 | 8.10 | 1.6 | 10.00 |
| 1.6～1.8 | 2.76 | 36.98 | 85.20 | 9.04 | 1.7 | 2.76 |
| +1.8 | 14.80 | 82.61 | 100.00 | 19.92 | | |
| 合　计 | 100.00 | 19.92 | | | | |

**表 6-6　原煤可选性曲线模型参数**

| 曲线名称 | 模型名称 | 拟合误差 | 参　　数 |
|---|---|---|---|
| 密度曲线 | 反正切 | 0.076 | $k$=18.908 64,$c$=1.331 76,<br>$t_1$=−1.194 28,$t_2$=1.919 29 |
| 浮物累计曲线 | 复合双曲正切 | 0.02 | $k$=5.409 51,$x_0$=0.507 53,<br>$a$=0.505 28,$c$=−0.330 61,<br>$b$=−0.127 84 |

**表 6-7　煤泥浮选逐槽取样试验结果**

| | 精煤 | | 精煤累计 | | 尾煤 | |
|---|---|---|---|---|---|---|
| | $\gamma$/% | $A$/% | $\sum\gamma$/% | 平均 $A$/% | $\gamma$/% | $A$/% |
| 一室 | 51.28 | 7.73 | 51.28 | 7.73 | 48.72 | 27.20 |
| 二室 | 22.05 | 8.63 | 73.33 | 8.00 | 26.67 | 42.57 |
| 三室 | 2.61 | 11.71 | 75.94 | 8.13 | 24.06 | 45.92 |
| 四室 | 3.69 | 11.97 | 79.63 | 8.31 | 20.37 | 52.07 |
| 合计 | 79.63 | 8.31 | | | | |

**表 6-8　两种指标配合方案对比**

| 产品名称 | 原有生产情况 | | 计算机优化结果 | |
|---|---|---|---|---|
| | $\gamma$/% | $A$/% | $\gamma$/% | $A$/% |
| 跳汰精煤 | 56.80 | 7.42 | 61.88 | 7.87 |
| 浮选精煤 | 15.28 | 10.00 | 14.23 | 8.43 |
| 总精煤 | 72.08 | 7.97 | 76.11 | 7.97 |
| 浮选尾煤 | 3.38 | 49.89 | 4.43 | 45.43 |
| 中煤 | 17.05 | 35.40 | 9.76 | 39.76 |
| 矸石 | 7.49 | 79.47 | 9.70 | 76.83 |

优化计算结果表明，将跳汰精煤灰分由 7.42% 提高到 7.87%，浮选精煤灰分由 10.00%压低到 8.43%，总精煤灰分仍为 7.97%，但精煤产率由 72.08%提高到 76.11%，增加了 4.03%。按年处理 100 万 t 原煤计算，增加精煤产量 4.03 万 t，考虑到中煤量减少及灰分增加等因素，按每吨精煤增收 170 元，则总增收额为

685.1 万元(4.03×170),经济效益十分可观。产率增加的原因是跳汰精煤灰分提高 0.45%,产率提高了 5.08%,浮选精煤灰分降低 1.57%,产率只降低 1.05%,说明原有的生产指标不够合理,丢失了跳汰中的好煤,多回收了浮选入料中的高灰分物料。

## 第六节 技术和工艺水平分析

### 一、计算机应用及自动化水平情况

当今计算机应用及自动化水平均提高很快,计算机价格也很便宜,计算机软件易学易用,大量通用的及专用的软件使计算机的功能得以充分发挥,通过计算机进行过程控制及集中控制使控制技术进入了新的一代。

采用计算机进行选煤厂信息处理、预测、优化,不但可以节省人力、提高效率,更重要的是能及时将预测优化的结果指导选煤厂经营管理,提高生产效率,增加企业收益。

集中控制及过程自动化可以减少设备空运转时间,节省电耗,提高分选效率,降低材料消耗。例如,八一矿选煤厂采用浮选过程控制,计算机跟踪浮选入料干煤泥量加药,可节省药量 30%,加上精煤产率提高,每年经济效益在 30 万元以上,仅一年就回收了全部投资。因此,在分析选煤厂生产经营情况时,应把计算机应用及自动化水平作为一个重要方面。

### 二、采用新技术、新工艺情况

选煤技术在不断发展,新技术、新工艺层出不穷。采用新技术、新工艺的投资均可在短期内回收。选煤厂的决策者要经常了解新技术、新工艺的发展趋势,尽快使用先进的技术与装备。

### 三、其他方面

除了以上介绍的各方面外,还要分析一些在报表上难以明显看出的问题。

例如，某选煤厂精煤组成如表 6-9 所示。总精煤灰分为10.91%，但精煤中各部分的灰分均不同，未经浮选混入精煤的煤泥灰分为 18.01%，比总精煤灰分高 7%以上，数量占了总精煤的12%，致使整个精煤灰分增高 1%。为了达到精煤灰分要求，不得不压低分选作业精煤的灰分，从而降低了全厂的精煤产率。为此，有必要检查并寻找这部分煤泥的来源，研究降低其对精煤污染的途径。经检查分析后认为，斗子捞坑沉降面积大，分级粒度细，大量煤泥被斗子提升上来，而脱泥筛的脱泥效率又不高，致使精煤灰分增高。捞坑提起物、煤泥筛上物料及离心机产品的筛分结果（表 6-10）可以充分说明以上问题。离心机产品是进入最终精煤的，其中含有 30%灰分在 18.00%以上的煤泥，就是这部分煤泥造成了精煤的污染。

**表 6-9 某选煤厂精煤组成**

| 名　　称 | γ/% | A/% |
|---|---|---|
| >13 mm 精煤 | 17.29 | 9.45 |
| 13～0.5 mm 精煤 | 16.10 | 9.20 |
| 未经浮选～0.5 mm 精煤 | 6.90 | 18.01 |
| 浮选精煤 | 12.95 | 11.19 |
| 总精煤 | 53.24 | 10.91 |

**表 6-10 某选煤厂斗子捞坑、脱泥筛及离心机产品筛分结果**

| 粒度/mm | 斗子捞坑 | | 脱泥筛 | | 离心机 | |
|---|---|---|---|---|---|---|
| | γ/% | A/% | γ/% | A/% | γ/% | A/% |
| >0.5 | 67.20 | 9.42 | 77.20 | 9.39 | 70.00 | 9.28 |
| <0.5 | 32.80 | 18.53 | 22.80 | 18.45 | 30.00 | 18.23 |
| 合计 | 100.00 | 12.41 | 100.00 | 11.46 | 100.00 | 11.97 |

又如，选煤厂在交接班时一般不采样，平时采样也有规律性，操作司机都了解，因此，报表中的化验结果不一定能完全代表生产

过程。当发现浮选尾煤灰分为60%,而出厂煤泥灰分仅为30%时,就要查明原因:是采样的问题,还是有未经浮选的煤泥直接放出厂外了,量有多大,从哪里放出的,如何杜绝漏洞,等等。

以上介绍的对选煤厂生产经营情况的分析方法和项目,是从全厂的角度出发的,生产情况分析的另一个重要内容是对各生产环节如跳汰机、浮选机的生产情况等进行分析。

在进行选煤厂生产经营情况分析时,不但要从微观上分析问题,还要从宏观上进行分析;要用系统论的观点,把选煤厂看成一个整体,注意选煤厂与周围环境的关系,把企业的内部条件与外部环境结合起来,把局部利益与全局利益结合起来。

## 第七节 月综合资料分析实例

月综合资料的来源是日常生产检查按比例预留的选煤厂最终产品,一般为原煤、精煤、中煤和矸石的筛分浮沉试验表、分选产品平衡表以及各种煤泥的小筛分、小浮沉表等。由于这是一个月生产煤样的累积样的试验结果,只要采样、试验符合标准要求,月综合资料可以比较客观地反映选煤厂一个月产品的数量和质量情况。月综合试验主要靠人工完成,工作量大,成本高。因此,应该充分利用月综合资料所提供的信息进行选煤厂生产和技术水平的分析。在本书第三章中已经详细介绍了选煤厂生产效果的评定和分析方法,以下以某厂月综合资料为例进行分析。

分析前首先要对数据的可靠性进行检验,确认有代表性后才可以作为分析用基础资料(参见第五章)。

某厂的工艺流程是跳汰主选浮选。表6-11～表6-14为该厂月综合原煤、精煤、中煤和矸石的筛分浮沉试验表。表中,50～13 mm、13～6 mm和6～0.5 mm占本级的浮沉试验数据是通过试验获得的,50～0.5 mm的浮沉试验产率和灰分是根据各粒级

**表 6-11　××年××月月综合原煤筛分浮沉试验报告表**

总灰分:17.44%　全样质量:230.90 kg

| 密度级/(g/cm³) | 50～13 mm | | | 13～6 mm | | | 6～0.5 mm | | | 50～0.5 mm | | |
|---|---|---|---|---|---|---|---|---|---|---|---|---|
| | 占本级/% | 占全量/% | 灰分/% | 占本级/% | 占全量/% | 灰分/% | 占本级/% | 占全量/% | 灰分/% | 占本级/% | 占全量/% | 灰分/% |
| (1) | (2) | (3) | (4) | (5) | (6) | (7) | (8) | (9) | (10) | (11) | (12) | (13) |
| 筛分试验 | | 27.76 | 21.76 | | 19.94 | 15.82 | | 44.96 | 14.70 | | 92.66 | 17.06 |
| −1.30 | 15.99 | 4.35 | 4.00 | 17.11 | 3.23 | 3.22 | 21.72 | 8.36 | 2.52 | 18.85 | 15.94 | 3.07 |
| 1.30～1.40 | 53.89 | 14.65 | 7.80 | 55.63 | 10.51 | 6.94 | 52.83 | 20.32 | 7.10 | 53.80 | 45.48 | 7.29 |
| 1.40～1.50 | 8.05 | 2.19 | 15.00 | 10.92 | 2.06 | 14.98 | 12.47 | 4.80 | 15.76 | 10.71 | 9.05 | 15.40 |
| 1.50～1.60 | 3.33 | 0.90 | 24.38 | 3.45 | 0.65 | 25.20 | 3.64 | 1.40 | 27.04 | 3.49 | 2.95 | 25.82 |
| 1.60～1.80 | 1.46 | 0.40 | 35.86 | 2.89 | 0.55 | 37.24 | 2.35 | 0.90 | 40.20 | 2.19 | 1.85 | 38.38 |
| +1.80 | 17.28 | 4.69 | 81.56 | 10.00 | 1.89 | 77.66 | 6.99 | 2.69 | 76.76 | 10.96 | 9.27 | 79.37 |
| 去煤泥小计 | 100.00 | 27.18 | 21.48 | 100.00 | 18.89 | 15.76 | 100.00 | 38.47 | 13.56 | 100.00 | 84.54 | 16.60 |
| 带煤泥小计 | 97.92 | 27.18 | 21.48 | 94.73 | 18.89 | 15.76 | 85.56 | 38.47 | 13.56 | 91.24 | 84.54 | 16.60 |
| 煤　泥 | 2.08 | 0.58 | 22.12 | 5.27 | 1.05 | 20.08 | 14.44 | 6.49 | 22.10 | 8.76 | 8.12 | 21.84 |
| 总　计 | 100.00 | 27.76 | 21.49 | 100.00 | 19.94 | 15.99 | 100.00 | 44.96 | 14.79 | 100.00 | 92.66 | 17.06 |

注:−0.5 mm 产率:7.34%,灰分:15.04%。

表 6-12　××年××月月综合精煤筛分浮沉试验报告表

总灰分:7.26%　全样质量:273.40 kg

| 密度级 /(g/cm$^3$) | 50～13 mm | | | 13～6 mm | | | 6～0.5 mm | | | 50～0.5 mm | | |
|---|---|---|---|---|---|---|---|---|---|---|---|---|
| | 占本级 /% | 占全量 /% | 灰分 /% | 占本级 /% | 占全量 /% | 灰分 /% | 占本级 /% | 占全量 /% | 灰分 /% | 占本级 /% | 占全量 /% | 灰分 /% |
| (1) | (2) | (3) | (4) | (5) | (6) | (7) | (8) | (9) | (10) | (11) | (12) | (13) |
| 筛分试验 | | 17.34 | 7.02 | | 15.17 | 7.44 | | 56.71 | 7.28 | | 89.22 | 7.26 |
| −1.30 | 21.18 | 3.63 | 3.66 | 22.06 | 3.31 | 3.08 | 27.44 | 15.07 | 2.44 | 25.30 | 22.01 | 2.74 |
| 1.30～1.40 | 69.00 | 11.81 | 7.32 | 65.51 | 9.81 | 6.62 | 56.72 | 31.14 | 6.88 | 60.64 | 52.76 | 6.93 |
| 1.40～1.45 | 8.47 | 1.45 | 14.72 | 9.58 | 1.44 | 14.60 | 11.50 | 6.31 | 14.20 | 10.57 | 9.20 | 14.34 |
| 1.45～1.50 | 0.58 | 0.10 | 21.94 | 1.21 | 0.18 | 23.16 | 1.65 | 0.91 | 22.58 | 1.37 | 1.19 | 22.61 |
| 1.50～1.60 | 0.32 | 0.05 | 27.98 | 0.55 | 0.08 | 27.30 | 0.78 | 0.43 | 28.10 | 0.64 | 0.56 | 27.97 |
| 1.60～1.80 | 0.36 | 0.06 | 35.78 | 0.71 | 0.11 | 37.26 | 1.10 | 0.60 | 37.28 | 0.88 | 0.77 | 37.16 |
| +1.80 | 0.09 | 0.02 | 64.98 | 0.38 | 0.06 | 66.62 | 0.81 | 0.44 | 65.30 | 0.60 | 0.52 | 65.44 |
| 去煤泥小计 | 100.00 | 17.12 | 7.48 | 100.00 | 14.99 | 7.36 | 100.00 | 54.90 | 7.74 | 100.00 | 87.01 | 7.62 |
| 带煤泥小计 | 98.77 | 17.12 | 7.48 | 98.79 | 14.99 | 7.36 | 96.81 | 54.90 | 7.74 | 97.53 | 87.01 | 7.62 |
| 煤　泥 | 1.23 | 0.21 | 11.18 | 1.21 | 0.18 | 12.32 | 3.19 | 1.81 | 12.80 | 2.47 | 2.20 | 12.61 |
| 总　计 | 100.00 | 17.33 | 7.52 | 100.00 | 15.17 | 7.42 | 100.00 | 56.71 | 7.90 | 100.00 | 89.21 | 7.74 |

注:−0.5 mm 产率:10.79%,灰分:9.93%。

**表 6-13　××年××月月综合中煤筛分浮沉试验报告表**

总灰分:22.56%　全样质量:127.80 kg

| 密度级 /(g/cm³) | 50～13 mm | | | 13～6 mm | | | 6～0.5 mm | | | 50～0.5 mm | | |
|---|---|---|---|---|---|---|---|---|---|---|---|---|
| | 占本级 /% | 占全量 /% | 灰分 /% | 占本级 /% | 占全量 /% | 灰分 /% | 占本级 /% | 占全量 /% | 灰分 /% | 占本级 /% | 占全量 /% | 灰分 /% |
| (1) | (2) | (3) | (4) | (5) | (6) | (7) | (8) | (9) | (10) | (11) | (12) | (13) |
| 筛分试验 | | 27.07 | 18.50 | | 21.66 | 24.50 | | 48.73 | 21.58 | | 97.47 | 3.24 |
| −1.30 | 4.23 | 1.14 | 4.00 | 7.47 | 1.60 | 3.44 | 14.80 | 6.98 | 2.90 | 10.19 | 9.72 | 3.12 |
| 1.30～1.40 | 45.36 | 12.19 | 8.10 | 35.49 | 7.59 | 7.22 | 37.35 | 17.60 | 7.42 | 39.18 | 37.38 | 7.60 |
| 1.40～1.50 | 26.40 | 7.10 | 15.82 | 18.88 | 4.04 | 15.36 | 19.08 | 8.99 | 15.04 | 21.10 | 20.13 | 15.38 |
| 1.50～1.60 | 7.99 | 2.15 | 24.76 | 11.94 | 2.55 | 25.24 | 8.49 | 4.00 | 25.14 | 9.12 | 8.70 | 25.08 |
| 1.60～1.80 | 6.16 | 1.66 | 37.96 | 10.06 | 2.15 | 38.48 | 6.93 | 3.27 | 39.06 | 7.42 | 7.08 | 38.63 |
| +1.80 | 9.86 | 2.65 | 73.46 | 16.16 | 3.46 | 74.60 | 13.33 | 6.28 | 73.46 | 12.99 | 12.39 | 73.78 |
| 去煤泥小计 | 100.00 | 26.88 | 19.58 | 100.00 | 21.40 | 24.66 | 100.00 | 47.13 | 20.70 | 100.00 | 95.41 | 21.27 |
| 带煤泥小计 | 99.29 | 26.88 | 19.58 | 98.79 | 21.40 | 24.66 | 96.71 | 47.13 | 20.70 | 97.90 | 95.41 | 21.27 |
| 煤　泥 | 0.71 | 0.19 | 28.36 | 1.21 | 0.26 | 29.92 | 3.29 | 1.60 | 33.16 | 2.10 | 2.05 | 32.30 |
| 总　计 | 100.00 | 27.07 | 19.64 | 100.00 | 21.66 | 24.72 | 100.00 | 48.73 | 21.11 | 100.00 | 97.46 | 21.50 |

注:−0.5 mm 产率:2.54%。

**表 6-14　××年××月月综合矸石筛分浮沉试验报告表**

总灰分:72.06%　全样质量:187.40 kg

| 密度级 /(g/cm³) | 50～13 mm | | | 13～6 mm | | | 6～0.5 mm | | | 50～0.5 mm | | |
|---|---|---|---|---|---|---|---|---|---|---|---|---|
| | 占本级 /% | 占全量 /% | 灰分 /% | 占本级 /% | 占全量 /% | 灰分 /% | 占本级 /% | 占全量 /% | 灰分 /% | 占本级 /% | 占全量 /% | 灰分 /% |
| (1) | (2) | (3) | (4) | (5) | (6) | (7) | (8) | (9) | (10) | (11) | (12) | (13) |
| 筛分试验 | | 64.67 | 82.14 | | 12.77 | 70.76 | | 20.23 | 49.02 | | 97.67 | 73.79 |
| −1.30 | 0.24 | 0.15 | 3.44 | 2.29 | 0.28 | 4.30 | 8.25 | 1.59 | 3.76 | 2.11 | 2.02 | 3.81 |
| 1.30～1.40 | 1.56 | 1.00 | 8.74 | 4.76 | 0.59 | 7.80 | 16.01 | 3.09 | 7.46 | 4.89 | 4.68 | 7.78 |
| 1.40～1.50 | 1.29 | 0.83 | 15.26 | 2.51 | 0.31 | 16.00 | 10.91 | 2.11 | 14.94 | 3.39 | 3.25 | 15.12 |
| 1.50～1.60 | 0.56 | 0.36 | 25.84 | 2.07 | 0.26 | 25.40 | 5.45 | 1.05 | 25.08 | 1.74 | 1.67 | 25.29 |
| 1.60～1.80 | 1.40 | 0.90 | 38.70 | 4.91 | 0.61 | 38.68 | 6.44 | 1.24 | 37.18 | 2.87 | 2.75 | 38.01 |
| +1.80 | 94.95 | 60.81 | 86.12 | 83.46 | 10.38 | 82.20 | 52.94 | 10.23 | 78.64 | 85.00 | 81.42 | 84.68 |
| 去煤泥小计 | 100.00 | 64.05 | 82.80 | 100.00 | 12.43 | 71.90 | 100.00 | 19.32 | 48.53 | 100.00 | 95.80 | 77.48 |
| 带煤泥小计 | 99.03 | 64.05 | 82.80 | 97.35 | 12.43 | 71.90 | 95.50 | 19.32 | 48.53 | 98.08 | 95.80 | 74.48 |
| 煤　泥 | 0.97 | 0.63 | 56.62 | 2.65 | 0.34 | 45.14 | 4.50 | 0.91 | 58.04 | 1.92 | 1.88 | 55.23 |
| 总　计 | 100.00 | 64.68 | 82.54 | 100.00 | 12.77 | 71.19 | 100.00 | 20.23 | 48.96 | 100.00 | 97.68 | 74.11 |

注:−0.5 mm 产率:2.32%。

的浮沉组成，按筛分试验的比例相加而得的，其中的产率是用占全量直接相加而得，灰分是加权平均而得。

以表 6-11 为例，第(3)、(6)、(9)、(11)、(12)和(13)列的数据均是计算而得。50～13 mm 占全量总计 27.76%是根据筛分试验结果获得；50～13 mm 去除浮沉煤泥的小计为 27.76%×97.92%＝27.18%。将 27.18%乘以第(2)列各密度级产率得到第(3)列各密度级占全量产率，如 15.99%×27.18%＝4.35%；50～0.5 mm 的第(12)列各密度级占全量产率由对应的第(3)、(6)、(9)列各密度级占全量产率相加而得，如－1.30 $g/cm^3$ 占全量产率 15.94%＝4.35%＋3.23%＋8.36%；第(11)列由第(12)列计算得出，计算方法是各密度级占全量产率除以去煤泥小计，如第(11)列－1.30 $g/cm^3$ 产率 18.85%＝15.94%/84.54%。表中的煤泥是浮沉试验后收集的煤泥；去煤泥小计占本级为 100%，表示各浮沉级的产率之和不包括煤泥应为 100%；带煤泥小计占本级产率为 100%－煤泥产率，如第(2)列带煤泥小计占本级产率 97.92%＝100%－2.08%。占本级部分，只在去煤泥小计和带煤泥小计部分表示浮沉煤泥的数量，而各密度级的产率不考虑浮沉煤泥的数量。占全量部分，去煤泥小计和带煤泥小计的数量和灰分完全一样。50～0.5 mm，煤泥占全量产率为 8.12%，灰分为21.84%，表示浮沉煤泥占原煤的总量。在表的下部，还有一个－0.5 mm 产率7.34%，灰分15.04%，为筛分煤泥，筛分煤泥与浮沉煤泥之和为原煤的总煤泥量，如总煤泥产率为 15.46%＝8.12%＋7.34%，灰分为：18.61%＝(8.12%×21.84%＋7.34%×15.04%)/(8.12%＋7.34%)。

由以上介绍可知，一张筛分浮沉试验报告表包含了许多信息，有分粒级的浮沉试验结果和筛分试验结果；还可以看到试验误差，第一行筛分试验各粒级的灰分不等于最后一行总计的灰分。如 50～13 mm，筛分试验灰分为 21.76%，浮沉试验总灰分为21.49%，前者是实测的，后者是由各密度级灰分及浮沉煤泥灰分加权平均求

得的，二者必然有一定的误差，但必须在标准规定的范围内。按照《煤炭浮沉试验方法》规定，煤样灰分大于或等于20%时，绝对误差小于2%。表6-11中50～13 mm，灰分绝对误差为|21.76%－21.49%|＝0.27%，显然小于2%，符合标准要求。

（一）原煤粒度组成分析

根据表6-11得出原煤粒度组成列于表6-15。由表可知，该厂原煤6～0.5 mm含量38.47%，是主导粒级，要注意该粒级的分选效果。筛分煤泥量是7.34%，浮沉煤泥量是8.12%，二者煤泥量之和为15.46%，灰分为18.61%。煤泥含量较多，如加上分选过程产生的次生煤泥，总煤泥量要在20%以上。所以浮选、脱水和煤泥水处理系统是重要的环节。浮沉煤泥灰分(21.84%)明显高于筛分煤泥灰分(15.04%)；原煤各粒级灰分随粒度减小逐渐降低，但煤泥灰分又增高；原生煤泥灰分大于原煤灰分。以上现象都说明原煤中有部分易于泥化的矸石，对浮选和煤泥水系统有不利影响，要加以注意。

该原煤灰分为16.91%，为低灰煤。

**表6-15　原煤筛分试验结果**

| 粒度级/mm | 产率/% | 灰分/% |
| --- | --- | --- |
| 50～13 | 27.18 | 21.48 |
| 13～6 | 18.89 | 15.76 |
| 6～0.5 | 38.47 | 13.56 |
| 0.5～0 | 7.34 | 15.04 |
| 浮沉煤泥 | 8.12 | 21.84 |
| 原生煤泥 | 15.46 | 18.61 |
| 合　　计 | 100 | 16.91 |

（二）原煤可选性分析

根据原煤的筛分浮沉试验结果，绘制全粒级和分粒级的可选性曲线，根据精煤灰分查阅精煤的理论产率、理论分选密度、±0.1含量，评定原煤可选性。

1. 可选性曲线的画法和用途

根据表6-11计算的50～0.5 mm原煤可选性曲线表列于表6-16。根据表6-16绘制了50～0.5 mm原煤可选性曲线如图6-2所示。

**表6-16　50～0.5 mm原煤可选性曲线**

| 密度级/(g/cm³) | 浮沉级 | | 浮物累计 | | 沉物累计 | |
|---|---|---|---|---|---|---|
| | 产率/% | 灰分/% | 产率/% | 灰分/% | 产率/% | 灰分/% |
| −1.3 | 18.84 | 3.07 | 18.84 | 3.07 | 100.00 | 16.60 |
| 1.3～1.4 | 53.79 | 7.29 | 72.63 | 6.20 | 81.16 | 19.74 |
| 1.4～1.5 | 10.70 | 15.40 | 83.33 | 7.38 | 27.37 | 44.21 |
| 1.5～1.6 | 3.51 | 25.82 | 86.84 | 8.12 | 16.67 | 62.69 |
| 1.6～1.8 | 2.19 | 38.38 | 89.03 | 8.87 | 13.16 | 72.55 |
| +1.8 | 10.97 | 79.37 | 100.00 | 16.60 | 10.97 | 79.37 |
| 合　计 | 100.00 | 16.60 | | | | |

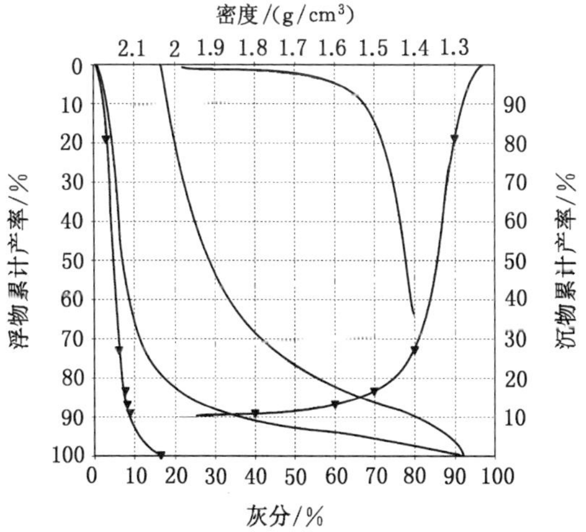


图6-2　50～0.5 mm原煤可选性曲线

(1) 浮物累计曲线

图 6-2 中浮物累计曲线的原始点是表 6-16 中浮物累计产率和灰分,代表了精煤理论产率和理论灰分的关系。如精煤的理论灰分为 7.38%时,理论产率为 83.33%。浮物累计产率的纵坐标在左边,从上向下由 0 增加到 100%。

(2) 密度曲线

图 6-2 中密度坐标为上部的横坐标,密度从右向左递增。密度曲线的原始点是表 6-16 中的密度和浮物累计产率,密度取上限值,如 1.3～1.4 $g/cm^3$ 时,取密度为 1.4 $g/cm^3$。密度曲线代表了理论分选密度和理论产率的关系。如精煤的理论分选密度为 1.5 $g/cm^3$ 时,理论产率为 83.33%。

(3) $\delta \pm 0.1$ 含量曲线

$\delta \pm 0.1$ 含量曲线的横坐标为分选密度,纵坐标为 $\delta \pm 0.1$ 含量,坐标值与浮物累计产率相同。例如,分选密度为 1.5 $g/cm^3$ 时,$\delta \pm 0.1$ 含量为表 6-16 中 1.4～1.5 $g/cm^3$ 加 1.5～1.6 $g/cm^3$ 的浮沉级产率,其值为 10.70%+3.51%=14.21%。

$\delta \pm 0.1$ 含量的大小表示了煤炭分选密度附近相邻密度级含量的多少,这一部分物料越多,分选时损失和污染的数量越大,该煤炭越难选。由图 6-2 可知,分选密度越低,$\delta \pm 0.1$ 含量越高,煤炭越难选;分选密度大于 1.6 $g/cm^3$ 以后,$\delta \pm 0.1$ 含量显著降低,一般的煤炭都具有这种性质。

(4) 基元灰分曲线($\lambda$ 曲线)

基元灰分曲线的横坐标为基元灰分,坐标值与灰分相同。纵坐标为浮物累计产率。基元灰分曲线恰似将原煤分成可燃和不可燃两部分,曲线左边为不可燃部分(灰分),右边为可燃部分。如图 6-3 所示,以横线 $ac$ 为例,浮煤累计产率为 $a$%的这一点的煤炭的灰分为 $b'$,可燃物为 $100-b'$。基元灰分曲线与左边的坐标包围的面积为原煤的灰分量,如图 6-3 所示的阴影部分,该部分面积与

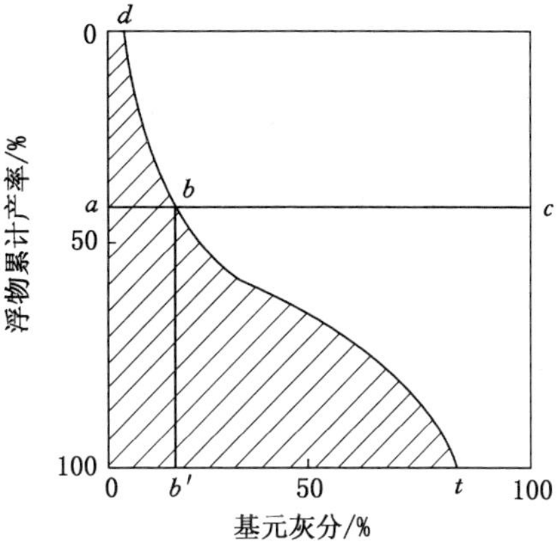


图 6-3　基元灰分曲线

总面积(100×100)的比值即为原煤的灰分。基元灰分曲线表示将煤炭按灰分从小到大排列,煤炭灰分变化的情况,表明煤炭中不同灰分物料分布的微观情况。基元灰分曲线与上、下横坐标交点 $d$ 和 $t$ 的灰分分别表示煤炭中最低和最高的灰分,而原煤灰分表示了灰分的平均值,是宏观指标。图 6-4 所示三种煤炭的基元灰分曲线的形状不同,表示煤炭的质量和可选性不同。如图 6-4(a)所示,$\lambda$ 曲线为一直线,表示该煤炭是由同一灰分的煤炭组成的,无法分选成不同灰分的产品;图 6-4(b)中 $\lambda$ 曲线接近一斜线,说明该煤炭极难分选;图 6-4(c)中 $\lambda$ 曲线在两端比较陡,而中间很平坦,

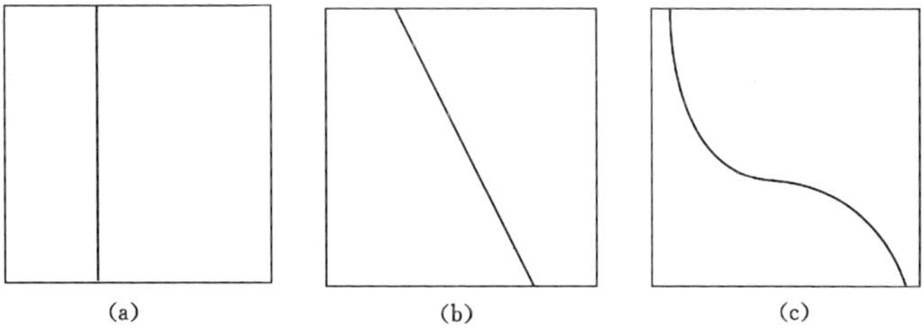


图 6-4　几种基元灰分曲线

如果分离点在中间区间，说明该煤炭很易分选，但如果分离点在低灰端基元灰分变化很陡的区间，也不容易分选。由分选密度查到的基元灰分又称边界灰分，说明分选按边界灰分进行，理论上认为，灰分小于边界灰分的煤炭应该全部进入轻产物；反之亦然，污染或损失得越多，分选效果越差。

原煤可选性曲线的理论指标的查阅方法见第三章第二节。

2. 50～0.5 mm 原煤可选性分析

对图 6-2 所示的 50～0.5 mm 原煤可选性曲线，按照精煤灰分由 6.0％到 9.0％变化，求得理论分选密度、理论产率、去矸 $\delta\pm0.1$ 含量和可选性列于表 6-17。

**表 6-17　50～0.5 mm 原煤理论分选指标表**

| 精煤灰分 /% | 分选密度 /($g/cm^3$) | 理论产率 /% | 去矸 $\delta\pm0.1$ 含量 /% | 可选性 |
|---|---|---|---|---|
| 6.0 | 1.389 | 70.42 | 77.29 | 极难选 |
| 6.5 | 1.413 | 75.93 | 66.56 | 极难选 |
| 7.0 | 1.450 | 80.20 | 36.54 | 难选 |
| 7.5 | 1.494 | 83.13 | 18.32 | 中等 |
| 8.0 | 1.574 | 86.18 | 7.01 | 易选 |
| 8.5 | 1.687 | 88.31 | 2.89 | 易选 |
| 9.0 | 1.977 | 90.05 | 0.85 | 易选 |

由表 6-17 可知，随精煤灰分由 6.0％增加到 9.0％，分选密度从 1.389 $g/cm^3$ 增加到 1.977 $g/cm^3$，理论产率由 70.42％增加到 90.05％，去矸 $\delta\pm0.1$ 含量由 77.29％降低到 0.85％，可选性由极难选变为易选。当精煤灰分小于 7.0％时，原煤为难选或极难选；当精煤灰分大于 8.0％时，原煤变得非常易选。

3. 不同粒级原煤可选性分析

表 6-18 为根据不同粒级原煤可选性曲线求得的不同粒级原

煤理论分选指标。根据表 6-18 绘制分粒级精煤灰分和去矸 δ±0.1含量、理论产率的关系列于图 6-5。由图 6-5 可知，随着精煤灰分增加，各粒级精煤理论产率增加，粒度越小，精煤的理论产率越高；随着精煤灰分增加，去矸 δ±0.1 含量降低，50～13 mm 粒级降低的幅度更大些。而且，基本规律是粒度越大，δ±0.1 含量越高，这种趋势在精煤灰分小于 7.0％时更明显。图 6-6 为分粒级分选密度和去矸 δ±0.1 含量的关系。当分选密度小于 1.5 时，随分选密度降低，去矸 δ±0.1 含量急剧上升。

**表 6-18　不同粒级原煤理论分选指标**

| 精煤灰分/％ | | 6.0 | 6.5 | 7.0 | 7.5 | 8.0 |
|---|---|---|---|---|---|---|
| 50～13 mm | 分选密度/($g/cm^3$) | 1.357 | 1.376 | 1.400 | 1.445 | 1.503 |
| | 理论产率/％ | 58.92 | 65.62 | 69.88 | 75.18 | 78.61 |
| | 去矸 δ±0.1 含量/％ | 92.02 | 89.08 | 75.17 | 37.24 | 13.29 |
| | 可选性 | 极难选 | 极难选 | 极难选 | 难选 | 中等 |
| 13～6 mm | 分选密度/($g/cm^3$) | 1.393 | 1.425 | 1.466 | 1.523 | 1.590 |
| | 理论产率/％ | 72.18 | 77.52 | 81.61 | 84.78 | 87.29 |
| | 去矸 δ±0.1 含量/％ | 80.72 | 57.35 | 24.75 | 12.55 | 6.40 |
| | 可选性 | 极难选 | 极难选 | 较难选 | 中等 | 易选 |
| 6～0.5 mm | 分选密度/($g/cm^3$) | 1.415 | 1.436 | 1.467 | 1.507 | 1.561 |
| | 理论产率/％ | 77.54 | 81.74 | 85.25 | 88.17 | 90.57 |
| | 去矸 δ±0.1 含量/％ | 61.69 | 41.19 | 27.40 | 15.87 | 7.99 |
| | 可选性 | 极难选 | 极难选 | 较难选 | 中等 | 易选 |

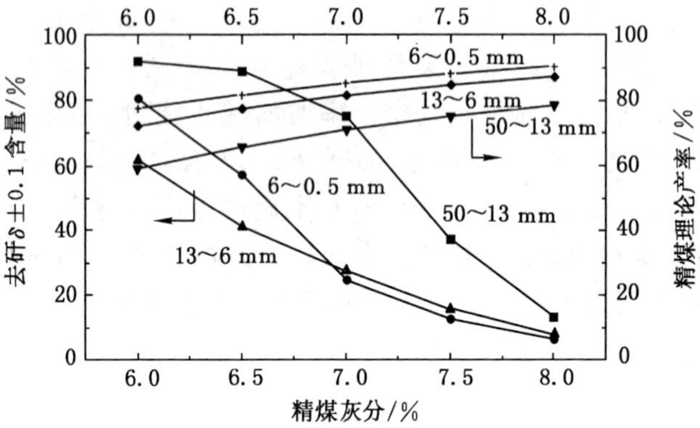


图 6-5 分粒级精煤灰分和 δ±0.1 含量、理论产率的关系

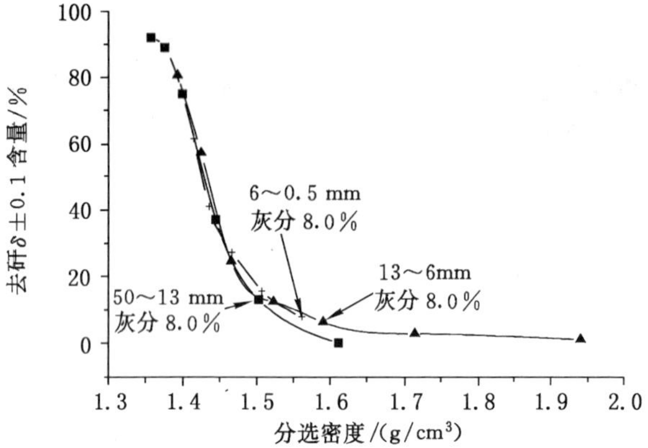


图 6-6 分粒级分选密度和 δ±0.1 含量的关系

从以上分析可知，该厂 50～0.5 mm 原煤在分选灰分为 7.62%的精煤时，理论分选密度为 1.517%，去矸 δ±0.1 含量为 12.07%，为中等可选性，此时精煤（50～0.5 mm）理论产率为 84.23%（占 50～0.5 mm 的 100%）（表 6-19）。现有跳汰选煤方法可以获得较好的效果，但是如果要降低精煤灰分，可选性变差，

跳汰分选有困难。

**表 6-19　数量效率计算表**

| | | |
|---|---|---|
| +0.5 mm 精煤实际指标 | 灰分/% | 7.62 |
| | 精煤产率/% | 76.10 |
| 理论指标 | 精煤产率/% | 84.23 |
| | 分选密度/(g/cm³) | 1.517 |
| | 去矸 $\delta\pm0.1$ 含量/% | 12.07 |
| | 可选性 | 中等 |
| 数量效率/% | | 90.35 |

（三）跳汰分选效果分析

因为该厂只有跳汰主选作业，可以把月综合最终产品看成是跳汰的平均水平。该厂使用的跳汰机是 15 $m^2$ 筛侧跳汰机，只有主选。跳汰的有效分选粒度大于 0.5 mm，所以这里只分析大于 0.5 mm 的分选效果。因为缺少大于 0.5 mm 的产率，首先用格氏法计算三产品的产率。表 6-20 列出了格氏法计算的 50～0.5 mm 及不同粒级的产率。计算的均方差一般小于 1.4%，只有 6～0.5 mm 粒级超过规定。如果将月综合资料用于选煤厂内部评定，认为该资料还是可以利用的。

**表 6-20　格氏法计算的分粒级产率**

| 粒度级/mm | | 50～13 | 13～6 | 6～0.5 | 50～0.5 |
|---|---|---|---|---|---|
| 产率/% | 精煤 | 71.48 | 73.54 | 77.62 | 76.10 |
| | 中煤 | 11.00 | 18.66 | 15.40 | 14.21 |
| | 矸石 | 17.52 | 7.80 | 6.98 | 9.69 |
| 均方差/% | | 1.215 | 0.464 | 1.588 | 1.387 |

1. 50～0.5 mm 数量效率

虽然数量效率高低与原煤可选性关系密切，但用于厂内评定，可以作为与历史资料对比的指标。表 6-19 为数量效率计算表，精煤灰分为 7.62%时，数量效率$=\frac{76.10}{84.23}\times 100\%=90.35\%$。按照《优质高效选煤厂试行标准》(见附录一)，去矸 $\delta\pm 0.1$ 含量为 10%～20%时，要求跳汰的数量效率达到 91%，该厂数量效率略低于要求。

2. 分配曲线

计算 50～0.5 mm 及分粒级的分配率，绘制 50～0.5 mm 及分粒级的分配曲线如图 6-7 所示。分配曲线的特征参数列于

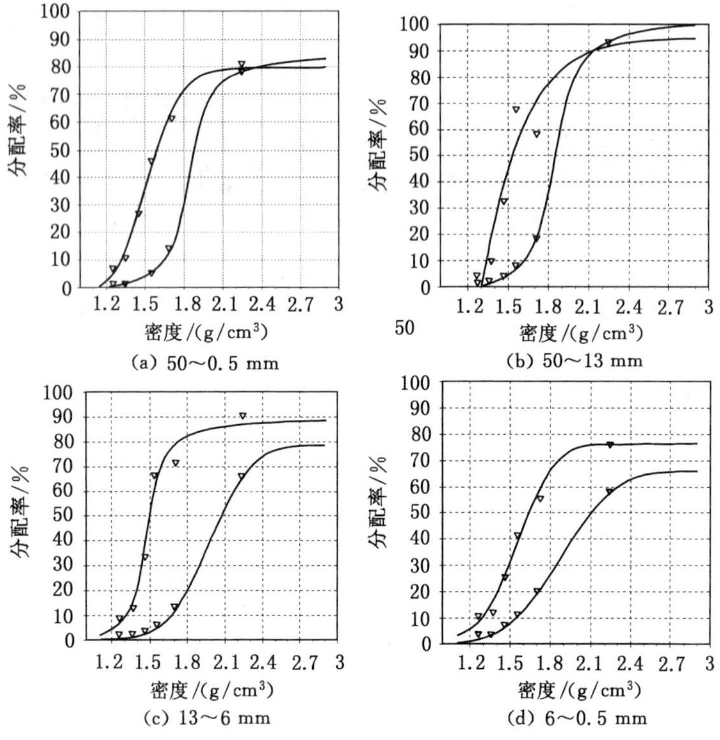


图 6-7 分粒级分配曲线

表 6-21。由 50～0.5 mm 分配曲线可知，第二段 +1.8 g/cm³ 在中煤中的分配率只有 80%，也就是说有 20% 重产物进入精煤；-1.3 g/cm³ 在中煤中的分配率也达到 7%，也就是说有 7% 的 -1.3 g/cm³ 精煤损失到中煤中。对于远离分选密度的这部分物料，应该有好的分离效果。由表 6-21 可知，50～0.5 mm 第二段的不完善度高达 0.57，应该说第二段分选效果很差；而且第二段实际分选密度 1.573 g/cm³ 高于理论分选密度 1.517 g/cm³，这也是不可能的，说明数据有一定误差，分析的结果只能作为参考。50～0.5 mm 第一段分选密度为 1.878 g/cm³，不完善度为 0.195，分选效果属中等。第一段和第二段随粒度减小，分选密度基本上都增加特别是 6～0.5 mm 的分选密度明显增加。由表 6-12 可知，各粒级精煤灰分从粗粒到细粒分别为 7.48%、7.36% 和 7.74%。各粒级精煤中 +1.80 g/cm³ 含量(占本级)分别为 0.09%、0.38% 和 0.81%，精煤中污染的矸石以 6～0.5 mm 为主，占精煤中矸石总量的 0.44%/0.52% = 85%。由表 6-13 可知，各粒级中煤中 -1.30 g/cm³ 含量(占本级)分别为 4.23%、7.47% 和 14.80%，中煤中损失的 -1.3 g/cm³ 精煤以 6～0.5 mm 为主，占损失总量的 6.98%/9.72% = 72%。结合表 6-21 显示的数据分析，跳汰机第二段分选效果很差(一般水平，不完善度为 0.18)，特别是 6～0.5 mm

**表 6-21　分粒级分配曲线的特征参数**

| 粒度级/mm | | 50～13 | 13～6 | 6～0.5 | 50～0.5 |
|---|---|---|---|---|---|
| 一段 | 分选密度/(g/cm³) | 1.85 | 1.91 | 2.142 | 1.878 |
| | 可能偏差/(g/cm³) | 0.105 | 0.55 | 0.345 | 0.171 |
| | 不完善度 | 0.123 | 0.61 | 0.302 | 0.195 |
| 二段 | 分选密度/(g/cm³) | 1.469 | 1.465 | 1.617 | 1.573 |
| | 可能偏差/(g/cm³) | 0.212 | 0.171 | 0.378 | 0.33 |
| | 不完善度 | 0.451 | 0.368 | 0.612 | 0.57 |

粒级的分选效果不好，而且 6～0.5 mm 分选密度偏高，如果在操作中调整风水制度增加吸啜力，可能改善细粒分选效果，降低 6～0.5 mm 的分选密度。为此，要对跳汰机的设备性能、操作水平和自动排矸设备的工作状态进行分析。

3. 污染指标

根据表 6-11～表 6-14 原煤及产品筛分浮沉试验结果计算各粒级在产品中的污染损失情况，如表 6-22～表 6-25 所示。表中列出了污染指标及矸石、中煤、精煤中各粒级轻（重）产物损失和污染的相对比例。污染指标表是按每种产品为 100%计算的，其他表则将不同粒度级中相同密度级的损失和污染量总和看成 100%计算的。

**表 6-22　污染指标**

| 密度级/($g/cm^3$) | 原煤/% | 精煤/% | 中煤/% | 矸石/% |
| --- | --- | --- | --- | --- |
| -1.5 | 83.36 | 97.87 | 70.47 | 10.39 |
| 1.5～1.8 | 5.68 | 1.52 | 16.54 | 4.61 |
| +1.8 | 10.96 | 0.60 | 12.97 | 85.00 |
| 合计 | 100.00 | 100.00 | 100.00 | 100.00 |

**表 6-23　矸石中各粒级轻产物的比例(占 50～0.5 mm 矸石)**

| 密度级/($g/cm^3$) | 粒度级/mm | | | |
| --- | --- | --- | --- | --- |
| | 50～13 | 13～6 | 6～0.5 | 合计 |
| -1.3 | 7.43 | 13.86 | 78.71 | 100.00 |
| 1.3～1.4 | 21.37 | 12.61 | 66.02 | 100.00 |
| 1.4～1.5 | 25.54 | 9.54 | 64.92 | 100.00 |

**表 6-24　中煤中各粒级轻重物比例(占 50～0.5 mm 中煤)**

| 密度级 /(g/cm³) | 粒度级/mm | | | |
|---|---|---|---|---|
| | 50～13 | 13～6 | 6～0.5 | 合计 |
| −1.3 | 11.73 | 16.46 | 71.81 | 100.00 |
| 1.3～1.4 | 32.61 | 20.31 | 47.08 | 100.00 |
| 1.4～1.5 | 35.27 | 20.07 | 44.66 | 100.00 |
| +1.8 | 21.39 | 27.93 | 50.68 | 100.00 |

**表 6-25　精煤中各粒级+1.8 g/cm³ 物料比例(占 50～0.5 mm 精煤)**

| 密度级 /(g/cm³) | 粒度级/mm | | | |
|---|---|---|---|---|
| | 50～13 | 13～6 | 6～0.5 | 合计 |
| +1.8 | 3.85 | 11.54 | 84.61 | 100.00 |

从表 6-22 可知,原煤中矸石含量只有 10.96%,含矸量很低。中煤中损失了大量−1.5 g/cm³ 精煤,其中 6～0.5 mm 粒级损失的精煤量最大,损失的−1.3 g/cm³ 精煤中 70%以上是在 6～0.5 mm 粒级(表 6-24)。矸石中−1.5 g/cm³ 精煤损失达到 10.39%,其中 65%以上都是 6～0.5 mm 粒级,损失的−1.3 g/cm³ 精煤中 78%都是 6～0.5 mm 粒级。精煤中矸石含量虽然只有 0.6%,但 85%是 6～0.5 mm 细粒级(表 6-25)。

从以上分析可知,原煤中 6～0.5 mm 细粒含量占 38.47%,如果去掉煤泥,6～0.5 mm 含量占 50～0.5 mm 原煤的 45.51%。也就是说,原煤中 6～0.5 mm 粒级含量大,而该粒级的分选效果不好,第二段不完善度达到 0.612,造成细粒精煤在中煤和矸石中大量损失,细粒矸石污染精煤。

因此,该厂有必要认真寻找设备和操作中的问题,改善对 6～0.5 mm 粒级的分选效果。由煤泥水系统分析可知,该厂有细泥积聚问题，循环水浓度大，这是影响细粒分选的一个重要因素。

（四）浮选分选效果分析

1. 精煤组成分析

表6-26为精煤的组成分析，精煤中87％为大于0.5 mm精煤，总灰为7.62％，50～13 mm、13～6 mm和6～0.5 mm各粒级的灰分都在7.5％左右，6～0.5 mm粒级稍高。而且6～0.5 mm粒级的精煤占总精煤的一半以上。

**表6-26　精煤组成分析**

| 粒度级/mm | 来源 | γ/％ | A/％ |
|---|---|---|---|
| 50～13 | 跳汰精煤 | 17.12 | 7.48 |
| 13～6 | 跳汰精煤 | 14.99 | 7.36 |
| 6～0.5 | 跳汰精煤 | 54.90 | 7.74 |
| 50～0.5 | 跳汰精煤 | 87.01 | 7.62 |
| 0.5～0 | 浮选精煤 | 12.40 | 10.16 |
| | 混入煤泥 | 0.59 | 15.00 |
| | 小　　计 | 12.99 | 10.38 |
| 总精煤/％ | | 100 | 7.98 |
| 浮选精煤灰分减大于0.5 mm精煤灰分/％ | | | 2.54 |
| 浮选精煤灰分减小于0.5 mm精煤灰分/％ | | | －0.22 |
| ±0.5 mm灰分差/％ | | | 2.76 |
| 总精煤灰分减＋0.5 mm灰分/％ | | | 0.36 |

0.5～0 mm粒级精煤量占12.99％，灰分为10.38％，其中95％以上为浮选精煤，浮选精煤灰分10.16％。

根据经验，假定混入煤泥的灰分为 15%，则可以按下式计算混入煤泥量为

$$(12.99 \times 10.38 - 12.43 \times 10.16)/15 = 0.56$$

浮选精煤灰分比总精煤灰分高 2.18%，比跳汰精煤灰分高 2.54%，明显存在“跳汰背浮选”的现象。由于片面压低跳汰精煤灰分，势必降低全厂精煤产率。

2. 可浮性分析

由于该厂未做单元浮选试验和分步释放浮选试验，无法按第三章介绍的方法评定可浮性。因此，根据该厂的小筛分试验和小浮沉试验结果进行评定。

由小筛分试验结果（表 6-27）可知，该厂浮选入料粒度很细，−320 网目占 74.40%，灰分高达 28.88%，而其他粒级灰分都很低。+200 网目浮选入料，平均灰分只有 5.95%。+320 网目浮选入料，平均灰分只有 7.86%，与现有跳汰精煤灰分相近。

由表 6-28 原煤煤泥小浮沉试验结果可知，原煤煤泥总灰分只有 13.84%，+1.8 $g/cm^3$ 含量只有 5%（筛分煤泥灰分 15.04% 见表 6-11），而浮选入料总灰高达 23.50%（表 6-27），主要是分选过程矸石泥化产生大量高灰细泥或由于细泥积聚使浮选入料变得难选。由表 6-28 可知，原生煤泥中含有大量 −1.3 $g/cm^3$ 和 −1.4 $g/cm^3$ 低灰精煤，−1.3 $g/cm^3$ 的产率有 30.15%，灰分只有 3.44%，−1.4 $g/cm^3$ 的平均灰分只为 6.10%，而且中煤含量不高。该厂原生煤泥质量好，但由于水洗过程产生大量细泥，或由于该厂煤泥水处理系统工作不完善，细泥在系统中积聚，使得浮选入料性质变坏。

**表 6-27　浮选入料和产品的小筛分结果**

| 粒度/网目 | 浮选入料 | | | | 浮选精煤 | | | | 浮选尾煤 | | | |
|---|---|---|---|---|---|---|---|---|---|---|---|---|
| | 浮沉级 | | 浮物累计 | | 浮沉级 | | 浮物累计 | | 浮沉级 | | 浮物累计 | |
| | γ/% | A/% | γ/% | A/% | γ/% | A/% | γ/% | A/% | γ/% | A/% | γ/% | A/% |
| 40～60 | 0.74 | 5.22 | 0.74 | 5.22 | 1.97 | 4.90 | 1.97 | 4.90 | 0.79 | 8.54 | 0.79 | 8.54 |
| 60～120 | 7.07 | 6.14 | 7.81 | 6.05 | 14.15 | 4.86 | 16.12 | 4.86 | 5.34 | 8.56 | 6.13 | 8.56 |
| 120～200 | 17.44 | 8.62 | 25.25 | 5.95 | 26.52 | 7.56 | 42.64 | 6.54 | 9.48 | 11.54 | 15.61 | 10.37 |
| 200～320 | 0.35 | 10.48 | 25.6 | 7.86 | 0.68 | 7.72 | 43.32 | 6.56 | 0.43 | 15.64 | 16.04 | 10.51 |
| −320 | 74.40 | 28.88 | 100 | 23.50 | 56.68 | 12.92 | 100 | 10.16 | 83.96 | 53.72 | 100 | 46.79 |
| 合计 | 100 | 23.50 | | | 100 | 10.16 | | | 100 | 46.79 | | |

**表 6-28 原煤煤泥小浮沉**

| 密度级/(g/cm³) | 浮沉级 | | 浮物累计 | |
|---|---|---|---|---|
| | 产率/% | 灰分/% | 产率/% | 灰分/% |
| −1.3 | 30.15 | 3.44 | 30.15 | 3.44 |
| 1.3～1.4 | 41.21 | 8.05 | 71.36 | 6.10 |
| 1.4～1.5 | 14.07 | 13.51 | 85.43 | 7.32 |
| 1.5～1.55 | 3.01 | 33.72 | 88.44 | 8.22 |
| 1.55～1.6 | 2.51 | 37.90 | 90.95 | 9.04 |
| 1.6～1.8 | 4.02 | 49.20 | 94.97 | 10.74 |
| +1.8 | 5.03 | 72.44 | 100 | 13.84 |
| 合计 | 100 | 13.84 | | |

3. 浮选分选效果

由于缺少单元浮选试验资料，无法计算某些评定指标。只能根据浮选产品小筛分和浮选产品灰分来分析。表 6-29 为浮选的分选效果指标。

**表 6-29 浮选的分选效果指标**

| 灰分/% | | | 浮选精煤产率/% | 浮选完善指标/% | 总精煤灰分/% | 可燃体回收率% |
|---|---|---|---|---|---|---|
| 入料 | 精煤 | 尾煤 | | | | |
| 23.50 | 10.16 | 46.79 | 64.46 | 47.86 | 7.98 | 75.67 |

浮选入料灰分为 23.50%时，精煤灰分为 10.16%，尾煤灰分为46.79%，浮选完善指标为 47.86%，可燃体回收率为 75.67%，与表3-69“不同方法评定浮选效果指标表”中列出的一些选煤厂的指标相比，不是很好。

根据表 6-27 小筛分试验资料，浮选精煤中粗粒级灰分很低，+120 网目、+200 网目和+320 网目灰分分别为 4.86%、6.54%

和 6.56%，比总灰低 3.6%以上；－320 网目灰分比＋320 网目灰分高出 6.36%，说明主要是－320 网目细泥的选择性差，污染了精煤。

浮选尾煤中粗粒的灰分低，＋200 网目累计灰分只有 10.37%，产率为 15.61%，这部分粗粒中损失了不少精煤。

由于粗细粒煤泥的浮选条件和浮选速率不同，0.25～0.5 mm 物料的浮选速率较低，而－320 网目中的大量细泥是由于水的夹带而进入精煤，在同一台浮选机中分选 0.5～0 mm 宽级别煤泥，操作有一定难度，不能同时兼顾不同粒度浮选速率的差异。

综上所述，该厂浮选的主要问题是浮选入料中的高灰细泥含量太多，浮选精煤灰分太高，造成“水洗背浮选”的现象，降低了全厂精煤回收率，且浮选尾煤灰分不高，浮选效果不理想。

由于该厂原生煤泥的灰分很低，而浮选入料灰分骤然增高，所以要找明原因，对全厂从跳汰开始直到浮选、尾煤处理和循环水浓度变化加以分析，改善洗水管理，减少系统内煤泥的积聚，及时排除系统中的泥质。在工艺流程中，尽快将矸石排除，减少矸石过粉碎及泥化。调查了该厂洗水浓度变化情况，发现洗水浓度偏高，达到 80 g/L，而且有洗水浓度逐渐增高的趋势，有时甚至不得不外排部分洗水以降低洗水浓度，说明该厂确实存在煤泥积聚的问题、絮凝剂效果不好、尾煤浓缩机溢流浓度大等问题。而且，洗水浓度高也影响了跳汰的分选效果，造成细粒级分选效果差。

除了进行以上分析外，还可以从以下几方面分析：是否可以采用分级浮选方法；是否可以改变浮选药剂及加药制度；是否可以改变浮选流程及设备，增加浮选精煤喷淋水装置等。

4. 次生煤泥含量计算

表 6-30 为月综合的次生煤泥含量计算表。产品带走的煤泥减去原生煤泥即为次生煤泥。产率取自月综合的产品平衡表，正常情况下分选过程产生次生煤泥，产品带走的煤泥量肯定大于原

生煤泥。但计算结果说明，产品带走的煤泥总和小于原煤的筛分煤泥加浮沉煤泥，这是不可能的。产生此反常现象的原因可能是计量不准、采样试验误差、外排煤泥未计入月综合表，需要分析原因对症解决。

**表 6-30　次生煤泥含量计算结果**

| 产品名称 | 产率/% | 煤泥占本级/% | | 煤泥占全样/% |
|---|---|---|---|---|
| | | 筛分煤泥 | 浮沉煤泥 | |
| 精煤 | 70.56 | 10.79 | 2.20 | 9.17 |
| 中煤 | 14.53 | 2.54 | 2.05 | 0.67 |
| 矸石 | 10.19 | 2.32 | 1.88 | 0.43 |
| 煤泥 | 4.52 | | | 4.52 |
| 损失 | 0.20 | | | 0.20 |
| 合计 | 100.00 | | | 14.99 |
| 原煤 | 100.00 | 7.34 | 8.12 | 15.46 |
| 次生煤泥 | | | | −0.47 |

以上只是根据月综合的资料进行的分析，肯定比较浮浅，详细的分析要通过现场调研，进一步试验分析，才能得出有指导意义的结论。

本实例所有分析方法的依据可在第三章中查阅。

对重选分选效果、浮选分选效果分析可参照以上实例进行。

## 第八节　选煤厂节电和节水

### 一、节电

能源是人类赖以生存的五大要素之一，是国民经济和社会发展的重要战略物资。我国能源资源总量约 4 万亿 t 标准煤，居世界第三位，但因我国人口众多，人均能源资源占有量不到世界平均水平的一半。1997 年我国人均能源消费量不足世界人均能源消费水平的一半，居世界第 89 位，远低于发达国家目前的水平。

另一方面，我国能源利用率低。2003 年我国 GDP 占世界 GDP 的比重大约是 4%，但是能源消耗占世界的比重很高，石油为 7.4%，原煤为 31%，钢铁为 27%，氧化铝为 25%，水泥为 40%。据报道，我国电厂平均能耗比世界先进水平高 20%左右，工业锅炉燃烧效率比世界先进水平低 15%～20%，民用平均热效率只有 15%（可达 60%）。

选煤厂也是一个耗能大户，吨煤电耗 5～12 kW · h，对分选 500 万 t 原煤的中型选煤厂，年电耗达 2 500 万～6 000 万 kW · h，电费为 1 000 万～2 400 万元，电费一般占选煤成本的 10%～15%，无论从节能或降低成本的角度来分析，选煤厂都要重视节电。

选煤工艺流程复杂，机械设备特别是大功率设备多，节电的潜力是很大的。可以从以下几方面进行分析：

(1) 摸清全厂各个环节机电设备的耗电情况，包括装机功率，实际功率消耗，空载时间及耗电量，启、停车耗电量。对耗电量大或空载时间长、功率因素低的设备更要逐个重点调查，为制订节电计划做好基础工作。

选煤厂往往因为某一关键设备或环节生产能力不够而限制了整个系统满负荷运行，这时要分析具体原因，解决这些薄弱环节，提高整个系统的生产能力，达到节电的效果。

(2) 对耗电大的系统进行测定和分析，寻找降低电耗的途径。如选煤厂泵类设备较多，装机容量占全厂设备总装机容量的 35%～45%，而泵类设备又是高耗低效的。因此，针对泵类设备开展技术改造具有很大的节能潜力。由于各种泵的工作要求和运行状况不同，节能改造的方法也不同，要结合设备更新，选择节能型泵；还可以采用胶带轮有级调速或无级调速装置，根据需要随时调整泵的转速，达到最好的工况点。

推广高效风机、耐磨泵、渣浆泵、空压机等节能设备，采用适合煤矿的调速装置和微机控制系统，达到设备系统的经济运行。

(3) 改造落后的工艺流程和设备，简化流程，使用可靠大型设备，降低选煤厂电耗。如某选煤厂原有流程为跳汰-重介-浮选联合流程，系统复杂，故障点多。技术改造后，改为重介-浮选流程，采用了三产品无压给料重介质旋流器，简化了工艺流程，共拆除和报废设备 44 台，吨原煤电耗由原来的 15 kW·h 降为 12 kW·h。

(4) 加强节电管理，减少停车次数，减少开空车时间。生产过程的电耗是由启、停机电耗、正常生产电耗(又称基本电耗)和开空车电耗三部分组成，而启、停车耗电量较大，如某选煤厂正常启、停车一次大约耗电 7 399 kW·h。因此，要提高系统和设备运行的可靠性，准确掌握产品库存情况，根据运力和库存合理组织生产，尽量减少启、停车次数。同时，选煤厂应该采用计算机集中控制自动启、停车，缩短开、停车时间，节省电耗。

选煤厂生产工艺的特点是某台设备的故障会造成整个生产线设备的空运转；选煤厂的另一特点是泵类设备多且容量大，空开和正常生产时泵的耗电量基本一样。据某厂统计测算，两个重介系统生产时，空开机耗电约为 2 986 kW·h，三个重介系统生产时，空开机耗电约为 4 482 kW·h。因此，降低故障率、减少空车时间是降低电耗的重要措施。

有的选煤厂分选系统是双系统，但产品运输是单系统，当分选系统为单系统运行时，产品运输系统大马拉小车，这时应该合理组织生产，尽量减少单系统运行。

## 二、节水

我国水资源总量 28 430 亿 $m^3$，人均水资源量不足 2 200 $m^3$，约为世界人均水资源量的四分之一，属水资源短缺的国家。但我国水资源利用方式粗放，用水效率非常低下，2003 年我国每万元 GDP 用水量为 465 $m^3$，是世界平均水平的 4 倍，是发达国家的

5～10 倍。我国水的重复利用率只有 50%，而发达国家已达 85%。水危机已经严重制约了我国社会经济的发展。

选煤过程一般需要使用大量的水，虽然大部分水都循环利用，但每年仍然要使用大量清水。据 1996 年资料，国有重点 68 个炼焦煤选煤厂和 43 个动力煤选煤厂清水消耗量分别为 0.18 $m^3/t$ 和 0.22 $m^3/t$，其中有 25 个选煤厂外排水 0.27 $m^3/t$。按年入选原煤 5 亿 t 计算，选煤厂每年消耗清水 1 亿 $m^3$ 左右，外排大量煤泥水。同时，煤炭开采和分选已使大量地下水系遭到破坏，使 400 多条河流受到污染。

由此可见，节水无论对环境保护、可持续发展或降低成本都有重要意义。可以从以下几个方面进行分析：

(1) 真正实现煤泥厂内回收和洗水闭路循环。

选煤厂不但要做到严格使洗水在系统中达到平衡；还要严格使煤泥在系统中达到平衡。有的选煤厂虽然可以做到洗水平衡，但由于煤泥在系统中积聚，洗水浓度越来越高，选煤厂不得不外排煤泥水，以降低洗水浓度。因此，完善煤泥分选和回收系统，避免煤泥在系统中积聚是很重要的。

只要管理到位，解决以上问题的技术难度已经不大。

(2) 采用先进的脱水和煤泥水处理设备，减少产品带水量，降低清水消耗。

(3) 发展干法或用水少的选煤方法，如动筛跳汰机排矸，螺旋分选机分选细粒度煤炭，复合干法选煤设备分选粗粒动力煤等。

(4) 完善煤泥水系统监测手段，对煤泥水流量、浓度、粒度等指标进行监测，实现水压、水位自动控制，保证用水计量数据的准确可靠。

(5) 选煤工业节水应贯穿规划、设计、施工和生产运行的全过程。实现选煤给水、排水和生态环境“三位一体”。

(6) 选煤厂在开发建设的同时做好水资源的论证、水源的建设和节水措施的落实，新建、改建和扩建的选煤厂工程项目在可行性研究报告和初步设计文件中应有节水篇（章），并做到节水设施与主体工程同时设计、同时施工、同时运行。

特别需要提出的是，选煤厂大型化，设备大型化，提高自动化水平，提高设备运行可靠性，简化工艺流程，采用先进的煤泥水处理流程、药剂和设备对节水都有重要的意义。由于我国设备制造维护水平和管理水平与国外先进水平的差距，某些高效设备不能普及，并造成煤泥水系统工艺流程复杂。如国外大量使用沉降过滤式离心机对浮选精煤脱水，产品水分比过滤机低，辅助设备少，占地面积小，工艺系统简单，但是由于我国制造、维护水平跟不上，仍然不得不大量使用过滤机。又如国外筛分机基本不漏煤，筛下水直接去后续的分选作业，而我国筛下水中的粗粒要经过诸如捞坑、角锥池、筛子之类的设备反复回收，一道工序往往由好几道工序来完成，增加了矸石泥化，不利于煤泥水处理。因此，提高选煤厂整体科技水平对节水也有重要的意义。

## 第九节　选煤厂环境保护

环境为人类生存提供了必要的物质条件和活动空间，为社会经济发展提供了自然资源，为人类活动所产生的废物提供了弃置场所，并通过其自净功能对废物进行消化和同化。然而，环境容量是有限的，一旦排放废物的数量超过环境容量，就会产生环境污染，造成环境质量恶化，影响人类的生存与发展。选煤是提高煤炭使用价值、充分利用煤炭资源的经济而有效的机械加工方法，也是排除煤炭中的杂质、减少煤炭利用对环境的污染、洁净煤技术的重要组成部分。然而，选煤厂也不可避免地造成一系列环境问题，如废水、废渣、粉尘和噪声污染等。因此，对选煤厂产生的废水、废渣、废气和粉尘进行治理，减少和降低噪声，是使煤炭成为高效、洁净、可靠能源的重要环节。

## 一、煤泥水闭路循环

我国是水资源极度匮乏的国家，但每年选煤厂要外排选煤用水1亿t以上，外排水中含有煤泥、化学药剂和各种离子等，污染水源，影响农作物正常生长。经过长期努力，现在我国大部分选煤厂已经实现了洗水复用和煤泥水闭路循环，但仍然有少数选煤厂排放选煤用水；有的选煤厂虽然实现了煤泥水闭路循环，但不正常时就悄悄向外排放煤泥水。煤泥水向外排放，既浪费了水资源、污染了环境，又浪费了煤炭资源。因此，真正实现煤泥水闭路循环是选煤厂必须努力的目标。

选煤厂煤泥水中固体物粒度细，有许多高灰泥质，固体颗粒表面多数带负电荷，同性电荷间的斥力使这些微粒在水中保持分散状态。又由于煤泥水中固体颗粒界面之间的互相作用（如吸附、溶解、化合等），煤泥水的性质相当复杂，不但具有悬浮液的性质，还具有胶体的性质，因此多数选煤厂的煤泥水很难自然澄清。如果煤泥水处理效果不佳，循环水浓度必然上升，循环水黏度也随之增加，水介质对颗粒特别是细粒运动的阻力增加，从而使分选效果降低。为了保证精煤灰分，不得不降低分选密度，增加了轻密度物料的损失，降低了精煤的产率。

高浓度的循环水，尤其是受泥质污染的循环水，还会污染精煤，特别是细粒精煤，增加了精煤脱水脱泥的困难，使精煤的水分、灰分增高。

当循环水浓度大时，煤泥沉淀的阻力增加，捞坑（或角锥池）容易发生蓬拱现象，分级效果恶化，分级粒度变粗。同时，由于粗煤泥和细粒泥质的污染，增加了精煤的灰分。

循环水浓度增加使浓缩机沉降效果变坏，细泥在系统中循环，循环水浓度进一步上升，从而使浮选分选效果变坏，浮选精煤灰分增高，尾煤跑粗严重。

由于煤泥沉积，易于使管道和排水沟、槽堵塞，需要经常用清水冲洗。同时，由于洗水的浓度高，需要经常补加清水予以稀释，很难实现洗水平衡。

实现煤泥水闭路循环的关键是防止细泥在系统中积聚和实现洗水平衡。如果进入系统的煤泥（特别是细泥）大于系统排出的煤泥，煤泥（特别是细泥）在系统中的数量越来越多，循环水浓度越来越高，到最后煤泥回收系统无法处理，只能外排部分洗水和煤泥；进入系统中的水量必须小于或等于系统排出的水量，如果产品带走的水量小于原煤带入的水量加上系统中补充的清水，系统中的水多了就必须排放。在实际管理中应该注意：① 煤泥水处理系统要完善合理，浓缩、浮选、过滤、压滤等各个环节的设备性能优良，能及时排除细泥，细泥在系统中不积聚；② 选择适合本厂使用的絮凝剂及药剂添加制度；③ 实现洗水平衡，管理好冷却水、密封水等，尽量杜绝其进入循环水系统；设置足够容量的事故池，设置并管理好负标高集水池；收集选煤过程的跑冒滴漏水以及清扫用水，并及时返回循环水系统；④ 加强煤泥水系统的监测和检查，定期评价煤泥水系统的能力和效率，避免发生细泥积聚的事故；⑤ 直接浮选可以减少细泥的积累，降低循环水的浓度，并能获得较高质量的浮选精煤。

实现煤泥水闭路循环，不但可以杜绝煤泥水外排，减少环境污染，也可以取得显著的经济效益。以某选煤厂为例，该厂实现煤泥水闭路循环后，降低了煤泥水浓度，减少了末精煤损失，精煤的产率提高 0.42%，多回收 1 000 余吨外流煤泥；由于煤泥回收设备能力增加，煤泥水处理系统与选煤生产同步，将煤泥水处理时间由三班改为一班，节约了电费，减少了设备维修费、材料消耗费；同时还减少了煤泥起运费，节约了生产用水，节约了排污费和罚款。这样，该厂总计年经济效益增加 141.3 万元。

## 二、固体废弃物处置及治理

选煤厂的固体废弃物主要为煤矸石。据不完全统计，全国历年煤矸石累计堆存量约 35 亿 t，年平均排放煤矸石 1.5 亿 t 左右，现有煤矸石山 1 500 多座，矸石堆场占地 5 500 ha，如不加以利用，2005 年煤矸石将达到 45 亿 t。煤矸石的长期堆积，不仅占用大量土地，破坏自然景观和生态平衡，还造成了环境污染，矸石自燃排放大量烟尘、$SO_2$、$CO_2$、$H_2S$ 等有害气体；降雨后，矸石中的有害成分进入水体、土壤，对水环境和土壤环境造成二次污染；当酸性较强的淋溶水进入水体时，能抑制水中微生物的生长，妨碍水体自净；煤矸石中除含有 $SiO_2$、$Al_2O_3$ 以及铁、锰等常量元素外，还有铅、镉、汞、砷、铬等有毒重金属元素，进入水体或土壤后，严重损害人体健康，抑制生物生长。

煤矸石又是一种资源，应该加以利用。煤矸石的利用途径主要有：① 煤矸石发电。由于煤矸石有一定的发热量，可以作为发电燃料，炉渣还可以做建筑材料，国家在“十五”期间也重点提倡发展大容量矸石发电厂。② 回收煤矸石中的有用物质。如从矸石中回收煤炭、黄铁矿，或从矸石中提取氧化铝、聚合铝等化工原料。③ 煤矸石制砖。煤矸石是多种岩矿组成的混合物，主要是硅、铝等氧化物，且有一定的发热量，可以做建筑材料如砖瓦、水泥、轻骨料的原料。④ 煤矸石用于复垦、回填及其他用途。在一些采煤塌陷区，可利用煤矸石进行回填，现有矸石山可以复垦绿化。

例如，某选煤厂投产后 4 年中共排放矸石 167.56 万 t，加上生活垃圾、锅炉房的炉渣，矸石山已存放 200 万 t 固体废弃物。该厂从矸石中回收低热值煤炭，销售后购置了一部分大型机械设备（推土机、铲车、汽车）用于治理矸石山。在治理的同时又着手养殖、绿化，在矸石山建成养猪场、养兔场、养鸡场、蔬菜大棚，在降低污染的同时又实现了多种经营。

## 三、选煤厂的噪声控制

噪声污染和空气污染、水污染一起，被称为当今的三大污染。但是，长期以来，由于噪声污染一般不致命，噪声源停止辐射后噪声立即消失以及没有污染物等特点，常常被人忽视。但长期生活在充满噪声的工作或生活环境中会给人体带来莫大的伤害。有关资料表明：噪声超过 50 dB，就会影响人的休息和睡眠；70～90 dB，会使人感到厌烦，影响学习和工作效率；90～110 dB，会使人感到刺耳揪心，长时间会引发噪声性耳聋，同时还会引起各种疾病诸如心脑血管病、高血压、神经衰弱、消化不良等；120～130 dB 的噪声是人们难以忍受的强噪声，使人耳有疼痛感；130～140 dB 的噪声，几分钟就会使人头昏、恶心、呕吐，甚至立即引起鼓膜破裂，双耳完全失去听力。

为了保障劳动者的健康和安全，国家明确规定每个工作日的 8 h 内，工作环境的噪声平均值要在 85 dB 或 90 dB 以下，但相当一部分选煤厂的噪声已超出此标准。选煤厂的噪声主要来自：原煤准备车间；跳汰机，浮选机；各类筛子；鼓风机，压风机；斗子提升机，离心机；真空泵，水泵，渣浆泵；溜槽等。表 6-31 为付金施测定的选煤厂部分设备噪声声级及频谱特征。

**表 6-31　选煤厂部分设备噪声声级及频谱特征**

| 设备名称 | 声级范围/dB | 噪声频谱特征 |
|---|---|---|
| 空压机 | 80～120 | 宽频带 |
| 鼓风机 | 87～127 | 宽频带 |
| 泵 | 88～108 | 宽频带 |
| 破碎筛分 | 94～113 | 低　频 |
| 电动机 | 84～125 | 宽频带 |
| 跳汰机 | 110～140 | 宽频带 |

按噪声声源可分为三类:① 空气动力性噪声。产生这类噪声的设备主要有空压机、跳汰机、鼓风机、风阀、真空泵等。② 机械性噪声。产生这类噪声的设备主要有球磨机、减速机、破碎机、溜槽、振动筛、浮选机、离心机、刮板输送机、水泵、给煤机、带式输送机、斗子提升机等。③ 电磁性噪声。产生这类噪声的主要设备有电动机、变压器、电焊机、电磁铁、配电柜、控制箱等。

选煤厂可以从以下几方面来防治噪声:

(1) 控制噪声的发生。对现有机器零部件和设备进行改造,采用低噪声先进设备。如换用低噪声风机;将跳汰机的卧式风阀更换为数控风阀;用无运动部件的静态浮选柱或浮选机代替传统的机械搅拌式浮选机;在液压系统中采用低噪声油泵;在溜槽内壁铺铸石板,改造溜槽,尽量减少溜槽倾角和落差,减少煤炭撞击等。

对噪声大的设备配备相应的防噪装置,安装排气的阻气阀和消声装置。在工程设计时,注意完善的隔振或减振装置等。

加强设备管理,减少开停车次数,减少设备产生的不正常噪声,严格设备计划性大修、中修和维护保养制度,确保设备完好率。

(2) 阻挡噪声的传播。选煤厂总体布局要合理, 车间内部噪声强的设备应与其他设备分开,对高噪声岗位采用新型材料建隔声室、隔音墙或隔音门, 减少噪声的传播。

(3) 加强个人防护。根据现场噪声的性质和强度的不同,分别佩戴耳塞或头盔。

新建选煤厂或对已建选煤厂进行改造时,除了考虑工艺的先进性、经济性和安全性外,还应考虑防噪性。

对现有选煤厂,要进行噪声点的诊断,并根据工厂的实际情况研究治理措施。如某选煤厂通过调研,减小了电磁振动给煤机的安装倾角,用链式给煤机替换电磁振动给煤机、扇形闸门和脱泥筛;采用聚氨酯筛板代替冲孔钢筛板,用橡胶弹簧代替钢弹簧并增设阻尼弹簧;在溜槽内壁贴废旧胶带阻尼材料,在溜槽外壁刷阻尼涂料；在破碎机上部安装隔音罩壳；在跳汰机风阀处安装吸声板等。通过以上治理，该厂的噪声大大降低。

## 四、大气污染防治

选煤厂的大气污染主要是指煤炭、煤泥等物料贮、装、运过程中产生的粉尘、煤尘以及各种锅炉、窑炉排放的烟气、烟尘等。选煤厂产生煤尘的主要地点有给煤机、筛分机、破碎机和输送机的转载溜槽，煤泥沉淀池，干燥车间，原煤和产品储运系统等。

煤尘主要有以下危害：

(1) 危害人体健康。大气粉尘污染已成为人类十大死亡原因之一。长期接触煤尘，会引起一系列呼吸道疾病，容易得煤肺病或煤矽肺病。

(2) 可能产生煤尘燃爆。在受煤坑、破碎机、溜槽或粉煤仓处，煤尘集聚的浓度达到爆炸浓度时，遇到明火就有可能爆炸。

(3) 由于煤尘沉积，可能造成机电事故，如电路中断、胶带打滑、振动筛弹簧失灵、阻碍照明等。

(4) 煤尘大、环境恶劣，会造成职工队伍不稳定，给企业现代化管理带来一系列困难。

选煤厂可以从以下几方面着手降低煤尘污染：

(1) 采用排风系统和集尘器，排除空气中的粉尘。

(2) 在输煤系统及工艺设备中采取有效的负压密闭系统与集尘器，防止煤尘外溢。

(3) 采用喷雾装置抑制粉尘飞扬。

(4) 在煤尘量超标的作业点工作的人员要佩戴防尘口罩。

进行选煤厂设计时要应用新工艺、新设备，减少粉尘污染，如采用分级破碎机，减少过粉碎；对筛分、破碎和运输设备采用密封罩；减少卸料物流的高差和倾角；在储煤场，用自动卸料机取代抓斗，周围设置防风墙等，以减少粉尘飞扬。

选煤厂的锅炉、窑炉燃烧时排放的烟气除了含有粉尘外，还有二氧化硫、硫化氢、氮氧化物($NO_x$)、一氧化碳、二氧化碳、有机污染物如多环芳烃和有机氯化物等。它们造成了酸雨和二氧化硫污染,产生温室效应,破坏生态环境和人类健康。煤炭燃烧产生的有机污染物一般具有难降解性、三致毒性(致癌、致畸、致突变)和积累性,它们的危害更值得人类高度警惕。为了降低燃烧煤炭的污染,要采用低硫煤,采用先进的锅炉和烟气净化技术。

环境质量的好坏不仅与选煤厂的经济效益密切相关,也与工作人员的身心健康密不可分。选煤厂不但要提高经济效益,也要注重环境保护,努力做到无废水废渣排放、无粉尘毒气排放、无噪声污染,实现煤炭工业的可持续发展。

## 第十节　选煤厂资源综合利用

资源综合利用是我国国民经济和社会发展的长远战略方针。煤炭分选产生了大量废渣如矸石、煤泥,占用大量的土地,严重污染了环境。实际上,这些废渣含有大量矿物,完全应该回收利用。通过资源综合利用,可以使分选过程产生的固体废弃物减量化、资源化和无害化,对可持续发展具有重要意义。煤炭资源综合利用已经发展成为包括发电、建材、焦化、气化、煤制品以及煤系共伴生矿产资源开发利用等众多行业的产业,形成了一定的生产规模。

### 一、煤矸石综合利用

煤炭分选中一般产生20%左右的煤矸石,煤矸石是选煤厂数量最大的固体废弃物。煤矸石的主要成分是$Al_2O_3$、$SiO_2$(平均含量在50%以上),$Fe_2O_3$、CaO、MgO及钾和磷的化合物等以及微量重金属。煤矸石中的有机质随含煤量而变动(一般在20%左右),主要包括C、H、O、N、S等元素,其中C是主要成分。各种煤矸石的水分均小于5%,灰分一般为65%～85%,发热量为3 347～6 276 J/g。根据各厂煤矸石的性质,可从以下几方面考虑煤矸石的综合利用。

1. 煤矸石发电

煤矸石发电或煤矸石掺中煤或煤泥发电是煤矸石利用的重要途径。煤矸石发电后的灰渣活性好，便于灰渣的综合利用。煤炭系统建造的煤矸石电厂已有 100 余座。如重庆永荣矿务局共有矸石发电厂 3 座，装机容量 2.16 万 kW，年发电量 1.15 亿 kW·h，每年可利用低热值燃料 28 万 t(折合标准煤 10 万 t)，其中 50%为煤矸石。

2. 煤矸石制建材

全国每年生产黏土砖毁地数十万亩，耗能几千万吨标准煤，若利用煤矸石代替黏土制砖，不但减少取土用地、减少煤矸石占地，而且在烧制砖瓦时，利用其自身的可燃物，可以节省一定的燃料。这种砖可以部分或全部代替黏土砖，且强度和耐腐蚀性优于黏土砖。烧制砖瓦对原料成分的一般要求是：$CaO+MgO \leqslant 5\%$，$Fe_2O_3 < 15\%$，$Al_2O_3$ 含量占 10%～25%，$SiO_2$ 含量占 50%～70%，放射性元素含量极少或不含放射性元素。

另外，利用煤矸石还可以生产新型的墙体材料，如最近开发的半硬塑挤压生产煤矸石空心砖，将煤矸石粉碎、陈化、均匀搅拌后挤压成型，经干燥、焙烧后制成空心砖，不需外加燃料，节能、节土效果明显；又如煤矸石硬塑挤出成型砖，这是以煤矸石为原料，引进美国先进制砖设备和工艺，采用一次码烧工艺、真空硬塑挤出成型的一种新型墙体建筑材料，所生产的成品砖抗压强度、耐腐蚀性和真空度都高，外形美观。

根据某些黏土类煤矸石高温焙烧时发热膨胀的特性，可生产多孔结构材料，如微孔陶瓷、多孔性填料等。$SiO_2 > 40\%$、$Al_2O_3 > 30\%$、$Fe_2O_3$ 和 $TiO_2 < 1\%$ 的煤矸石是良好的陶瓷原料，而 $Al_2O_3$ 略低和 $Fe_2O_3$ 略高的煤矸石仍可作为一般耐火原料，售价很高。

3. 煤矸石代替黏土煅烧水泥熟料

生产水泥常用的原料是石灰石、黏土和其他辅助原料，其中黏土提供硅、铝、铁等元素。煤矸石的化学成分与黏土相似，以硅、铝等氧化物为主，其含量达 80% 左右，用它代替黏土配制水泥原料是可行的，而且还能降低耗煤量和成本。

4. 从煤矸石中提取化工产品

煤矸石中 $SiO_2$ 和 $Al_2O_3$ 含量较高，可以生产硅铝质化工产品，像氧化铝、硫酸铝、铵明矾等。我国需用大量碱式氯化铝进行污水净化处理，过去多以铝屑、铝灰生产，由于量少价昂，已逐步改用煤矸石生产；碱式氯化铝还可用来生产氧化铝耐火纤维，因此其需求量将不断扩大。硫是煤矸石自燃和 $SO_2$ 污染环境的罪魁祸首，同时又是重要的化工原料，从煤矸石中回收硫具有较高的生态效益和经济效益。

5. 用煤矸石生产有机复合肥料和微生物肥料

煤矸石中含有大量的碳质页岩，其中有机质含量达 15%～25%，并含有丰富的植物生长所需的稀有元素，施于田间可以增加土壤疏松性和透气能力，改善土壤结构，起到一定的增产效果。煤矸石肥料生产成本低、肥效长，有广泛的发展前景。

由于煤矸石和风化煤中含有的大量有机质是携带固氮、解磷、解钾等微生物的最理想原料基质和载体，因此煤矸石又是生产微生物肥料的主要原料，煤矸石用量一般占原料的 20%。这种微生物肥料造价和耗能仅为常规肥料的 10%～20% ，而应用范围很广，可克服常规化肥带来的土壤板结和环境污染等弊病。

6. 用煤矸石充填采空区或塌陷区

利用煤矸石就近充填采空区，既有利于安全，又可减少煤矸石外排；对塌陷区填坑造地，有利于恢复耕地，保持生态平衡。

**二、煤泥综合利用**

选煤厂煤泥大部分都作为产品销售了，但售价很低。煤泥制水煤浆、煤泥浆气化、煤泥发电等工艺可以提高煤泥的使用价值。煤泥干燥后可以掺入混煤等产品销售，也可以提高其售价。

### 三、煤系共伴生矿物利用

除了综合利用煤矸石和煤泥外，对与煤矿共伴生的大量矿物特别是高岭土、铝矾土、膨润土等也要加以综合利用。我国煤系共伴生矿产资源十分丰富，而且储量可观、品位高，应加强开发利用。我国“九五”期间，以煤系高岭岩（土）的超细、增白、改性为突破口，带动了铝矾土、耐火黏土、硫铁矿、膨润土、硅藻土等共伴生矿产资源深加工项目的发展。

利用煤矸石制建材和肥料时，要特别注意检测煤矸石中的放射性元素含量和有毒重金属含量，不要因为其含量超标而危害人体健康。

煤炭资源综合利用的方面还远不止这些，如煤炭的深加工，煤炭的气化、液化、焦化等，由于篇幅所限，本书不再赘述。

# 附录一　有关管理文件

## 优质高效选煤厂试行标准

**第一条**　为适应社会主义市场经济需求，加快煤炭洗选加工步伐，促使选煤厂采用合理工艺流程、先进技术装备和科学管理方法，实现优质高效，特制订本试行标准。

**第二条**　本标准适用于国有重点煤矿和有条件的地方国有煤矿选煤厂。乡镇煤矿选煤厂亦可参照执行。

**第三条**　优质高效选煤厂的考核标准是产品质量、效率和效益。其基本条件为：

(1) 商品煤质量经国家质量检测中心或省质检站抽查全部合格，并达到以下标准：

| 类型 | 考核内容 | | |
|---|---|---|---|
| | 产品 | 灰分/% | 水分/% |
| 炼焦煤 | 炼焦精煤 | 批合格率100%<br>批稳定率≥95% | 达到企业标准或合同规定的冬夏指标 |
| 动力煤 | 分选主导产品 | 批合格率100% | 达到企业标准或合同规定的全年指标 |

注：分选主导产品指其产率占全部洗选产品产率≥30%的产品。

(2) 已被命名为部级质量标准化选煤厂；

(3) 保持正常生产，能力利用率达到85%(含85%)以上；

(4) 选煤厂经济效益超过企业内部承包指标的20%。

**第四条**　全员效率分类指标。

| 选煤厂类型 | | 全员效率/(t/工) |
|---|---|---|
| 炼　焦　煤 | 中心型 | 25 |
| | 矿井型 | 30 |
| 动　力　煤 | 中心型 | 50 |
| | 矿井型 | 60 |

注:动力煤选煤厂按入选量计算全员效率。

**第五条**　数量效率分类标准。

| ±0.1 含量 | 跳汰-重介-浮选 | 重介-浮选或全重介 | 跳汰-浮选或跳汰 |
|---|---|---|---|
| <10% | 94 | 95 | 93 |
| 10%～20% | 92 | 93 | 91 |
| 20%～30% | 90 | 91 | 89 |
| 30%～40% | 88 | 89 | 87 |
| ≥40% | 86 | 87 | 85 |

注:按分选密度±0.1 含量和洗选工艺考核。

**第六条**　省级煤炭管理部门应做好优质高效选煤厂建设的规划,突出重点,落实措施,分步实施。

**第七条**　优质高效选煤厂每两年评定一次,由各省级煤炭管理部门组织检查验收,并报煤炭工业部认定。优质高效选煤厂的奖励办法可参照高产高效矿井的规定执行。

**第八条**　为掌握达标的优质高效选煤厂情况,特制定《优质高效选煤厂生产统计表》,每季度由达标厂填报,省级煤炭管埋部门(直管矿务局)审核后于季后 5 日前报煤炭工业部生产协调司(表样附后)。

**第九条**　本试行标准由煤炭工业部负责解释。

**第十条**　本试行标准从一九九七年一月一日起实行。

**附件：**

## 数量效率、灰分批合格率、全员效率计算办法

1. 商品煤灰分批合格率和精煤灰分批稳定率按选煤名词术语规定。

炼焦煤选煤厂考核冶炼精煤。生产单一级别精煤产品的只考核该级别的合格率和稳定率；若生产两种或两种以上级别精煤产品的考核综合合格率和稳定率，计算公式如下：

$$灰分批合格率(稳定率)(\%)=\frac{级别化验合格(稳定)批数之和(批)}{各级别化验批数之和(批)}\times 100\%$$

如：某厂生产六级和九级冶炼精煤，六级精煤化验 125 批，合格 124 批；九级精煤化验 75 批，合格 75 批。则综合合格率为：

$$精煤灰分批合格率(\%)=\frac{124+75}{125+75}\times 100\%=99.50\%$$

如两种精煤分别由主再选生产，则不考核再洗精煤稳定率。

动力煤选煤厂考核商品煤灰分批合格率，其计算方法同上。

2. 数量效率

$$数量效率(\%)=\frac{精煤实际产率(\%)}{精煤理论产率(\%)}$$

(1) 精煤理论产率的确定：有浮选工艺的选煤厂，理论产率要计算到 0 mm。0.5～0 mm 煤泥的理论产率原则上采用小浮选试验(分步释放法)数据，不具备条件的可用原生煤泥小浮沉资料计算出煤泥的理论产率，然后综合出入选原煤的理论产率；没有浮选工艺的选煤厂，以实际入选粒度范围计算理论产率。

(2) 分选密度±0.1 含量的确定：按精煤实际灰分从可选性曲线中查找出分选密度±0.1 含量；生产两种及以上精煤产品，应以上述方法，分别查找出分选密度±0.1 含量，然后加权平均。同时生产两种精煤的，可按加权平均灰分查找±0.1 含量。

(3) 精煤计量水分高于原煤水分的厂，精煤产率应按下式修正：

$$修正后精煤实际产率(\%)=精煤实际产率\times\frac{100-计量水分}{100-实际原煤水分}\times 100\%$$

3. 全员效率

$$全员效率(t/工)=\frac{入选原煤量(t)}{计算效率人员出勤工日总数(工)}$$

计算效率人员范围：

中心(矿区)型选煤厂：从受煤系统(含卸车)到产品装车仓上的全部人员和机电设备维修、采制化人员、选煤厂全部行政管理人员。

矿井型选煤厂：从原煤准备车间到产品装车仓上的全部人员和机电维修、采制化人员、选煤厂全部行政管理人员。

在计算全员效率时，因机修人员参加选煤厂小修、大中修，按 1/3 的机修人数计算效率。矿井选煤厂采制化与矿井合并的，按采制化人数的 2/3 计算效率。

计算效率人员不包括铁路运输、机加工、干燥车间全部人员、冬季取暖锅炉工、2/3 机修人员以及学校、幼儿园、招待所、食堂、劳动服务公司等方面人员。矿井型选煤厂还应扣除为矿井服务的储煤场人员。

在上述计算效率的人员范围内，若已与选煤厂脱钩或实行分离承包，成为独立经济实体的，也不作为计算效率人员。

4. 洗选产品平衡表的各产品和矸石综合灰分与月综合试验原煤灰分超出规定误差时(相对差≤5%)，应按前者修正原煤浮沉试验＋1.8 密度级含量。如误差超出 5%时，取消申报资格。

# 选煤厂质量标准化标准及考核评级办法

**第一条**　选煤厂质量标准化工作是生产管理、技术管理的基础，是企业管理水平的综合反映，是实现安全生产的前提，是建设现代化选煤厂的重要途径。选煤厂质量标准化以提高经济效益为指导思想，以“优质、低耗、高效”为目标。为推动选煤厂质量标准化深入开展，根据实际情况，特制定选煤厂质量标准化标准及考核评级办法。

**第二条**　本标准及考核评级办法适用于各类型选煤厂。

**第三条**　质量标准化选煤厂必须具备以下基本条件：

1. 销售商品煤质量经国家质量检测中心或省质检站抽查合

格,未发生质量事故。

2. 未发生死亡事故和重大机电事故。

3. 排放水达到国家环保要求。

4. 选煤厂销售产品要经轨道衡(或地中衡)计量。

**第四条** 质量标准化选煤厂分部级、省级和局(企业)级三个等级,考核标准如下:

1. 部级:按本标准及考核评级办法检查得分在90分以上(不含90分),洗水闭路循环达到二级及以上标准。

2. 省级:按本标准及考核评级办法检查得分在85分以上(不含85分),洗水闭路循环达到二级及以上标准。

3. 局(企业)级:按本标准及考核评级办法检查得分在80分以上(不含80分),洗水闭路循环达到三级及以上标准。

**第五条** 质量标准化选煤厂的审批程序是:由矿、厂提出申请,局(企业)级由矿务局审核批准,报省(区)厅(局、公司)备案;省级由矿务局考核,省(区)厅(局、公司)审核批准,报部备案;部级由矿务局、省(区)厅(局、公司)考核,部审核批准。

**第六条** 凡被评为部级、省级、局(企业)级质量标准化选煤厂分别由审核批准单位命名表彰。

**第七条** 已命名的质量标准化选煤厂,每年要进行自查,并将自查结果报考核和审核批准单位,审核批准单位可根据情况进行抽查,并根据抽查结果有权取消所授予的称号。

**第八条** 已命名的质量标准化选煤厂,发生死亡事故或二级以上机电事故,自当月起取消所授予的称号,不另行文。

**第九条** 选煤厂质量标准化具体考核评级和计算办法,按附件《选煤厂质量标准化考核标准及评分办法》及《计算办法和具体规定》执行。检查评分时要实事求是,高标准,严要求。

**第十条** 本标准及考核评级办法的解释权属于煤炭工业部。

**附件 1：**

## 选煤厂质量标准化考核标准及评分办法

| 项 | 条 | 项目内容及考核标准 | 分数 | | 检查办法 | 评分标准 |
|---|---|---|---|---|---|---|
| | | | 项 | 条 | | |
| 总　计 | | | 100 | | | |
| 一、技术指标 | 1 | 完成局、矿产品产量考核计划 | 36 | 4 | 按年度计划考核 | 每降低 5% 扣 1 分 |
| | 2 | 产品灰分达到合同规定 | | 10 | 检查月综合报表 | 完不成不得分；灰分批合格率以100%为基数，每降低1%扣1分 |
| | 3 | 数量效率：按分选密度±0.1含量和工艺流程考核<br>±0.1含量　重、跳、浮　重浮或全重　跳汰或跳浮<br><10%　93　95　90<br>10%～20%　91　94　88<br>20%～30%　89　93　86<br>30%～40%　87　92　83<br>>40%　85　90　80 | | 5 | 检查月综合报表 | 每降低 1% 扣 0.2 分 |
| | 4 | 洗精煤或洗选产品水分：按产品目录规定 | | 4 | 检查月综合报表 | 月综合水分超过规定不得分 |
| | 5 | 煤泥水处理：<br>按《选煤厂洗水闭路循环标准》要求考核 | | 6 | 现场检查 | 达到一级得满分；达到二级得 5 分；达到三级得 4 分 |
| | 6 | 矸石带煤：浮沉密度，无烟煤 2.0，其他煤种 1.8；重介选<5%，跳汰选<8% | | 2 | 检查月综合报表 | 超0.5%～1.0%扣 0.5 分；超1.0%～2.0%扣1分；超过2%不得分 |
| | 7 | 产品储装运系统，要求不装漏煤车，产品不混装，计量准确 | | 3 | 检查月综合报表 | 每出现一次混装或计量不准确扣0.5分 |

续表

| 项 | 条 | 项目内容及考核标准 | 分数 | | 检查办法 | 评分标准 |
|---|---|---|---|---|---|---|
| | | | 项 | 条 | | |
| 一、技术指标 | 8 | 采制化及时准确<br>上岗人员持有合格证 | 36 | 1 | 查原始记录，现场检查 | 原始记录的修改不符合规定扣0.2分；上岗人员每一人无合格证扣0.5分 |
| | 9 | 设备配备达到部计量器具配备标准 | | 1 | 现场检查 | 达不到标准扣0.5分；计量器具无合格证扣0.5分 |
| 二、经济指标 | 10 | 利润指标：完成局（矿）利润考核（或承包）指标 | 26 | 10 | 每季度检查一次 | 每降低1%；扣0.5分 |
| | 11 | 全员效率<br>炼焦煤：矿井型，12 t/工；矿区型，10 t/工<br>动力煤：20 t/工（入洗下限到0.5 mm同炼焦煤） | | 10 | 每季度检查一次 | 每降低0.1 t/工，扣0.1分 |
| | 12 | 吨原煤电耗<br>动力煤：矿井型，5 kW·h；矿区型，6 kW·h<br>炼焦煤：矿井型，8 kW·h；矿区型，10 kW·h<br>全重介加2 kW·h，部分重介加1 kW·h | | 2 | 每季度检查一次 | 每增加0.1 k·Wh/t，扣0.1分 |
| | 13 | 油耗（kg/t）：普通浮选，1.5；直接浮选，1.6 | | 2 | 每季度检查一次 | 每增加0.1 kg/t，扣0.2分 |
| | 14 | 介耗（kg/t）：块煤，1.5；末煤，2.5；混煤，2.0 | | 2 | 每季度检查一次 | 每增加0.1 kg/t，扣0.2分 |
| 三、机电设备 | 15 | 设备完好率＞85% | 10 | 3 | 每月检查一次原始记录，查物、查账、查计划 | 80%～85%扣1分；75%～80%扣2分；＜75%不得分 |
| | 16 | 设备有档案，有铭牌、完好牌、责任牌 | | 2 | | 缺一项扣0.2分，无档案不得分 |

续表

| 项 | 条 | 项目内容及考核标准 | 分数 | | 检查办法 | 评分标准 |
|---|---|---|---|---|---|---|
| | | | 项 | 条 | | |
| 三、机电设备 | 17 | 机电设备零部件、仪表齐全，灵活可靠 | 10 | 3 | 每月检查一次原始记录，查物、查账、查计划 | 缺一项扣0.2分 |
| | 18 | 变电所符合电器保安要求 | | 1 | | 一处不符合要求或管理影响断电一次扣0.5分 |
| | 19 | 管线整齐，标志明显 | | 1 | | 无标志扣0.5分，不整齐扣0.5分 |
| 四、生产管理 | 20 | 规章制度齐全，责任明确，有岗位责任制、安全规程、交接班制、操作规程 | 8 | 1 | 查原始资料，现场检查 | 缺一项扣0.5分 |
| | 21 | 有完善的内部经济承包责任制 | | 2 | | 独立核算，对人、财、物有充分的支配权得满分，承包只与奖金挂钩得1分，无承包不得分 |
| | 22 | 原始资料齐全，保管整洁，各岗位建有岗位记录，完好的报表和统计资料 | | 1 | | 缺一项扣0.2分 |
| | 23 | 设备和材料账、卡、物相符，存放整齐 | | 1 | | 查出一处问题扣0.2分 |
| | 24 | 有完整健全的质量管理保证体系，全厂参加QC小组人数达到35%以上 | | 3 | | 无保证体系扣1分，参加QC小组的人数当年在矿务局注册不足35%扣1分，无活动成果扣1分 |
| 五、安全生产 | 25 | 安全领导机构健全，有分管领导，各级有安全负责人和安全网员机构 | 10 | 1 | 查资料，查原始记录，现场检查 | 有机构不开展工作扣0.5分，缺一项扣1分 |
| | 26 | 各项安全制度健全，并有定期或不定期安全检查记录 | | 1 | | 有制度不检查扣0.5分，发现三违一次扣0.2分 |
| | 27 | 安全活动正常，并有完整的安全活动记录 | | 1 | | 无活动不得分 |

续表

| 项 | 条 | 项目内容及考核标准 | 分数 | | 检查办法 | 评分标准 |
|---|---|---|---|---|---|---|
| | | | 项 | 条 | | |
| 五、安全生产 | 28 | 无人身、设备事故，劳动保护和安全措施齐全（包括安全罩、栏杆、危险标志，灭火器数量足，存放位置合理整齐） | 10 | 7 | 查资料，查原始记录，现场检查 | 重伤一人扣2分，轻伤一次扣0.5分，事故隐患发现一处扣0.5分，机电设备事故处理时间超过2 h扣0.5分，超过4 h扣1分 |
| 六、文明建设 | 29 | 加强政治思想工作，建设“四有”队伍 | 10 | 2 | 查资料，现场检查 | 有犯法判刑1人的扣1分、被拘留1人扣0.5分 |
| | 30 | 所有厂房机电设备无集尘，车间无杂物，厂房玻璃、地面整洁，无跑、冒、滴、漏，检修用的备品、备件堆放整齐 | | 4 | | 发现一处扣0.5分 |
| | 31 | 工业广场无杂物，环境美化、绿化、净化 | | 4 | | 缺一化扣1分，搞得不好扣0.5分 |

**附件2：**

## 计算办法和具体规定

1. 凡主要技术经济指标：产品灰分、数量效率、利润、全员效率的年终考核得0分时，取消质量标准化选煤厂称号。

2. 以月报表为基础的考核项目，年终得分按下列公式计算：

$$\text{全年考核得分}=\frac{\text{每月考核得分之和}}{12}$$

以季报表为基础的考核项目，年终得分按下列公式计算：

$$\text{全年考核得分}=\frac{\text{每季考核得分之和}}{4}$$

考核标准中出现缺项时（如油耗、介耗），按下列公式计算：

$$\text{该大项得分}=\frac{\text{该大项考核分数之和}}{\text{总分}-\text{缺项分数}}\times\text{该大项总分}$$

所得分数以审核批准单位最终考核分数为评级依据。

3. 洗煤产品灰分批合格率，凡产一种精煤而不同级的，以全月平均灰分所在级作为考核基础计算。

4. 数量效率按下列公式计算：

$$数量效率(\%)=\frac{精煤实际产率}{精煤理论产率}\times 100\%$$

(1) 精煤理论产率的确定：有浮选工艺的选煤厂，理论产率要计算到0 mm，用0.5～0 mm原生煤泥小浮沉资料计算出煤泥理论产率，然后综合出入选原煤的理论产率；没有浮选工艺的选煤厂，以实际入选粒度范围计算理论产率；

(2) 分选密度±0.1含量的确定：以精煤实际灰分级别所在区间的中值，查找出分选密度±0.1含量；生产两种及以上精煤产品，应以上述方法，分别查找出分选密度±0.1含量，然后加权平均。

5. 全员效率按下列公式计算：

$$全员效率(t/工)=\frac{入选原煤量(t)}{全部生产人员出勤工日数(工)}$$

全部生产人员计算范围：

矿区型选煤厂：从受煤系统(含卸车)到产品装车的全部人员和机电设备维修、采制化人员、选煤厂全部行政管理人员。

矿井型选煤厂：从原煤准备车间到产品装车仓的全部人员和机电设备维修、采制化人员、选煤厂全部行政管理人员。

在计算全员效率时，因机修人员参加选煤厂小修、大中修，按1/3的机修人数计生产人员。矿井选煤厂采制化与矿井合并的，按采制化人数的2/3计算生产人员。

全部生产人员不包括铁路运输、机加工、干燥车间全部人员、冬季取暖锅炉工、2/3机修人员以及学校、幼儿园、招待所、食堂、劳动服务公司等方面人员。矿井型选煤厂还应扣除为矿井服务的储煤场人员。

6. 仍在使用的报废或淘汰设备，应视为不完好设备。

7. 评分时一律保留小数点后一位，小数点后第二位四舍五入。

8. 各条扣分不得超过该条应得分。

# 附录二 常用数表

## 一、分配指标表

**$B_1$ 跳汰机**

$I=0.140$

| $\delta/(g/cm^3)$ | | | | | | |
|---|---|---|---|---|---|---|
| | 1.30 | 1.35 | 1.40 | 1.45 | 1.50 | 1.55 |
| 1.2 | 2.54 | 0.36 | 0.04 | 0.00 | 0.00 | 0.00 |
| 1.25 | 19.00 | 5.26 | 1.17 | 0.23 | 0.04 | 0.01 |
| 1.30 | 50.00 | 22.90 | 8.28 | 2.54 | 0.70 | 0.18 |
| 1.35 | 77.10 | 50.00 | 25.98 | 11.29 | 4.28 | 1.47 |
| 1.40 | 91.72 | 74.02 | 50.00 | 28.53 | 14.11 | 6.25 |
| 1.45 | 97.46 | 88.71 | 71.47 | 50.00 | 30.57 | 16.67 |
| 1.50 | 99.30 | 95.72 | 85.89 | 69.43 | 50.00 | 32.32 |
| 1.55 | 99.82 | 98.53 | 93.75 | 83.33 | 67.68 | 50.00 |
| 1.60 | 99.96 | 99.53 | 97.46 | 91.72 | 81.00 | 66.23 |
| 1.70 | 100.00 | 99.96 | 99.65 | 98.60 | 94.74 | 94.04 |
| 1.80 | 100.00 | 100.00 | 99.96 | 99.75 | 98.82 | 96.45 |
| 1.90 | 100.00 | 100.00 | 100.00 | 99.46 | 99.77 | 99.11 |
| 2.00 | 100.00 | 100.00 | 100.00 | 99.99 | 99.96 | 99.80 |

$I=0.150$

| $\delta/(g/cm^3)$ | | | | | | |
|---|---|---|---|---|---|---|
| | 1.30 | 1.35 | 1.40 | 1.45 | 1.50 | 1.55 |
| 1.2 | 3.42 | 0.60 | 0.09 | 0.01 | 0.00 | 0.00 |
| 1.25 | 20.61 | 6.52 | 1.71 | 0.42 | 0.09 | 0.02 |
| 1.30 | 50.00 | 24.45 | 9.77 | 3.42 | 1.08 | 0.33 |
| 1.35 | 75.55 | 50.00 | 27.40 | 12.92 | 5.44 | 2.10 |
| 1.40 | 90.23 | 72.60 | 50.00 | 29.84 | 15.08 | 7.61 |
| 1.45 | 96.58 | 87.08 | 70.16 | 50.00 | 31.78 | 13.33 |
| 1.50 | 98.92 | 94.56 | 84.20 | 68.22 | 50.00 | 33.43 |
| 1.55 | 99.68 | 97.90 | 92.39 | 81.67 | 66.57 | 50.00 |
| 1.60 | 99.93 | 99.23 | 96.57 | 90.23 | 79.39 | 65.21 |
| 1.70 | 99.99 | 99.91 | 99.41 | 97.65 | 93.49 | 92.71 |
| 1.80 | 100 | 99.99 | 99.91 | 99.52 | 98.27 | 95.39 |
| 1.90 | 100 | 100.00 | 99.99 | 99.91 | 99.58 | 98.65 |
| 2.00 | 100 | 100.00 | 100.00 | 99.98 | 99.91 | 99.64 |

## 分配指标表

| $\delta_p/(g/cm^3)$ | | | | | | | | |
|---|---|---|---|---|---|---|---|---|
| 1.60 | 1.65 | 1.70 | 1.75 | 1.80 | 1.85 | 1.90 | 1.95 | 2.00 |
| 0.00 | 0.00 | 0.00 | 0.00 | 0.00 | 0.00 | 0.00 | 0.00 | 0.00 |
| 0.00 | 0.00 | 0.00 | 0.00 | 0.00 | 0.00 | 0.00 | 0.00 | 0.00 |
| 0.04 | 0.01 | 0.00 | 0.00 | 0.00 | 0.00 | 0.00 | 0.00 | 0.00 |
| 0.47 | 0.02 | 0.04 | 0.01 | 0.00 | 0.00 | 0.00 | 0.00 | 0.00 |
| 2.54 | 0.97 | 0.35 | 0.13 | 0.04 | 0.01 | 0.00 | 0.00 | 0.00 |
| 3.28 | 3.85 | 1.67 | 0.70 | 0.28 | 0.11 | 0.03 | 0.02 | 0.01 |
| 19.00 | 10.32 | 5.26 | 2.54 | 1.18 | 0.52 | 0.13 | 0.10 | 0.04 |
| 33.77 | 21.08 | 12.28 | 6.75 | 3.55 | 1.80 | 0.88 | 0.43 | 0.20 |
| 50.00 | 35.01 | 22.90 | 14.14 | 8.30 | 4.68 | 2.55 | 1.35 | 0.70 |
| 77.10 | 63.94 | 50.00 | 36.96 | 26.01 | 17.49 | 11.31 | 7.07 | 4.29 |
| 91.70 | 84.13 | 73.99 | 62.17 | 50.00 | 38.51 | 28.53 | 20.41 | 14.11 |
| 97.45 | 94.15 | 88.69 | 80.98 | 61.49 | 60.83 | 50.00 | 39.74 | 30.57 |
| 99.30 | 98.11 | 95.71 | 91.57 | 85.89 | 78.42 | 69.43 | 59.75 | 50.00 |

| $\delta_p/(g/cm^3)$ | | | | | | | | |
|---|---|---|---|---|---|---|---|---|
| 1.60 | 1.65 | 1.70 | 1.75 | 1.80 | 1.85 | 1.90 | 1.95 | 2.00 |
| 0.00 | 0.00 | 0.00 | 0.00 | 0.00 | 0.00 | 0.00 | 0.00 | 0.00 |
| 0.00 | 0.00 | 0.00 | 0.00 | 0.00 | 0.00 | 0.00 | 0.00 | 0.00 |
| 0.09 | 0.03 | 0.01 | 0.00 | 0.00 | 0.00 | 0.00 | 0.00 | 0.00 |
| 0.77 | 0.05 | 0.09 | 0.03 | 0.01 | 0.00 | 0.00 | 0.00 | 0.00 |
| 3.42 | 1.45 | 0.59 | 0.24 | 0.09 | 0.04 | 0.01 | 0.01 | 0.00 |
| 9.77 | 4.92 | 2.35 | 1.08 | 0.48 | 0.21 | 0.09 | 0.04 | 0.02 |
| 20.61 | 11.91 | 6.52 | 3.42 | 1.73 | 0.85 | 0.42 | 0.20 | 0.09 |
| 34.79 | 22.67 | 13.92 | 8.17 | 4.61 | 2.52 | 1.35 | 0.70 | 0.36 |
| 50.00 | 35.85 | 24.45 | 15.80 | 9.79 | 5.88 | 3.42 | 1.94 | 1.08 |
| 75.55 | 63.04 | 50.00 | 37.83 | 27.43 | 9.14 | 12.95 | 8.48 | 5.45 |
| 90.21 | 82.48 | 72.57 | 64.38 | 50.00 | 39.28 | 29.84 | 22.00 | 15.80 |
| 96.58 | 92.83 | 87.05 | 79.35 | 60.72 | 60.10 | 50.00 | 40.40 | 31.78 |
| 98.92 | 97.36 | 94.55 | 90.07 | 84.20 | 76.76 | 68.22 | 59.30 | 50.00 |

$I=0.160$

| δ/(g/cm³) | | | | | | |
|---|---|---|---|---|---|---|
| | 1.30 | 1.35 | 1.40 | 1.45 | 1.50 | 1.55 |
| 1.20 | 4.36 | 0.92 | 0.18 | 0.03 | 0.01 | |
| 1.25 | 22.09 | 7.62 | 2.38 | 0.66 | 0.18 | 0.04 |
| 1.30 | 50.00 | 25.78 | 11.25 | 4.38 | 1.57 | 0.52 |
| 1.35 | 74.22 | 50.00 | 28.67 | 14.48 | 6.63 | 2.84 |
| 1.40 | 88.75 | 71.33 | 50.00 | 30.99 | 17.33 | 8.98 |
| 1.45 | 95.62 | 85.52 | 69.01 | 50.00 | 32.86 | 19.88 |
| 1.50 | 98.43 | 93.57 | 82.67 | 67.14 | 50.00 | 34.39 |
| 1.55 | 99.48 | 97.16 | 91.02 | 80.12 | 65.61 | 50.00 |
| 1.60 | 99.82 | 98.85 | 95.62 | 88.75 | 77.91 | 64.32 |
| 1.70 | 99.98 | 99.82 | 99.09 | 96.88 | 92.18 | 84.54 |
| 1.80 | 100.00 | 99.98 | 99.82 | 99.23 | 97.62 | 94.29 |
| 1.90 | 100.00 | 100.00 | 99.97 | 99.82 | 99.34 | 98.11 |
| 2.00 | 100.00 | 100.00 | 99.99 | 99.96 | 99.82 | 99.41 |

$I=0.165$

| δ/(g/cm³) | | | | | | |
|---|---|---|---|---|---|---|
| | 1.30 | 1.35 | 1.40 | 1.45 | 1.50 | 1.55 |
| 1.20 | 4.78 | 1.11 | 0.23 | 0.05 | 0.01 | |
| 1.25 | 22.81 | 8.45 | 2.73 | 0.81 | 0.23 | 0.06 |
| 1.30 | 50.00 | 26.43 | 11.97 | 4.88 | 1.84 | 0.66 |
| 1.35 | 73.57 | 50.00 | 29.25 | 15.23 | 7.24 | 2.23 |
| 1.40 | 88.03 | 70.75 | 50.00 | 31.52 | 18.09 | 9.65 |
| 1.45 | 95.12 | 84.77 | 68.48 | 50.00 | 33.32 | 20.61 |
| 1.50 | 98.16 | 92.76 | 81.91 | 66.68 | 50.00 | 34.83 |
| 1.55 | 99.34 | 96.77 | 90.35 | 79.39 | 65.17 | 50.00 |
| 1.60 | 99.77 | 98.62 | 95.12 | 88.03 | 77.19 | 63.91 |
| 1.70 | 99.97 | 99.77 | 98.90 | 96.46 | 91.55 | 85.80 |
| 1.80 | 100.00 | 99.96 | 99.77 | 99.07 | 97.27 | 93.73 |
| 1.90 | 100.00 | 99.99 | 99.96 | 99.77 | 99.19 | 97.80 |
| 2.00 | 100.00 | 100.00 | 99.99 | 99.95 | 99.73 | 99.28 |

| $\delta_p$/(g/cm$^3$) | | | | | | | | |
|---|---|---|---|---|---|---|---|---|
| 1.60 | 1.65 | 1.70 | 1.75 | 1.80 | 1.85 | 1.90 | 1.95 | 2.00 |
| 0.01 | 0.00 | 0.00 | 0.00 | 0.00 | 0.00 | 0.00 | 0.00 | 0.00 |
| 0.18 | 0.05 | 0.02 | 0.01 | 0.00 | 0.00 | 0.00 | 0.00 | 0.00 |
| 1.15 | 0.46 | 0.18 | 0.06 | 0.02 | 0.01 | 0.00 | 0.00 | 0.00 |
| 4.38 | 2.03 | 0.91 | 0.40 | 0.18 | 0.07 | 0.03 | 0.01 | 0.0 |
| 11.25 | 6.06 | 3.12 | 1.57 | 0.77 | 0.37 | 0.18 | 0.08 | 0.04 |
| 22.09 | 13.44 | 7.82 | 4.38 | 2.38 | 1.27 | 0.66 | 0.34 | 0.18 |
| 35.68 | 24.08 | 15.46 | 9.37 | 5.71 | 3.32 | 1.89 | 1.06 | 0.59 |
| 50.00 | 36.81 | 25.78 | 17.35 | 11.25 | 7.10 | 4.38 | 2.64 | 1.57 |
| 74.22 | 62.25 | 50.00 | 38.55 | 28.67 | 20.68 | 14.48 | 9.90 | 6.63 |
| 88.75 | 80.92 | 71.33 | 60.72 | 50.00 | 39.90 | 30.99 | 23.46 | 17.33 |
| 95.62 | 91.50 | 85.52 | 77.91 | 69.01 | 59.52 | 50.00 | 40.98 | 32.86 |
| 98.43 | 96.54 | 93.37 | 88.75 | 82.67 | 75.34 | 67.14 | 58.55 | 50.00 |

| $\delta_p$/(g/cm$^3$) | | | | | | | | |
|---|---|---|---|---|---|---|---|---|
| 1.60 | 1.65 | 1.70 | 1.75 | 1.80 | 1.85 | 1.90 | 1.95 | 2.00 |
| 0.02 | 0.00 | 0.00 | 0.00 | 0.00 | 0.00 | 0.00 | 0.00 | 0.00 |
| 0.23 | 0.08 | 0.03 | 0.01 | 0.00 | 0.00 | 0.00 | 0.00 | 0.00 |
| 1.38 | 0.57 | 0.23 | 0.09 | 0.04 | 0.01 | 0.01 | 0.00 | 0.00 |
| 4.88 | 2.36 | 1.10 | 0.51 | 0.23 | 0.10 | 0.04 | 0.02 | 0.01 |
| 11.97 | 6.64 | 3.54 | 1.84 | 0.93 | 0.47 | 0.23 | 0.11 | 0.05 |
| 22.81 | 14.18 | 8.45 | 4.88 | 2.73 | 1.50 | 0.81 | 0.44 | 0.23 |
| 36.09 | 24.73 | 16.20 | 10.23 | 6.27 | 3.78 | 2.20 | 1.28 | 0.72 |
| 50.00 | 37.19 | 26.43 | 18.19 | 11.97 | 7.72 | 4.88 | 3.01 | 1.84 |
| 73.57 | 61.90 | 50.00 | 35.89 | 29.25 | 21.36 | 15.23 | 10.60 | 7.24 |
| 88.03 | 80.20 | 70.75 | 60.41 | 50.00 | 40.21 | 31.52 | 24.14 | 18.09 |
| 95.12 | 90.82 | 84.77 | 77.19 | 68.48 | 59.25 | 50.00 | 41.25 | 33.32 |
| 99.16 | 96.09 | 92.76 | 88.03 | 81.91 | 74.67 | 66.68 | 58.32 | 50.00 |

$I=0.170$

| $\delta/(g/cm^3)$ | | | | | | |
| --- | --- | --- | --- | --- | --- | --- |
| | 1.30 | 1.35 | 1.40 | 1.45 | 1.50 | 1.55 |
| 1.20 | 5.39 | 1.33 | 0.30 | 0.06 | 0.01 | |
| 1.25 | 23.49 | 9.10 | 3.10 | 0.98 | 0.30 | 0.09 |
| 1.30 | 50.00 | 27.03 | 12.69 | 5.39 | 2.13 | 0.81 |
| 1.35 | 72.97 | 50.00 | 29.81 | 15.93 | 7.86 | 3.64 |
| 1.40 | 87.31 | 70.19 | 50.00 | 32.03 | 18.80 | 10.32 |
| 1.45 | 94.61 | 84.07 | 67.97 | 50.00 | 33.80 | 21.30 |
| 1.50 | 97.87 | 92.14 | 81.20 | 66.20 | 50.00 | 35.27 |
| 1.55 | 99.19 | 96.36 | 89.68 | 78.70 | 64.73 | 50.00 |
| 1.60 | 99.70 | 98.37 | 94.61 | 87.31 | 76.51 | 63.50 |
| 1.70 | 99.96 | 99.70 | 98.68 | 96.03 | 90.90 | 83.08 |
| 1.80 | 99.99 | 99.95 | 99.70 | 98.88 | 96.90 | 93.16 |
| 1.90 | 100.00 | 99.99 | 99.94 | 99.70 | 99.02 | 97.46 |
| 2.00 | 100.00 | 100.00 | 99.99 | 99.93 | 99.70 | 99.12 |

$I=0.175$

| $\delta/(g/cm^3)$ | | | | | | |
| --- | --- | --- | --- | --- | --- | --- |
| | 1.30 | 1.35 | 1.40 | 1.45 | 1.50 | 1.55 |
| 1.20 | 5.91 | 1.56 | 0.38 | 0.09 | 0.02 | 0.01 |
| 1.25 | 24.11 | 9.72 | 3.50 | 1.17 | 0.38 | 0.12 |
| 1.30 | 50.00 | 27.62 | 13.38 | 5.90 | 2.45 | 0.97 |
| 1.35 | 72.38 | 50.00 | 30.36 | 16.62 | 8.45 | 4.07 |
| 1.40 | 86.62 | 69.64 | 50.00 | 32.50 | 19.49 | 10.99 |
| 1.45 | 94.10 | 83.38 | 67.50 | 50.00 | 34.24 | 21.97 |
| 1.50 | 97.55 | 91.55 | 80.51 | 65.76 | 50.00 | 35.68 |
| 1.55 | 99.03 | 95.93 | 89.01 | 78.03 | 64.32 | 50.00 |
| 1.60 | 99.62 | 98.12 | 94.10 | 86.62 | 75.89 | 63.12 |
| 1.70 | 99.95 | 99.62 | 98.45 | 95.57 | 90.28 | 82.35 |
| 1.80 | 99.99 | 99.93 | 99.62 | 98.66 | 96.50 | 92.57 |
| 1.90 | 100.00 | 99.99 | 99.91 | 99.62 | 98.83 | 97.12 |
| 2.00 | 100.00 | 100.00 | 99.98 | 99.90 | 99.62 | 98.94 |

| $\delta_p$/(g/cm$^3$) | | | | | | | | |
|---|---|---|---|---|---|---|---|---|
| 1.60 | 1.65 | 1.70 | 1.75 | 1.80 | 1.85 | 1.90 | 1.95 | 2.00 |
| 0.03 | 0.01 | 0.00 | 0.00 | 0.00 | 0.00 | 0.00 | 0.00 | 0.00 |
| 0.30 | 0.11 | 0.04 | 0.01 | 0.01 | 0.00 | 0.00 | 0.00 | 0.00 |
| 1.63 | 0.70 | 0.30 | 0.13 | 0.05 | 0.02 | 0.01 | 0.00 | 0.00 |
| 5.39 | 2.70 | 1.32 | 0.63 | 0.30 | 0.14 | 0.06 | 0.03 | 0.01 |
| 12.69 | 7.22 | 3.97 | 2.13 | 1.12 | 0.59 | 0.30 | 0.15 | 0.07 |
| 23.49 | 14.90 | 9.10 | 5.39 | 3.10 | 1.77 | 0.98 | 0.54 | 0.30 |
| 36.50 | 25.36 | 16.92 | 10.91 | 6.84 | 4.21 | 2.54 | 1.51 | 0.88 |
| 50.00 | 37.53 | 27.03 | 18.80 | 12.69 | 8.35 | 5.39 | 3.42 | 2.13 |
| 72.97 | 61.56 | 50.00 | 39.21 | 29.81 | 22.06 | 15.93 | 11.27 | 7.86 |
| 87.31 | 79.50 | 70.19 | 60.10 | 50.00 | 40.48 | 32.03 | 24.77 | 18.80 |
| 94.61 | 90.17 | 84.07 | 76.51 | 67.97 | 58.98 | 50.00 | 41.49 | 33.80 |
| 97.87 | 95.62 | 92.14 | 87.31 | 81.20 | 74.06 | 66.20 | 58.08 | 50.00 |

| $\delta_p$/(g/cm$^3$) | | | | | | | | |
|---|---|---|---|---|---|---|---|---|
| 1.60 | 1.65 | 1.70 | 1.75 | 1.80 | 1.85 | 1.90 | 1.95 | 2.00 |
| 0.04 | 0.01 | 0.00 | 0.00 | 0.00 | 0.00 | 0.00 | 0.00 | 0.00 |
| 0.38 | 0.14 | 0.05 | 0.02 | 0.01 | 0.00 | 0.00 | 0.00 | 0.00 |
| 1.88 | 0.85 | 0.38 | 0.17 | 0.07 | 0.03 | 0.01 | 0.01 | 0.00 |
| 5.90 | 3.06 | 1.55 | 0.77 | 0.38 | 0.19 | 0.09 | 0.04 | 0.02 |
| 13.38 | 7.83 | 4.43 | 2.45 | 1.34 | 0.71 | 0.38 | 0.20 | 0.10 |
| 24.11 | 15.60 | 9.72 | 5.90 | 3.50 | 2.04 | 1.17 | 0.67 | 0.38 |
| 36.88 | 25.98 | 17.65 | 11.59 | 7.43 | 4.67 | 2.88 | 1.77 | 1.06 |
| 50.00 | 37.91 | 27.62 | 19.49 | 13.38 | 8.98 | 5.90 | 3.85 | 2.45 |
| 72.38 | 64.26 | 50.00 | 39.51 | 30.36 | 22.72 | 16.62 | 11.95 | 8.45 |
| 86.62 | 78.81 | 69.64 | 59.83 | 50.00 | 40.75 | 32.50 | 25.40 | 19.49 |
| 94.10 | 89.52 | 83.38 | 75.89 | 67.50 | 58.71 | 50.00 | 41.76 | 34.24 |
| 97.55 | 95.15 | 91.55 | 86.62 | 80.51 | 73.44 | 65.75 | 57.85 | 50.00 |

$I$=0.180

| $\delta/(g/cm^3)$ | | | | | | |
|---|---|---|---|---|---|---|
| | 1.30 | 1.35 | 1.40 | 1.45 | 1.50 | 1.55 |
| 1.20 | 6.44 | 1.80 | 0.47 | 0.12 | 0.03 | 0.01 |
| 1.25 | 24.73 | 10.36 | 3.91 | 1.38 | 0.47 | 0.16 |
| 1.30 | 50.00 | 28.15 | 14.05 | 6.44 | 2.81 | 1.16 |
| 1.35 | 71.85 | 50.00 | 30.85 | 17.31 | 9.08 | 4.51 |
| 1.40 | 85.95 | 69.15 | 50.00 | 32.96 | 20.16 | 11.64 |
| 1.45 | 93.56 | 82.69 | 67.04 | 50.00 | 34.64 | 22.60 |
| 1.50 | 97.19 | 90.92 | 78.84 | 65.36 | 50.00 | 36.06 |
| 1.55 | 98.84 | 95.49 | 88.36 | 77.40 | 63.94 | 50.00 |
| 1.60 | 99.53 | 97.83 | 93.56 | 83.95 | 75.27 | 62.78 |
| 1.70 | 99.93 | 99.53 | 98.21 | 93.11 | 89.64 | 81.69 |
| 1.80 | 99.99 | 99.90 | 99.53 | 98.44 | 96.09 | 91.98 |
| 1.90 | 100.00 | 99.98 | 99.88 | 99.53 | 98.62 | 96.75 |
| 2.00 | 100.00 | 100.00 | 99.97 | 99.86 | 99.53 | 98.75 |

$I$=0.185

| $\delta/(g/cm^3)$ | | | | | | |
|---|---|---|---|---|---|---|
| | 1.30 | 1.35 | 1.40 | 1.45 | 1.50 | 1.55 |
| 1.20 | 6.97 | 2.08 | 0.59 | 0.16 | 0.04 | 0.01 |
| 1.25 | 25.29 | 10.97 | 4.32 | 1.61 | 0.58 | 0.20 |
| 1.30 | 50.00 | 28.70 | 14.71 | 6.97 | 3.12 | 1.36 |
| 1.35 | 71.30 | 50.00 | 31.31 | 17.99 | 9.68 | 4.97 |
| 1.40 | 85.29 | 68.69 | 50.00 | 33.40 | 20.79 | 12.28 |
| 1.45 | 93.03 | 82.01 | 66.60 | 50.00 | 35.05 | 23.21 |
| 1.50 | 96.88 | 90.32 | 79.21 | 64.95 | 50.00 | 36.43 |
| 1.55 | 98.64 | 95.03 | 87.72 | 76.79 | 63.57 | 50.00 |
| 1.60 | 99.42 | 97.53 | 93.03 | 85.29 | 74.71 | 62.43 |
| 1.70 | 99.90 | 99.42 | 97.93 | 94.64 | 89.03 | 81.03 |
| 1.80 | 99.98 | 99.87 | 99.42 | 98.21 | 95.68 | 91.41 |
| 1.90 | 100.00 | 99.97 | 99.85 | 99.42 | 98.39 | 96.38 |
| 2.00 | 100.00 | 99.99 | 99.96 | 99.82 | 99.42 | 98.54 |

| $\delta_p$/(g/cm³) | | | | | | | | |
|---|---|---|---|---|---|---|---|---|
| 1.60 | 1.65 | 1.70 | 1.75 | 1.80 | 1.85 | 1.90 | 1.95 | 2.00 |
| 0.05 | 0.02 | 0.01 | 0.00 | 0.00 | 0.00 | 0.00 | 0.00 | 0.00 |
| 0.47 | 0.19 | 0.07 | 0.03 | 0.01 | 0.00 | 0.00 | 0.00 | 0.00 |
| 2.17 | 1.02 | 0.47 | 0.21 | 0.10 | 0.04 | 0.01 | 0.01 | 0.00 |
| 6.44 | 3.44 | 1.79 | 0.92 | 0.47 | 0.24 | 0.12 | 0.06 | 0.03 |
| 14.05 | 8.40 | 4.89 | 2.81 | 1.56 | 0.86 | 0.47 | 0.26 | 0.14 |
| 24.73 | 16.27 | 10.36 | 6.44 | 3.91 | 2.34 | 1.38 | 0.91 | 0.47 |
| 37.22 | 26.56 | 18.31 | 12.26 | 8.02 | 5.15 | 3.25 | 2.03 | 1.25 |
| 50.00 | 38.21 | 28.15 | 20.16 | 14.05 | 9.60 | 6.44 | 4.25 | 2.81 |
| 71.85 | 60.95 | 50.00 | 39.78 | 30.85 | 23.34 | 17.31 | 12.63 | 9.08 |
| 85.95 | 78.18 | 69.15 | 59.56 | 50.00 | 41.02 | 32.96 | 25.98 | 20.16 |
| 93.56 | 88.86 | 82.69 | 75.27 | 67.04 | 58.47 | 50.00 | 41.95 | 34.64 |
| 97.19 | 94.67 | 90.92 | 85.95 | 79.84 | 72.87 | 65.36 | 57.61 | 50.00 |

| $\delta_p$/(g/cm³) | | | | | | | | |
|---|---|---|---|---|---|---|---|---|
| 1.60 | 1.65 | 1.70 | 1.75 | 1.80 | 1.85 | 1.90 | 1.95 | 2.00 |
| 0.07 | 0.02 | 0.01 | 0.00 | 0.00 | 0.00 | 0.00 | 0.00 | 0.00 |
| 0.58 | 0.24 | 0.10 | 0.04 | 0.02 | 0.01 | 0.00 | 0.00 | 0.00 |
| 2.47 | 1.20 | 0.58 | 0.27 | 0.13 | 0.06 | 0.03 | 0.01 | 0.01 |
| 6.98 | 3.86 | 2.07 | 1.09 | 0.58 | 0.30 | 0.05 | 0.08 | 0.04 |
| 14.71 | 8.99 | 5.36 | 3.12 | 1.79 | 1.01 | 0.58 | 0.33 | 0.18 |
| 25.29 | 16.92 | 10.97 | 6.97 | 4.32 | 2.65 | 1.61 | 0.96 | 0.58 |
| 37.57 | 27.13 | 18.97 | 12.90 | 8.59 | 5.62 | 3.62 | 2.31 | 1.46 |
| 50.00 | 38.51 | 28.70 | 20.79 | 14.71 | 10.20 | 6.97 | 4.70 | 3.12 |
| 71.30 | 60.64 | 50.00 | 40.05 | 31.31 | 23.96 | 17.99 | 13.29 | 9.68 |
| 85.29 | 77.55 | 68.69 | 59.29 | 50.00 | 41.25 | 33.40 | 26.53 | 20.79 |
| 93.03 | 88.23 | 82.01 | 74.71 | 66.60 | 58.24 | 50.00 | 42.19 | 35.05 |
| 96.86 | 94.19 | 90.32 | 85.29 | 79.21 | 72.31 | 64.95 | 57.42 | 50.00 |

$I$=0.190

| δ/(g/cm³) | | | | | | |
|---|---|---|---|---|---|---|
| | 1.30 | 1.35 | 1.40 | 1.45 | 1.50 | 1.55 |
| 1.20 | 7.51 | 2.36 | 0.69 | 0.20 | 0.06 | 0.22 |
| 1.25 | 25.88 | 11.62 | 4.77 | 1.84 | 0.70 | 0.26 |
| 1.30 | 50.00 | 29.22 | 15.37 | 7.51 | 3.49 | 1.57 |
| 1.35 | 70.78 | 50.00 | 31.78 | 18.61 | 10.27 | 5.44 |
| 1.40 | 84.63 | 68.22 | 50.00 | 33.80 | 21.42 | 12.92 |
| 1.45 | 92.49 | 81.39 | 66.20 | 50.00 | 35.43 | 23.83 |
| 1.50 | 96.51 | 89.73 | 78.58 | 64.57 | 50.00 | 36.77 |
| 1.55 | 98.43 | 94.56 | 87.08 | 76.17 | 63.23 | 50.00 |
| 1.60 | 99.30 | 97.19 | 92.49 | 84.63 | 74.12 | 62.13 |
| 1.70 | 99.87 | 99.30 | 97.65 | 94.16 | 88.38 | 80.40 |
| 1.80 | 99.98 | 99.84 | 99.30 | 97.94 | 95.28 | 90.82 |
| 1.90 | 100.00 | 99.96 | 99.80 | 99.30 | 98.16 | 95.98 |
| 2.00 | 100.00 | 99.99 | 99.94 | 99.77 | 99.30 | 98.31 |

$I$=0.195

| δ/(g/cm³) | | | | | | |
|---|---|---|---|---|---|---|
| | 1.30 | 1.35 | 1.40 | 1.45 | 1.50 | 1.55 |
| 1.20 | 8.01 | 2.66 | 0.82 | 0.26 | 0.08 | 0.02 |
| 1.25 | 26.40 | 12.22 | 5.20 | 2.10 | 0.82 | 0.32 |
| 1.30 | 50.00 | 39.71 | 15.98 | 8.05 | 3.86 | 1.80 |
| 1.35 | 70.29 | 50.00 | 32.21 | 19.24 | 10.85 | 5.90 |
| 1.40 | 84.02 | 67.79 | 50.00 | 34.21 | 22.00 | 13.55 |
| 1.45 | 91.95 | 80.76 | 63.79 | 50.00 | 35.79 | 24.38 |
| 1.50 | 96.14 | 89.15 | 78.00 | 64.21 | 50.00 | 37.07 |
| 1.55 | 98.20 | 94.10 | 86.45 | 57.62 | 62.93 | 50.00 |
| 1.60 | 99.18 | 96.89 | 91.95 | 84.02 | 73.60 | 61.83 |
| 1.70 | 99.83 | 99.18 | 97.36 | 93.67 | 87.78 | 79.78 |
| 1.80 | 99.97 | 99.79 | 99.18 | 97.67 | 94.80 | 90.26 |
| 1.90 | 99.99 | 99.95 | 99.75 | 99.18 | 97.90 | 95.57 |
| 2.00 | 100.00 | 99.99 | 99.93 | 99.71 | 99.18 | 98.07 |

| $\delta_p/(g/cm^3)$ | | | | | | | | |
|---|---|---|---|---|---|---|---|---|
| 1.60 | 1.65 | 1.70 | 1.75 | 1.80 | 1.85 | 1.90 | 1.95 | 2.00 |
| 0.01 | | | | | | | | |
| 0.09 | 0.03 | 0.02 | 0.00 | 0.00 | 0.00 | 0.00 | 0.00 | 0.00 |
| 0.70 | 0.30 | 0.13 | 0.06 | 0.02 | 0.01 | 0.00 | 0.00 | 0.00 |
| 2.81 | 1.40 | 0.70 | 0.34 | 0.16 | 0.08 | 0.04 | 0.02 | 0.01 |
| 7.51 | 4.24 | 2.35 | 1.29 | 0.70 | 0.37 | 0.20 | 0.11 | 0.06 |
| 15.37 | 9.60 | 5.84 | 3.49 | 2.06 | 1.19 | 0.70 | 0.40 | 0.23 |
| 25.88 | 17.59 | 11.62 | 7.51 | 4.77 | 2.98 | 1.84 | 1.13 | 0.70 |
| 37.87 | 27.66 | 19.60 | 13.55 | 9.18 | 6.12 | 4.02 | 3.62 | 1.69 |
| 50.00 | 35.82 | 29.22 | 21.42 | 15.37 | 10.82 | 7.51 | 5.15 | 3.49 |
| 70.78 | 60.38 | 50.00 | 40.33 | 31.78 | 24.53 | 18.61 | 13.92 | 10.27 |
| 84.63 | 76.94 | 68.22 | 59.06 | 50.00 | 41.49 | 33.80 | 27.09 | 21.42 |
| 92.49 | 87.60 | 81.39 | 74.12 | 66.20 | 58.05 | 50.00 | 42.39 | 35.43 |
| 96.51 | 93.68 | 89.73 | 84.63 | 78.58 | 71.81 | 64.57 | 57.22 | 50.00 |

| $\delta_p/(g/cm^3)$ | | | | | | | | |
|---|---|---|---|---|---|---|---|---|
| 1.60 | 1.65 | 1.70 | 1.75 | 1.80 | 1.85 | 1.90 | 1.95 | 2.00 |
| 0.01 | | | | | | | | |
| 0.12 | 0.05 | 0.02 | 0.01 | 0.00 | 0.00 | 0.00 | 0.00 | 0.00 |
| 0.82 | 0.38 | 0.17 | 0.07 | 0.03 | 0.02 | 0.01 | 0.00 | 0.00 |
| 3.11 | 1.62 | 0.82 | 0.42 | 0.21 | 0.11 | 0.05 | 0.03 | 0.01 |
| 8.05 | 4.66 | 2.64 | 1.48 | 0.82 | 0.46 | 0.25 | 0.14 | 0.07 |
| 15.98 | 10.16 | 6.33 | 3.86 | 2.33 | 1.39 | 0.82 | 0.48 | 0.29 |
| 26.40 | 18.23 | 12.22 | 8.05 | 5.20 | 3.32 | 2.10 | 1.72 | 0.82 |
| 38.17 | 28.15 | 20.22 | 14.16 | 9.74 | 6.60 | 4.43 | 2.94 | 1.93 |
| 50.00 | 39.09 | 29.71 | 22.00 | 15.98 | 11.41 | 8.05 | 5.60 | 3.86 |
| 70.29 | 60.10 | 50.00 | 40.55 | 32.21 | 25.08 | 19.24 | 14.55 | 10.85 |
| 84.02 | 76.35 | 67.79 | 57.83 | 50.00 | 41.68 | 34.21 | 27.62 | 22.00 |
| 91.95 | 86.99 | 80.76 | 73.60 | 65.79 | 57.85 | 50.00 | 42.58 | 35.79 |
| 96.14 | 93.19 | 89.15 | 84.02 | 78.00 | 71.30 | 64.21 | 57.03 | 50.00 |

$I$=0.200

| δ/(g/cm³) | | | | | | |
|---|---|---|---|---|---|---|
| | 1.30 | 1.35 | 1.40 | 1.45 | 1.50 | 1.55 |
| 1.20 | 8.58 | 2.97 | 0.97 | 0.32 | 0.10 | 0.03 |
| 1.25 | 26.92 | 12.91 | 5.65 | 2.38 | 0.97 | 0.39 |
| 1.30 | 50.00 | 30.15 | 16.60 | 8.52 | 4.24 | 2.05 |
| 1.35 | 69.85 | 50.00 | 32.64 | 19.83 | 11.45 | 6.38 |
| 1.40 | 83.40 | 67.36 | 50.00 | 34.57 | 22.57 | 14.14 |
| 1.45 | 91.42 | 80.17 | 65.43 | 50.00 | 36.13 | 24.91 |
| 1.50 | 95.76 | 88.55 | 77.43 | 63.87 | 50.00 | 37.41 |
| 1.55 | 97.95 | 93.62 | 85.86 | 75.09 | 62.59 | 50.00 |
| 1.60 | 99.03 | 96.55 | 91.42 | 83.40 | 73.09 | 61.53 |
| 1.70 | 99.79 | 99.03 | 97.04 | 93.19 | 87.19 | 79.18 |
| 1.80 | 99.95 | 99.74 | 99.03 | 97.38 | 94.35 | 89.70 |
| 1.90 | 99.99 | 99.93 | 99.69 | 99.03 | 97.62 | 95.16 |
| 2.00 | 100.00 | 99.98 | 99.90 | 99.64 | 99.02 | 97.81 |

$I$=0.205

| δ/(g/cm³) | | | | | | |
|---|---|---|---|---|---|---|
| | 1.30 | 1.35 | 1.40 | 1.45 | 1.50 | 1.55 |
| 1.20 | 9.12 | 3.29 | 1.13 | 0.39 | 0.13 | 0.04 |
| 1.25 | 27.43 | 13.42 | 6.10 | 2.66 | 1.13 | 0.47 |
| 1.30 | 50.00 | 30.61 | 17.21 | 9.12 | 4.64 | 2.31 |
| 1.35 | 69.39 | 50.00 | 33.04 | 20.41 | 12.04 | 6.84 |
| 1.40 | 82.79 | 66.96 | 50.00 | 34.90 | 23.15 | 14.74 |
| 1.45 | 90.88 | 79.59 | 65.10 | 50.00 | 36.43 | 25.46 |
| 1.50 | 95.36 | 87.96 | 76.85 | 63.57 | 50.00 | 37.68 |
| 1.55 | 97.69 | 93.16 | 85.26 | 74.54 | 62.32 | 50.00 |
| 1.60 | 98.87 | 96.17 | 90.88 | 82.79 | 72.57 | 64.26 |
| 1.70 | 99.74 | 98.87 | 96.72 | 92.71 | 86.58 | 78.61 |
| 1.80 | 99.94 | 99.67 | 98.87 | 97.08 | 93.90 | 89.13 |
| 1.90 | 99.98 | 99.91 | 99.62 | 98.87 | 97.34 | 94.74 |
| 2.00 | 100.00 | 99.97 | 99.87 | 99.57 | 98.87 | 97.54 |

| $\delta_p$/(g/cm$^3$) | | | | | | | | |
|---|---|---|---|---|---|---|---|---|
| 1.60 | 1.65 | 1.70 | 1.75 | 1.80 | 1.85 | 1.90 | 1.95 | 2.00 |
| 0.01 | | | | | | | | |
| 0.16 | 0.00 | 0.03 | 0.01 | 0.00 | 0.00 | 0.00 | 0.00 | 0.00 |
| 0.97 | 0.40 | 0.21 | 0.10 | 0.05 | 0.02 | 0.01 | 0.01 | 0.00 |
| 3.45 | 1.80 | 0.97 | 0.51 | 0.26 | 0.14 | 0.07 | 0.04 | 0.02 |
| 8.52 | 5.00 | 2.96 | 1.70 | 0.97 | 0.55 | 0.31 | 0.18 | 0.10 |
| 16.60 | 10.70 | 6.81 | 4.24 | 2.62 | 1.60 | 0.97 | 0.59 | 0.36 |
| 26.92 | 18.80 | 12.91 | 8.52 | 5.65 | 3.67 | 2.38 | 1.52 | 0.97 |
| 38.47 | 28.60 | 20.82 | 14.78 | 10.30 | 7.10 | 4.84 | 3.27 | 2.19 |
| 50.00 | 39.30 | 30.15 | 22.57 | 16.60 | 11.99 | 8.52 | 6.06 | 4.24 |
| 69.85 | 59.80 | 50.00 | 40.78 | 32.64 | 25.61 | 19.83 | 15.15 | 11.45 |
| 83.40 | 75.80 | 67.36 | 58.63 | 50.00 | 41.92 | 34.57 | 28.10 | 22.57 |
| 91.42 | 86.30 | 80.17 | 73.09 | 65.43 | 57.65 | 50.00 | 42.78 | 36.13 |
| 95.76 | 92.60 | 88.55 | 83.40 | 77.43 | 70.82 | 63.87 | 56.78 | 50.00 |

| $\delta_p$/(g/cm$^3$) | | | | | | | | |
|---|---|---|---|---|---|---|---|---|
| 1.60 | 1.65 | 1.70 | 1.75 | 1.80 | 1.85 | 1.90 | 1.95 | 2.00 |
| 0.02 | 0.01 | | | | | | | |
| 0.20 | 0.08 | 0.03 | 0.02 | 0.01 | 0.00 | 0.00 | 0.00 | 0.00 |
| 1.13 | 0.54 | 0.26 | 0.13 | 0.06 | 0.05 | 0.02 | 0.01 | 0.00 |
| 3.83 | 2.08 | 1.13 | 0.61 | 0.33 | 0.18 | 0.09 | 0.05 | 0.03 |
| 9.12 | 5.50 | 3.28 | 1.93 | 1.13 | 0.66 | 0.38 | 0.22 | 0.13 |
| 17.21 | 11.31 | 7.29 | 4.64 | 2.92 | 1.82 | 1.13 | 0.70 | 0.43 |
| 27.43 | 19.41 | 13.42 | 9.12 | 6.10 | 4.04 | 2.66 | 1.73 | 1.13 |
| 35.74 | 29.12 | 21.39 | 15.39 | 10.87 | 7.61 | 5.26 | 3.60 | 2.46 |
| 50.00 | 39.62 | 30.61 | 23.15 | 17.21 | 12.58 | 9.12 | 6.52 | 4.64 |
| 69.39 | 59.63 | 50.00 | 41.02 | 33.04 | 26.13 | 20.41 | 15.75 | 12.04 |
| 82.79 | 75.27 | 66.96 | 58.40 | 50.00 | 42.11 | 34.90 | 28.60 | 23.15 |
| 90.88 | 85.79 | 76.59 | 72.57 | 65.10 | 57.46 | 50.00 | 42.93 | 36.43 |
| 95.36 | 92.17 | 87.96 | 82.79 | 76.85 | 70.36 | 63.57 | 56.72 | 50.00 |

$I$=0.210

| δ/(g/cm³) | | | | | | |
|---|---|---|---|---|---|---|
| | 1.30 | 1.35 | 1.40 | 1.45 | 1.50 | 1.55 |
| 1.20 | 9.65 | 3.62 | 1.31 | 0.47 | 0.16 | 0.06 |
| 1.25 | 27.89 | 13.99 | 6.55 | 2.95 | 1.20 | 0.57 |
| 1.30 | 50.00 | 31.03 | 17.78 | 9.65 | 5.04 | 2.58 |
| 1.35 | 68.97 | 50.00 | 33.30 | 20.99 | 12.58 | 7.32 |
| 1.40 | 82.22 | 66.60 | 50.00 | 35.27 | 23.68 | 15.32 |
| 1.45 | 90.35 | 79.01 | 64.73 | 50.00 | 36.77 | 25.98 |
| 1.50 | 94.96 | 87.42 | 76.32 | 63.23 | 50.00 | 37.98 |
| 1.55 | 97.42 | 92.68 | 84.68 | 74.02 | 62.02 | 50.00 |
| 1.60 | 98.70 | 95.83 | 90.35 | 82.22 | 72.11 | 60.99 |
| 1.70 | 99.67 | 98.70 | 96.39 | 92.20 | 86.01 | 78.09 |
| 1.80 | 99.92 | 99.61 | 98.70 | 96.77 | 93.45 | 88.55 |
| 1.90 | 99.98 | 99.88 | 99.53 | 98.70 | 97.05 | 94.32 |
| 2.00 | 99.99 | 99.96 | 99.84 | 99.49 | 98.70 | 97.26 |

$I$=0.215

| δ/(g/cm³) | | | | | | |
|---|---|---|---|---|---|---|
| | 1.30 | 1.35 | 1.40 | 1.45 | 1.50 | 1.55 |
| 1.20 | 10.16 | 3.97 | 1.49 | 0.55 | 0.20 | 0.70 |
| 1.25 | 28.36 | 14.55 | 7.02 | 3.26 | 1.48 | 0.67 |
| 1.30 | 50.00 | 31.42 | 18.36 | 10.16 | 5.46 | 2.86 |
| 1.35 | 68.58 | 50.00 | 33.77 | 21.53 | 13.16 | 7.72 |
| 1.40 | 81.64 | 66.23 | 50.00 | 35.60 | 24.20 | 15.88 |
| 1.45 | 89.84 | 78.47 | 64.40 | 50.00 | 32.03 | 26.43 |
| 1.50 | 94.54 | 86.84 | 75.80 | 62.97 | 50.00 | 38.24 |
| 1.55 | 97.14 | 92.28 | 84.12 | 73.57 | 61.76 | 50.00 |
| 1.60 | 98.52 | 95.46 | 89.84 | 81.64 | 71.64 | 60.76 |
| 1.70 | 99.61 | 98.52 | 96.05 | 91.72 | 85.45 | 77.55 |
| 1.80 | 99.90 | 99.52 | 98.52 | 96.45 | 92.98 | 88.01 |
| 1.90 | 99.97 | 99.85 | 99.46 | 98.52 | 96.74 | 93.88 |
| 2.00 | 99.99 | 99.95 | 99.80 | 99.39 | 98.52 | 96.97 |

| $\delta_p/(g/cm^3)$ | | | | | | | | |
|---|---|---|---|---|---|---|---|---|
| 1.60 | 1.65 | 1.70 | 1.75 | 1.80 | 1.85 | 1.90 | 1.95 | 2.00 |
| 0.02 | 0.01 | | | | | | | |
| 0.25 | 0.11 | 0.05 | 0.02 | 0.01 | 0.00 | 0.00 | 0.00 | 0.00 |
| 1.20 | 0.65 | 0.33 | 0.16 | 0.08 | 0.04 | 0.02 | 0.01 | 0.01 |
| 4.19 | 2.34 | 1.20 | 0.71 | 0.39 | 0.22 | 0.12 | 0.06 | 0.04 |
| 9.65 | 5.95 | 3.61 | 2.17 | 1.20 | 0.78 | 0.47 | 0.27 | 0.16 |
| 17.78 | 11.88 | 7.80 | 5.04 | 3.23 | 2.05 | 1.20 | 0.82 | 0.51 |
| 27.89 | 19.97 | 13.99 | 9.65 | 6.55 | 4.42 | 2.95 | 1.96 | 1.20 |
| 39.01 | 29.57 | 21.91 | 15.96 | 11.45 | 8.10 | 5.68 | 3.95 | 2.74 |
| 50.00 | 39.86 | 31.03 | 23.68 | 17.78 | 13.16 | 9.65 | 7.00 | 5.04 |
| 68.97 | 59.41 | 50.00 | 41.21 | 33.40 | 26.63 | 20.99 | 16.32 | 12.58 |
| 82.22 | 74.77 | 66.60 | 58.20 | 50.00 | 42.27 | 35.27 | 29.05 | 23.68 |
| 90.35 | 85.20 | 79.01 | 72.11 | 64.73 | 57.30 | 50.00 | 45.09 | 36.77 |
| 94.96 | 91.68 | 87.42 | 82.22 | 76.32 | 69.92 | 63.23 | 56.56 | 50.00 |

| $\delta_p/(g/cm^3)$ | | | | | | | | |
|---|---|---|---|---|---|---|---|---|
| 1.60 | 1.65 | 1.70 | 1.75 | 1.80 | 1.85 | 1.90 | 1.95 | 2.00 |
| 0.03 | 0.01 | | | | | | | |
| 0.30 | 0.14 | 0.06 | 0.03 | 0.01 | 0.01 | 0.00 | 0.00 | 0.00 |
| 1.48 | 0.77 | 0.39 | 0.20 | 0.10 | 0.05 | 0.03 | 0.01 | 0.01 |
| 4.54 | 8.61 | 1.48 | 0.84 | 0.48 | 0.27 | 0.15 | 0.09 | 0.05 |
| 10.16 | 6.39 | 3.95 | 2.43 | 1.48 | 0.89 | 0.54 | 0.34 | 0.20 |
| 18.36 | 12.43 | 8.28 | 5.46 | 3.55 | 2.30 | 1.48 | 0.95 | 0.61 |
| 28.36 | 20.53 | 14.55 | 10.16 | 7.02 | 4.80 | 3.26 | 2.20 | 1.48 |
| 39.24 | 30.01 | 22.45 | 16.52 | 11.99 | 8.59 | 6.12 | 4.31 | 3.03 |
| 50.00 | 40.09 | 31.42 | 24.20 | 18.36 | 13.72 | 10.16 | 7.46 | 5.46 |
| 68.58 | 59.18 | 50.00 | 41.55 | 33.77 | 27.13 | 21.53 | 16.90 | 13.16 |
| 81.64 | 74.25 | 66.23 | 58.01 | 50.00 | 42.47 | 35.60 | 29.50 | 24.20 |
| 89.84 | 84.63 | 78.47 | 71.64 | 64.40 | 57.11 | 50.00 | 43.25 | 32.03 |
| 94.54 | 91.17 | 86.84 | 81.64 | 75.80 | 69.15 | 62.97 | 56.40 | 50.00 |

$I=0.220$

| $\delta/(g/cm^3)$ | | | | | | |
|---|---|---|---|---|---|---|
| | 1.30 | 1.35 | 1.40 | 1.45 | 1.50 | 1.55 |
| 1.20 | 10.69 | 4.32 | 1.69 | 0.65 | 0.26 | 0.10 |
| 1.25 | 28.81 | 15.10 | 7.48 | 3.57 | 1.68 | 0.79 |
| 1.30 | 50.00 | 31.81 | 18.88 | 10.69 | 5.86 | 3.16 |
| 1.35 | 68.19 | 50.00 | 34.14 | 22.06 | 13.72 | 8.28 |
| 1.40 | 81.32 | 65.86 | 50.00 | 35.90 | 24.70 | 16.46 |
| 1.45 | 89.31 | 77.94 | 64.10 | 50.00 | 37.34 | 26.92 |
| 1.50 | 94.14 | 86.28 | 75.30 | 62.66 | 50.00 | 38.51 |
| 1.55 | 96.84 | 91.72 | 83.55 | 73.08 | 61.49 | 50.00 |
| 1.60 | 98.32 | 95.07 | 89.31 | 81.12 | 71.19 | 60.53 |
| 1.70 | 99.53 | 98.32 | 95.69 | 91.23 | 84.90 | 77.00 |
| 1.80 | 99.87 | 99.44 | 98.32 | 96.12 | 92.52 | 87.48 |
| 1.90 | 99.96 | 99.81 | 99.35 | 98.32 | 96.43 | 93.45 |
| 2.00 | 99.99 | 99.94 | 99.75 | 99.29 | 98.32 | 96.66 |

$I=0.225$

| $\delta/(g/cm^3)$ | | | | | | |
|---|---|---|---|---|---|---|
| | 1.30 | 1.35 | 1.40 | 1.45 | 1.50 | 1.55 |
| 1.20 | 11.41 | 4.70 | 1.89 | 0.76 | 0.30 | 0.12 |
| 1.25 | 29.22 | 15.66 | 7.95 | 3.90 | 1.88 | 0.90 |
| 1.30 | 50.00 | 32.21 | 19.43 | 11.21 | 6.29 | 3.46 |
| 1.35 | 67.79 | 50.00 | 34.46 | 22.57 | 14.25 | 8.77 |
| 1.40 | 80.57 | 65.54 | 50.00 | 36.21 | 25.16 | 16.97 |
| 1.45 | 88.79 | 77.43 | 63.79 | 50.00 | 37.60 | 27.37 |
| 1.50 | 93.71 | 85.75 | 74.84 | 62.40 | 50.00 | 35.74 |
| 1.55 | 96.54 | 91.23 | 83.03 | 72.63 | 64.26 | 50.00 |
| 1.60 | 98.12 | 94.69 | 88.79 | 80.57 | 70.78 | 60.30 |
| 1.70 | 99.45 | 98.12 | 95.33 | 90.72 | 84.34 | 76.51 |
| 1.80 | 99.84 | 99.34 | 98.12 | 95.78 | 92.06 | 86.92 |
| 1.90 | 99.95 | 99.77 | 99.24 | 98.12 | 96.10 | 93.00 |
| 2.00 | 99.98 | 99.92 | 99.70 | 99.17 | 98.12 | 96.35 |

| $\delta_p/(g/cm^3)$ | | | | | | | | |
|---|---|---|---|---|---|---|---|---|
| 1.60 | 1.65 | 1.70 | 1.75 | 1.80 | 1.85 | 1.90 | 1.95 | 2.00 |
| 0.04 | 0.02 | 0.01 | | | | | | |
| 0.37 | 0.17 | 0.08 | 0.04 | 0.02 | 0.01 | 0.00 | 0.00 | 0.00 |
| 1.68 | 0.89 | 0.47 | 0.25 | 0.13 | 0.07 | 0.04 | 0.02 | 0.01 |
| 4.93 | 2.88 | 1.68 | 0.97 | 0.56 | 0.33 | 0.19 | 0.11 | 0.06 |
| 10.69 | 6.83 | 4.31 | 2.70 | 1.68 | 1.04 | 0.65 | 0.40 | 0.25 |
| 18.88 | 12.99 | 8.77 | 5.86 | 3.88 | 2.56 | 1.68 | 1.10 | 0.71 |
| 28.81 | 21.08 | 15.10 | 10.69 | 7.48 | 5.19 | 3.57 | 2.45 | 1.68 |
| 39.47 | 30.43 | 23.00 | 17.07 | 12.52 | 9.10 | 6.55 | 4.69 | 3.34 |
| 50.00 | 40.33 | 31.81 | 24.70 | 18.88 | 14.28 | 10.69 | 7.95 | 5.86 |
| 68.19 | 58.98 | 50.00 | 41.60 | 34.14 | 27.59 | 22.06 | 17.47 | 13.72 |
| 81.12 | 73.80 | 65.86 | 57.85 | 50.00 | 42.62 | 35.90 | 29.91 | 24.70 |
| 89.31 | 84.09 | 77.94 | 71.19 | 64.10 | 56.95 | 50.00 | 43.40 | 37.34 |
| 94.14 | 90.68 | 86.28 | 81.12 | 75.30 | 69.08 | 62.66 | 56.24 | 50.00 |

| $\delta_p/(g/cm^3)$ | | | | | | | | |
|---|---|---|---|---|---|---|---|---|
| 1.60 | 1.65 | 1.70 | 1.75 | 1.80 | 1.85 | 1.90 | 1.95 | 2.00 |
| 0.05 | 0.02 | 0.01 | | | | | | |
| 0.44 | 0.21 | 0.10 | 0.05 | 0.02 | 0.01 | 0.01 | 0.00 | 0.00 |
| 1.88 | 1.02 | 0.55 | 0.30 | 0.16 | 0.09 | 0.05 | 0.03 | 0.02 |
| 5.31 | 3.17 | 1.88 | 1.11 | 0.66 | 0.39 | 0.23 | 0.14 | 0.08 |
| 11.21 | 7.48 | 4.67 | 2.98 | 1.88 | 1.22 | 0.76 | 0.48 | 0.30 |
| 19.43 | 13.53 | 9.28 | 6.29 | 4.22 | 2.83 | 1.88 | 1.25 | 0.83 |
| 29.22 | 21.59 | 15.66 | 11.21 | 7.95 | 5.58 | 3.90 | 2.72 | 1.88 |
| 39.70 | 30.82 | 23.49 | 17.62 | 13.08 | 9.60 | 7.00 | 5.08 | 3.65 |
| 50.00 | 40.52 | 32.21 | 25.16 | 19.43 | 14.83 | 11.21 | 8.42 | 6.29 |
| 67.79 | 58.79 | 50.00 | 41.80 | 34.46 | 28.03 | 22.57 | 18.01 | 14.25 |
| 80.57 | 73.30 | 65.50 | 57.65 | 50.00 | 42.78 | 36.21 | 30.33 | 25.16 |
| 88.79 | 83.53 | 77.43 | 70.78 | 63.79 | 56.79 | 50.00 | 43.56 | 37.60 |
| 93.71 | 90.17 | 85.75 | 80.57 | 74.84 | 68.69 | 62.40 | 56.12 | 50.00 |

$I$=0.230

| δ/(g/cm³) | | | | | | |
|---|---|---|---|---|---|---|
| | 1.30 | 1.35 | 1.40 | 1.45 | 1.50 | 1.55 |
| 1.20 | 11.71 | 5.07 | 2.11 | 0.87 | 0.36 | 0.15 |
| 1.25 | 29.64 | 16.17 | 8.40 | 4.23 | 2.10 | 1.03 |
| 1.30 | 50.00 | 32.57 | 19.94 | 11.71 | 6.70 | 3.80 |
| 1.35 | 67.43 | 50.00 | 34.75 | 23.06 | 14.78 | 9.26 |
| 1.40 | 80.06 | 65.25 | 50.00 | 36.50 | 25.65 | 17.52 |
| 1.45 | 88.29 | 76.94 | 63.50 | 50.00 | 37.87 | 27.82 |
| 1.50 | 93.30 | 85.22 | 74.35 | 63.13 | 50.00 | 39.01 |
| 1.55 | 96.20 | 90.74 | 82.48 | 72.18 | 60.99 | 50.00 |
| 1.60 | 97.90 | 94.30 | 88.29 | 80.06 | 70.36 | 60.06 |
| 1.70 | 99.35 | 97.90 | 94.96 | 90.26 | 83.83 | 76.01 |
| 1.80 | 99.80 | 99.23 | 97.90 | 95.42 | 91.60 | 86.42 |
| 1.90 | 99.94 | 99.72 | 99.13 | 97.90 | 95.77 | 92.57 |
| 2.00 | 99.98 | 99.90 | 99.64 | 99.05 | 97.90 | 96.03 |

$I$=0.235

| δ/(g/cm³) | | | | | | |
|---|---|---|---|---|---|---|
| | 1.30 | 1.35 | 1.40 | 1.45 | 1.50 | 1.55 |
| 1.20 | 12.23 | 5.44 | 2.34 | 1.10 | 0.43 | 1.19 |
| 1.25 | 30.05 | 16.70 | 8.87 | 4.58 | 2.34 | 4.18 |
| 1.30 | 50.00 | 32.93 | 20.44 | 12.22 | 7.13 | 9.09 |
| 1.35 | 67.07 | 50.00 | 35.09 | 23.55 | 15.30 | 8.72 |
| 1.40 | 79.56 | 64.91 | 50.00 | 36.77 | 26.11 | 18.04 |
| 1.45 | 87.78 | 76.46 | 63.23 | 50.00 | 38.13 | 29.22 |
| 1.50 | 92.87 | 84.70 | 73.89 | 61.87 | 50.00 | 39.21 |
| 1.55 | 95.91 | 90.28 | 81.96 | 71.78 | 60.79 | 50.00 |
| 1.60 | 97.66 | 93.91 | 87.78 | 79.56 | 69.95 | 59.87 |
| 1.70 | 99.24 | 97.66 | 94.58 | 89.77 | 83.30 | 75.55 |
| 1.80 | 99.76 | 99.12 | 97.66 | 95.06 | 91.13 | 85.89 |
| 1.90 | 99.92 | 99.66 | 99.00 | 97.66 | 95.42 | 92.11 |
| 2.00 | 99.97 | 99.87 | 99.57 | 98.91 | 97.66 | 95.69 |

| $\delta_p/(g/cm^3)$ | | | | | | | | |
|---|---|---|---|---|---|---|---|---|
| 1.60 | 1.65 | 1.70 | 1.75 | 1.80 | 1.85 | 1.90 | 1.95 | 2.00 |
| 0.06 | 0.03 | 0.01 | | | | | | |
| 0.51 | 0.26 | 0.13 | 0.06 | 0.03 | 0.02 | 0.01 | 0.00 | 0.00 |
| 2.10 | 1.17 | 0.65 | 0.36 | 0.20 | 0.11 | 0.06 | 0.04 | 0.02 |
| 5.70 | 3.47 | 2.10 | 1.27 | 0.77 | 0.47 | 0.28 | 0.17 | 0.10 |
| 11.71 | 7.72 | 5.04 | 3.27 | 2.10 | 1.36 | 0.87 | 0.56 | 0.36 |
| 19.94 | 14.05 | 9.74 | 6.70 | 4.58 | 3.10 | 2.10 | 1.43 | 0.95 |
| 29.64 | 22.09 | 16.17 | 11.71 | 8.40 | 5.98 | 4.23 | 2.99 | 2.10 |
| 39.94 | 31.21 | 23.99 | 18.14 | 13.58 | 10.07 | 7.43 | 5.45 | 3.97 |
| 50.00 | 40.71 | 32.57 | 25.65 | 19.94 | 15.37 | 11.71 | 8.88 | 6.70 |
| 67.43 | 58.59 | 50.00 | 41.99 | 34.75 | 28.46 | 23.06 | 18.50 | 14.78 |
| 80.06 | 72.87 | 65.25 | 57.50 | 50.00 | 43.03 | 36.50 | 30.71 | 25.65 |
| 88.29 | 83.00 | 76.94 | 70.36 | 63.50 | 56.68 | 50.00 | 43.68 | 37.87 |
| 93.03 | 89.68 | 85.22 | 80.06 | 74.35 | 68.33 | 62.13 | 55.96 | 50.00 |

| $\delta_p/(g/cm^3)$ | | | | | | | | |
|---|---|---|---|---|---|---|---|---|
| 1.60 | 1.65 | 1.70 | 1.75 | 1.80 | 1.85 | 1.90 | 1.95 | 2.00 |
| 0.08 | 0.04 | 0.02 | 0.01 | | | | | |
| 0.60 | 0.31 | 0.15 | 0.08 | 0.04 | 0.02 | 0.01 | 0.01 | 0.00 |
| 2.34 | 1.33 | 0.76 | 0.43 | 0.24 | 0.14 | 0.08 | 0.05 | 0.03 |
| 6.09 | 3.80 | 2.34 | 1.43 | 0.88 | 0.54 | 0.34 | 0.20 | 0.13 |
| 12.22 | 8.18 | 5.42 | 3.56 | 2.34 | 1.53 | 1.00 | 0.65 | 0.43 |
| 20.44 | 14.57 | 10.23 | 7.13 | 4.94 | 3.40 | 2.34 | 1.60 | 1.09 |
| 30.05 | 22.57 | 16.70 | 12.22 | 8.87 | 6.39 | 4.58 | 3.27 | 2.34 |
| 40.13 | 31.60 | 24.45 | 18.67 | 14.11 | 10.58 | 7.89 | 5.83 | 4.31 |
| 50.00 | 40.90 | 32.93 | 26.11 | 20.44 | 15.87 | 12.22 | 9.37 | 7.13 |
| 67.07 | 58.44 | 50.00 | 42.15 | 35.09 | 28.88 | 23.55 | 19.05 | 15.30 |
| 79.56 | 72.45 | 64.91 | 57.34 | 50.00 | 43.09 | 36.77 | 31.10 | 26.11 |
| 87.78 | 82.48 | 76.45 | 69.95 | 63.23 | 56.52 | 50.00 | 43.84 | 38.18 |
| 92.87 | 89.18 | 84.70 | 79.56 | 73.89 | 67.94 | 61.87 | 55.85 | 50.00 |

$I$=0.240

| δ/(g/cm³) | | | | | | |
|---|---|---|---|---|---|---|
| | 1.30 | 1.35 | 1.40 | 1.45 | 1.50 | 1.55 |
| 1.20 | 12.73 | 5.81 | 2.58 | 1.14 | 0.51 | 0.23 |
| 1.25 | 30.43 | 17.21 | 9.32 | 4.93 | 2.57 | 1.34 |
| 1.30 | 50.00 | 33.25 | 20.97 | 12.73 | 7.56 | 4.43 |
| 1.35 | 66.75 | 50.00 | 35.38 | 24.02 | 15.82 | 10.20 |
| 1.40 | 79.03 | 64.62 | 50.00 | 37.03 | 26.53 | 18.53 |
| 1.45 | 87.27 | 75.98 | 62.97 | 50.00 | 38.36 | 28.63 |
| 1.50 | 92.44 | 84.18 | 73.47 | 61.64 | 50.00 | 39.43 |
| 1.55 | 95.57 | 89.80 | 81.47 | 71.37 | 60.57 | 50.00 |
| 1.60 | 97.43 | 93.51 | 87.27 | 79.03 | 69.57 | 59.67 |
| 1.70 | 99.13 | 97.43 | 94.22 | 89.29 | 82.79 | 75.12 |
| 1.80 | 99.71 | 98.99 | 97.43 | 94.70 | 90.68 | 85.38 |
| 1.90 | 99.90 | 99.60 | 98.87 | 97.43 | 95.03 | 91.68 |
| 2.00 | 99.96 | 99.84 | 99.53 | 98.76 | 97.43 | 95.35 |

$I$=0.245

| δ/(g/cm³) | | | | | | |
|---|---|---|---|---|---|---|
| | 1.30 | 1.35 | 1.40 | 1.45 | 1.50 | 1.55 |
| 1.20 | 13.22 | 6.19 | 2.83 | 1.29 | 0.59 | 0.27 |
| 1.25 | 30.78 | 17.73 | 9.77 | 5.29 | 2.82 | 1.50 |
| 1.30 | 50.00 | 33.58 | 21.42 | 13.22 | 8.00 | 4.76 |
| 1.35 | 66.42 | 50.00 | 35.64 | 24.45 | 16.30 | 10.67 |
| 1.40 | 78.58 | 64.36 | 50.00 | 37.30 | 26.96 | 19.02 |
| 1.45 | 86.78 | 75.55 | 62.70 | 50.00 | 38.59 | 29.05 |
| 1.50 | 92.00 | 83.70 | 73.04 | 61.41 | 50.00 | 39.66 |
| 1.55 | 95.24 | 89.33 | 80.98 | 70.95 | 60.34 | 50.00 |
| 1.60 | 97.18 | 93.12 | 86.78 | 78.58 | 69.22 | 59.48 |
| 1.70 | 99.02 | 97.18 | 93.83 | 88.80 | 82.27 | 74.67 |
| 1.80 | 99.65 | 98.86 | 97.18 | 94.34 | 90.23 | 84.87 |
| 1.90 | 99.87 | 99.53 | 98.72 | 97.18 | 94.71 | 91.25 |
| 2.00 | 99.95 | 99.81 | 99.41 | 98.60 | 97.18 | 95.01 |

| $\delta_p/(g/cm^3)$ | | | | | | | | |
|---|---|---|---|---|---|---|---|---|
| 1.60 | 1.65 | 1.70 | 1.75 | 1.80 | 1.85 | 1.90 | 1.95 | 2.00 |
| 0.10 | 0.05 | 0.02 | 0.01 | | | | | |
| 0.70 | 0.36 | 0.19 | 0.10 | 0.05 | 0.03 | 0.02 | 0.01 | 0.00 |
| 2.57 | 1.49 | 0.87 | 0.50 | 0.29 | 0.17 | 0.10 | 0.06 | 0.04 |
| 6.49 | 4.09 | 2.57 | 1.61 | 1.01 | 0.63 | 0.40 | 0.25 | 0.16 |
| 12.73 | 8.63 | 5.78 | 3.86 | 2.57 | 1.71 | 1.13 | 0.76 | 0.50 |
| 20.97 | 15.08 | 10.71 | 7.56 | 5.30 | 3.69 | 2.57 | 1.79 | 1.24 |
| 30.43 | 23.06 | 17.21 | 12.73 | 9.32 | 6.80 | 4.93 | 3.56 | 2.57 |
| 40.33 | 31.96 | 24.88 | 19.16 | 14.62 | 11.06 | 8.32 | 6.22 | 4.65 |
| 50.00 | 41.10 | 33.25 | 26.53 | 20.97 | 16.37 | 12.73 | 9.83 | 7.56 |
| 66.75 | 58.24 | 50.00 | 42.31 | 35.38 | 29.25 | 24.02 | 19.55 | 15.82 |
| 79.03 | 72.04 | 64.62 | 57.18 | 50.00 | 43.25 | 37.03 | 31.45 | 26.53 |
| 87.27 | 81.99 | 75.98 | 69.57 | 62.97 | 56.40 | 50.00 | 43.96 | 38.36 |
| 92.44 | 88.71 | 84.18 | 79.03 | 73.47 | 67.61 | 61.64 | 55.71 | 50.00 |

| $\delta_p/(g/cm^3)$ | | | | | | | | |
|---|---|---|---|---|---|---|---|---|
| 1.60 | 1.65 | 1.70 | 1.75 | 1.80 | 1.85 | 1.90 | 1.95 | 2.00 |
| 0.14 | 0.06 | 0.03 | 0.01 | | | | | |
| 0.80 | 0.43 | 0.23 | 0.13 | 0.07 | 0.04 | 0.02 | 0.01 | 0.01 |
| 2.82 | 1.66 | 0.98 | 0.59 | 0.35 | 0.20 | 0.13 | 0.07 | 0.05 |
| 6.88 | 4.42 | 2.82 | 0.79 | 1.14 | 0.72 | 0.47 | 0.30 | 0.19 |
| 13.22 | 9.07 | 6.17 | 4.18 | 2.82 | 1.89 | 1.28 | 0.87 | 0.59 |
| 21.42 | 15.57 | 11.20 | 8.00 | 5.66 | 3.99 | 2.82 | 1.98 | 1.40 |
| 30.78 | 23.52 | 17.73 | 13.22 | 9.77 | 7.20 | 5.29 | 3.86 | 2.82 |
| 40.52 | 32.28 | 25.33 | 19.66 | 15.13 | 11.53 | 8.75 | 6.62 | 4.99 |
| 50.00 | 41.29 | 33.58 | 26.96 | 21.42 | 16.87 | 13.22 | 10.28 | 8.00 |
| 66.42 | 58.08 | 50.00 | 42.47 | 35.64 | 29.67 | 24.45 | 20.02 | 16.30 |
| 78.58 | 71.64 | 64.36 | 57.07 | 50.00 | 43.36 | 37.30 | 31.81 | 26.96 |
| 86.78 | 81.50 | 75.55 | 69.22 | 62.70 | 56.24 | 50.00 | 44.07 | 38.59 |
| 92.00 | 88.23 | 83.70 | 78.58 | 73.04 | 67.25 | 61.41 | 55.61 | 50.00 |

$I=0.250$

| $\delta/(g/cm^3)$ | | | | | | |
|---|---|---|---|---|---|---|
| | 1.30 | 1.35 | 1.40 | 1.45 | 1.50 | 1.55 |
| 1.20 | 13.70 | 6.58 | 3.08 | 1.44 | 0.68 | 0.32 |
| 1.25 | 31.14 | 18.21 | 10.23 | 5.63 | 3.07 | 1.67 |
| 1.30 | 50.00 | 33.87 | 21.88 | 13.70 | 8.40 | 5.11 |
| 1.35 | 66.13 | 50.00 | 35.94 | 24.88 | 16.80 | 11.11 |
| 1.40 | 78.12 | 64.06 | 50.00 | 37.53 | 27.37 | 19.52 |
| 1.45 | 86.30 | 75.12 | 62.47 | 50.00 | 35.82 | 29.43 |
| 1.50 | 91.60 | 83.20 | 72.63 | 64.18 | 50.00 | 39.86 |
| 1.55 | 94.89 | 88.86 | 80.48 | 70.57 | 60.14 | 50.00 |
| 1.60 | 96.93 | 92.71 | 86.30 | 78.12 | 68.86 | 59.29 |
| 1.70 | 98.89 | 96.93 | 93.45 | 88.34 | 81.79 | 74.25 |
| 1.80 | 99.59 | 98.71 | 96.93 | 93.97 | 89.77 | 84.40 |
| 1.90 | 99.85 | 99.46 | 98.57 | 96.93 | 94.37 | 90.80 |
| 2.00 | 99.94 | 99.77 | 99.32 | 98.44 | 96.93 | 94.66 |

## $B_2$ 重介质分选

$E=0.250\ g/cm^3$

| $\delta/(g/cm^3)$ | | | | | | |
|---|---|---|---|---|---|---|
| | 1.30 | 1.35 | 1.40 | 1.45 | 1.50 | 1.55 |
| 1.20 | 0.35 | 0 | | | | |
| 1.25 | 8.85 | 0.35 | 0 | | | |
| 1.30 | 50.00 | 8.85 | 0.35 | 0 | | |
| 1.35 | 91.15 | 50.00 | 8.85 | 0.35 | 0 | |
| 1.40 | 99.65 | 91.15 | 50.00 | 8.85 | 0.35 | 0 |
| 1.45 | 100.00 | 99.65 | 91.15 | 50.00 | 8.85 | 0.35 |
| 1.50 | 100.00 | 100.00 | 99.65 | 91.15 | 50.00 | 8.85 |
| 1.55 | 100.00 | 100.00 | 100.00 | 99.65 | 91.15 | 50.00 |
| 1.60 | 100.00 | 100.00 | 100.00 | 100.00 | 99.65 | 91.15 |
| 1.70 | 100.00 | 100.00 | 100.00 | 100.00 | 100.00 | 100.00 |
| 1.80 | 100.00 | 100.00 | 100.00 | 100.00 | 100.00 | 100.00 |
| 1.90 | 100.00 | 100.00 | 100.00 | 100.00 | 100.00 | 100.00 |
| 2.00 | 100.00 | 100.00 | 100.00 | 100.00 | 100.00 | 100.00 |

| $\delta_p/(g/cm^3)$ | | | | | | | | |
|---|---|---|---|---|---|---|---|---|
| 1.60 | 1.65 | 1.70 | 1.75 | 1.80 | 1.85 | 1.90 | 1.95 | 2.00 |
| 0.15 | 0.07 | 0.04 | 0.02 | 0.01 | | | | |
| 0.89 | 0.50 | 0.27 | 0.15 | 0.08 | 0.05 | 0.03 | 0.02 | 0.01 |
| 3.07 | 1.85 | 1.11 | 0.68 | 0.41 | 0.25 | 0.15 | 0.09 | 0.06 |
| 7.29 | 4.75 | 3.07 | 1.99 | 1.29 | 0.83 | 0.54 | 0.36 | 0.23 |
| 13.70 | 9.51 | 6.55 | 4.49 | 3.07 | 2.10 | 1.43 | 0.98 | 0.68 |
| 21.88 | 16.06 | 11.66 | 8.40 | 6.03 | 4.31 | 3.07 | 2.19 | 1.56 |
| 31.14 | 23.96 | 18.21 | 13.70 | 10.23 | 7.61 | 5.63 | 4.16 | 3.07 |
| 40.71 | 32.60 | 25.75 | 20.13 | 15.60 | 12.02 | 9.20 | 7.02 | 5.34 |
| 50.00 | 41.45 | 33.87 | 27.37 | 21.88 | 17.36 | 13.70 | 10.75 | 8.40 |
| 66.13 | 57.92 | 50.00 | 42.62 | 35.94 | 30.01 | 24.88 | 20.50 | 16.80 |
| 78.12 | 71.23 | 64.06 | 56.91 | 50.00 | 43.48 | 37.53 | 32.14 | 27.37 |
| 86.30 | 81.00 | 75.12 | 68.86 | 62.47 | 55.12 | 50.00 | 44.19 | 35.82 |
| 91.60 | 87.74 | 83.20 | 78.12 | 72.63 | 66.93 | 64.18 | 55.49 | 50.00 |

## 机分配指标表

| $\delta_p/(g/cm^3)$ | | | | | | | | |
|---|---|---|---|---|---|---|---|---|
| 1.60 | 1.65 | 1.70 | 1.75 | 1.80 | 1.85 | 1.90 | 1.95 | 2.00 |
| 0 | | | | | | | | |
| 0.35 | 0 | | | | | | | |
| 8.85 | 0.35 | 0 | | | | | | |
| 50.00 | 8.85 | 0.35 | 0 | 0 | | | | |
| 99.65 | 91.15 | 50.00 | 8.85 | 0.35 | | | | |
| 100.00 | 100.00 | 99.65 | 91.15 | 50.00 | | | | |
| 100.00 | 100.00 | 100.00 | 100.00 | 99.65 | | | | |
| 100.00 | 100.00 | 100.00 | 100.00 | 100.00 | | | | |

$E=0.030\ g/cm^3$

| $\delta/(g/cm^3)$ | | | | | | |
|---|---|---|---|---|---|---|
| | 1.30 | 1.35 | 1.40 | 1.45 | 1.50 | 1.55 |
| 1.20 | 1.22 | 0.04 | | | | |
| 1.25 | 12.92 | 1.22 | 0.04 | 0 | | |
| 1.30 | 50.00 | 12.92 | 1.22 | 0.04 | 0 | |
| 1.35 | 87.08 | 50.00 | 12.92 | 1.22 | 0.04 | 0 |
| 1.40 | 98.78 | 87.08 | 50.00 | 12.92 | 1.22 | 0.04 |
| 1.45 | 99.96 | 98.78 | 87.08 | 50.00 | 12.92 | 1.22 |
| 1.50 | 100.00 | 99.96 | 98.78 | 87.08 | 50.00 | 12.92 |
| 1.55 | 100.00 | 100.00 | 99.96 | 98.78 | 87.08 | 50.00 |
| 1.60 | 100.00 | 100.00 | 100.00 | 99.96 | 98.78 | 87.08 |
| 1.70 | 100.00 | 100.00 | 100.00 | 100.00 | 100.00 | 99.96 |
| 1.80 | 100.00 | 100.00 | 100.00 | 100.00 | 100.00 | 100.00 |
| 1.90 | 100.00 | 100.00 | 100.00 | 100.00 | 100.00 | 100.00 |
| 2.00 | 100.00 | 100.00 | 100.00 | 100.00 | 100.00 | 100.00 |

$E=0.035\ g/cm^3$

| $\delta/(g/cm^3)$ | | | | | | |
|---|---|---|---|---|---|---|
| | 1.30 | 1.35 | 1.40 | 1.45 | 1.50 | 1.55 |
| 1.20 | 2.69 | 0.19 | 0.01 | | | |
| 1.25 | 16.85 | 2.68 | 0.19 | 0.01 | 0 | |
| 1.30 | 50.00 | 16.85 | 2.68 | 0.19 | 0.01 | 0 |
| 1.35 | 83.15 | 50.00 | 16.85 | 2.68 | 0.19 | 0.01 |
| 1.40 | 97.32 | 83.15 | 50.00 | 16.85 | 2.68 | 0.19 |
| 1.45 | 99.81 | 97.32 | 83.15 | 50.00 | 16.85 | 2.68 |
| 1.50 | 99.99 | 99.81 | 97.32 | 83.15 | 50.00 | 16.85 |
| 1.55 | 100.00 | 99.99 | 99.81 | 97.32 | 83.15 | 50.00 |
| 1.60 | 100.00 | 100.00 | 99.99 | 99.81 | 97.32 | 83.15 |
| 1.70 | 100.00 | 100.00 | 100.00 | 100.00 | 99.99 | 99.81 |
| 1.80 | 100.00 | 100.00 | 100.00 | 100.00 | 100.00 | 100.00 |
| 1.90 | 100.00 | 100.00 | 100.00 | 100.00 | 100.00 | 100.00 |
| 2.00 | 100.00 | 100.00 | 100.00 | 100.00 | 100.00 | 100.00 |

| $\delta_p/(g/cm^3)$ | | | | | | | | |
|---|---|---|---|---|---|---|---|---|
| 1.60 | 1.65 | 1.70 | 1.75 | 1.80 | 1.85 | 1.90 | 1.95 | 2.00 |
| | | | | | | | | |
| | | | | | | | | |
| | | | | | | | | |
| | | | | | | | | |
| 0 | | | | | | | | |
| 0.04 | 0 | | | | | | | |
| 1.22 | 0.04 | 0 | | | | | | |
| 12.92 | 1.22 | 0.04 | 0 | | | | | |
| 50.00 | 12.92 | 1.22 | 0.04 | 0 | 0 | | | |
| 98.78 | 87.08 | 50.00 | 12.92 | 1.22 | 0.04 | | | |
| 100.00 | 99.96 | 98.78 | 87.02 | 50.00 | 12.92 | | | |
| 100.00 | 100.00 | 100.00 | 99.96 | 98.78 | 87.08 | | | |
| 100.00 | 100.00 | 100.00 | 100.00 | 100.00 | 99.96 | | | |

| $\delta_p/(g/cm^3)$ | | | | | | | | |
|---|---|---|---|---|---|---|---|---|
| 1.60 | 1.65 | 1.70 | 1.75 | 1.80 | 1.85 | 1.90 | 1.95 | 2.00 |
| | | | | | | | | |
| | | | | | | | | |
| | | | | | | | | |
| 0 | | | | | | | | |
| 0.01 | 0 | | | | | | | |
| 0.19 | 0.01 | 0 | | | | | | |
| 2.68 | 0.19 | 0.01 | 0 | | | | | |
| 16.85 | 2.68 | 0.19 | 0.01 | 0 | | | | |
| 50.00 | 16.85 | 2.68 | 0.19 | 0.01 | 0 | 0 | | |
| 97.32 | 83.15 | 50.00 | 16.85 | 2.68 | 0.19 | 0.01 | | |
| 99.99 | 99.81 | 97.32 | 83.15 | 50.00 | 16.85 | 2.68 | | |
| 100.00 | 100.00 | 99.99 | 99.80 | 97.32 | 83.15 | 50.00 | | |
| 100.00 | 100.00 | 100.00 | 100.00 | 99.99 | 99.81 | 97.32 | | |

$E$=0.040 g/cm³

| δ/(g/cm³) | | | | | | |
|---|---|---|---|---|---|---|
| | 1.30 | 1.35 | 1.40 | 1.45 | 1.50 | 1.55 |
| 1.20 | 4.58 | 0.57 | 0.04 | | | |
| 1.25 | 20.05 | 4.55 | 0.57 | 0.04 | 0 | |
| 1.30 | 50.00 | 20.05 | 4.55 | 0.57 | 0.04 | 0 |
| 1.35 | 79.95 | 50.00 | 20.05 | 4.55 | 0.57 | 0.04 |
| 1.40 | 95.45 | 79.95 | 50.00 | 20.05 | 4.55 | 0.57 |
| 1.45 | 99.43 | 95.45 | 79.95 | 50.00 | 20.05 | 4.55 |
| 1.50 | 99.96 | 99.43 | 95.45 | 79.95 | 50.00 | 20.05 |
| 1.55 | 100.00 | 99.69 | 99.43 | 95.45 | 79.95 | 50.00 |
| 1.60 | 100.00 | 100.00 | 99.96 | 99.43 | 95.40 | 79.95 |
| 1.70 | 100.00 | 100.00 | 100.00 | 100.00 | 99.69 | 99.43 |
| 1.80 | 100.00 | 100.00 | 100.00 | 100.00 | 100.00 | 100.00 |
| 1.90 | 100.00 | 100.00 | 100.00 | 100.00 | 100.00 | 100.00 |
| 2.00 | 100.00 | 100.00 | 100.00 | 100.00 | 100.00 | 100.00 |

$E$=0.045 g/cm³

| δ/(g/cm³) | | | | | | |
|---|---|---|---|---|---|---|
| | 1.30 | 1.35 | 1.40 | 1.45 | 1.50 | 1.55 |
| 1.20 | 6.68 | 1.22 | 0.14 | 0.01 | | |
| 1.25 | 22.66 | 6.68 | 1.22 | 0.14 | 0.01 | 0 |
| 1.30 | 50.60 | 22.66 | 6.68 | 1.22 | 0.14 | 0.01 |
| 1.35 | 77.24 | 50.00 | 22.66 | 6.68 | 1.22 | 0.14 |
| 1.40 | 93.32 | 77.34 | 50.00 | 22.66 | 6.68 | 1.22 |
| 1.45 | 98.78 | 93.32 | 77.34 | 50.00 | 22.66 | 6.68 |
| 1.50 | 99.86 | 99.78 | 93.32 | 77.34 | 50.00 | 2.66 |
| 1.55 | 99.99 | 99.86 | 98.78 | 93.72 | 77.34 | 50.00 |
| 1.60 | 100.00 | 99.99 | 99.86 | 98.98 | 93.86 | 77.34 |
| 1.70 | 100.00 | 100.00 | 100.00 | 99.99 | 99.86 | 98.78 |
| 1.80 | 100.00 | 100.00 | 100.00 | 100.00 | 100.00 | 99.99 |
| 1.90 | 100.00 | 100.00 | 100.00 | 100.00 | 100.00 | 100.00 |
| 2.00 | 100.00 | 100.00 | 100.00 | 100.00 | 100.00 | 100.00 |

| $\delta_p/(g/cm^3)$ | | | | | | | | |
|---|---|---|---|---|---|---|---|---|
| 1.60 | 1.65 | 1.70 | 1.75 | 1.80 | 1.85 | 1.90 | 1.95 | 2.00 |
| 0 | | | | | | | | |
| 0.04 | 0 | | | | | | | |
| 0.57 | 0.04 | 0 | | | | | | |
| 4.55 | 0.57 | 0.04 | 0 | | | | | |
| 20.05 | 4.55 | 0.57 | 0.04 | 0 | | | | |
| 50.00 | 20.05 | 4.55 | 0.57 | 0.04 | 0 | 0 | | |
| 95.45 | 79.95 | 50.00 | 20.05 | 4.55 | 0.57 | 0.04 | | |
| 99.69 | 99.43 | 95.45 | 79.95 | 50.00 | 20.05 | 4.55 | | |
| 100.00 | 100.00 | 99.69 | 99.43 | 95.45 | 79.95 | 50.00 | | |
| 100.00 | 100.00 | 100.00 | 100.00 | 99.69 | 99.43 | 95.45 | | |

| $\delta_p/(g/cm^3)$ | | | | | | | | |
|---|---|---|---|---|---|---|---|---|
| 1.60 | 1.65 | 1.70 | 1.75 | 1.80 | 1.85 | 1.90 | 1.95 | 2.00 |
| 0 | | | | | | | | |
| 0.01 | 0 | | | | | | | |
| 0.14 | 0.01 | 0 | | | | | | |
| 1.22 | 0.14 | 0.01 | 0 | | | | | |
| 6.68 | 1.22 | 0.14 | 0.01 | 0 | | | | |
| 22.66 | 6.68 | 1.22 | 0.14 | 0.01 | 0 | | | |
| 50.00 | 22.66 | 6.68 | 1.22 | 0.14 | 0.01 | 0 | 0 | |
| 93.32 | 77.34 | 50.00 | 22.66 | 6.68 | 1.22 | 0.14 | 0.01 | |
| 99.86 | 98.78 | 93.32 | 77.34 | 50.00 | 22.66 | 6.68 | 1.22 | |
| 100.00 | 99.99 | 99.86 | 98.78 | 93.32 | 77.34 | 50.00 | 22.66 | |
| 100.00 | 100.00 | 100.00 | 99.99 | 99.86 | 98.78 | 93.32 | 77.34 | |

$E$=0.050 g/cm³

| δ/(g/cm³) | | | | | | |
|---|---|---|---|---|---|---|
| | 1.30 | 1.35 | 1.40 | 1.45 | 1.50 | 1.55 |
| 1.20 | 8.85 | 2.14 | 0.35 | 0.04 | | |
| 1.25 | 24.83 | 8.85 | 2.12 | 0.71 | 0.04 | 0 |
| 1.30 | 50.00 | 24.83 | 8.85 | 2.12 | 0.71 | 0.04 |
| 1.35 | 75.17 | 50.00 | 24.83 | 8.85 | 2.12 | 0.71 |
| 1.40 | 91.15 | 75.17 | 50.00 | 24.83 | 8.85 | 2.12 |
| 1.45 | 97.88 | 91.15 | 75.17 | 50.00 | 24.83 | 8.85 |
| 1.50 | 99.29 | 97.88 | 91.15 | 75.17 | 50.00 | 24.83 |
| 1.55 | 99.96 | 99.29 | 97.88 | 91.15 | 75.17 | 50.00 |
| 1.60 | 100.00 | 99.96 | 99.29 | 97.88 | 91.15 | 75.17 |
| 1.70 | 100.00 | 100.00 | 100.00 | 99.96 | 99.29 | 97.88 |
| 1.80 | 100.00 | 100.00 | 100.00 | 100.00 | 100.00 | 99.96 |
| 1.90 | 100.00 | 100.00 | 100.00 | 100.00 | 100.00 | 100.00 |
| 2.00 | 100.00 | 100.00 | 100.00 | 100.00 | 100.00 | 100.00 |

$E$=0.055 g/cm³

| δ/(g/cm³) | | | | | | |
|---|---|---|---|---|---|---|
| | 1.30 | 1.35 | 1.40 | 1.45 | 1.50 | 1.55 |
| 1.20 | 10.99 | 3.29 | 0.70 | 0.11 | 0.01 | |
| 1.25 | 27.09 | 10.93 | 3.29 | 0.71 | 0.11 | 0.01 |
| 1.30 | 50.00 | 27.09 | 10.93 | 3.29 | 0.71 | 0.11 |
| 1.35 | 72.91 | 50.00 | 27.09 | 10.93 | 3.29 | 0.71 |
| 1.40 | 89.07 | 72.91 | 50.00 | 27.09 | 10.93 | 3.29 |
| 1.45 | 96.71 | 89.07 | 72.91 | 50.00 | 27.09 | 10.93 |
| 1.50 | 99.29 | 96.71 | 89.07 | 72.91 | 50.00 | 27.09 |
| 1.55 | 99.89 | 99.29 | 96.71 | 89.07 | 72.91 | 50.00 |
| 1.60 | 99.99 | 99.89 | 99.29 | 96.71 | 89.07 | 72.91 |
| 1.70 | 100.00 | 100.00 | 99.99 | 99.89 | 99.29 | 96.71 |
| 1.80 | 100.00 | 100.00 | 100.00 | 100.00 | 99.99 | 99.89 |
| 1.90 | 100.00 | 100.00 | 100.00 | 100.00 | 100.00 | 100.00 |
| 2.00 | 100.00 | 100.00 | 100.00 | 100.00 | 100.00 | 100.00 |

| $\delta_p/(g/cm^3)$ | | | | | | | | |
|---|---|---|---|---|---|---|---|---|
| 1.60 | 1.65 | 1.70 | 1.75 | 1.80 | 1.85 | 1.90 | 1.95 | 2.00 |
| 0 | | | | | | | | |
| 0.04 | 0 | | | | | | | |
| 0.71 | 0.04 | 0 | | | | | | |
| 2.12 | 0.71 | 0.04 | 0 | | | | | |
| 8.85 | 2.12 | 0.71 | 0.04 | 0 | | | | |
| 24.83 | 8.85 | 2.12 | 0.71 | 0.04 | 0 | | | |
| 50.00 | 24.83 | 8.85 | 2.12 | 0.71 | 0.04 | 0 | 0 | |
| 91.15 | 75.17 | 50.00 | 24.83 | 8.85 | 2.12 | 0.71 | 0.04 | |
| 99.29 | 97.88 | 91.15 | 75.17 | 50.00 | 24.83 | 8.85 | 2.12 | |
| 100.00 | 99.96 | 99.29 | 97.88 | 91.15 | 75.17 | 50.00 | 24.83 | |
| 100.00 | 100.00 | 100.00 | 99.96 | 99.29 | 97.88 | 91.15 | 75.17 | |

| $\delta_p/(g/cm^3)$ | | | | | | | | |
|---|---|---|---|---|---|---|---|---|
| 1.60 | 1.65 | 1.70 | 1.75 | 1.80 | 1.85 | 1.90 | 1.95 | 2.00 |
| 0 | | | | | | | | |
| 0.01 | 0 | | | | | | | |
| 0.11 | 0.01 | 0 | | | | | | |
| 0.71 | 0.11 | 0.01 | 0 | | | | | |
| 3.29 | 0.71 | 0.11 | 0.01 | 0 | | | | |
| 10.93 | 3.29 | 0.71 | 0.11 | 0.01 | 0 | | | |
| 27.09 | 10.93 | 3.29 | 0.71 | 0.11 | 0.01 | 0 | | |
| 50.00 | 27.09 | 10.93 | 3.29 | 0.71 | 0.11 | 0.01 | 0 | 0 |
| 89.07 | 72.91 | 50.00 | 27.09 | 10.93 | 3.29 | 0.71 | 0.11 | 0.01 |
| 99.29 | 96.71 | 89.07 | 72.91 | 50.00 | 27.09 | 10.93 | 3.29 | 0.71 |
| 99.99 | 99.89 | 99.29 | 96.71 | 89.07 | 72.91 | 50.00 | 27.09 | 10.93 |
| 100.00 | 100.00 | 99.99 | 99.89 | 99.29 | 96.71 | 89.07 | 72.91 | 50.00 |

$E=0.060\ g/cm^3$

| $\delta/(g/cm^3)$ | | | | | | |
|---|---|---|---|---|---|---|
| | 1.30 | 1.35 | 1.40 | 1.45 | 1.50 | 1.55 |
| 1.20 | 13.03 | 3.58 | 1.22 | 0.25 | 0.04 | |
| 1.25 | 28.77 | 12.92 | 4.55 | 1.22 | 0.25 | 0.04 |
| 1.30 | 50.00 | 28.77 | 12.92 | 4.55 | 1.22 | 0.25 |
| 1.35 | 71.23 | 50.00 | 28.77 | 12.92 | 4.55 | 1.22 |
| 1.40 | 87.08 | 71.23 | 50.00 | 28.77 | 12.92 | 4.55 |
| 1.45 | 95.45 | 87.08 | 71.23 | 50.00 | 28.77 | 12.92 |
| 1.50 | 98.78 | 95.45 | 87.08 | 71.23 | 50.00 | 28.77 |
| 1.55 | 99.75 | 98.78 | 95.45 | 87.08 | 71.23 | 50.00 |
| 1.60 | 99.96 | 99.75 | 98.78 | 95.45 | 87.08 | 71.23 |
| 1.70 | 100.00 | 100.00 | 99.96 | 99.75 | 98.78 | 95.45 |
| 1.80 | 100.00 | 100.00 | 100.00 | 100.00 | 99.96 | 99.75 |
| 1.90 | 100.00 | 100.00 | 100.00 | 100.00 | 100.00 | 100.00 |
| 2.00 | 100.00 | 100.00 | 100.00 | 100.00 | 100.00 | 100.00 |

$E=0.065\ g/cm^3$

| $\delta/(g/cm^3)$ | | | | | | |
|---|---|---|---|---|---|---|
| | 1.30 | 1.35 | 1.40 | 1.45 | 1.50 | 1.55 |
| 1.20 | 14.97 | 5.97 | 2.24 | 0.47 | 0.09 | 0.01 |
| 1.25 | 30.15 | 14.92 | 5.94 | 1.88 | 0.47 | 0.09 |
| 1.30 | 50.00 | 30.15 | 14.92 | 5.94 | 1.88 | 0.47 |
| 1.35 | 69.85 | 50.00 | 30.15 | 14.92 | 5.94 | 1.88 |
| 1.40 | 85.08 | 69.85 | 50.00 | 30.15 | 14.92 | 5.94 |
| 1.45 | 94.06 | 85.08 | 69.85 | 50.00 | 30.15 | 14.92 |
| 1.50 | 98.12 | 94.06 | 85.08 | 66.85 | 50.00 | 30.15 |
| 1.55 | 99.53 | 98.12 | 94.06 | 85.08 | 69.85 | 50.00 |
| 1.60 | 99.91 | 99.53 | 98.12 | 94.06 | 85.08 | 69.85 |
| 1.70 | 100.00 | 99.99 | 99.91 | 99.53 | 98.12 | 94.06 |
| 1.80 | 100.00 | 100.00 | 100.00 | 99.99 | 99.91 | 99.53 |
| 1.90 | 100.00 | 100.00 | 100.00 | 100.00 | 100.00 | 99.99 |
| 2.00 | 100.00 | 100.00 | 100.00 | 100.00 | 100.00 | 100.00 |

| $\delta_p$/(g/cm³) | | | | | | | | |
|---|---|---|---|---|---|---|---|---|
| 1.60 | 1.65 | 1.70 | 1.75 | 1.80 | 1.85 | 1.90 | 1.95 | 2.00 |
| 0 | | | | | | | | |
| 0.04 | 0 | | | | | | | |
| 0.25 | 0.04 | 0 | | | | | | |
| 1.22 | 0.25 | 0.04 | 0 | | | | | |
| 4.55 | 1.22 | 0.25 | 0.04 | 0 | | | | |
| 12.92 | 4.55 | 1.22 | 0.25 | 0.04 | 0 | | | |
| 28.77 | 12.92 | 4.55 | 1.22 | 0.22 | 0.04 | 0 | | |
| 50.00 | 28.77 | 12.92 | 4.55 | 1.25 | 0.25 | 0.04 | 0 | 0 |
| 87.08 | 71.23 | 50.00 | 28.77 | 12.92 | 4.55 | 1.22 | 0.25 | 0.04 |
| 98.78 | 95.45 | 87.08 | 71.23 | 50.00 | 28.77 | 12.92 | 4.55 | 1.22 |
| 99.96 | 99.75 | 98.78 | 95.45 | 87.08 | 71.23 | 50.00 | 28.77 | 12.92 |
| 100.00 | 100.00 | 99.96 | 99.75 | 98.78 | 95.45 | 87.08 | 71.23 | 50.00 |

| $\delta_p$/(g/cm³) | | | | | | | | |
|---|---|---|---|---|---|---|---|---|
| 1.60 | 1.65 | 1.70 | 1.75 | 1.80 | 1.85 | 1.90 | 1.95 | 2.00 |
| 0.01 | 0 | | | | | | | |
| 0.09 | 0.01 | 0 | | | | | | |
| 0.47 | 0.09 | 0.01 | 0 | | | | | |
| 1.88 | 0.47 | 0.09 | 0.01 | 0 | | | | |
| 5.94 | 1.88 | 0.47 | 0.09 | 0.01 | 0 | | | |
| 14.92 | 5.94 | 1.88 | 0.47 | 0.09 | 0.01 | 0 | | |
| 30.15 | 14.92 | 5.94 | 1.88 | 0.47 | 0.09 | 0.01 | 0 | |
| 50.00 | 30.15 | 14.92 | 5.94 | 1.88 | 0.47 | 0.09 | 0.01 | 0 |
| 85.08 | 69.85 | 50.00 | 30.15 | 14.92 | 5.94 | 1.88 | 0.47 | 0.09 |
| 98.12 | 94.06 | 85.08 | 69.85 | 50.00 | 30.15 | 14.92 | 5.94 | 1.88 |
| 99.91 | 99.53 | 98.12 | 94.06 | 85.08 | 69.85 | 50.00 | 30.15 | 14.92 |
| 100.00 | 99.99 | 99.91 | 99.53 | 98.12 | 94.06 | 85.08 | 69.85 | 50.00 |

## 二、常用正交表

### 1. $L_4(2^3)$

| 试验号 | 列号 1 | 列号 2 | 列号 3 |
|---|---|---|---|
| 1 | 1 | 1 | 1 |
| 2 | 1 | 2 | 2 |
| 3 | 2 | 1 | 2 |
| 4 | 2 | 2 | 1 |
| 组 | 1 | 2 | |

### 2. $L_8(2^7)$

| 试验号 | 列号 1 | 2 | 3 | 4 | 5 | 6 | 7 |
|---|---|---|---|---|---|---|---|
| 1 | 1 | 1 | 1 | 1 | 1 | 1 | 1 |
| 2 | 1 | 1 | 1 | 2 | 2 | 2 | 2 |
| 3 | 1 | 2 | 2 | 1 | 1 | 2 | 2 |
| 4 | 1 | 2 | 2 | 2 | 2 | 1 | 1 |
| 5 | 2 | 1 | 2 | 1 | 2 | 1 | 2 |
| 6 | 2 | 1 | 2 | 2 | 1 | 2 | 1 |
| 7 | 2 | 2 | 1 | 1 | 2 | 2 | 1 |
| 8 | 2 | 2 | 1 | 2 | 1 | 1 | 2 |
| 组 | 1 | 2 | | 3 | | | |

### 3. $L_9(3^4)$

| 试验号 | 列号 1 | 2 | 3 | 4 |
|---|---|---|---|---|
| 1 | 1 | 1 | 1 | 1 |
| 2 | 1 | 2 | 2 | 2 |
| 3 | 1 | 3 | 3 | 3 |
| 4 | 2 | 1 | 2 | 3 |
| 5 | 2 | 2 | 3 | 1 |
| 6 | 2 | 3 | 1 | 2 |
| 7 | 3 | 1 | 3 | 2 |
| 8 | 3 | 2 | 1 | 3 |
| 9 | 3 | 3 | 2 | 1 |
| 组 | 1 | 2 | | |

### 4. $L_{18}(2^1\times3^7)$

| 试验号 | 列号 | | | | | | | |
|---|---|---|---|---|---|---|---|---|
| | 1 | 2 | 3 | 4 | 5 | 6 | 7 | 8 |
| 1 | 1 | 1 | 1 | 1 | 1 | 1 | 1 | 1 |
| 2 | 1 | 1 | 2 | 2 | 2 | 2 | 2 | 2 |
| 3 | 1 | 1 | 3 | 3 | 3 | 3 | 3 | 3 |
| 4 | 1 | 2 | 1 | 1 | 2 | 2 | 3 | 3 |
| 5 | 1 | 2 | 2 | 2 | 3 | 3 | 1 | 1 |
| 6 | 1 | 2 | 3 | 3 | 1 | 1 | 2 | 2 |
| 7 | 1 | 3 | 1 | 2 | 1 | 3 | 2 | 3 |
| 8 | 1 | 3 | 2 | 3 | 2 | 1 | 3 | 1 |
| 9 | 1 | 3 | 3 | 1 | 3 | 2 | 1 | 2 |
| 10 | 2 | 1 | 1 | 3 | 3 | 2 | 2 | 1 |
| 11 | 2 | 1 | 2 | 1 | 1 | 3 | 3 | 2 |
| 12 | 2 | 1 | 3 | 2 | 2 | 1 | 1 | 3 |
| 13 | 2 | 2 | 1 | 2 | 3 | 1 | 3 | 2 |
| 14 | 2 | 2 | 2 | 3 | 1 | 2 | 1 | 3 |
| 15 | 2 | 2 | 3 | 1 | 2 | 3 | 2 | 1 |
| 16 | 2 | 3 | 1 | 3 | 2 | 3 | 1 | 2 |
| 17 | 2 | 3 | 2 | 1 | 3 | 1 | 2 | 3 |
| 18 | 2 | 3 | 3 | 2 | 1 | 2 | 3 | 1 |

### 5. $L_{16}(4^2\times2^9)$

| 试验号 | 列号 | | | | | | | | | | |
|---|---|---|---|---|---|---|---|---|---|---|---|
| | 1 | 2 | 3 | 4 | 5 | 6 | 7 | 8 | 9 | 10 | 11 |
| 1 | 1 | 1 | 1 | 1 | 1 | 1 | 1 | 1 | 1 | 1 | 1 |
| 2 | 1 | 2 | 1 | 1 | 1 | 2 | 2 | 2 | 2 | 2 | 2 |
| 3 | 1 | 3 | 2 | 2 | 2 | 1 | 1 | 1 | 2 | 2 | 2 |
| 4 | 1 | 4 | 2 | 2 | 2 | 2 | 2 | 2 | 1 | 1 | 1 |
| 5 | 2 | 1 | 1 | 2 | 2 | 1 | 2 | 2 | 1 | 2 | 2 |
| 6 | 2 | 2 | 1 | 2 | 2 | 2 | 1 | 1 | 2 | 1 | 1 |
| 7 | 2 | 3 | 2 | 1 | 1 | 1 | 2 | 2 | 2 | 1 | 1 |
| 8 | 2 | 4 | 2 | 1 | 1 | 2 | 1 | 1 | 1 | 2 | 2 |
| 9 | 3 | 1 | 2 | 1 | 2 | 2 | 1 | 2 | 2 | 1 | 2 |
| 10 | 3 | 2 | 2 | 1 | 2 | 1 | 2 | 1 | 1 | 2 | 1 |
| 11 | 3 | 3 | 1 | 2 | 1 | 2 | 1 | 2 | 1 | 2 | 1 |
| 12 | 3 | 4 | 1 | 2 | 1 | 1 | 2 | 1 | 2 | 1 | 2 |
| 13 | 4 | 1 | 2 | 2 | 1 | 2 | 2 | 1 | 2 | 2 | 1 |
| 14 | 4 | 2 | 2 | 2 | 1 | 1 | 1 | 2 | 1 | 1 | 2 |
| 15 | 4 | 3 | 1 | 1 | 2 | 2 | 2 | 1 | 1 | 1 | 2 |
| 16 | 4 | 4 | 1 | 1 | 2 | 1 | 1 | 2 | 2 | 2 | 1 |

6. $L_{16}(4^5)$

| 试验号 | 列号 | | | | |
|---|---|---|---|---|---|
| | 1 | 2 | 3 | 4 | 5 |
| 1 | 1 | 1 | 1 | 1 | 1 |
| 2 | 1 | 2 | 2 | 2 | 2 |
| 3 | 1 | 3 | 3 | 3 | 3 |
| 4 | 1 | 4 | 4 | 4 | 4 |
| 5 | 2 | 1 | 2 | 3 | 4 |
| 6 | 2 | 2 | 1 | 4 | 3 |
| 7 | 2 | 3 | 4 | 1 | 2 |
| 8 | 2 | 4 | 3 | 2 | 1 |
| 9 | 3 | 1 | 3 | 4 | 2 |
| 10 | 3 | 2 | 4 | 3 | 1 |
| 11 | 3 | 3 | 1 | 2 | 4 |
| 12 | 3 | 4 | 2 | 1 | 3 |
| 13 | 4 | 1 | 4 | 2 | 3 |
| 14 | 4 | 2 | 3 | 1 | 4 |
| 15 | 4 | 3 | 2 | 4 | 1 |
| 16 | 4 | 4 | 1 | 3 | 2 |
| 组 | 1 | 2 | | | |

# 三、相关系数 *r* 检验表

| $N$ | $p=N-2$ | $a$ | | | | $N$ | $\varphi$ $N-2$ | $a$ | | | |
|---|---|---|---|---|---|---|---|---|---|---|---|
| | | 0.10 | 0.05 | 0.10 | 0.001 | | | 0.10 | 0.05 | 0.01 | 0.001 |
| 3 | 1 | .988 | .997 | 1.000 | 1.000 | 13 | 11 | .476 | .553 | .684 | .801 |
| 4 | 2 | .900 | .950 | .990 | .999 | 14 | 12 | .458 | .532 | .661 | .780 |
| 5 | 3 | .805 | .878 | .959 | .991 | 15 | 13 | .441 | .514 | .641 | .760 |
| 6 | 4 | .729 | .811 | .917 | .974 | 16 | 14 | .426 | .497 | .623 | .742 |
| 7 | 5 | .669 | .754 | .875 | .951 | 17 | 15 | .412 | .482 | .606 | .725 |
| 8 | 6 | .621 | .707 | .834 | .925 | 18 | 16 | .400 | .468 | .590 | .708 |
| 9 | 7 | .582 | .666 | .798 | .898 | 19 | 17 | .389 | .456 | .575 | .693 |
| 10 | 8 | .549 | .632 | .765 | .872 | 20 | 18 | .378 | .444 | .561 | .679 |
| 11 | 9 | .521 | .602 | .735 | .847 | 21 | 19 | .369 | .433 | .549 | .665 |
| 12 | 10 | 4.97 | .576 | .708 | .823 | 22 | 20 | .360 | .423 | .537 | .652 |

续表

| $N$ | $p=$ $N-2$ | $a$ 0.10 | 0.05 | 0.10 | 0.001 | $N$ | $\varphi$ $N-2$ | $a$ 0.10 | 0.05 | 0.01 | 0.001 |
|---|---|---|---|---|---|---|---|---|---|---|---|
| 23 | 21 | .252 | .413 | .526 | .640 | 39 | 37 | .267 | .316 | .408 | .507 |
| 24 | 22 | .344 | .404 | .515 | .629 | 40 | 38 | .264 | .312 | .403 | .501 |
| 25 | 23 | .337 | .396 | .505 | .618 | 42 | 40 | .257 | .304 | .393 | .490 |
| 26 | 24 | .330 | .388 | .496 | .607 | 44 | 42 | .251 | .297 | .384 | .479 |
| 27 | 25 | .323 | .381 | .487 | .597 | 46 | 44 | .246 | .291 | .376 | .469 |
| 28 | 26 | .317 | .374 | .479 | .588 | 48 | 46 | .240 | .285 | .368 | .460 |
| 29 | 27 | .311 | .367 | .471 | .579 | 50 | 48 | .235 | .279 | .361 | .451 |
| 30 | 28 | .306 | .361 | .463 | .570 | 60 | 58 | .214 | .254 | .330 | .414 |
| 31 | 29 | .301 | .355 | .456 | .562 | 70 | 68 | .198 | .235 | .306 | .385 |
| 32 | 30 | .296 | .349 | .449 | .554 | 80 | 78 | .185 | .220 | .286 | .361 |
| 33 | 31 | .291 | .344 | .442 | .547 | 90 | 88 | .174 | .207 | .270 | .341 |
| 34 | 32 | .287 | .339 | .436 | .539 | 100 | 98 | .165 | .197 | .256 | .324 |
| 35 | 33 | .283 | .334 | .430 | .532 | 200 | 198 | .117 | .139 | .182 | .231 |
| 36 | 34 | .279 | .329 | .424 | .525 | 300 | 298 | .095 | .113 | .149 | .189 |
| 37 | 35 | .275 | .325 | .418 | .519 | 400 | 398 | .082 | .098 | .129 | .164 |
| 38 | 36 | .271 | .320 | .413 | .513 | 500 | 498 | .074 | .088 | .115 | .147 |

# 附录三　常见标准筛制

| 泰勒标准筛 | | | 日本 T15 | | 美国标准筛 | | | 国际标准筛 | 苏联筛 | | 英 NMM 筛系标准筛 | |
|---|---|---|---|---|---|---|---|---|---|---|---|---|
| 网目/(孔/in) | 孔/mm | 丝径/mm | 孔/mm | 丝径/mm | 筛号 | 孔/mm | 丝径/mm | 孔/mm | 筛号 | 孔/mm | 网目/(孔/in) | 孔/mm |
| | | | 9.52 | 2.3 | | | | | | | | |
| 2.5 | 7.925 | 2.235 | 7.93 | 2.0 | 2.5 | 8 | 1.83 | 8 | | | | |
| 3 | 6.68 | 1.778 | 6.73 | 1.8 | 3 | 6.73 | 1.65 | 6.3 | | | | |
| 3.5 | 5.691 | 1.651 | 5.66 | 1.6 | 3.5 | 5.66 | 1.45 | | | | | |
| 4 | 4.699 | 1.651 | 4.76 | 1.29 | 4 | 4.76 | 1.27 | 5 | | | | |
| 5 | 3.962 | 1.118 | 4 | 1.08 | 5 | 4 | 1.12 | 4 | | | | |
| 6 | 3.327 | 0.914 | 3.36 | 0.87 | 6 | 3.36 | 1.02 | 3.35 | | | | |
| 7 | 2.794 | 0.833 | 2.83 | 0.8 | 7 | 2.83 | 0.92 | 2.8 | | | 5 | 2.54 |
| 8 | 2.362 | 0.813 | 2.38 | 0.8 | 8 | 2.38 | 0.84 | 2.3 | | | | |
| 9 | 1.981 | 0.838 | 2 | 0.76 | 10 | 2 | 0.76 | 2 | 2000 | 2 | | |
| | | | | | | | | | 1700 | | | |
| 10 | 1.651 | 0.889 | 1.68 | 0.74 | 12 | 1.68 | 0.69 | 1.6 | 1600 | 1.6 | 8 | 1.57 |
| 12 | 1.397 | 0.711 | 1.41 | 0.71 | 14 | 1.41 | 0.61 | 1.4 | 1400 | 1.4 | | |
| | | | | | | | | | 1250 | 1.25 | 10 | 1.27 |

**续表**

| 泰勒标准筛 | | | 日本 T15 | | 美国标准筛 | | | 国际标准筛 | 苏联筛 | | 英 NMM 筛系标准筛 | |
|---|---|---|---|---|---|---|---|---|---|---|---|---|
| 网目/(孔/in) | 孔/mm | 丝径/mm | 孔/mm | 丝径/mm | 筛号 | 孔/mm | 丝径/mm | 孔/mm | 筛号 | 孔/mm | 网目/(孔/in) | 孔/mm |
| 14 | 1.168 | 0.635 | 1.19 | 0.62 | 16 | 1.19 | 0.52 | 1.18 | 1180 | 1.185 | | |
| 16 | 0.991 | 0.597 | 1 | 0.59 | 18 | 1 | 0.48 | 1 | 1000 | 1 | 12 | 1.06 |
| | | | | | | | | | 850 | 0.85 | | |
| 20 | 0.833 | 0.437 | 0.84 | 0.43 | 20 | 0.84 | 0.42 | 0.800 | 800 | 0.800 | 16 | 0.79 |
| 24 | 0.701 | 0.358 | 0.71 | 0.35 | 25 | 0.71 | 0.37 | 0.710 | 710 | 0.710 | | |
| | | | | | | | | | 630 | 0.630 | 20 | 0.64 |
| 28 | 0.589 | 0.318 | 0.59 | 0.32 | 30 | 0.59 | 0.33 | 0.600 | 600 | 0.600 | | |
| 32 | 0.495 | 0.300 | 0.50 | 0.29 | 35 | 0.50 | 0.29 | 0.500 | 500 | 0.500 | | |
| | | | | | | | | | 425 | 0.425 | | |
| 35 | 0.417 | 0.310 | 0.42 | 0.29 | 40 | 0.42 | 0.25 | 0.400 | 400 | 0.400 | 30 | 0.42 |
| 42 | 0.351 | 0.254 | 0.35 | 0.26 | 45 | 0.35 | 0.22 | 0.355 | 355 | 0.355 | 40 | 0.32 |
| | | | | | | | | | 315 | 0.315 | | |
| 48 | 0.295 | 0.234 | 0.297 | 0.232 | 50 | 0.297 | 0.188 | 0.300 | 300 | 0.300 | | |
| 60 | 0.246 | 0.178 | 0.250 | 0.212 | 60 | 0.250 | 0.162 | 0.250 | 250 | 0.250 | 50 | 0.25 |
| | | | | | | | | | 212 | 0.212 | | |
| 65 | 0.208 | 0.183 | 0.210 | 0.181 | 70 | 0.210 | 0.140 | 0.200 | 200 | 0.200 | 60 | 0.21 |
| 80 | 0.175 | 0.162 | 0.177 | 0.141 | 80 | 0.177 | 0.119 | 0.180 | 180 | 0.180 | 70 | 0.18 |

续表

| 泰勒标准筛 | | | 日本 T15 | | 美国标准筛 | | | 国际标准筛 | 苏联筛 | | 英 NMM 筛系标准筛 | |
|---|---|---|---|---|---|---|---|---|---|---|---|---|
| 网目/(孔/in) | 孔/mm | 丝径/mm | 孔/mm | 丝径/mm | 筛号 | 孔/mm | 丝径/mm | 孔/mm | 筛号 | 孔/mm | 网目/(孔/in) | 孔/mm |
| | | | | | | | | | 160 | 0.160 | 80 | 0.16 |
| 100 | 0.147 | 0.107 | 0.149 | 0.105 | 100 | 0.149 | 0.102 | 0.150 | 150 | 0.150 | 90 | 0.14 |
| 115 | 0.124 | 0.097 | 0.125 | 0.037 | 120 | 0.125 | 0.086 | 0.125 | 125 | 0.125 | 100 | 0.13 |
| | | | | | | | | | 106 | 0.106 | | |
| 150 | 0.104 | 0.066 | 0.105 | 0.070 | 140 | 0.105 | 0.074 | 0.100 | 100 | 0.100 | 120 | 0.11 |
| 170 | 0.088 | 0.061 | 0.088 | 0.061 | 170 | 0.088 | 0.063 | 0.090 | 90 | 0.090 | | |
| | | | | | | | | | 80 | 0.080 | 150 | 0.08 |
| 200 | 0.074 | 0.053 | 0.074 | 0.053 | 200 | 0.074 | 0.053 | 0.075 | 75 | 0.075 | | |
| 230 | 0.062 | 0.041 | 0.062 | 0.048 | 230 | 0.062 | 0.046 | 0.063 | 63 | 0.063 | 200 | 0.06 |
| 270 | 0.053 | 0.041 | 0.053 | 0.038 | 270 | 0.052 | 0.041 | 0.050 | 50 | 0.050 | | |
| 325 | 0.043 | 0.036 | 0.044 | 0.034 | 325 | 0.044 | 0.036 | 0.040 | 40 | 0.040 | | |
| 400 | 0.038 | 0.025 | | | | | | | | | | |

# 参 考 文 献


[1] 巴克兰德(Buckland Michael).信息与信息系统[M].刘子明,肖唐金,编译.广州:中山大学出版社,1994.

[2] 冯绍灌.选煤数学模型[M].北京:煤炭工业出版社,1990.

[3] 付金施,樊舜尧.选煤厂噪声分析及综合治理[J].矿业安全与环保,2001,28(6):55-56.

[4] 高学东,武森,喻斌,等.管理信息系统基础教程[M].北京:经济管理出版社,2007.

[5] 韩佰春,黄鹏,王珞,等.选煤产品结构优化决策系统的研究.选煤技术,2012(5):90-95.

[6] 匡亚莉,王振生.煤泥浮选效果评价方法的研究[J].中国矿业大学学报,1991,20(1):51-59.

[7] 刘文礼,路迈西,任守政,等.各品级煤泥浮选规律的研究[J].中国矿业大学学报,2000,29(4):358 362.

[8] 路迈西,郭珍旭.利用通用分配曲线评定及预测跳汰分选效果[J].煤炭学报,1992(4):81-91.

[9] 路迈西.利用 IT 技术提高竞争力:选煤优化软件包的开发[C].2013 年全国选煤技术交流论文集,2013:88-93.

[10] 路迈西.利用混合搜索法优化选煤分选指标[J].选煤技术,2002,30(6):49-50.

[11] 路迈西.利用历史资料和回归分析方法预测原煤的浮沉组成[C].2014 年全国选煤学术交流会论文集[C],2014:157-159.

[12] 路迈西.利用微型机预测选煤效果[J].选煤技术,1985,13(2):17-20.

[13] 路迈西,刘旌.原煤灰分和原煤浮沉组成关系的研究[J].选

煤技术,1996,24(5):17-20.
[14] 路迈西,刘文礼,符东旭,等.加大洗选力度增加产品品种[J].洁净煤技术,1998,4(4):12-15.
[15] 路迈西,刘文礼.高硫煤中硫的分布和燃前脱硫可行性的研究[J].煤炭科学技术,1999,27(2):42-45.
[16] 路迈西.选煤厂经营管理[M].北京:煤炭工业出版社,1991.
[17] 路迈西."选煤工艺计算软件包"使用十年的回顾[J].选煤技术,1996,24(3):45-47.
[18] 路迈西.选煤优化软件包使用说明书[Z].2012.
[19] 路迈西.原煤可选性曲线的数学模拟[J].煤炭学报,1986,11(2):13-20.
[20] 倪奇志,路迈西.炼焦煤洗煤厂利润仿真优化[J].中国矿业学院学报,1988,17(1):46-57.
[21] 濮洪九.煤炭资源综合利用战略与政策[J].中国人口·资源与环境,1999,9(1):4-7.
[22] 荣瑞煊.对煤泥浮选机稳态数学模型与模拟的研究:兼论泡沫过负荷现象[J].中国矿业学院学报,1985,14(1):33-47.
[23] 陶东平,王振生.论跳汰主再洗分选密度的最佳配合[J].中国矿业学院学报,1987,16(2):16-22.
[24] 王力,刘泽常.煤的燃前脱硫工艺[M].北京:煤炭工业出版社,1996.
[25] 张金城.管理信息系统[M].北京:北京大学出版社,2001.
[26] 张荣曾.选煤实用数理统计[M].北京:煤炭工业出版社,1986.
[27] 周长益.大力开展资源综合利用 促进煤炭工业可持续发展[J].煤炭加工与综合利用,2002(6):11-12.
[28] 周三多,蒋俊,邹一峰.生产管理[M].2版.南京:南京大学出版社,1998.